医学（生物）实验室从业人员上岗培训和继续教育培训教材

实验室生物安全
基本要求与操作指南

主　审　石国勇　陈　曦　石祥云
主　编　丘　丰　张　红
副主编　高立冬　徐超伍

·北京·

图书在版编目（CIP）数据

实验室生物安全基本要求与操作指南 / 丘丰，张红主编. —北京：科学技术文献出版社，2020. 7
ISBN 978-7-5189-6347-8

Ⅰ.①实… Ⅱ.①丘… ②张… Ⅲ.①生物学—实验室管理—安全管理—指南 Ⅳ.①Q-338

中国版本图书馆 CIP 数据核字（2019）第 287002 号

实验室生物安全基本要求与操作指南

策划编辑：张宪安　责任编辑：薛士滨　张雪峰　责任校对：张永霞　责任出版：张志平

出 版 者　科学技术文献出版社
地　　址　北京市复兴路15号　邮编 100038
编 务 部　（010）58882938，58882087（传真）
发 行 部　（010）58882868，58882870（传真）
邮 购 部　（010）58882873
官方网址　www.stdp.com.cn
发 行 者　科学技术文献出版社发行　全国各地新华书店经销
印 刷 者　湖南雅嘉彩色印刷有限公司
版　　次　2020 年 7 月第 1 版　2023 年 3 月第 2 次印刷
开　　本　787×1092　1/16
字　　数　531千
印　　张　23.5
书　　号　ISBN 978-7-5189-6347-8
定　　价　85.00元

版权所有　违法必究
购买本社图书，凡字迹不清、缺页、倒页、脱页者，本社发行部负责调换

内容简介

实验室生物安全关系着实验室从业人员健康、环境与社会安全。确保实验室的生物安全是每个实验室工作人员的责任和义务，也是医学（生物）实验室正常运行的基本要求。

本书根据国务院颁布的《病原微生物实验室生物安全管理条例》和目前我国生物安全实验室建设和管理的现状，以最常见的二级生物安全实验室（BSL-2）为主编写，内容包括实验室生物安全法律法规与备案管理、实验室安全管理体系建立与运行、病原微生物实验活动的风险评估、个人防护装备与使用方法、医学实验室安全操作指南、生物样本的采集与菌（毒）种或样本运输和保存、消毒灭菌与生物废弃物处置、意外事故应急预案与突发事件处置及实验室安全标识等均进行了详尽的阐述。每章后有思考题，附录有思考题答案和实验室生物安全工作人员上岗培训考试模拟试卷。

本书具有科学、先进、规范等特点，实用性、可操作性强，供各级医院检测实验室、疾控机构病原微生物实验室、血站（血液中心）实验室、第三方医学实验室、动物实验室、高等院校和科研院所检验、科研、教学等涉及病原微生物实验室工作的管理人员、采样人员、实验人员、辅助人员学习使用。可作为医学（生物）实验室从业人员上岗培训和继续教育培训教材，是医学（生物）实验室工作人员必备工具书。

编　委　会

编委会主任　祝益民

编委会副主任　范珍贤　石国勇　高立冬　陈　曦

编　　委　徐超伍　石祥云　李钢强　李　忠　黄　睿
李亮珍　丘　丰　张　红　陈利玉　向延根
邓军卫　蔡　亮　贺健梅　刘建高　陈贵秋
陈　长

主　　审　石国勇　陈　曦　石祥云

主　　编　丘　丰　张　红

副 主 编　高立冬　徐超伍

编　　者　范珍贤　张凯军　徐超伍　丘　丰　张　红
陈利玉　邓军卫　蔡　亮　李　忠　贺健梅
刘建高　陈贵秋　陈　长　张　钢　李　涛
黄一伟　彭瑾瑜　向延根

主编简介

丘　丰，主任医师，1983 年毕业于中南大学湘雅公共卫生学院（原湖南医学院卫生系）。一直从事食品卫生、营养卫生、卫生毒理等专业及相关实验室检测工作。

2001—2013 年从事全面质量管理及实验室生物安全管理工作；2014 年至今任湖南省预防医学会副秘书长，并承担实验室质量管理与生物安全的咨询、培训、评审等工作。先后担任国家认监委、认可委实验室主任评审员，卫生部保健食品注册评审委员会专家、化学品毒性鉴定专家库成员，湖南省医学科技教育学会生物安全专业委员会常务副主委。先后承担并参与省级科研项目 5 项，曾获省科技进步三等奖 1 项、省轻工厅一等奖 1 项、省卫生厅二等奖 1 项。

张　红，公共卫生学硕士，主任技师，硕士生导师，湖南省高层次卫生人才“225”工程医学学科带头人。1990 年毕业于华西医科大学公共卫生学院，一直从事病原微生物检验以及新发、突发、不明原因疾病的实验室诊断技术研究与应用。先后参与湖南省 SARS、霍乱、手足口病、甲型 H1N1 流感、人感染 H5N1、H7N9 型禽流感等重大传染病疫情以及食物中毒事件的现场调查和实验室检测工作。先后担任卫生部疾控专家委员会传染病防治分会委员、卫生部病原微生物实验室生物安全评审专家成员以及湖南省微生物学会副理事长、省预防医学会微生物检验专委会主委、省医学会微生物学专委会副主委。主持省级科研课题 3 项，分别参与国家级科研课题 6 项、省级课题 10 余项；曾获省科技进步三等奖 3 项、中华医学会科技二等奖 1 项、省预防医学科技进步一等奖 1 项、二等奖 4 项；参编著作 4 部，在国内外核心期刊上发表论文 100 余篇，其中 SCI 论文 10 余篇。

序

实验室生物安全关系着人员健康、环境与社会安全等重大问题，也是医学（生物）实验室正常运行的基本条件。

这里所说的医学（生物）实验室是指可能会引起人类感染疾病，涉及人和动物生物样本操作的实验室。如各级医院临床实验室、疾控机构病原微生物实验室、血站（血液中心）实验室、动物实验室、高等院校和科研院所检测检验、研制、生产、教学等的实验室。

确保实验室的生物安全，是每个实验室工作人员的责任与义务。近十余年来，在国内外相继发生了各类实验室感染事件，尤其是2019年12月以来，在暴发的新型冠状病毒肺炎疫情中，发生了多名医院工作人员感染事件，表明了加强实验室生物安全管理的迫切性和重要性。加强实验室生物安全管理，不仅是对实验室工作人员生命健康的保护，也是对公众、环境和国家的安全负责。

2004年国务院颁布《病原微生物实验室生物安全管理条例》后，各级卫生健康行政部门相继出台了一系列政策规定，其中加强实验室从业人员生物安全培训和上岗证制度是非常重要的内容之一。根据近几年湖南省实验室从业人员生物安全岗位培训的实践经验与实际情况，湖南省卫健委委托省疾控中心和省医学健康教育科技学会组织培训老师和有关专家，参考国内外相关文献，编制了医学（生物）实验室人员从业上岗和继续教育培训教材《实验室生物安全基本要求与操作指南》，作为卫生健康行政部门、各有关单位组织培训学习的教材与参考用书。希望本书读者或使用人员能够学以致用，安全、规范地开展各项医学（生物）临床、科研、检测检验、生产及教学工作，为从业人员安全、公共环境保护、卫生事业发展和健康中国建设做出积极贡献。

湖南省卫生健康委员会副主任
湖南省医学教育科技学会会长　祝益民

前　言

医学（生物）实验室除了应满足质量和能力要求外，还要符合安全要求。这类实验室的生物安全管理不仅直接关系到实验室工作人员的健康和安全，而且关系到公众健康、环境安全和社会稳定。在我国，医学（生物）实验室绝大部分是属于一级生物安全实验室（biosafety level 1，BSL-1）和二级生物安全实验室（BSL-2），其中又以 BSL-2 为主，而且数量巨大，广泛分布于各级医院检验实验室、疾控机构病原微生物实验室、血站实验室、第三方医学实验室、动物实验室、高等院校和科研院所等检测检验、研制、生产、教学等的实验室。

目前，由于实验室及所在单位许多管理者还不了解生物安全相关法律法规、对实验室生物安全重视程度不够，尤其是对实验室从业人员还缺乏有计划的生物安全基础知识与安全操作技能的培训，因此给实验室工作人员和环境带来了巨大安全隐患。如 2010 年 12 月黑龙江省某农业大学动物解剖实验室发生的 28 名师生感染布鲁氏菌病事件；2019 年 12 月在武汉暴发新型冠状病毒肺炎疫情中，某大型综合医院发生医护人员感染事件，可能是由于生物安全意识不强或安全设施和个人防护以及管理制度缺乏导致的。为进一步加强实验室生物安全管理，为实验室生物安全操作提供规范指南，亦为各相关单位开展实验室从业人员生物安全培训提供教材，编委会根据国家《病原微生物实验室生物安全管理条例》和各级卫生健康行政部门相关规定要求，组织了长期在生物安全实验室工作一线的专家，结合近年来各地开展生物安全实验室从业人员上岗培训的实践经验编写了本培训教材。

本书充分考虑了目前我国生物安全实验室建设和管理的现状，以最常见的 BSL-2 实验室为主编写，语言文字通俗流畅，知识理论浅显易懂，图文并茂，注重工作实际，具有实用性、可操作性，能解决工作中的实际问题，是实验室生物安全的工作指南。在每个章节后还附了练习题，附录有参考答案，便于实验室人员学习掌握。

本书编写过程中不仅参考了我国近年制定的各类生物安全实验室相关标准，而且参考了国内外出版的生物安全实验室建设、管理与运行等许多资料。可供在病毒学、细菌学、分子生物学、实验动物学等领域，从事涉及病原微生物实验室工作的管理人员、采样人员、实验人员、辅助人员等参考使用。

由于编写人员水平和实践经验有限，书中难免有错漏之处，恳请同仁和广大读者批评指正，多提宝贵意见，以期修订和完善。

编　者

目　　录

第一章　生物安全实验室概述

第一节　生物安全的重要意义

实验室是人类认识自然、改造自然，利用自然界中与人类生产生活相关的物理、化学、生物、辐射等各种因素，经特殊实验技术，按照科学的规律进行研究（实验）活动的场所。近几十年来，随着实验技术的不断发展，人们已经认识到科研成果在造福人类的同时，同样存在一定的危害，而实验室正是对人类具有一定潜在高危害的工作场所，其中的物理、化学和生物等危害因素是实验室安全危害的主要来源，尤其是实验室感染事件对人类健康带来极大的威胁。

2020 年“新型冠状病毒性肺炎”暴发过程中，导致多起医务人员的感染事件，再一次凸显生物安全问题的重要性。据统计，从事病原微生物研究的工作人员发生实验室感染的概率比普通人群高 5～7 倍。实验室生物安全涉及的绝不仅是实验室工作人员的个人健康，一旦发生事故，也将给所在单位、部门带来不利影响，有可能会给人群、动物或植物带来不可预计的危害，造成疾病的流行，危及更广大人民群众的健康和生命，乃至妨碍社会经济发展及和谐社会的建设，造成严重后果。

实验室生物安全事件或事故的发生是难以完全避免的，重要的是实验室工作人员应事先了解所从事活动的风险及应在风险已控制在可接受的状态下从事相关的活动。实验室工作人员应认识到不应过分依赖于实验室实施设备的安全保障作用，绝大多数生物安全事故的根本原因是缺乏生物安全意识和疏于管理。为此，防止实验室生物危害，保障公众健康与安全，关键是必须使每一位工作人员高度重视实验室生物安全工作。

由于实验室生物安全的重要性，世界卫生组织于 2004 年出版了第三版《实验室生物安全手册》，世界标准化组织于 2006 年启动了对 ISO 15190—2003《医学实验室安全要求》的修订程序，一些重要的国际专业组织陆续制定了相关文件。我国于 2004 年 11 月 12 日发布了《病原微生物实验室生物安全管理条例》（2018 年修订）等法规及相配套的一系列规范、标准，系统地规范了我国病原微生物实验室建设标准、审批、管理、设施、安全设备、人员等要求，实验室的生物安全防护级别应与其拟从事的实验活动相适应。

第二节　生物安全实验室的基本概念、术语与定义

一、生物危害（biological hazards）

（一）生物危害的概念

广义的生物危害是指各种生物因子对人、环境和社会造成的危害或潜在危害。狭义的生物危害是指在实验室进行感染性致病因子的科学研究过程中，对实验室人员造成的危害和对环境的污染。

（二）生物危害的来源

1. 来源于人和动物的各种致病性微生物

如：鼠疫杆菌、霍乱弧菌、SARS 病毒、禽流感病毒、朊病毒等。

2. 来自外来生物的入侵

我国原来没有的外来生物引起人、农作物、牲畜病虫害的致病因子，如美国白蛾。

3. 来自转基因生物可能的潜在危险

1998 年一名英国教授研究发现老鼠食用转基因土豆后免疫系统受到破坏，转基因的生物安全评价成为人们日益关注的焦点。

4. 来自生物恐怖事件

2001 年 9·11 事件后美国炭疽杆菌引起的感染和死亡事件。

二、生物安全（biosafety）

（一）概念

生物安全：是指防范、处理微生物及其毒素对人体危害的综合措施。

实验室生物安全（laboratory biosafety）：是指实验室生物安全条件和状态不低于允许水平，可避免实验室人员、来访人员、社区及环境受到不可接受的损害，符合相关法规、标准等对实验室生物安全责任的要求。

（二）生物安全的相关术语与定义

生物因子（biological agents）：一切微生物和生物活性物质。

有害生物因子（biohazardous agents）：是指那些能够对人、环境和社会造成危害作用的生物因子，如病原微生物、来自高等动植物的毒素和过敏原、来自微生物代谢产物的毒素和过敏原、基因改构生物体等。

危害废弃物（hazardous waste）：具有潜在生物危害、可燃、易燃、腐蚀、有毒、放射和起破坏作用的对人、环境有害的一切废弃物。

微生物危害评估（hazard assessment for microbes）：对实验微生物和毒素可能给人或环境带来的危害所进行的评估。

病原体（pathogens）：可使人、动物或植物致病的生物因子。

气溶胶（aerosol）：悬浮于气体介质中的固态或液态微小粒子形成的相对稳定的胶溶状

态的分散体系（粒径一般为 0.001～100 μm）。

微生物气溶胶（microbial aerosol）：微粒中含有微生物。感染性气溶胶（infectious aerosol）：微粒中含有致病微生物。

实验室生物安全保障（laboratory biosecurity）：是指单位和个人为防止病原或危险生物因子丢失、被窃、滥用、转移或有意释放而采取的安全措施。

实验室生物安全防护（biosafety protection for laboratories）：实验室工作人员所处理的实验对象含有致病的微生物及其毒素时，通过在实验室设计建造、使用个体防护装置、严格遵从标准化的工作及操作程序和规程等方面采取综合措施，确保实验室人员不受实验对象侵染，确保周围环境不受其污染。

个体防护装备（personal protective equipment，PPE）：防止人员个体受到生物性、化学性或物理性等危险因子伤害的器材和用品。

实验室防护区（laboratory containment area）：实验室的物理分区，该区域内生物风险相对较大，需对实验室的平面设计、围护结构的密闭性、气流，以及人员进入、个体防护等进行控制的区域。

气锁（air lock）：气压可调节的气密室，用于连接气压不同的两个相邻区域，其两个门具有互锁功能，不能同时处于开启状态。在实验室中用作特殊通道。

缓冲间（buffer room）：设置在被污染概率不同的实验室区域间的密闭室，需要时，设置机械通风系统，其门具有互锁功能，不能同时处于开启状态。

定向气流（directional airflow）：特指从污染概率小区域流向污染概率大区域的受控制的气流。

生物安全柜（biological safety cabinet，BSC）：具备气流控制及高效空气过滤装置的操作柜，可有效降低实验过程中产生的有害气溶胶对操作者和环境的危害。

高效空气过滤器（HEPA 过滤器，high efficiency particulate air filter）：在额定风量下，对粒径大于等于 0.3 μm 的粒子捕集效率在 99.97% 以上及气流阻力在 245 Pa 以下的空气过滤器。

安全罩（safety hood）：置于实验室工作台或仪器设备上的负压排风罩，以减少实验者的暴露危险。

材料安全数据单（material safety data sheet，MSDS）：提供详细的危险和注意事项信息的技术通报。

一级屏障（primary barrier）：操作者和被操作对象之间的隔离，也称一级隔离。包括生物安全柜、个人防护装备两个方面。

二级屏障（secondary barrier）：生物安全实验室屏障设施和外部环境的隔离，也称二级隔离。

第三节　病原微生物危害程度分类

我国根据病原微生物的传染性、感染后对个体或者群体的危害程度，将病原微生物分为四类。其中第一类危害程度最高，第四类危害程度最低。第一类、第二类病原微生物统称为高致病性病原微生物。

在《人间传染的病原微生物名录》中公布了相关病毒、细菌、放线菌、衣原体、支原体、立克次体、螺旋体、真菌的生物危害程度分类。

第一类病原微生物，是指能够引起人类或者动物非常严重疾病的微生物，以及我国尚未发现或者已经宣布消灭的微生物。如：类天花病毒、新疆出血热病毒、拉沙热病毒、东方马脑炎病毒、埃博拉病毒、马尔堡病毒、猴痘病毒、尼帕病毒、天花病毒、黄热病毒等。

第二类病原微生物，是指能够引起人类或者动物严重疾病，比较容易直接或者间接在人与人、动物与人、动物与动物间传播的微生物。如：基孔肯雅病毒、高致病性禽流感病毒、艾滋病毒（Ⅰ型和Ⅱ型）、乙型脑炎病毒、脊髓灰质炎病毒、狂犬病毒（街毒）、SARS 冠状病毒、SARS 冠状病毒 2 号（SARS-COV-2）、炭疽芽孢杆菌、布鲁氏菌、霍乱弧菌、鼠疫耶尔森菌等。

第三类病原微生物，是指能够引起人类或者动物疾病，但一般情况下对人、动物或者环境不构成严重危害，传播风险有限，实验室感染后很少引起严重疾病，并且具备有效治疗和预防措施的微生物。如：急性出血性结膜炎病毒，腺病毒，甲、乙、丙、丁、戊型肝炎病毒，麻疹病毒，轮状病毒，蜡样芽孢杆菌，百日咳博德特菌，肺炎衣原体，单核细胞增生李斯特菌等。

第四类病原微生物，是指在通常情况下不会引起人类或者动物疾病的微生物。

WHO 及世界其他国家则是将危险度分为 4 级，与我国的分类正好相反。第 1 级为最低，第 4 级为最高。

第四节　实验室生物安全防护水平分级

根据实验室所处理对象和生物危害采取的防护措施，将实验室生物安全防护水平分为一级、二级、三级和四级，一级防护水平最低，四级防护水平最高。

生物安全防护水平为一级的实验室（BSL-1）：适用于操作在通常情况下不会引起人类或者动物疾病的微生物，其生物危害程度表现为低个体危害、低群体危害（第四类病原微生物）；

生物安全防护水平为二级的实验室（BSL-2）：适用于操作能够引起人类或者动物疾病，但一般情况下对人、动物或者环境不构成严重危害，传播风险有限，其生物危害程度表现为中等个体危害、有限群体危害（第三类病原微生物）；

生物安全防护水平为三级的实验室（BSL-3）：适用于操作能够引起人类或者动物严重疾病，比较容易直接或者间接在人与人、动物与人间传播的微生物，其生物危害程度表现为高个体危害、低群体危害（第二类病原微生物）；

生物安全防护水平为四级的实验室（BSL-4）：适用于操作能够引起人类或者动物非常严重疾病的微生物，其生物危害程度表现为高个体危害、高群体危害（第一类病原微生物）。

以 BSL-1、BSL-2、BSL-3、BSL-4（biosafety level，BSL）表示仅从事体外操作的实验室

的相应生物安全防护水平，以 ABSL-1、ABSL-2、ABSL-3、ABSL-4（animal biosafety level，ABSL）表示包括从事动物活体操作的实验室的相应生物安全防护水平。

凡是涉及人体组织样本或人间传染的病原微生物相关样本检测的实验室，应依据国家相关主管部门发布的病原微生物分类目录，在风险评估的基础上，确定实验室的生物安全防护水平。大部分开展疾病诊断和卫生保健（以公共卫生、临床和医院为基础的）实验室应达到二级以上的生物安全防护水平。

第五节　实验室病原微生物感染及其原因

一、实验室病原微生物的感染

实验室感染主要包括两种类型：一是气溶胶导致的实验室感染，由于实验室中的病原微生物可以以气溶胶的形式飘散在空气中，当工作人员吸入了这种污染的空气而造成感染。二是事故性感染，由于实验人员操作过程中的疏忽，使本来接触不到的病原微生物污染环境，直接或间接感染实验人员甚至危及周围环境，如溢洒、泄漏、意外伤害等。

二、实验室感染的主要原因（来源）

实验室感染是由多种因素综合导致的，构成实验室感染的主要来源为：

1. 已知病原微生物检测标本

（1）涉及已知病原微生物或可疑（潜在）病原微生物的实验室标本　对于已知的病原微生物及检测活动种类，可通过查找原卫生部颁发的《人间传染的病原微生物名录》，对其实验室生物安全防护等级进行确认。对于可疑（潜在）病原微生物的检测，最低要求也应达到二级生物安全防护标准。

（2）菌（毒）种的使用　菌（毒）种采购、领取、分离、培养、鉴定、保存、运输和销毁等要根据《人间传染的病原微生物菌（毒）种保藏机构管理办法》、《人间传染的病原微生物菌（毒）种保藏机构设置技术规范》（WS 315）、《病原微生物实验室生物安全管理条例》、《可感染人类的高致病性病原微生物菌（毒）种或样本运输管理规定》及《中国医学微生物菌（毒）种管理办法》等规定执行。要在相应级别的生物安全实验室操作。

2. 未知病原微生物标本

临床标本检测：临床检测往往面对更多的是未知疾病标本，如：各类患者血液、组织液、尿液、粪便和其他病理标本等，而实验室工作人员接收的每一个标本都可能含有各种致病因子，如肝炎、艾滋病、性病、结核等在人群中流行性比较广泛和其他未知的病原体，所以给工作人员的健康带来极大的威胁。更危险的是，由于是未知的既无法预先判断标本中所带的致病微生物的高危程度，更难确定哪些类型的检测应该在哪个级别的生物安全实验室中进行。因此，为防止实验室感染的发生，应最大程度的保障工作人员健康和环境安全，根据世界卫生组织（WHO）《实验室生物安全手册》和卫健委《病原微生物实验室生物安全通用准则》WS 233，医院临床实验室因接触可能含有致病微生物的标本，对实验室要求是最低应达到二级生物安全防护标准。

上述检测标本和菌（毒）种引起实验室感染主要是在标本处理过程中，由于溢洒、泄漏、灭活不彻底、锐器刺破皮肤、吸入污染的气溶胶、违规运输、废弃物处置不善等原因引起。

3. 仪器设备使用过程产生的污染来源

（1）离心机　可能造成气溶胶、飞溅物和离心管泄漏等。

（2）组织匀浆器、粉碎器及研磨器　可能造成气溶胶、溢漏和容器破碎等。

（3）超声波器具　可能造成气溶胶和引发皮炎等。

（4）真空冷冻干燥机及离心浓缩机　可能造成气溶胶、直接接触污染等。

（5）培养搅拌器、振荡器和混匀器　可能造成气溶胶、飞溅物和溢出物等。

（6）恒温水浴器和恒温振荡水浴器　可能造成微生物生成、叠氮钠与某些金属形成易爆化合物等。

（7）冷冻切片机　可能造成飞溅物等。

4. 检测操作过程中产生的污染

（1）接种环操作　培养和划线培养、在培养介质中“冷却”接种环、灼烧接种环等，可产生微生物气溶胶。

（2）吸管操作　混合微生物悬液、吸管操作液体溢出在固体表面等，可产生微生物气溶胶。

（3）针头和注射器制作　排除注射器中的空气、从塞子里拔出针头、接种动物、针头从注射器上脱落等，可产生微生物气溶胶。

（4）其他可产生微生物气溶胶的操作　离心，使用搅拌机、混合器、超声波仪和混合仪器，灌注和倒入液体，打开培养容器，感染性材料的溢出，在真空中冻干和过滤，接种鸡胚和培养物的收取等。

（5）可引起危害性物质泄漏的操作　样本在设施内的传递，倾倒液体，搅拌后立即打开搅拌容器，撕开干燥菌种安瓿，用乳钵研磨动物组织，液体滴落在不同表面上等。

（6）可造成意外注射、切割伤或擦伤的操作　离心时离心管破裂，打碎干燥菌种安瓿，摔碎带有培养物的平皿，实验动物尸体解剖，用注射器从安瓿中抽取液体，动物接种等。

5. 动物实验

实验人员接触了被人畜共患病原微生物感染的实验动物而导致的感染，如：被动物咬伤、抓伤，接触到动物粪便和尿等排泄物与分泌物，实验动物解剖、采样、检测等，以及通过接触动物房或动物实验室内被病原微生物污染的气溶胶导致感染；在进行某种病原微生物的动物实验研究时，若当时实验室人员防护或操作不得当引起感染；此外，若研究的动物在运输过程中感染带毒，而实验室没有对动物进行检疫隔离观察和有效的病原检测就直接进入实验室，可能会引起实验室的污染以及对实验室工作人员造成危害。

6. 感染性废弃物的处置

如废弃物容器、包装、标识不符合要求，废弃物收集、消毒、储存、运输过程不规范，消毒灭菌不充分，感染性废弃物发生泄漏、流失、扩散等，都会对工作人员、周围人群和环境造成感染或污染的风险。

第六节　思考题

一、名词解释

1. 实验室生物安全；2. 气溶胶；3. 二级屏障

二、填空题

4. 国家根据病原微生物的传染性、感染后对个体或者群体的危害程度，将病原微生物分为四类，第一类是指________________的微生物，以及________________的微生物；第二类是指________________的微生物，这两类病原微生物统称为________________。

5. 作为甲类传染病的霍乱进行大量活菌的实验操作应该在________级别的实验室进行。

6. 生物安全实验室防护水平可分为四级，________级防护水平要求最低，________级防护水平要求最高。根据实验室所操作的生物因子的危害程度，动物生物安全实验室可分为____________________四级。

三、选择题

7. 下列不属于实验室一级防护屏障的是（　）

A. 生物安全柜　　B. 防护服　　C. 口罩　　D. 缓冲间

8. 下列哪项措施不是减少气溶胶产生的有效方法（　）

A. 规范操作　　B. 戴眼罩　　C. 加强人员培训　　D. 改进操作技术

9. 避免感染性物质扩散实验操作注意点（　）

A. 微生物接种环直径应为 2 ~3 mm 并且完全闭合，柄的长度不应超过 6 cm

B. 应该使用密闭的微型电加热灭菌接种环，最好使用一次性的、无须灭菌的接种环

C. 小心操作干燥的痰标本，以免产生气溶胶

D. 以上都是

10. 实验室生物危害最主要途径是（　）

A. 微生物气溶胶吸入　　B. 刺伤、割伤

C. 皮肤、黏膜污染及食入　　D. 以上全是

11. 下列哪种不是实验室暴露的常见原因（　）

A. 因个人防护缺陷而吸入致病因子或含感染性生物因子的气溶胶

B. 被污染的注射器或实验器皿、玻璃制品等锐器刺伤、扎伤、割伤

C. 在生物安全柜内加样、移液等操作过程中，感染性材料溢洒

D. 在离心感染性材料及致病因子过程中发生离心管破裂、致病因子外溢导致实验人员暴露

四、判断题

12. 各级实验室的生物安全防护要求依次为：一级最高，四级最低。（　）

13. 在生物安全二级实验室必须要有生物安全柜。(　)

14. 生物安全Ⅱ级实验室的建造、使用和管理无须参照生物安全Ⅰ级实验室的有关要求。(　)

15. 无论是哪一种微生物实验室，只要操作感染性物质，气溶胶的产生的不可避免的。(　)

16. 在《人间传染的病原微生物名录》中艾滋病毒（Ⅰ型和Ⅱ型）的危害程度属于第一类。(　)

17. 实验室或者实验室的设立单位应当每年定期对工作人员进行培训，保证其掌握实验室技术规范、操作规程、生物安全防护知识和实际操作技能，并进行考核。工作人员经考核合格的，方可上岗。(　)

18. 实验室生物安全工作是为了在从事病原微生物实验活动的实验室中避免病原微生物对工作人员、相关人员、公众的危害，不管对环境的污染。(　)

19. 从事病原微生物实验室活动的所有操作人员必须经过培训，通过考核，获得上岗证书。(　)

五、简答题

20. 简述国家是如何对病原微生物实现分类的？高致病性病原微生物是指第几类？

21. 实验室感染的主要原因（来源）？

（丘　丰　张　红）

第二章　实验室生物安全法律法规与备案管理

第一节　我国实验室生物安全相关法律法规

遵守并执行生物安全相关的法律法规是实验室的责任和义务。2003 年非典风波以来，我国相继制（修）订和颁布了一系列配套的法律、法规、标准等，我国的实验室生物安全管理工作驶入了法制化和规范化管理的轨道，实验室生物安全法律法规体系逐步完善。

我国目前与实验室生物安全相关的最主要的法律法规有《中华人民共和国传染病防治法》《医疗废物管理条例》和《病原微生物实验室生物安全管理条例》等。此外，原国家质监总局等部门发布了《实验室生物安全通用要求》《生物安全实验室建筑技术规范》《病原微生物实验室生物安全标识》等国家标准，原国家卫生部（卫健委）发布了《病原微生物实验室生物安全通用准则》《可感染人类的高致病性病原微生物菌（毒）种或样本运输管理规定》《人间传染的高致病性病原微生物实验室和实验活动生物安全审批管理办法》《人间传染的病原微生物名录》《医疗卫生机构医疗废物管理办法》《高致病性病原微生物实验室资格审批工作程序》等一系列配套的行业标准或规范性文件，中国合格评定国家认可委员会发布了《实验室生物安全认可准则》，还包括其他一些相关的法规、规章及规范性文件，对实验室生物安全相关要求进行了具体的规定，由此构成了我国实验室生物安全法律法规体系。

一、《中华人民共和国传染病防治法》

《中华人民共和国传染病防治法》（1989 年 2 月 21 日第七届全国人大常委会第六次会议通过，2004 年 8 月 28 日第十届全国人大常委会第十一次会议修订）共分九章八十条，自 2004 年 12 月 1 日起实施。在其第二十二条中，对有关单位的生物安全管理作了规定，要求这些单位应有符合国家规定的条件和技术标准，建立严格的监督管理制度，对传染病病原体样本按照规定的措施实行严格监督管理，严防传染病病原体的实验室感染和病原微生物的扩散。第二十六条，规定了对病原微生物菌（毒）种的管理，要求国家建立传染病菌种、毒种库，对传染病菌种、毒种和传染病检测样本的采集、保存、携带、运输和使用实行分类管理，建立健全严格的管理制度。对可能导致甲类传染病传播的以及国务院卫生行政部门规定的菌种、毒种和传染病检测样本，确需采集、保存、携带、运输和使用的，须经省级以上人民政府卫生行政部门批准。第五十三条，对与生物安全有关卫生监督作了明确规定，包括监督管理者的职责和管理范围，其中县级以上人民政府卫生行政部门对传染病防治工作监督检查，监督检查内容涉及与生物安全有关的传染病菌种、毒种和传染病检测样本的采集、保藏、携带、运输、使用等。2013 年 6 月 29 日第十二届全国人民代表大会常务委员会第三次会议通过了第二次修改（内容省略）。

二、《医疗废物管理条例》

《医疗废物管理条例》（2003 年 6 月 16 日国务院令第 380 号公布，根据 2011 年 1 月 8 日《国务院关于废止和修改部分行政法规的决定》修订）共分七章五十七条，自公布之日起施行。它是根据《传染病防治法》和《固体废物污染环境防治法》制订的，目的是加强医疗废物的安全管理，防止疾病传播，保护环境，保障人体健康。《医疗废物管理条例》在第一章“总则”中明确了“医疗废物”的定义，是指医疗卫生机构在医疗、预防、保健以及其他相关活动中产生的具有直接或者间接感染性、毒性以及其他危害性的废物；同时也明确了国家推行医疗废物集中无害化处置以及各级人民政府卫生行政部门和环境保护行政部门在医疗废物处置过程中的职责。在第二章“医疗废物管理的一般规定”中，明确了医疗卫生机构和医疗废物集中处置单位应建立、健全医疗废物管理责任制，防止因医疗废物导致传染病传播和环境污染事故；禁止任何单位和个人转让、买卖医疗废物；禁止邮寄医疗废物，禁止通过铁路、航空运输医疗废物。在第三章“医疗卫生机构对医疗废物的管理”中，规定了医疗卫生机构应当及时收集本单位产生的医疗废物，并按照类别分置于防渗漏、防锐器穿透的专用包装物或者密闭的容器内，医疗废物专用包装物、容器，应当有明显的警示标识和警示说明；医疗卫生机构产生的污水、传染病患者或者疑似传染病患者的排泄物，应当按照国家规定严格消毒；达到国家规定的排放标准后，方可排入污水处理系统。在第四章“医疗废物的集中处置”中规定，从事医疗废物集中处置活动的单位，应当向县级以上人民政府环境保护行政主管部门申请领取经营许可证；医疗废物集中处置单位应当按照环境保护行政主管部门和卫生行政主管部门的规定，定期对医疗废物处置设施的环境污染防治和卫生学效果进行检测、评价。在第五章“监督管理”中规定，卫生行政主管部门、环境保护行政主管部门履行监督检查职责时，有权进行实地检查和调查取证，查阅或者复制医疗废物管理的有关资料，采集样品，责令违反本条例规定的单位和个人停止违法行为，查封或者暂扣涉嫌违反本条例规定的场所、设备、运输工具和物品，以及对违反条例规定的行为进行查处。

三、《病原微生物实验室生物安全管理条例》

《病原微生物实验室生物安全管理条例》（2004 年 11 月 12 日国务院令第 424 号公布施行。分别于 2016 年 2 月 6 日和 2018 年 4 月 4 日经过 2 次修订）共分七章七十二条。

第一章“总则”。对条例的编制目的、适用对象、实验室和病原微生物的定义、管理者作了规定，并明确指出：国家对病原微生物实行分类管理，对实验室实行分级管理；国家实行统一的实验室生物安全标准，实验室应当符合国家标准和要求；实验室的设立单位及其主管部门负责实验室日常活动的管理，承担建立健全安全管理制度，检查、维护实验设施、设备，控制实验室感染的职责。对病原微生物的采集、运输、保存也作了明确规定。采集病原微生物样本应当具有与采集病原微生物样本所需要的生物安全防护水平相适应的设备；具有掌握相关专业知识和操作技能的工作人员；具有有效地防止病原微生物扩散和感染的措施；具有保证病原微生物样本质量的技术方法和手段。省内运输高致病性病原微生物菌（毒）种或者样本，应当经省级以上人民政府卫生主管部门或者兽医主管部门批准；跨省运输，由出发地的省级人民政府卫生主管部门或者兽医主管部门进行初审后，分别报国务院卫生主管部门或者兽医主管部门批准。

第二章“病原微生物的分类和管理”。根据病原微生物的传染性、感染后对个体或者群体的危害程度，将病原微生物分为四类，其中第一类危害程度最高，第四类危害程度最低，第一类、第二类病原微生物统称为高致病性病原微生物。

第三章“实验室的设立与管理”。根据实验室对病原微生物的生物安全防护水平，并依照实验室生物安全国家标准的规定，将实验室分为一级、二级、三级、四级。以 BSL-1、BSL-2、BSL-3、BSL-4 表示仅从事体外操作的实验室；以 ABSL-1、ABSL-2、ABSL-3、ABSL-4 表示从事动物活体操作的实验室。

第四章“实验室感染控制”。规定了对实验室活动的管理要求，实验室工作人员的医学监督，发生实验室泄漏和感染事故时的报告、处置和控制等。

第五章“监督管理”。对监督管理的职责、范围和权力进行了规定，明确了县级以上地方人民政府卫生主管部门、兽医主管部门、环境保护主管部门对病原微生物实验室的监督、检查和处理的职责，同时也接受社会和公众的监督。

第六章“法律责任”。对违反条例的各种病原微生物实验室的单位和当事人的行为应追究其责任，造成严重后果的还应追究其刑事责任；各级卫生主管部门、兽医主管部门、环境保护主管部门的监督管理不到位，应承担相应责任，造成严重后果的追究刑事责任。

四、《实验室生物安全通用要求》

《实验室生物安全通用要求》GB 19489，为原国家质量监督检验检疫总局、国家标准化管理委员会 2008 年 12 月 26 日发布的国家标准，2009 年 7 月 1 日实施。规定了对不同生物安全防护级别实验室的设施、设备和安全管理的基本要求，共分 7 章和 3 个附录。主要技术内容是：范围；术语和定义；风险评估及风险控制；实验室生物安全防护水平分级；实验室设计原则及基本要求；实验室设施和设备要求；管理要求。

该标准第 7 章“管理要求”中对组织和个人的管理与责任、安全管理体系文件、安全计划和检查、实验室检测活动管理、材料管理、内务管理、设施设备管理、废物处置、危险材料运输、应急措施、消防安全、事故报告等做出了明确规定。

该标准明确了实验室或其母体组织应有明确的法律地位和从事相关活动的资格；实验室管理人员应具备专业教育背景，熟悉国家相关政策、法规、标准，熟悉所负责的工作，有相关的工作经历或者专业培训，熟悉实验室安全管理工作，定期参加相关的培训或继续教育；实验室技术人员从事相关的实验室活动时应有相应的资格，必须进行上岗培训，培训内容包括实验室管理体系培训、安全知识及技能培训、实验室设施设备（包括个体防护装备）的安全使用、应急措施与现场救治等；应定期进行考核和评价。

五、《生物安全实验室建筑技术规范》

《生物安全实验室建筑技术规范》GB 50346，为国家住房和城乡建设部、国家质量监督检验检疫总局2011年12月5日联合发布的国家标准，2012年5月1日实施，共分10章和4个附录，主要技术内容是：总则；术语；生物安全实验室的分级、分类和技术指标；建筑、装修和结构；空调、通风和净化；给水排水与气体供应；电气；消防；施工要求；检测和验收。该规范用于指导我国生物安全实验室的建造装饰、系统设备安装、空调净化、电气和自控要求、检测验收等过程。

六、《病原微生物实验室生物安全通用准则》

《病原微生物实验室生物安全通用准则》WS 233，为原国家卫生计生委于2017年7月24日发布的卫生行业标准，2018年2月1日实施，共分10章和3个附录，主要技术内容是：范围；规范性引用文件；定义；实验室生物安全防护的基本原则；实验室的分类、分级及适用范围；一般生物安全防护实验室的基本要求；实验脊椎动物生物安全防护实验室；生物危险标志及使用；新建三级和四级生物安全防护实验室的验收和现有生物安全防护实验室的检测；现用三级和四级生物安全防护实验室的使用和维护。

七、《可感染人类的高致病性病原微生物菌（毒）种或样本运输管理规定》

《可感染人类的高致病性病原微生物菌（毒）种或样本运输管理规定》，2005年12月28日原国家卫生部令第45号发布，2006年2月1日施行，共分十九条，适用于可感染人类的高致病性病原微生物菌（毒）种或样本的运输管理工作。该《规定》明确运输高致病性病原微生物菌（毒）种或样本，应当经省级以上卫生行政部门批准。未经批准，不得运输。运输高致病性病原微生物菌（毒）种或样本的容器或包装材料应当达到国际民航组织《危险物品航空安全运输技术细则》规定的A类包装标准，符合防水、防破损、防外泄、耐高温、耐高压的要求，并印有规定的生物危险标签、标识、运输登记表、警告用语和提示用语。运输高致病性病原微生物菌（毒）种或样本，应当有专人护送，护送人员不得少于2人。申请单位应当对护送人员进行相关的生物安全知识培训，并在护送过程中采取相应的防护措施。

八、《人间传染的病原微生物名录》

《人间传染的病原微生物名录》（卫科教发［2006］15号）是原国家卫生部2006年1月11日印发。该名录对已知的374种病原微生物进行了危害程度分类以及运输包装分类，明确了其不同种类实验活动所需的生物安全实验室级别。其中包括细菌类（放线菌、立克次体、衣原体、支原体、螺旋体，共155种）、病毒类（共160种）、真菌类（共59种），涵盖了常见的所有病原微生物。该文件是每一个医学实验室开展生物安全工作所必需的重要参考资料。

九、《人间传染的高致病性病原微生物实验室和实验活动生物安全审批管理办法》

《人间传染的高致病性病原微生物实验室和实验活动生物安全审批管理办法》，2006 年 8 月 15 日原国家卫生部令第 50 号发布，共分五章三十三条，自发布之日起施行，适用于三级、四级生物安全实验室从事与人体健康有关的高致病性病原微生物实验活动资格的审批，及其从事高致病性病原微生物或者疑似高致病性病原微生物实验活动的审批。该《办法》所称高致病性病原微生物是指《人间传染的病原微生物名录》中公布的第一类、第二类病原微生物和按照第一类、第二类管理的病原微生物，以及其他未列入《名录》的与人体健康有关的高致病性病原微生物或者疑似高致病性病原微生物。

十、《病原微生物实验室生物安全标识》

《病原微生物实验室生物安全标识》WS 589，为原国家卫生计生委于 2018 年 3 月 6 日发布的卫生行业标准，2018 年 8 月 1 日实施。本标准规定了病原微生物实验室生物安全标识的规范设置、运行、维护与管理。适用于从事与病原微生物菌（毒）种、样本有关的研究、教学、检测、诊断、保存及生物制品生产等相关活动的实验室。改标准明确了各类标识的图形、名称、设置范围和地点以及使用要求等。

随着我国法制建设步伐的加快，实验室生物安全法律法规体系也越加完善。学员应了解、熟悉和掌握相关法律、法规、规章、规范性文件的修订、更新或换版，不断跟进最新进展，切实增强实验室生物安全的法律意识，提高实验操作的规范意识。

第二节　生物安全实验室组织机构与人员管理

一、总则

实验室生物安全，管理是关键。如果缺乏健全、行之有效的管理机制与体系和高素质的从业人员，无论多么高级的实验室硬件设施、设备，都难以发挥其安全作用。据不完全统计，国内外绝大多数医学实验室的感染事件和遗漏事故都是由于管理不善而导致的。

在《病原微生物实验室生物安全管理条例》总则中，为加强生物安全实验室管理，规定国家、省级、市级、县级卫生主管部门及实验室设立单位都要履行各自范围的生物安全管理工作，从而形成了完整的实验室生物安全管理网络体系。

《条例》（第六条）规定：“实验室的设立单位及其主管部门负责实验室日常活动的管理，承担建立健全安全管理制度，检查、维护实验设施、设备，控制实验室感染的职责。”

《条例》第三十四条规定：“实验室或者实验室的设立单位应当每年定期对工作人员进行培训，保证其掌握实验室技术规范、操作规程、生物安全防护知识和实际操作技能，并进行考核。工作人员经考核合格的，方可上岗。”

二、健全生物安全管理组织机构

对于医学（生物）实验室所在单位如何建立生物安全管理组织机构，湖南省卫健委颁发的《湖南省病原微生物实验室备案管理办法》（湘卫科教发〔2018〕2号）则作了具体要求："实验室设立单位应当成立以单位法定代表人为主任的实验室生物安全管理委员会，设立实验室生物安全管理部门，配备专兼职管理人员，定期对实验室生物安全工作进行检查；实验室负责人为实验室生物安全第一责任人，实验室应配备1名有符合资质和经验的安全员，负责管理协调安全事宜。"

单位内部生物安全管理的组织结构（图2-1）包括单位法人代表、管理层、生物安全委员会、与医学检测相关的业务部门、职能部门、后勤保障部门、生物安全实验室及各个岗位（如部门负责人、项目负责人、安全监督员、采样人员、实验人员等）。最高管理者通过建立安全管理体系，明确各部门、岗位的生物安全职责、权限，从而使每个人理解与熟悉，以便知道如何为生物安全目标的实现做出应有的贡献。

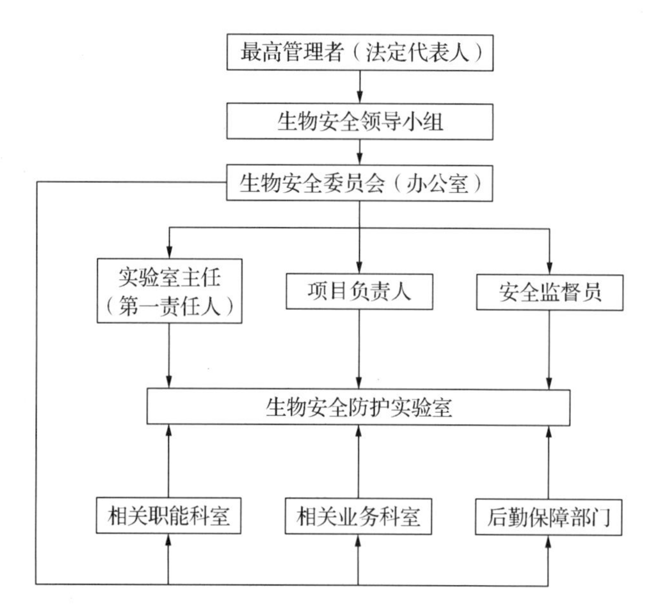

图2-1　单位生物安全管理组织结构

三、明确相关各部门、岗位职责

1. 院长（主任/所长）

①院长（主任/所长）是法人代表，任生物安全委员会主任，对生物安全负总责。

②负责组织建立实验室生物安全管理体系。

③组织并授权生物安全委员会办公室负责日常生物安全监督管理。

④批准和发布生物安全管理手册。

⑤指定一名主管领导为单位生物安全负责人，具体负责实验室生物安全管理工作。

2. 生物安全委员会

实验室设立单位都要成立生物安全委员会（或领导小组）。应能体现其组织及学科的专业范围。安全委员会的基本组成可包括：

生物安全官员（院长/主任/所长、主管领导）、医学专家（也可以是外单位的病原微生物专家）、医务人员、兽医（如果进行动物试验）、技术人员代表（检测、维护、维修等技术人员）、实验室管理人员代表等。

生物安全委员会职责是：

①负责生物安全管理工作规范、操作技术指南及规范性技术文件的定期评估。

②提供生物安全相关技术和政策咨询。

③参与安全事故的认定、危害评估和处置方案的审定。

④批准和发布与生物安全相关的技术文件。

⑤负责批准生物安全管理发展规划及重大事项的决策。

3. 生物安全委员会办公室

生物安全委员会应下设一个执行机构（办公室），或可指定一个主管部门（可设在院感科/质管科/业务办/后勤科）负责生物安全委员会的具体管理工作。其职责是：

①负责生物安全日常管理工作，组织日常检查。

②负责生物安全管理体系和规章制度的制定、实施和完善。

③负责协助相关部门实验人员、工勤人员、辅助人员生物安全培训。

④负责单位生物安全工作年度计划（包括备案申请）的制订、落实与检查。

⑤组织生物安全事故的认定、危害评估和处置方案的制订。

⑥协调与实验室生物安全相关部门的工作。

4. 实验室（检验科）部门职责

①制定本部门的生物安全管理制度、操作规程或标准作业程序（standard operating procedure，SOP）。

②配备必要的生物安全设施、设备和个人防护装备。

③监督实验室人员按规范要求从事实验活动、标本和菌（毒）种的管理，及废弃物的安全处置。

④负责实验人员的生物安全知识与技能的培训与评价。

⑤负责实验人员健康监测的管理。

5. 实验室（检验科）负责人职责

①为本部门（检验科）生物安全第一责任人。

②负责实验室的日常安全管理。

③负责生物安全管理体系的实施与监督。

④组织相关人员按要求进行培训、考核、体检和预防接种。

⑤决定进入实验室的工作人员名单。

⑥负责将实验室紧急情况向生物安全委员会报告并组织处置。

⑦负责落实相关防护设备和防护用品的配备等。

6. 实验活动项目负责人职责

在实验室内部，各实验研究组（室）项目负责人即某个具体检测或研究项目的总负责人，为该项目工作生物安全第一责任人。其职责是：

①熟悉实验室生物安全管理制度、防护知识与操作技能。

②负责向生物安全委员会提交所开展项目的“风险评估报告”和“实验安全操作规程”，在获准后执行。

③在实验室实行开放共享时必须实行项目负责人制度，开放实验室生物安全管理，实行谁使用谁负责的责任制，使用人必须按照生物安全管理体系规定要求开展工作。

7. 生物安全监督员

生物安全监督员是熟悉生物安全管理制度、安全操作技能的资深技术人员。由实验室提名，由单位审批后任命。其职责是：

①有权力监督实验室生物安全管理体系文件、规章制度、安全操作规程的实施，发现不符合规定行为或安全隐患时有权要求有关人员进行纠正或暂停工作。

②对于发现的严重问题及时向实验室主任报告或直接向生物安全委员会办公室报告。

③如实做好监督记录。

四、实验室人员管理

在影响实验室生物安全的诸多因素中，人是最重要的因素，所以对实验室人员管理是生物安全管理的关键内容，也是确保实验室生物安全的重要保证。实验室应根据业务开展与发展的要求，识别和建立人力资源的需求和管理机制，尤其在实验室生物安全管理方面应重点关注以下方面。

1. 实验室工作人员上岗培训

湖南省卫健委颁发的《湖南省病原微生物实验室备案管理办法》也提出了具体要求：“从事实验室活动的管理及从业人员应当接受培训，经考核合格取得省卫生计生行政部门制发的《病原微生物实验室生物安全培训合格证书》后方可上岗。对已经取得上岗资格的工作人员，至少每3年应接受法律法规、相关技术、规范标准为主要内容的实验室生物安全培训。”

（1）培训目的　使所有相关人员熟悉工作环境，熟悉所从事的病原微生物的危害、预防和相关实验活动的操作程序；掌握所使用仪器设备的性能和操作程序；了解生物安全知识，掌握意外事故发生时的相关处理程序等。

（2）培训对象　实验室所有相关人员，如：管理人员、实验人员、运输工（标本、废弃物、菌（毒）种等的运输）、清洁工、修理工（设备、设施）等。

不但要对所有新员工进行培训和指导，对老员工也要开展周期性的再培训。

（3）培训内容

①实验室生物安全管理体系、规章制度等文件。

②实验操作过程中所必须掌握的生物安全知识或技术。

③如何正确使用、维护生物安全设施、设备。

④意外事件的应急处置，及消毒、废弃物安全处置。

⑤生物标本、菌（毒）种的储存、运输。

⑥消防、化学和放射安全，及相关急救知识等课程。

（4）培训方法　根据实验室人员培训需求制订培训计划，明确培训人员、时间、内容、方式及评估方法。也可以根据培训效果及时调整下一次培训计划。

培训方法可以是多种形式，如专题讲座、网络微信、计算机辅助教学、录像、示范练习、模拟演练等各种方式。

新员工上岗后还应由有丰富经验的老员工现场指导、监督，直到熟练掌握业务工作程序和安全操作技能为止。同时还应考虑不同培训对象的差异，对某些人应采用更直观的或“手把手”的方式更好。

（5）培训评估　上岗前可通过理论考核、实际操作考核进行评估，考核合格后才能获得上岗资格。上岗后的持续评估：

①检查培训对象对所进行培训的反应；

②考核培训对象对所培训内容的记忆和/或操作执行情况；

③评估培训对象在工作中的行为变化；

④按培训的目的或目标来考查是否已有明显的效果。

⑤将培训效果评估的结果作为下一次培训计划制定的参考依据。

（6）培训档案

实验室负责人应负责建立所有从业人员的培训档案，记录被培训者的培训经历。其中包括：培训内容、培训时间、培训教师、考核或评估结果等。

2. 实验室人员准入制度

所有 BSL-2 实验室的首要任务是建立实验室人员准入制度，明确进入实验室人员的资格要求，避免不符合要求的人员进出实验室或承担相关工作而造成生物安全事故。

（1）人员准入要求

①生物安全管理人员（单位的主管领导、相关部门负责人、安全检查员）。接受有关生物安全知识的培训，了解国家相关政策、法规及本单位生物安全管理体系（手册、程序文件）要求，对实验室人员、设备、检测对象（感染性物质）、生物安全级别、个人防护要求等有基本了解。

②实验室负责人。除满足上述要求外，还应：具备相关专业教育经历和相应的实验室工作经历；掌握本实验室人员、环境、仪器设备、病原微生物菌（毒）种、样本和工作内容等情况；掌握意外事件和生物安全事故的应急处置原则和上报程序；有解决相关技术问题的能力，对工作有高度的责任心。

③实验室技术人员。具备相关专业教育经历；熟练掌握有关标准操作规程、仪器设备操作规程；通过技术考核，获得相应的岗位资格；按要求参加生物安全知识和技术培训，取得培训合格证；熟悉与所承担检测工作有关的生物安全风险；掌握常规消毒原则和技术；掌握意外事件和生物安全事故的应急处置原则和上报程序。

④辅助人员（包括：设施/设备维护和维修人员、消毒人员、废弃物管理人员、清洁人员等）。应通过由实验室组织的生物安全培训，掌握与其所承担职责有关的生物安全知识和安全操作技术、个人防护方法等内容；掌握责任区域内生物安全基本情况，了解所从事工作的生物安全风险；掌握本岗位所需消毒知识和技术；了解意外事件和生物安全事故的应急处

置原则和上报程序。

⑤外来参观、学习人员。必须填写进入实验室申请表，经实验室负责人批准后方能进入；遵守实验室的生物安全相关规章制度；需要实验室人员的陪同，并在规定的区域内活动；进入实验室学习（实习）的人员，除应具备相应的专业教育和工作经历外，至少要满足上述辅助人员的要求。

（2）准入制度要点

①所有实验室人员在满足上述准入原则的前提下，必须是自愿从事相关实验活动，了解潜在危险，必要时在生物安全知情书上签字。

②按准入制度的有关规定履行批准手续，并由单位人事部门授权。

③实验室人员在下列情况下，需经实验室负责人同意方能进入。身体出现开放性损伤、患发热性疾病、呼吸道感染或其他导致抵抗力下降的情况、在使用免疫抑制剂或免疫耐受、妊娠、已经在实验室控制区域内连续工作 6 小时以上、其他原因造成的疲劳状态等不应进入实验室。

3. 工作人员健康管理

虽然 BSL-2 实验室的工作人员不从事高致病性病原微生物的研究或培养实验，但是还是会涉及一类或二类病原微生物灭活材料或未经培养的感染材料，或者是未知病原体的检测工作，仍然存在一定的生物安全风险。所以，为了保障实验室工作人员的身体健康和安全，防止生物安全事故发生，实验室设立单位有必要加强对工作人员身体健康的管理，对病原微生物实验室相关人员进行健康监测。并根据实验室的特点与实际情况制定适宜的健康监测制度。

①实验室设立单位应该与具备感染科的综合医院建立合作机制，定期组织在医院进行工作人员体检，并进行健康评估，必要时，应进行预防接种。

②应指定专人负责健康监测工作。负责健康监测的人员应当具有相关传染病防治知识；坚持出勤登记制度，并及时调查、了解实验室工作人员的健康状况。

③常规监测内容：工作人员健康体检符合要求，并建立健康档案；定期进行临床检查，实行系统监测；在开展实验工作前还要采集本底血清标本并长期保存。

④实验室工作人员必须在身体状况良好的情况下，才能进入 BSL-2（ABSL-2）及以上级别的实验室工作。

⑤出现下列情况，不应进入上述区域：患发热性疾病；感冒、上呼吸道感染或其他导致抵抗力下降的情况；妊娠；已经在实验室控制区域内连续工作 6 h 以上，或其他原因造成的疲劳状态。

4. 就医程序

实验室工作人员，一旦出现所从事的病原微生物相关的临床症状或者体征时，负责人应当立即向本单位生物安全委员会及单位负责人报告，同时派专人陪同及时就诊。

①原则上应首先到本单位的医务室（内设医疗机构）就诊，紧急时可直接到定点医院的定点就诊区就诊。如需要留诊观察须使用单间病房。

②就诊时，当事人应当将近期所接触的病原微生物的种类和危险程度如实告知接诊的医

务人员。

③经内设医疗机构检查、观察，排除患者患传染病的可能性后，可转诊至相应医院就诊；若不能排除该患者可能患有传染病时，应采取相应的隔离、消毒措施，并及时转诊至定点医院就诊。

④疑似传染病患者转诊时应严格采取隔离防护措施，必要时请急救中心（站）转诊。

⑤疑似传染病患者的单位及接诊医务人员，应当在2 h内报告所在地的县级人民政府卫生主管部门。

⑥出现疑似传染病患者后，应尽可能采取有效的主动和被动免疫措施。

5. 人员档案

实验室应建立工作人员（包括实验、管理和维保人员）的技术档案、培训档案和健康档案，定期评估实验室人员承担相应工作任务的能力、生物安全知识掌握情况以及身体的健康状况。人员档案的内容包括：

（1）技术档案

①教育背景和专业资格证明。

②岗位职责说明、上岗证书。

③内部和外部的继续教育记录及成绩。

④有关确认其技术能力的证据，如能力评价的方法、日期和评价人。

（2）培训档案

①主要是培训记录，如：培训内容、培训时间、培训教师、考核或评估结果等。

②技术档案和培训档案可以合并一起。保存期一般为20年。

（3）健康档案

①岗位风险说明及员工的知情同意证明。

②既往病史、健康检查（本底血样）、免疫、职业禁忌证等资料。

③与工作安全相关的意外事件、事故报告。

④对于易感者或感染后可能导致严重后果的人员，进入实验室工作前要进行提示和限制，对于提示和限制工作的情况要有书面记录。

职工的健康档案和本底血清至少保存到其退休或离开中心后5年。外来人员（研究生和进修人员）健康档案和血样至少保存到其离开中心后2年。对于工作中接触了某些潜伏期长的特殊病原体的工作人员的健康档案和血样，应至少保存到该病原体所导致疾病的最长潜伏期之后。

第三节　生物安全实验室备案管理

一、备案依据

1. 国务院《病原微生物实验室生物安全管理条例》第二十五条的规定：“新建、改建或者扩建一级、二级实验室，应当向设区的市级人民政府卫生主管部门或者兽医主管部门备案。设区的市级人民政府卫生主管部门或者兽医主管部门应当每年将备案情况汇总后报省、自治区、直辖市人民政府卫生主管部门或者兽医主管部门。”

2. 各省、自治区、直辖市人民政府卫生主管部门在 2005 年以后，分别就建立病原微生物实验室及开展实验活动的备案管理工作下发文件，做出了具体规定。

二、哪些单位的实验室需要备案

所有涉及卫生部《人间传染的病原微生物名录》所列与人体健康有关的病原微生物菌（毒）种、样本的研究、教学、医疗、检测、诊断等活动的生物安全实验室（以下简称 BSL 实验室），包括 BSL-1、BSL-2、BSL-3、BSL-4 实验室。

凡是涉及已知与人体健康有关的病原微生物菌（毒）种、样本的，或者涉及人体生物学样本（可能含有未知病原微生物）的检测检验机构，如各级疾病预防控制中心、各级医疗机构、社区医疗服务中心、乡镇卫生院、采供血机构、血站、单采血浆站、医学院校与科研机构等，所设立的实验室均属于涉及 2 级或三类病原微生物的检测检验机构，上述机构的实验室均应建立 BSL-2 级实验室，都需要进行备案。

注：卫健委《人间传染的病原微生物名录》中的说明：“在保证安全的前提下，对临床和现场的未知样本检测操作可在生物安全二级或以上防护级别的实验室进行，涉及病毒/病原菌分离培养的操作，应加强个体防护和环境保护。”

特别需要说明的是，备案的实验室不是以单位名称或者是部门名称申请，而是以单位内设立的具体实验室的名称申请。例如：某省疾控中心微生物检验所设立了艾滋病初筛/确认实验室、卫生微生物实验室、病原微生物实验室（其中又设立了麻疹风疹检测实验室、流感病毒监测实验室、结核菌痰检实验室等）、PCR 实验室等。所以，在备案申请时，应分别以设立的具体实验室进行备案。还有类似单位如综合性医院、医学院校、科研机构等下设了不同类别的多个生物安全实验室（例如：免疫室、体液室、生化室、细胞室、微生物室、分子生物学实验室、艾滋病初筛实验室、临床基因扩增实验室等），都应以具体名称的实验室分别进行备案。

三、备案时间

①上述所有医学实验室、病原微生物实验室所在单位应主动联系当地卫生行政部门，按照当地的病原微生物实验室备案管理工作的相关规定和要求进行备案。

②新建、扩建或改建 BSL 实验室，应在实验室建成后 30 日内提出备案申请，并在实验室正式运行前完成备案。

③已经备案的实验室，如果涉及新的病原微生物，或者开展新的检测方法时，应在开展前重新进行备案。如果实验室地址、实验活动范围等备案事项发生变更的，应于变更事项发生后 30 日内向备案部门申报。

④备案受理部门，应对辖区内 BSL-1、BSL-2 实验室的年度备案情况进行汇总，于每年年底前报送省级卫生行政部门，并抄送实验室所在地县级卫生行政部门。

四、备案受理部门

根据属地管理原则，备案工作由设区的市级卫生行政部门相关科/处室（如：长沙市卫健委科教处/科）负责。市级卫生行政部门负责受理辖区内所有医疗卫生单位、涉外与合资医疗机构、医学院校、科研机构、其他有关单位的 BSL 实验室与实验活动生物安全备案工作和相关实验活动审批，组织开展实验室生物安全监督管理。根据属地管理原则，上述国家级、省级相关单位的实验室一样必须到所在地设区的市级卫生行政部门备案。

五、备案条件

申请办理备案的实验室应具备以下条件：

①根据设立单位的职能，合法从事与人间传染的病原微生物菌（毒）种、样本有关的科学研究、教学、检验检测、诊断、菌（毒）种保藏、生物制品生产等实验活动，实验目的和实验活动符合国家卫生健康委有关规定。

②从事的实验活动应与《人间传染的病原微生物名录》中规定的实验室生物安全防护级别相适应。

③应当按照《实验室生物安全通用要求》（GB 19489）、《病原微生物实验室生物安全通用准则》（WS 233）等国家标准和规范的规定，具备与所从事实验活动相适应的人员、设施、设备及个体防护装置。

④实验室设立单位应当成立以单位法定代表人为主任的实验室生物安全管理委员会，设立实验室生物安全管理部门，配备专兼职管理人员，定期对实验室生物安全工作进行检查；实验室负责人为实验室生物安全第一责任人，实验室应配备至少 1 名有符合资质和经验的安全员，负责管理协调安全事宜。

⑤从事实验室活动的管理及从业人员应当接受法律法规、实验室技术规范、操作规程、生物安全防护知识和实际操作技能为主要内容的实验室生物安全培训，经考核合格取得省卫生计生行政部门制发的《病原微生物实验室生物安全培训合格证书》后方可上岗。对已经取得上岗资格的工作人员，至少每年应进行一次上述主要内容的实验室生物安全培训，并考核合格。

⑥实验室设立单位和实验室应当建立完善的生物安全管理体系，编制完整的实验室生物安全管理体系文件，制定切实可行的生物安全管理制度、安全保卫措施、意外事件应急处置预案、实验 SOP。

⑦实验室应当建立与实验活动相关工作人员的健康档案，每年组织对工作人员进行职业健康检查，必要时进行预防接种，并配备必要的安全防护设施设备。

⑧实验室应当建立实验活动台账与档案，认真记录实验活动情况和生物安全检查情况。

六、备案要求

1. 自我评估、确定级别

各单位应根据原卫生部《人间传染的病原微生物名录》对照所属实验室基本情况、从事的实验活动以及生物安全防护的要求，对其实验室生物安全防护等级进行认真评估，确认本单位所属实验室级别、类别与数量。从事高致病性病原微生物检测的实验室必须通过国家相关部门的审批。一般情况下，只要是涉及人体生物样本检测、研究的实验室都属于 BSL-2 实验室。

2. 对照规范、如实申报

BSL-1、BSL-2 实验室应在实验室人员取得岗位培训合格证书的基础上，根据实验室真实情况申请备案；实验室应对照 GB 19489《实验室生物安全通用要求》的要求进行检查，主要内容包括：

①是否成立以最高管理者为负责人的生物安全管理领导小组和生物安全委员会，是否明确制定生物安全管理方针和管理目标。

②是否建立生物安全管理体系，编制有管理手册、程序文件、作业指导书等规范性文件。

③是否开展生物危害风险评估，明确病原微生物等危害因素及相应的控制措施。

④是否在组织和管理、安全监督检查、实验活动、实验材料和人员的管理、安全计划、危险材料管理、消防管理、事故报告等方面，对相关部门、岗位提出相应要求和规定。

⑤是否在对感染性物质进行采集、检测、包装、运输、储存、使用、处置和销毁过程中，配备了符合要求的设施、设备和环境条件等。

实验室必须满足全部要求后，如实申报。未达到要求的不予备案。

3. 填写、递交备案申请表格

申请病原微生物生物安全实验室备案的单位应当提交以下材料的纸质版和电子版：

①病原微生物实验室及实验活动备案表；

②实验室所在机构法人资格证明的复印件，实验室依法设立的资格证明的复印件；

③实验室生物安全管理体系文件（手册、程序文件、SOP 等）；

④实验室生物安全委员会正式文件，组织管理框架图；

⑤实验室涉及重要病原微生物所做的风险评估报告；

⑥实验室布局平面图；

⑦卫生行政部门要求提交的其他资料。

三级、四级实验室除提交以上材料外，还须提交《高致病性微生物实验室资格证书》和从事相关实验活动批准文件的复印件。

生物安全实验室与实验活动备案表（见附件 2–1）主要内容包括：实验室概况、安全管理机构与体系文件、实验室主要生物安全防护设备、主要检测设备、主要实验活动（涉及的病原微生物级危害程度分类）、检测项目与方法等。

当实验室开展新的实验活动并涉及新的病原微生物时，应在原备案的基础上再次申请备案。

4. 进行审查、登记备案

受理备案申请的市卫健委相关部门，应根据各省级卫生主管部门关于建立病原微生物实验室及开展实验活动的备案管理工作文件和《实验室生物安全通用要求》（GB 19489）的要求，对申请备案的实验室所提交的材料进行形式审查和备案审核工作。要求在规定时限（一般为15个工作日）内完成备案审核工作，必要时可以到现场进行检查核实。

对不符合规定的实验室，退回申请并要求在指定的时限（15个工作日）内补正。

符合条件的办理备案手续，并发放“病原微生物实验室备案通知书”备案有效期为5年。

5. 发生变化、及时变更

已经通过备案的单位，若BSL实验室原提交备案的基本信息、检测项目、负责人等与生物安全相关事项发生变更时，应及时向原备案卫生行政部门提交BSL实验室备案变更说明书（见附件2–2）。当涉及实验室开展新的病原微生物实验活动时，应在原备案的基础上再次申请备案。

七、监督管理

县级以上卫生计生行政部门（县、市、省卫健委）及其综合监督机构（县、市、省综合卫生监督所/局）在本行政区域内行使实验室生物安全监督管理职责：

①对实验室设立是否符合法律、法规、技术标准或规范、规定等条件进行监督检查。

②对实验室是否按照国家有关标准、技术规范、操作规程要求建立安全管理体系，包括生物安全防护方案、实验方法和相应SOP、意外事故应急预案及感染监测方案等进行监督检查。

③对实验室从事病原微生物（毒）种、样本的检测、诊断、科研、教学、储存、运输和销毁等实验活动是否开展了风险评估，是否符合法律法规、技术标准或规范，是否达到标准中规定的BSL-1、BSL-2实验室的设备与设施等要求进行监督检查。

④对从事病原微生物实验室活动的单位开展人员培训考核和健康检查情况进行监督检查。

⑤对未办理备案手续擅自开展可感染人类的病原微生物实验活动的实验室按照《病原微生物实验室生物安全管理条例》相应条款进行处理。

第四节 思考题

一、填空题

1.《病原微生物实验室生物安全管理条例》于________年________月________日国务院令第424号公布施行。分别于2016年2月6日和2018年4月4日经过2次修订，共分________章________条。

2. 对符合备案条件的实验室，由设区的市级卫生行政部门发放“病原微生物实验室备案通知书”，备案有效期为________年。

二、选择题

3. 下面那些单位的病原微生物实验室应当向长沙市卫生计生委主管部门备案（ ）

A. 长沙市动物疫病预防控制中心　　B. 湖南省出入境检疫局
C. 解放军163医院　　D. 浏阳市人民医院

4. 对已经取得上岗资格的工作人员，至少每（　）年应接受法律法规、相关技术、规范标准为主要内容的实验室生物安全培训。

A. 2　　B. 3　　C. 4　　D. 5

三、判断题

5. 当实验室开展新的实验活动并涉及新的病原微生物时，应在原备案的基础上再次申请备案。(　)

6. 从事病原微生物实验室活动的所有操作人员必须经过培训，通过考核，获得上岗证书。(　)

7. 备案的实验室可以单位名称或者是部门名称申请，而不用单位内设立的具体实验室的名称申请。(　)

四、简答题

8. 申请办理备案的实验室应具备哪些条件？

9. 简述国家是如何对病原微生物实现分类的？高致病性病原微生物是指第几类？

（范珍贤　张凯军　徐超伍　陈　长　丘　丰）

附件 2-1

湖南省病原微生物实验室
备案登记表

单位名称（公章）：______________

实 验 室 名 称：______________

生物安全防护等级：______________

报 送 备 案 日 期：______________

湖南省卫生健康委员会制

湖南省病原微生物实验室备案登记表

一、实验室设立单位及实验室基本信息

实验室设立单位名称					
实验室名称					
单位属性	□疾控机构 □医疗机构 □大中专院校 □研究机构 □出入境机构 □企业				
法定代表人		职务		手机号码	
单位地址 邮编					
设立单位主管 生物安全职能部门		负责人		手机号码	
实验室用途 （可多选）	□科学研究 □诊断 □教学 □疾病防控检测 □检验检疫检测 □生物制品生产 □其他（请注明）________________				
实验室生物 安全级别	□一级实验室（BSL-1） □二级实验室（BSL-2）				
实验室面积		实验室工作 人员数量		持生物安全培训 合格证人数	
实验室 详细地址 始建年月					

注：实验室名称的填写：

1. 规模小的单位可以填写：所设部门名称（如：临检科、检验科、微生物科等）

2. 规模大的单位应该填写：检验科室内所设的实验室名称（如：免疫室、体液室、生化室、细胞室、微生物室、分子生物学实验室、艾滋病初筛实验室、临床基因扩增实验室），每个实验室一张表。

二、实验室申请备案类型

□首次备案
□再次备案（原备案号：____________有效期：____________）
□变更（原备案号：____________变更内容：____________）
□其他（请说明：________________________）

三、实验室负责人基本情况

姓名		年龄		职务	
职称		学历		专业	
手机号码		E-mail			

四、实验室人员基本情况

实验室工作人员基本情况					
姓名	年龄	学历/职称	专业岗位	职务	培训合格证编号
				安全员	

五、实验室主要生物安全防护设备（生物安全柜、高压灭菌器等）

序号	名称	规格型号	生产厂家	购置日期	唯一性编号	检定/校准周期

六、实验室主要检测设备

序号	名　称	规格型号	生产厂家	购置日期	唯一性编号	检定/校准周期

七、实验室主要实验活动

序号	实验室活动	涉及的病原微生物	危害程度分类	活动类别	工作性质	生物安全柜类型	实验室生物安全级别	备注
1								
2								
3								
4								
5								
6								

注：

1. 危害程度分类按所涉及病原微生物在“人间传染的病原微生物名录”中分类填写。
2. 活动类别按“人间传染的病原微生物名录”中病毒5类、细菌等4类进行分类填写。
3. 工作性质按科研、教学、临床检验、疾控检测、检验检疫、制备生产等分类填写。

八、实验室生物安全管理体系文件

1. 生物安全管理手册　□有　□无　文件编号： 2. 生物安全管理程序文件　□有　□无　文件总数：________	
序号	文件名

续表

序号	文件名

3.《安全应急手册》　□有　□无　　　文件编号：

4. 标准操作规程　　□有　□无　　　文件总数：____________

序号	文件名

5. 规章制度　　　□有　无□　　　文件总数：____________

序号	文件名

九、实验室设立单位承诺

<table>
<tr><td>本单位对病原微生物实验室备案登记表填写内容和所提供材料的真实性、完整性和准确性负责。如有失实或隐瞒，本单位将承担相应的法律责任。本单位将认真履行法定职责，加强实验室规范建设与实验室生物安全的全程管理，确保实验室生物安全。
特此承诺！

实验室设立单位（公章）　　　　　　　　法定代表人（负责人）签字：
年　　月　　日</td></tr>
</table>

十、实验室设立单位所在主管部门意见

<table>
<tr><td>该单位的病原微生物实验室备案登记表填写内容和所提供材料已经我部门核实。我们将按《病原微生物实验室生物安全管理条例》要求，加强对该单位实验室日常活动及生物安全工作的管理。

实验室主管部门（公章）　　　　　　　　主管负责人签字：
年　　月　　日</td></tr>
</table>

十一、卫生计生行政部门备案审查意见

市州卫生计生行政部门备案意见	市州卫生计生行政部门（公章） 年　　月　　日
实验室备案编号	
备案有效期	自　　年　　月　　日至　　年　　月　　日

附件 2-2

湖南省生物安全实验室备案变更说明

实验室设立单位名称			
实验室名称（级别）		原备案登记号	
变更项目	内容		备注
	变更前	变更后	
□单位法人			佐证材料： 联系电话：
□实验室负责人			联系电话：
□实验室位置			佐证材料：
□检测活动			
□病原微生物			
□生物安全级别			
□其他			
实验室设立单位意见	（公章）　　法定代表人签字： 年　月　日		

注：检测活动：包括检测方法的变更、检测项目的增减。

第三章　实验室安全管理体系建立与运行

第一节　安全管理体系建立的依据

一、实验室的性质所决定

安全工作是所有实验室的第一要务。尤其是病原微生物实验室、医院临床检验（包括病理检验）实验室的工作人员以及传染病病房医护人员的实验室感染或院感的风险无处不在，其感染率远高于正常人群。据不完全统计，国内外绝大多数生物安全实验室的感染事件和遗漏事故都是由于管理不善而导致的。

如果缺乏健全和行之有效的管理体系，无论多么高级的实验室硬件设施，都难以发挥其安全作用。所以，实验室的首要任务，就是要建立起有效的安全管理体系，牢牢树立安全意识，人人遵守规章制度，规范操作。

二、法律法规的要求

我国从 21 世纪初起就相继颁布一系列实验室生物安全管理的法律法规。这些法律法规是实验室生物安全管理的纲领性文件，是生物安全管理体系文件编写的法律依据。主要包括《中华人民共和国传染病防治法》《病原微生物实验室生物安全管理条例》《医疗卫生机构医疗废物管理条例》《可感染人类的高致病性病原微生物菌（毒）种或样本运输管理规定》《医疗卫生机构医疗废物管理办法》《实验室生物安全通用要求》（GB 19489）等。要求所有病原微生物实验室必须建立一套完善的生物安全管理机构与实验室生物安全管理体系。生物安全管理不但是对医务工作者和实验室人员，更是对环境和公共安全的有力保护，也对维护国家安全、发展经济具有重大意义。

第二节　生物安全管理体系的建立

生物安全管理体系是以生物安全管理方针为基础，以明确的安全目标为目的，建立一套完整的组织机构，所有的员工都有自己的安全职责，按规定的安全程序进行工作和活动，将资源（人、财、物、信息等）转化为良好的安全工作环境的这样一个有机整体。

安全管理体系包括了组织机构、职责、程序和资源四个要素，缺一不可。一个单位（实验室）要建立生物安全管理体系，一般包括以下五个方面。

一、领导决策，统一思想

单位和实验室领导层对于实验室生物安全管理体系的建立、机构的设置和职能的划分以及资源的配置等起着决定性作用，因此领导层必须统一思想，做到步调一致，协调谋划实验室生物安全管理体系的建设。

二、宣传发动，人人参与

上至负责实验室管理的领导，下至实验室操作和辅助人员，每个人都涉及实验室生物安全管理体系的建立与运行。单位和实验室的最高管理者必须使他们充分理解管理体系的重要性，知道在建立管理体系过程中的职责和作用。实验室在建立管理体系时，要向全体工作人员进行《病原微生物实验室生物安全管理条例》、《实验室生物安全通用要求》（GB 19489）等法律法规和管理体系方面的宣传与培训，使所有人员很好地理解条例、标准的内容和要求。

三、方针目标，明确领会

单位法人代表或实验室最高管理者应制定或提出实验室生物安全的方针、目标，对内是明确生物安全宗旨和方向、激励员工的安全责任感，对外表示决心和承诺，体现社会与公众的期待。生物安全方针的表述必须是简明扼要、有感染力。如“遵章守纪、规范操作、杜绝事故、保障安全”“预防为主，安全第一，以人为本”等。

生物安全目标应是围绕生物安全方针提出的具体的、可度量的要求。它既是生物安全方针在实验室各职能和层次上的具体落实，也是评价管理体系有效性的重要指标。为此，生物安全目标既要先进，又要可行，且可以度量和便于检查。如“安全计划落实率 100%”“安全设备完好率 100%”“实验人员持证上岗率 100%”“生物安全事故发生率为 0”等。

四、协调机构，落实职责

实验室设立单位应当成立以单位法定代表人为主任的实验室生物安全管理委员会，设立实验室生物安全管理部门（生物安全管理委员会办公室），配备专兼职管理人员，定期组织对实验室生物安全工作进行检查；实验室（部门）负责人为实验室生物安全第一责任人，实验室应配备 1 名有符合资质和经验的安全员，负责管理协调安全事宜。

五、编制文件，符合规范

管理体系是通过文件化的形式表现出来的，是规范与检测相关部门和实验室所有人员行为以实现生物安全方针和生物安全目标的依据，是实验室的安全立法。在管理体系建设方面要注意以下几个方面：

①除《生物安全管理手册》需要统一由主管生物安全的部门编制外，程序文件、作业指导书等文件，可按职责分工由职能部门分别制订。先提出草案，再组织审核，这样有利于文件的执行。

②生物安全管理体系文件的编制应结合本单位的管理职能进行，按《病原微生物实验室生物安全管理条例》、《实验室生物安全通用要求》（GB 19489）等为依据，将逐个条款、要素并结合本单位工作实际编入到管理体系之中。

③为了使编制的管理体系文件协调统一，在编制前应制定“管理体系文件一览表”，将现行的手册（如已编制）、规章制度、管理办法、标准方法、记录表格收集在一起，与生物安全管理标准（GB 19489）中每一个要素进行比较，从而确定管理体系文件哪些是要新编制的、哪些是要修订的。

④为了提高管理体系文件的编制效率，减少返工，在文件编制过程中要加强各层次文件之间、文件与文件之间的协调。

第三节　生物安全管理体系文件的编写

一、管理体系文件框架

生物安全管理体系文件框架分四个层次（图 3-1）：第一层次文件为《生物安全管理手册》，属于纲领性、政策性文件，对一个单位的生物安全管理工作做出全面规划和设计，并提出相关要求。第二层次文件是《程序文件》，《程序文件》主要是《生物安全管理手册》的支持性文件，是管理手册中原则性要求的展开和落实。第三层次文件是《作业指导书》，也称标准操作程序，用以指导生物安全管理工作的具体过程、描述技术细节的可操作性文件，如生物安全柜操作规程、安全管理制度、安全应急手册、应急预案、风险评估报告等。第四层次文件为记录表格，为已完成的活动或达到的管理目标、结果提供客观证据的文件，记录可以分为安全记录、技术记录、证书类及标识类，如实验室安全检查表、危险品安全数据单、压力锅使用记录表、医疗废弃物交接单等。

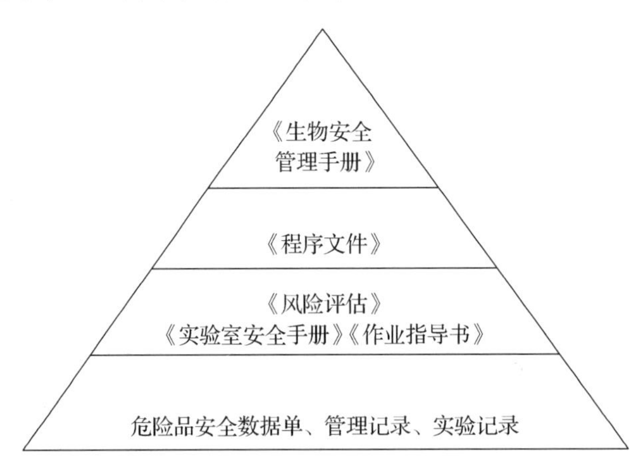

图 3-1　生物安全管理体系文件框架

《生物安全管理手册》是一个将法律和国家标准（GB 19489）转化为本单位实验室生物安全管理体系要求的纲领性文件，对外是保证本单位实验室生物安全管理符合国家有关要求的重要依据。

二、《生物安全管理手册》的编写

（一）《生物安全管理手册》的基本框架

《生物安全管理手册》是生物安全管理体系中一个纲领性的文件，是一个总原则、总要求。编制生物安全管理手册的意义主要在于将法律法规和国家标准的管理要求和要素，转化为单位的管理条款和手段。其编制的好坏，直接关系到生物安全管理工作的成效和体系运行效率，关系到安全管理方针和目标的实现。

《生物安全管理手册》应包括以下主要内容：

①对组织内部的生物安全职能、过程及相关事项进行分类，明确部门、岗位职责，并将 GB 19489 标准中每个要素规定的内容分配到相应的部门和岗位职责中去。

②生物安全实验室设立单位应成立生物安全管理领导小组和生物安全委员会，明确制定生物安全管理方针和目标；由单位最高管理者指定生物安全负责人和安全技术负责人等。

③对单位实验室生物安全的资源（人、财、物）保障等方面做出承诺（签订承诺书）。

④对开展生物危害风险评估的要求、范围、方法、时机等提出要求。

⑤根据 GB 19489 标准中规定的管理内容和范围，在组织和管理、安全监督检查、实验活动、实验材料和人员的管理、安全计划、危险材料管理、消防管理、事故报告等方面对相关部门、岗位提出相应要求和规定。

⑥为了确保生物安全管理体系的有效运行应在内部评审、管理评审、预防措施、文件控制、信息保密等方面做出规定。

⑦实验室相关情况的附图、附表，如组织机构图、实验室平面图、程序文件目录、SOP 目录、人员情况一览表、重要设备一览表、参考文献等。

（二）《生物安全管理手册》编制时应考虑以下事项

①编制的《生物安全管理手册》应做到语言规范，通俗易懂，文字简练，要将法律、标准、规范中专业的用语转化成通俗易懂的语言，以便大家学习掌握。

②生物安全管理体系应能充分反映实验室自身特点，而不仅仅是法律、标准的简单展开。

③要注意处理好部门之间职能的衔接和相互间的协调。

（附件 3-1：《生物安全管理手册》目录）

三、《程序文件》的编写

（一）编写的基本要求

程序是将生物安全管理指令、意图转化为行动的途径和相关联的行动。程序文件是描述完成各项实验室安全活动途径的文件。

每个《程序文件》都应能回答“5W1H”——What：做什么；When：什么时候或时机；Where：什么地点或场合；Who：由谁去做；Why：为什么做，达到什么要求；How：如何做、如何控制、需要什么记录和报告。通过程序文件的实施，能够让不同的人，在不同的时间，做同一件工作时，能够达到相同的、满足规范要求的效果。

（二）程序文件的格式与内容

程序文件的编制，其构架与内容通常包括：

（1）目的　简单说明为什么要开展这项活动或过程。

（2）适用范围　开展这项活动或过程所涉及的有关部门及活动，以及相关的管理或技术内容。

（3）职责　明确开展这项活动所涉及的部门、人员职责权限及其相互关系，包括在管理体系运行中应承担的责任，做到责任落实到岗到人、工作质量得到保证、工作职责界定清晰。

（4）工作程序（流程）与要求　列出开展这项活动的顺序（最好以流程图的形式描述），流程的输入、输出和整个工作流程中各个环节的转换内容，即“5W1H”。包括各环节对人员、设备、材料、方法、环境、检测等的需要和条件，并规定这项活动的依据文件、需达到的要求、形成记录、控制方式和应急处理等。

（5）相关文件　开展这项活动所涉及的有关体系文件及引用的标准等。

（6）相关记录表格　开展这项活动所要填写的有关记录表格名称（表格模板可附后）。

（三）需要编制的程序文件

在实验室生物安全管理体系中，需要编制的程序文件主要有：《生物安全委员会活动程序》《实验室人员培训与管理程序》《风险评估与控制程序》《机密信息保护程序》《文件控制程序》《安全计划和检查程序》《不符合项的控制程序》《纠正/预防措施控制程序》《内部审核程序》《管理评审程序》《实验材料管理程序》《实验活动管理程序》《实验室内务管理程序》《检测方法控制程序》《设施设备管理程序》《危险材料运输控制程序》《应急事件处置程序》《消防安全管理程序》《个体防护程序》《未知风险材料操作程序》《废弃物处置程序》《实验室安全标识管理程序》等。

除了上述文件外，实验室还应根据实际情况，编制满足自己工作需要的程序文件。

（四）程序文件编写的注意事项

首先根据生物安全管理体系标准各要素要求和单位及实验室的实际情况编制应建立的程序文件目录，或确定需新编、修订和完善的文件，制订编制计划并落实到相关责任部门和人员。

文件化的程序应具有可操作性和可检查性，是对与安全工作有关的管理、技术、人员控制的依据。

（五）程序文件示例（见附件3-2）

四、《作业指导书》的编写

（一）《作业指导书》的类别

《作业指导书》或者标准操作规程是用来描述某个具体过程的操作性文件，是程序文件的支持性文件，包括各种管理制度、标准方法、标准规程、非标准方法等。从管理学的角度来看，一类是多用于行政管理制度、规定方面的具体方法和要求的描述，常称之为作业指导书；另一类主要是指用于技术规范方面的具体操作的描述，常以SOP称呼。如某台设备使用、维护的SOP，某项检测方法的SOP等。

（二）《作业指导书》的格式与内容

（1）目的　具体阐述编制此作业文件的目的、作用和意义。

（2）适用范围　具体阐述此作业文件所包含的过程、活动或岗位的应用范围，说明其适用性。

（3）职责　明确规定由谁来执行该程序以及由谁来监督执行的质量。

（4）操作程序或工作要求　包括使用的设施、活动或作业步骤、部门人员职责、环境条件要求、活动或作业应达到的目标（如技术指标）、检查和测量的规定、使用的文件和记录等。

（5）相关文件（支持性文件）　编制本作业文件中所引用的相关文件（不应引用上一层次的文件，如手册、程序文件）。

（6）相关记录表格　实施本作业文件时需要填写的记录。

（三）作业性文件示例（见附件3-3）

五、《安全（应急）手册》的编写

《安全（应急）手册》属于第三层次的作业性文件。在《实验室生物安全通用要求》（GB 19489）中要求各级别生物安全实验室应以安全管理体系文件为依据，编制实验室安全（应急）手册。手册应以简明、易懂、易读为原则。

《安全（应急）手册》的作用是在现场需要的时候使工作人员可以最快速地得到安全方面的指导。所以要求在手册的编制时，其内容的编排应醒目，尽量使用图示，一目了然，能迅速查阅到所需内容；在手册的发放与保存时，要做到在工作现场可以随时查找。

安全（应急）手册应该包括以下内容（详见附录D）：

（1）紧急联系信息　如火警、急救电话；实验室联系人电话；电力、设备、设施故障维修电话等。

（2）紧急导向信息　如实验室平面图、紧急出口、撤离路线、实验室标识系统等。

（3）危险源及处置　如生物危险；消防；电气安全；化学品安全；辐射。

（4）应急操作程序　危险废物的处理和处置、意外事故处理的规定和程序、从工作区撤离的规定和程序（如水险处置程序、火灾处置程序、溢出清除程序等）等安全知识与操作规程。

（5）紧急救护程序　如水险、火灾、溢出、中毒、动物咬伤、皮肤黏膜（眼睛）污染、刺伤/意外切割或擦伤、低温、高热、潜在感染性物质的食入、危害气体释放、常用化学品发生危害等事故处理程序与救治指南。

（6）自身防护信息　如个人防护装备使用方法、脱卸顺序等。

安全手册旨在让实验室工作人员、安全保障人员、外来人员在紧急情况下能严格按照规范操作，防止发生意外安全事故及避免更大的安全事故发生，保护操作人员、外来人员、实验动物及环境的生物安全。根据本BSL-2实验室相关规定的要求，安全手册在运行中需要不断地修改、补充和完善，并要求实验室管理层至少每年对安全手册进行评审和更新。应注意征集工作人员对安全手册的意见和建议，确保安全手册实用和好用。

六、生物安全记录与表格

（一）记录表格的编制原则与要求

记录是所有工作的重要组成部分，也是各项工作的体现和证据，是整个活动过程可溯源的唯一途径。因此，评价一个实验室安全管理是否规范，查看其安全管理和技术操作过程中形成的记录就可一目了然。

记录是客观、真实、全面反映实验室生物安全管理活动和体系运行的原始文件。因此，记录编制时，应遵循以下原则：

（1）应满足体系文件规定的程序和要求　充分考虑该项活动的基本信息，并与实际工作相适应。

（2）应确保记录的真实性和准确性　管理工作要真实记录，填写的信息应是真实可靠的，所以，做记录时应严肃认真、实事求是。

（3）记录还应遵循规范化和标准化的要求　一般情况下应尽量采用规范化要求的记录表格形式，既要考虑填写者习惯和便捷性，又要注意记录的完整性、系统性以及标识的唯一性。

（4）定期评审记录表格　记录表格是一种特殊的文件形式，应根据文件控制要求，每年至少评审一次，对不适用和与实际要求不符的记录内容和格式应进行及时调整、补充和完善。

（二）记录表格的设计

记录表格的格式一般由三部分组成。

（1）一般档目　组织/部门名称、记录的名称、编码、页码等。

（2）过程档目　活动的内容，按顺序逐项排列，要能反映该项工作的要求是什么，做了没有，何时、何地做的，怎么做的，结果如何。

（3）职责档目　是谁做的，有谁校对、审核，由谁批准的，日期多少。

记录表格设计好后，应通过相关部门负责人审批，才能投入使用。

（三）记录的填写要求

记录的关键在于客观、真实以及原始性、可追溯性。因此，在记录时应注意以下几个问题：

（1）真实记录各项活动和过程　做什么就记录什么，而且应该及时记录、客观记录，不要添加主观判断的信息。记录还应注意原始性，不得誊抄或复印，不得事后补记。

（2）记录的字迹应清晰明了　使用钢笔或签字笔记录，不能使用铅笔、圆珠笔或记号笔记录。

（3）不能随意涂改　当出现笔误时，可进行划改，并在笔误旁写上正确的信息与更改人姓名、时间。

（4）空白处的填写　在表格填写时，有的记录栏目可能没有内容发生，而应在相关栏里画一横线，表示记录者已经关注过这一栏目，不能空缺。

七、生物安全管理体系文件的审查和批准发布

（一）体系文件的审查

实验室生物安全管理体系文件编制的主管部门应组织管理体系覆盖的各个部门负责人对所有文件进行审查。

管理手册的审查由单位的最高管理者、管理者代表（安全负责人）、分管领导、实验室负责人、职能部门、后勤保障部门负责人进行；程序文件的审查由管理者代表（安全负责人）组织各个部门负责人进行审查；作业性文件的审查由管理体系运行责任部门组织与作业文件相关的部门负责人和相关人员进行审查。

（二）文件审查的内容

（1）内容审查　手册各章节、条款是否全部满足编制依据 GB 19489 标准的要求；对照标准中的每个条款是否在手册中得到体现、是否有遗漏；对组织内部相关部门和实验室的要求是否都已经包括。

（2）职责审查　各部门、岗位职责和权限是否明确，是否将标准相关要求落实到相关部门与岗位的职责中，手册中所描述的职责和权限是否与程序文件、作业性文件中描述的职责和权限一致。

（3）操作性审查　文件规定是否脱离单位的实际情况，程序文件、作业性文件对某一个活动（过程）的描述、要求是否清晰、合理，是否具有可操作性、可检查性。

（4）接口审查　部门与部门之间、过程与过程之间的衔接是否清楚，接口是否协调，描述的各项活动是否能形成一个完整的闭环。

（5）格式审查　术语、用词、语句、符号是否准确，版式、段落、排版、字体是否统一。

（三）体系文件的批准发布

体系文件审查后，所有审查人员都应在相关文件的审查记录表上签字认可。管理手册、程序文件须由实验室所在单位的最高管理者签署批准，作业指导书可根据相关内容由最高管理者或主管领导签署批准，SOP 可由主管领导或实验室负责人批准。

第四节　生物安全管理体系的运行

质量管理体系实施与运行是一个执行文件、实现目标、保持生物安全管理体系持续有效运行的过程。体系文件必须得到贯彻实施，才能达到控制各项安全风险，保证各项工作符合生物安全规定的要求，达到既定的安全目标。这里主要从运行过程的培训、监督、内审、管理评审进行阐述。

一、培训

生物安全管理体系在正式运行前，必须让体系覆盖的所有部门的人员学习、理解体系文

件的要求，最好的方式就是集中培训。

（一）培训的对象

培训对象是全体人员。重点是管理人员（最高管理者、管理者代表、主管领导、部门负责人）、执行人员、核查人员。

（二）培训的内容

高层领导培训的重点是安全管理职责，要使最高管理层能对体系做出全面的安全策划、提出目标、落实职能、提供资源、协调实施、检查绩效和组织改进；全体员工都需要进行生物安全意识培训，了解生物安全相关的法律法规与国家标准，熟悉本部门、岗位的安全职责、体系文件、技术规范、安全操作规程和应急处置方案，知晓各项工作或活动的程序与要求。

通过生物安全培训使每个职工明白生物安全的重要性、与自己工作和自身健康的密切关系，明白如何做好本职工作，达到规定要求或目标，为实现方针和总目标做出贡献。

（三）培训的方法

培训的方法有多种，可以请咨询公司、可以派骨干参加外部培训，也可以各部门组织有针对性的专题培训。体系运行责任部门可以体系文件或生物安全知识竞赛、考试等。

二、实施

（一）领导作用是关键

生物安全管理体系是否能够有效实施，关键在领导。单位的高层管理者、中层管理者必须身先士卒，以身作则，从我做起带头按章办事，才能推动生物安全管理体系的健康运行与持续改进。

（二）全员参与出效果

每一个职工都是管理体系运行与实施的主体。执行体系文件、贯彻安全方针、实现安全目标不仅需要领导的努力，更要充分发挥每个职工在体系中的作用。最高管理者应确保方针和目标在组织内得到沟通和理解，要使全体职工既要有履行本岗位职责的能力，又要有自觉履行职责的积极性和责任感，这样才能从根本上杜绝安全事故，降低安全风险。

（三）有效实施留证据

生物安全管理体系是否有效运行，除了按照体系文件规定的要求、程序实施外，还要留下记录，记录不但是体系运行的唯一证据，还是体系能否改进持续的基本条件。

三、监督

（一）安全监督网络的建立

实验室生物安全管理体系的建立，同时也是编织了一张安全监督的网络。上层有生物安全管理委员会，中层有安全负责人，底层有安全监督员、内审员。这个网络的主要任务是依据体系文件监督各项活动是否按体系规定的程序、规程运行。既要求有“法”可依、有章可循，又要求执“法”必严、坚决执行。监督范围包括管理过程、支持过程及检测业务的全过程。最高管理者应明确赋予监督系统权力，其中包括停止工作、提出整改通知等。

（二）日常监督的内容

①员工是否严格按照安全管理体系正确操作，是否有违背管理体系的情况，产生的原因。

②是否有年度安全计划，计划是否按时实施。

③安全计划内容是否全面，通常包括但不限于下列要素：安全和健康规定；书面的工作程序，包括安全工作行为；教育及培训；对工作人员的监督；常规检查；危险材料和物质；健康监护；急救服务及设备；事故及病情调查；安全委员会评审；记录及统计。

④组织或实验室管理层是否确保了安全检查的执行，是否对工作场所实施了检查。包括用于危险物质洒漏控制的程序和物品（包括紧急淋浴装置和洗眼器）状态；对可燃性、易燃性、传染性、放射性和有毒物质的存放，进行适当的防护和控制；去污染和废弃物处理程序的状态；实验室设施、设备、人员的状态。

⑤记录是否及时、完善并安全存档。

⑥是否按照计划进行了培训。

⑦是否保持了良好的内务行为。

⑧废弃物是否得到了安全处置，记录是否全面。

要根据上述日常监督的内容编制好安全检查表（见附件 3-4），按安全计划定期进行检查，将检查结果填写在检查表中。对于在检查中发现的问题，要立即纠正或采取纠正措施，并及时向实验室负责人和相关领导汇报。

（三）内部审核

（1）目的　确定体系要素是否符合要求、确定已实施安全管理体系的有效性、为改进生物安全管理体系创造机会、有助于外部审核。

（2）依据　《实验室生物安全通用要求》GB 19489 等标准，国家有关的法律法规和行政规章，组织的生物安全管理手册、程序文件、作业性文件和相关记录。

（3）范围　应包括实验室生物安全体系的各个要素（过程）及其涉及的各个部门和岗位，包括采购、供应、维护、保卫、环境检测、样品转移运输等部门；还应包括与体系相关的重要的活动和区域；与体系运作相关的资源（如人员、方法、设备、设施等）；各类相关文件、报告、记录等。

（4）时机　每年至少一次（常规、定期、两次审核间隔不超过 12 个月）；迎接外部评审前（或上级检查、重要客户拜访前，至少提前 1 个月）；出现重大安全问题（隐患）时（随时追加审核）。

（5）方法　文件审核和现场审核。对体系文件评审的实施是要确定文件化的体系与标准、规范的符合性，包括手册、程序文件、作业指导书、所有记录表格；各部门一年至少一次，并提交文审报告。现场审核的实施是基于现场抽样，通过询问、观察、记录来确认是否符合规定要求；具体就是对照内审检查表和体系文件，通过查资料、看操作、看演示来查找客观证据，及时做好审核记录。

（6）程序　见图 3-2。

（7）要点　要做好内审工作，一定要关注以下要点：领导重视，全员参与，防止“走

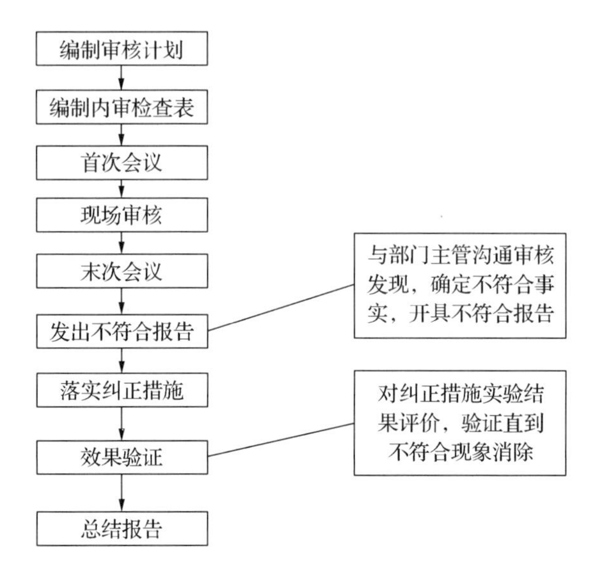

图 3-2　内部审核程序

过场”；重视内审表的编制，要有可操作性；内审员要经过严格培训，掌握内审技巧，要熟悉体系文件和审核部门的情况；要制订详细的内审实施计划（见附件 3-5），并增加现场操作的审核；准确填写不合格工作报告，注意纠正与纠正措施的区别；注意落实跟踪验证工作。

（四）管理评审

1. 目的

管理评审是实验室对生物安全管理体系的适宜性、充分性和有效性的评价活动。是对管理体系寻求改进机会的重要环节；是自我监督、自我完善管理体系的重要组成部分。

2. 评审的对象

生物安全管理体系。

3. 时机

管理评审的周期一般为 12 个月。但是，如果实验室发生重大变化或出现重大生物安全事故，则应随时进行管理评审。

4. 评审方式

管理评审采取的方式一般是会议集中讨论，有以下两种方案，实验室可以根据自身的情况及运行阶段选择使用或结合使用。最终目的是要解决当前出现的问题，确认体系是否持续适宜、充分和有效。

（1）全面评审　在召开评审会议前 2 周，由安全负责人制订安全工作评审计划，列出需要评审的议题，分发给相关部门和人员做准备。在评审会议上，由各部门负责人汇报与其相关的安全管理体系运行的情况（内容见下所述）。与会人员对全部工作报告和议题进行审议，并将其讨论、评价和相应决定的结果形成管理评审报告。

（2）专题讨论　将需要评审的项目和要求分成若干专题，指定专题负责人组织人员进行讨论，将讨论结果编写成专题报告，汇总后报告给实验室最高管理者审定，最后形成管理评审报告。

5. 管理评审的步骤

编制计划、收集输入资料、召开评审会议、会议决议（输出）资料、落实决议情况的验证。

6. 参加管理评审的人员

管理评审会议应由单位的最高管理者（或生物安全委员会主任）主持，管理体系涉及的所有部门负责人、内审员、安全监督员均应参加。

7. 评审的内容

会议应包括但不限于以下内容：

①安全方针是否适宜？安全目标是否能够达到和适宜？

②生物安全管理体系运行和安全监督人员的工作总结报告。

③内部审核结果和外部机构的检查、审核的评价情况。

④检测工作环境、资源、条件的变化情况。

⑤来自环境、周围居民及其他相关方的投诉和相关信息。

⑥实验室设施设备的运行、维护和变化情况。

⑦废弃物处置情况报告。

⑧对供应商的评价，包括供应商提供的服务等。

⑨年度安全计划落实情况、安全检查报告。

⑩风险评估及再评估报告。

⑪人员状态（包括健康状态）、培训情况及能力评估报告。

⑫上次管理评审的结果及后续改进措施执行情况等。

8. 管理评审的结论

经过管理评审会议的充分讨论，最终的结论（输出）应包括下列有关的任何决定和措施：安全管理体系（包括方针和目标）的评价结论、检测工作符合生物安全要求的评价、安全管理体系及其过程的改进、安全管理体系所需资源的改善等。

9. 管理评审决议的跟踪验证

评审决议涉及的有关部门应严格按照管理评审会议决定的要求制定相应的改进措施并实施，并及时将实施结果反馈给职能部门。管理者代表或安全负责人应组织相关部门检查实施情况，验证实施效果，并收集相应的证据予以保存。

10. 一个生物安全管理体系是否有效运行的三个衡量标准

①所有与生物安全有关的过程及其相互作用已经被确定；

②这些过程均已按照确定的程序和方法运行，并处于受控状态；

③安全管理体系通过组织协调、监控、体系审核和评审，以及验证实验等方式进行自我完善、自我发展，具备了预防和纠正安全隐患的能力，并使之处于持续改进和不断完善的良好状态。

第五节　思考题

一、判断题

1. 实验室生物安全的关键在于其硬件设施，即一级防护和二级防护设施、设备或装备等的建设。(　)

2. 《条例》中规定，实验室设立单位的法定代表人是实验室生物安全的第一责任人。(　)

3. 《生物安全管理手册》是保证本单位实验室生物安全管理符合国家有关要求的重要依据。(　)

4. 生物安全管理体系文件，每年都要进行定期审查，其中作业性文件的审查由单位的分管领导负责进行。(　)

5. 实验室编制的安全（应急）手册，最好是人手一册。(　)

6. 作为第一层次的文件，实验室编制了《生物安全管理手册》，就不必再编制《安全应急手册》了。(　)

二、选择题

7. 以下文件可以作为实验室建立生物安全管理体系的依据（　）

A. 《病原微生物实验室生物安全管理条例》

B. 《实验室生物安全通用要求》(GB 19489)

C. 《湖南省病原微生物实验室备案管理办法（试行)》

D. 以上都是

8. 一个单位的生物安全管理体系是否有效运行，主要看每年（　）的实施情况是否有效。

A. 实施计划　　B. 培训　　C. 内部审核　　D. 管理评审

9. 某医院生物安全管理体系应覆盖下列部门（　）

A. 医院领导　　B. 实验室　　C. 人事科　　D. 后勤保障部门

三、填空题

10. 生物安全管理体系文件框架分为以下四个层次：____________、____________、____________、____________。

11. 生物安全管理体系的内审和管理评审每年至少________次。

12. 管理评审会议应由单位的____________主持。

四、问答题

13. 实验室安全（应急）手册编制的原则是什么？应该包括的主要内容有哪些？

14. 实验室每年应制订年度安全计划，其内容通常包括哪些要素？

（丘　丰　向延根）

附件 3-1

《生物安全管理手册》目录

手册目录	13. 管理体系要素描述（准则 + 条例）中的基本内容
1. 前言 2. 批准页 3. 修订页 4. 目录 5. 授权书（非独立法人） 6. 编制说明 7. 实验室简介 8. 手册的管理 9. 岗位和职责描述 10. 适用范围 11. 术语与定义 12. 方针与目标 13. 管理体系要素描述（准则 + 条例） 14. 组织机构图 15. 实验室平面图 16. 程序文件目录 17. SOP 目录 18. 主要管理人员一览表 19. 人员情况一览表 20. 重要设备一览表 21. 参考文献	根据 GB 19489 标准的要求，生物安全管理手册应至少包括以下内容： 1. 风险评估及风险控制 2. 实验室生物安全防护水平分级 3. 实验室设计原则及基本要求 4. 实验室设施和设备要求（BSL-2 实验室） 5. 管理要求： （1）组织和管理（7. 1） （2）管理责任（7. 2） （3）个人责任（7. 3） （4）安全管理体系文件（7. 4） （5）文件控制（7. 5） （6）安全计划（7. 6） （7）安全检查（7. 7） （8）不符合项的识别与控制（7. 8） （9）纠正措施（7. 9） （10）预防措施（7. 10） （11）改进措施（7. 11） （12）内部审核（7. 12） （13）管理评审（7. 13） （14）实验室人员管理（7. 14） （15）实验室材料管理（7. 15） （16）实验室活动管理（7. 16） （17）实验室内务管理（7. 17） （18）实验室设施设备管理（7. 18） （19）废物管理（7. 19） （20）危险材料运输（7. 20） （21）应急措施（7. 21） （22）消防安全（7. 22） （23）事故报告（7. 23）

注：

1. 括号内为 GB 19489 的条款号。

2. 以上内容，根据各单位实际情况，可以适当地拆分合并，细化到小条款，如标识管理制度、实验室准入制度、风险评估与控制等。

3. 手册中只要覆盖以上所有要素即可。

附件 3–2 程序文件示例

《生物安全工作计划和监督检查程序》

文件编号：×××××

1 目的

为了确保本单位生物安全管理体系有效运行，通过计划、实施、自查与检查及时发现安全隐患与漏洞，并加以改进，避免发生生物安全事故。

2 适用范围

本单位与生物安全相关的部门、各项活动及相关人员。

3 职责

3.1 法人代表（院长/主任）负责生物安全工作年度计划的审批。

3.2 主管安全生产的领导负责组织生物安全工作年度计划的编制、实施及监督检查。

3.3 生物安全委员会办公室（职能部门）负责编制年度计划并加以落实。

3.4 实验室和相关部门负责本部门安全计划的编制和单位生物安全计划的执行，并定期进行自查。

4 程序与要求

4.1 单位生物安全工作年度计划

4.1.1 生物安全委员会办公室（院感科/质管科/业务办）根据生物安全管理体系要求、上年度工作情况和本年度工作任务内容负责编制年度计划，内容包括：实验室活动风险评估的开展、人员教育、培训及能力评估、设施设备核查和维护、废物处置、应急演习、生物安全管理体系审核与评审、生物安全委员会相关的活动、安全检查、总结等。

4.1.2 年度安全计划中各项内容要明确责任部门、岗位，提出具体工作要求、目标，以及完成时间或进度安排。

4.1.3 应在每年年初（2 月底以前）制订安全年度计划，经生物安全委员会或主管领导审核，报院长/主任批准。

4.1.4 年度安全计划可以采用工作表的形式进行编制。

4.2 部门（科室）生物安全工作年度计划

4.2.1 各部门（科室）负责人应负责制订年度安全计划，其内容与要求满足 4.1 外，还应包括：人员健康监护及免疫计划、实验室主要检测活动、危险物品使用计划、实验室或工作场所消毒、本部门相关程序文件、作业指导书（SOP）和规章制度的审查等。

4.2.2 安全计划应经过主管领导审批后交生物安全委员会办公室备查。

4.3 自查

4.3.1 部门负责人或安全监督员负责本部门的生物安全自查工作。

4.3.2 每月至少进行一次安全自查活动，由参加检查人员签字确认，部门负责人审核后报生物安全办公室备案。

4.3.3 对关键控制点可根据风险评估报告适当增加检查频次。

4.3.4　对自查中发现的安全隐患或漏洞，应及时采取有效措施进行整改。

4.3.5　对自查发现的重大安全隐患，安全监督员应立即向部门负责人报告，必要时可以要求暂停相关的活动，直至隐患消除后才能继续进行。

4.3.6　如果发现的生物安全隐患科所没有能力整改解决的，应立即向管理部门报告。

4.4　监督检查

4.4.1　生物安全委员会办公室应根据安全计划与生物安全管理体系要求，组织对单位所有相关部门、场所进行全面的监督检查。

4.4.2　检查方式

a. 内审与管理评审。每年至少进行 1 次，按《内部审核程序》和《管理评审程序》中规定的要求进行。

b. 常规检查或专项检查。由主管领导负责，生物安全办公室组织进行。每季度至少 1 次，或根据单位安全生产的实际情况确定检查频率。

c. 每次检查后应对存在的不符合项进行通报，并提出整改要求。

4.4.3　安全检查组应由生物安全委员会成员、部门负责人、安全监督员、内审员等组成，检查后形成的检查报告，及时向主管领导汇报。

4.5　生物安全检查的内容

4.5.1　不论是生物安全主管部门组织的监督检查，还是各部门（科室）开展的自查，都要按安全管理体系的要求编制安全检查表，内容包括：

a. 实验人员和辅助人员是否具备上岗资质与专业能力，是否通过安全培训。

b. 各部门人员遵守生物安全制度情况和安全防护措施落实情况。

c. 实验人员专业技术掌握与操作熟练程度，仪器设备操作是否规范。

d. 医疗废弃物处置与危险物品、菌（毒）种的使用、储存、运输是否符合规定要求。

e. 风险评估开展情况和评估报告定期评审情况。

f. 实验人员健康档案建立，以及进行免疫接种情况。

g. 实验室空气、设施、设备，以及地面与台面进行消毒的情况。

h. 安全设施设备、个人防护与应急装备、警报体系和消防装备功能及状态是否正常等。

4.5.2　按照安全检查表的内容，逐项进行检查。记录是否符合规定要求，以及存在的问题。

4.5.3　不符合项报告。对发现的问题（安全隐患）应以书面形式开出不符合项报告，准确描述不符合事实，明确说明不符合的依据。由被审核部门的负责人签字确认。

4.5.4　整改与验证

a. 被审核部门应立即采取纠正和纠正措施进行整改，并在不符合项报告中注明整改的方法、内容、时间、要求与责任人等。

b. 检查组在收到整改完成的信息后，要到现场查看、验证整改的落实情况，是否达到了整改的预期效果，并在不符合项报告上签字确认。

c. 对整改情况没有达到预期效果的，要重新采取措施，再做验证，直至满意为止。

4.6　检查总结报告

4.6.1　检查结束后，检查组应编制检查情况总结报告，既要指出发现的主要问题、解决问题的方案与改进的意见，又要表扬做得好的方面与部门或个人。

4.6.2　检查情况总结报告经主管领导审批后，报最高管理者，并下发到所有部门。检查总结报告还应作为管理评审的输入。

5　相关记录表格

5.1　"生物安全工作计划表"。

5.2　"生物安全检查表"。

编制人：　　　　审核人：　　　　批准人：　　　　日期：

附件 3-3

《压力蒸汽灭菌器灭菌效果监测操作规程》

文件编号：×××××

1　范围

适用于压力蒸汽灭菌器（包括下排气压力蒸汽灭菌器、预真空压力蒸汽灭菌器和脉动真空压力蒸汽灭菌器）消毒效果的检查、期间核查和使用过程中的核查。

2　概述

压力蒸汽灭菌主要依靠蒸汽中所含的热量及少量的水分产生湿热高温而起作用。当热的蒸汽遇到冷的消毒物品时，即凝结成水，同时在物体周围不约而同地形成负压，吸引周围蒸汽，使蒸汽不断进入消毒物品的深部，加速了蒸汽的穿透能力，使物品的深部也能达到消毒、灭菌的温度。

3　技术要求

3.1　适用电源：220 V ±10%　50 Hz。

3.2　温度范围：121 ℃作用 20～30 min 或 134 ℃作用 4 min。

3.3　工作压力：0～1.2 kgf/cm^2；最大压力：1.5 kgf/cm^2。

4　监测方法

4.1　物理监测法

4.1.1　日常监测：每次灭菌应连续监测并记录灭菌时的温度、压力和时间等灭菌参数。灭菌温度波动范围在 ±3 ℃内，时间满足最低灭菌时间的要求，同时应记录所有临界点的时间、温度与压力值，结果应符合灭菌的要求。

4.1.2　定期监测：应每年用温度压力检测仪监测温度、压力和时间等参数，检测仪探头放置于最难灭菌部位。

4.2　化学监测法

4.2.1　应进行包外、包内化学指示物监测。具体要求为灭菌包包外应有化学指示物，高度危险性物品包内应放置包内化学指示物，置于最难灭菌的部位。如果透过包装材料可直接观察包内化学指示物的颜色变化，则不必放置包外化学指示物。根据化学指示物颜色或形态等变化，判定是否达到灭菌合格要求。

4.2.2　采用快速程序灭菌时，也应进行化学监测。直接将一片包内化学指示物置于待灭菌物品旁边进行化学监测。

4.3　生物监测法（嗜热脂肪芽孢杆菌，菌量≥1.0×10^5 cfu/片）

4.3.1　应至少每周监测一次，监测方法遵循 WS 310.3 附录 A 的要求。

4.3.2　小型压力蒸汽灭菌器一般无标准生物监测包，应选择灭菌器常用的、有代表性的灭菌物品制作生物测试包或生物灭菌过程验证装置（process challenge device，PCD），置于灭菌器最难灭菌的部位，且灭菌器应处于满载状态。生物测试包或生物 PCD 应侧放，体积大时可平放。

4.3.3　采用快速程序灭菌时，应直接将一支生物指示物，置于空载的灭菌器内，经一个灭菌周期后取出，规定条件下培养，观察结果。

5　监测结果处理和监测周期

5.1　核查结果处理按 WS 310.3 处理。

5.2　化学指示卡每次灭菌要进行监测；生物法每个星期监测 1 次；温度压力检测最好每次都监测，每年用温度压力检测仪检测一次。

6　支持性文件

6.1　设备使用说明书。

6.2　WS 310.3 医院消毒供应中心第三部分：清洗消毒及灭菌效果监测标准。

编制：　　　　　　　　　　审核：　　　　　　　　　　批准：

附件 3–4

生物安全监督检查表

表格编号：×××××

序号	检查项目	主要内容	检查结果（Y/N）	情况说明
一、生物安全实验室备案情况				
	备案情况	①是否取得备案通知书、是否在有效期内 ②备案内容与实际检查内容是否相符 ③今年实验室是否发生变更（如：单位法人、实验室负责人、实验室位置、检测活动、病原微生物、生物安全级别等），需要申报备案的变更申请		
二、实验室设施部分				
1.	实验室布局与分区	①办公区与实验室应有严格的区域分割 ②各区间衔接和面积分配合理 ③实验室所在部位与其他实验室相对分开 ④实验室工作区域外应有备用品存放场地		
2.	实验室气流组织	①负压实验室应该符合负压的要求，气流从洁净区流向污染区 ②常压实验室生物安全柜附近无干扰气流，无穿堂风 ③不得出现正压（打开风机进行现场测试）		
3.	通风及空调	①实验室如果装备通风系统，送风系统应该在入口处上方，排风口在房间最里侧的下方或顶部 ②设立高效过滤器的洁净度要求达到 7～8 级 ③顶部送风方式禁止面对生物安全柜送风		
4.	洗手池与污水处理	①实验室出口处设置有洗手池 ②有实验室污水处理设备，实验室污水进行无害化处理，符合要求的才能排放 ③实验室废水收集应该有专门的污水收集管道，管道应该具有较好的防腐性能		

续表

序号	检查项目	主要内容	检查结果（Y/N）	情况说明
5.	实验室门窗	①实验室区域主入口的门要求能够上锁或采用电子门禁系统 ②实验室门应该有可视窗，而且可以看到里面实验活动的情况 ③实验室头门及有生物安全柜房间的门能自动关闭 ④入门处应该设置防节肢动物的设施 ⑤窗户如果是自然通风应有纱窗		
6.	生物危险警示标识张贴和使用	①在实验室区域主入口门上张贴有警示标识 ②在实验室区域每间 BSL-2 实验室门框边张贴有生物危害警示标识（注明实验室名称、安全级别、实验室负责人及联系电话等信息） ③在存放菌（毒）种的冰箱、容器、污染物收集容器等物件显眼处张贴有关标识 ④各种有潜在污染的设备、容器等应张贴生物危险标识		
7.	数据传输设施	实验室内应该有数据传输设施		
8.	生物安全柜	①生物安全柜摆放位置合适，距离后墙 30 厘米 ②生物安全柜没有气流干扰 ③生物安全柜有使用、维护和保养记录 ④每年进行安全指标监测，且合格		
9.	高压灭菌器	①摆放在同一实验区域，或在同一层建筑内 ②有使用记录，有维护记录 ③有定期消毒效果检测措施 ④每年进行年检或校准证明材料		
10.	洗眼器和喷淋装置	①在实验室工作区设置洗眼器，位置合适 ②洗眼器能够正常使用并正常维护 ③如果有涉及化学品检测实验室应该装备紧急喷淋装置，且应该能够正常使用		
11.	个人防护装备	①实验室应该配备手套、口罩、防护服、防护眼罩、防护面罩等必要的防护设备，数量充足，类型匹配 ②能够为临时参观人员提供鞋套、一次性防护服等基本防护装备，并按照要求规范使用 ③实验室门口处应设存衣或挂衣装置，工作服与个人服装分开		

续表

序号	检查项目	主要内容	检查结果（Y/N）	情况说明
12.	消毒用品装备	①实验室配备常用的消毒用品，且按照要求进行使用 ②实验室内装备有紫外线灯管，且按照要求正常使用 ③配备用于手部消毒的用品		
13.	急救装备	①实验室配备急救箱，有常用急救药品 ②配备合适的消防灭火器 ③配备紧急的逃生装置，如锤等 ④生物危害标识及警告标识等 ⑤实验室内应该有紧急情况出逃的指示标志，应急照明灯设施		
三、安全管理体系及运行部分				
1.	生物安全委员会及管理部门或人员	①建立有生物安全委员会与办事机构，单位法人为主任委员 ②生物安全委员会每年定期开展活动，如制订年度安全计划、组织安全检查等，且记录完善 ③所有实验室设置了安全监督员 ④有指定的关键岗位代理人		
2.	安全管理体系文件	①建立了完整的生物安全管理体系文件，有《生物安全管理手册》《程序文件》《安全作业文件（或SOP）》《安全手册》等 ②《安全管理手册》涵盖了 GB 19489 标准的全部内容 ③《程序文件》至少有 20 个，操作规程覆盖全面，具有可操作性		
3.	实验室准入制度	①建立有实验室准入制度，且职责明确 ②人员准入的手续和记录翔实 ③实验活动或项目准入具备有关审批手续		
4.	风险评估	①有风险评估的制度和工作程序 ②所开展的实验活动有风险评估的报告 ③有风险评估的相关工作记录 ④每年对风险评估报告进行评审、修订		

续表

序号	检查项目	主要内容	检查结果（Y/N）	情况说明
5.	废弃物处理制度	①制度完善、职责明确 ②废弃物包装和容器符合使用要求 ③废弃物包装表面有危险警示标识或说明 ④污染物品必须高压灭菌后回收 ⑤废弃物消毒、储存、交接等处理有记录，并及时处理 ⑥有损伤的废弃物如针头等必须放在符合要求的容器内		
6.	应急处置预案	①制度完善、职责明确，意外事件分级分类合理 ②实验室意外事件处置有记录 ③实验室每年定期组织开展演练或操作		
7.	操作规程	①安全操作规程覆盖全面（设备设施操作、感染性材料操作等），科学合理 ②实际工作中按照规程进行操作		
8.	生物菌（毒）种和样本管理制度	①制度完善、职责明确 ②菌（毒）种保存和领用审批记录完善 ③高致病性病原微生物标本保存符合安保要求 ④菌（毒）种销毁有相应的记录 ⑤高致病性病原微生物运输有审批程序和记录 ⑥保存有菌（毒）种、阳性样本的冰箱应该实行双人双锁		
9.	意外事件报告制度	①制度完善、职责明确 ②有报告表格，报告记录完善 ③报告范围包括意外事件、感染事件、职业伤害等		
10.	消毒隔离制度	①制度完善、职责明确，消毒的范围和数量符合要求 ②消毒有记录，内容包括检查的时间、人员和内容 ③高压灭菌器消毒应该提供原始试纸条 ④消毒灭菌的温度和时间符合要求 ⑤物体表面、实验器材、设备等消毒用试剂符合要求		

续表

序号	检查项目	主要内容	检查结果（Y/N）	情况说明
11.	安全检查、内审和管理评审	①有安全检查制度、内审和管理评审的程序文件 ②每年有安全管理与检查计划和实施记录，包括检查的时间、人员和内容 ③所在单位每年组织安全检查、内审、管理评审各项均不少于1次，实验室安全检查每年不少于4次 ④有工作改进和体系文件修订的记录		
12.	实验室检测活动的管理	①实验室应有计划、申请、批准、实施、监督和评估检测活动的制度和程序 ②每项实验活动要指定项目负责人，在首次开展活动前应得到批准 ③每项实验活动应有风险评估的报告		
四、人员管理				
1.	人员内部培训	①安全培训制度完善，职责和内容明确 ②每年组织安全培训至少一次，培训记录包括人员、内容和考试试卷等材料 ③培训对象包括实验室管理人员、实验室工作人员、实习进修人员以及其他辅助人员		
2.	人员生物安全知识技能	①实验室负责人必须是从事实验室工作5年以上，具有中级以上专业技术职称，全面负责所在实验室的日常管理工作 ②实验室应有专人负责生物安全管理工作，实验室的人员均取得《湖南省实验室生物安全岗位培训合格证书》		
3.	人员健康监护	①有健康监护制度，实验室人员建有健康档案 ②新进实验人员要进行体检 ③每年对实验室人员有健康体检，且有体检记录保存 ④实验室人员发生发热、呼吸道感染、开放性损伤等健康状况有记录 ⑤有明确的定点救治医院 ⑥对实验室人员进行必要的疫苗接种，且有接种记录		

检查记录人员：　　　　被检查部门负责人：　　　　检查时间：

附件 3–5

内审实施计划表

表格编号：×××××

<table>
<tr><td colspan="2">目的</td><td colspan="3">考核医院相关部门生物安全职责和今年安全生产任务的执行情况，评价医院生物安全管理体系与国家《病原微生物实验室生物安全管理条例》及 GB 19489 标准的符合程度，体系运行是否有效。</td></tr>
<tr><td colspan="2">范围</td><td colspan="3">医院生物安全相关部门、各实验室和相关部门</td></tr>
<tr><td colspan="2">审核依据</td><td colspan="3">1. 《病原微生物实验室生物安全管理条例》
2. GB 19489
3. 医院《生物安全管理手册》、程序文件、作业指导书等文件</td></tr>
<tr><td colspan="2">审核日期</td><td></td><td>内审报告发布日期</td><td></td></tr>
<tr><td colspan="2">审核组名单</td><td colspan="3">组长：
组员：</td></tr>
<tr><td colspan="2">首次会议</td><td colspan="3">时间：
参会人员：由医院主管领导主持，相关部门负责人和审核组成员参加</td></tr>
<tr><td colspan="2">审核时间安排</td><td colspan="2">审核部门、场所</td><td>备注</td></tr>
<tr><td rowspan="3">月
日</td><td>8：00～10：00</td><td colspan="2"></td><td rowspan="9"></td></tr>
<tr><td>10：00～12：00</td><td colspan="2"></td></tr>
<tr><td>14：30～17：30</td><td colspan="2"></td></tr>
<tr><td rowspan="3">月
日</td><td>8：00～10：00</td><td colspan="2"></td></tr>
<tr><td>10：00～12：00</td><td colspan="2"></td></tr>
<tr><td>14：30～17：30</td><td colspan="2"></td></tr>
<tr><td rowspan="3">月
日</td><td>8：00～10：00</td><td colspan="2"></td></tr>
<tr><td>10：00～12：00</td><td colspan="2"></td></tr>
<tr><td>14：30～17：30</td><td colspan="2"></td></tr>
<tr><td colspan="2">末次会议</td><td colspan="3">时间：
参会人员：由医院主管领导主持，相关部门负责人和审核组成员参加</td></tr>
</table>

制定人：　　　　　　　　审核人：　　　　　　　　批准人：

日　期：　　　　　　　　日　期：　　　　　　　　日　期：

第四章　病原微生物实验活动的风险评估

病原微生物实验活动风险评估是生物安全风险评估的核心工作，完善的病原微生物风险评估制度对于保证生物安全具有非常重要的意义。国务院《病原微生物实验室生物安全管理条例》《实验室生物安全通用要求》（GB 19489）和《病原微生物实验室生物安全通用准则》（WS 233）明确规定“当实验室活动涉及传染或潜在传染性生物因子时，首先要进行生物风险评估”。该标准适用于医学实验室和进行生物因子操作的各类实验室。病原微生物风险评估可帮助生物安全实验室设计者与使用者确定实验室的规模、设施与合理布局，帮助实验室人员正确选择生物安全防护水平，评估职业性疾病的风险、制定相应的操作程序与管理规程，采取相应的安全防护措施，减少危险性事件发生。

规范的风险评估工作应始于生物安全实验室设计建造之前，实时的风险评估应进行于生物安全实验室的实验活动之中，定期阶段性的危害再评估应于生物安全实验室使用之后。

第一节　病原微生物风险评估的目的和意义

一、风险评估的目的

病原微生物风险评估是基于病原微生物危害程度及相关背景资料，同时考虑实验活动中可能涉及的传染或潜在传染因子等其他因素，对病原微生物造成的伤害、损害或者导致疾病发生的可能性所进行的全面评估。根据在实验活动中病原微生物可能对个体或群体造成的危害大小，病原微生物风险评估的目的包括：①制定相应的安全防范制度、操作程序和应急预案；②选择相应等级的生物安全实验室及设备配置；③实验人员采取相应的防护措施和使用相符的安全防护装置，达到确保实验工作人员不被感染、实验对象和环境不被污染的目的。

二、风险评估的用途

（一）确定所需的生物安全防护水平

通过病原微生物风险评估，确定所需的生物安全防护水平，包括实验室的空间、设施与设备、个人防护装备等能否满足生物安全的需要，确保所开展的实验活动安全进行。

（二）制定所从事实验活动的安全操作或管理规程

根据风险评估的结果，制定所从事实验活动的安全操作或管理规程，主要包括：①微生物操作、仪器设备使用的程序与管理规程；②微生物保藏、运输、灭活、销毁程序；③潜在危害分析与意外事故处理程序；④人员培训、个人防护及健康监测程序。

（三）提供相关病原微生物的背景信息

在进行病原微生物风险评估过程中，需要提供全面的涉及相关病原微生物的背景信息，作为生物安全实验室人员，尤其是新上岗人员培训的重要内容之一，确保所有工作人员学习和掌握相关知识，保证开展安全的实验活动。

（四）评价病原微生物实验室的生物安全状况

病原微生物实验室的生物安全状况评价是保证实验室生物安全的最重要环节之一。该评价是在对拟进行的病原微生物风险评估审核的基础上，评估所制定的操作程序、管理制度及实验室设施设备是否能满足生物安全要求。并且，可以通过评估实验操作过程中无控制措施情况下可能产生的危害，决定在实验操作与管理上的控制措施，分析采取控制措施情况下仍存在的残余风险，并建立相应的监测与控制措施。

第二节　病原微生物风险评估原则和依据

一、风险评估的原则

病原微生物风险评估应由生物安全管理领导小组指定的专业人员进行，专业人员必须对实验室情况十分了解，并且熟悉涉及的知识领域。

风险评估的目的是风险控制，所以在风险评估的同时要提出相应的防范控制措施，将风险控制在最低水平。

病原微生物风险评估应在生物安全实验室建设或运行前进行，在实验室正式启用前和实验过程中根据实际情况和有关进展进行再评估。

二、风险评估的依据

病原微生物风险评估的主要文献参考：①《中华人民共和国传染病防治法》；②《病原微生物实验室生物安全管理条例》；③《实验室生物安全通用要求》（GB 19489）；④《病原微生物实验室生物安全通用准则》（WS 233）；⑤《实验室生物安全手册》（WHO）；⑥《人间传染的病原微生物名录》；⑦病原微生物相关专业文献和书籍。

病原微生物风险评估的主要依据：①病原微生物危害程度分类；②病原微生物的相关背景资料；③拟进行的实验活动及其可能产生的潜在危害；④类似实验室的风险评估材料和相关实验室感染事件的报道；⑤人员资质与健康状况；⑥实验室设施、设备、试剂耗材等。

三、风险评估的整体方法

实验室的每一项活动都存在着已知的和未知的或潜在的风险，因此都必须在开展前进行风险评估。然而这些风险会随着实验室人员、环境设施、仪器设备、检测方法、知识更新、认知能力等因素的改变而改变，因而要求每一项活动的风险评估都是动态的、不断完善的过程。所以，风险评估不能一蹴而就、一劳永逸，而要按照风险评估的整体方法，即“收集信息—评估风险—制定风险策略—选择并实施控制措施—风险复查和控制措施—再次收集信息”为循环流程，不断地更新与完善。

第三节　病原微生物风险评估的要素

一、病原微生物危害程度分类

危害程度分类是病原微生物风险评估的主要依据之一，危害类别的高低是根据病原微生物对个体和群体感染后可能产生的相对危害程度来划分的。

（一）病原微生物危害程度分类主要依据

病原微生物的致病性；传播方式和宿主范围；当地所具备的有效预防措施与治疗措施等。

（二）我国病原微生物危害程度的分类标准

分类标准详见第一章第三节。

第一类病原微生物（高个体危害，高群体危害）：包括埃博拉病毒、马尔堡病毒、新疆出血热病毒、天花病毒等 29 类。

第二类病原微生物（高个体危害，低群体危害）：包括：①人免疫缺陷病毒、SARS 冠状病毒（SARS-CoV、SARS-CoV-2）、汉坦病毒、乙型脑炎病毒、高致病性禽流感病毒等 51 类病毒；②炭疽芽孢杆菌、鼠疫耶尔森菌、霍乱弧菌、结核分枝杆菌、立克次体属等 10 类细菌；③粗球孢子菌、马皮疽组织胞浆菌、荚膜组织胞浆菌、巴西副球孢子菌等 4 类真菌；④疯牛病（BSE）病原等 5 类朊病毒（Prion）。

第三类病原微生物（中等个体危害，有限群体危害）：包括：①肝炎病毒、流感病毒、腺病毒、轮状病毒、疱疹病毒等 74 类病毒；②幽门螺杆菌、嗜肺军团菌、肺炎支原体、淋病奈瑟菌、伤寒沙门菌、志贺菌属、金黄色葡萄球菌、链球菌属、小肠结肠炎耶尔森菌、黄曲霉、头孢霉属、小孢子菌属等细菌、放线菌、螺旋体、衣原体、支原体、立克次体等 145 类细菌；③新生隐球菌、白假丝酵母菌等 55 类真菌；④1 类朊病毒：瘙痒病因子（Scrapie）。

第四类病原微生物（低个体危害，低群体危害）：如：金黄地鼠白血病病毒、小鼠乳腺瘤病毒、大鼠白血病病毒等。

（三）WHO 病原微生物危害程度分类标准

1. WHO《实验室生物安全手册》（第三版）的分级标准

危险度Ⅰ级（无或极低的个体和群体危险）：是指不太可能引起人或动物致病的微生物。

危险度Ⅱ级（个体危险中等，群体危险低）：病原微生物能够对人或动物致病，但对实验室工作人员、社区、牲畜或环境不易导致严重危害。实验室暴露也许会引起严重感染，但对感染能够有效地预防和治疗措施，并且疾病传播的危险有限。

危险度Ⅲ级（个体危险高，群体危险低）：病原微生物通常能引起人或动物的严重疾病，但一般不会发生感染个体向其他个体的传播，并且对感染能够有效地预防和治疗措施。

危险度Ⅳ级（个体和群体的危险均高）：病原微生物通常能引起人或动物的严重疾病，并且很容易发生个体之间的直接或间接传播，对感染一般没有有效地预防和治疗措施。

2. 美国 CDC/NIH 的分级标准

BSL-1 级：不会经常引发健康成年人疾病的微生物。

BSL-2 级：因皮肤伤口、吸入、黏膜暴露而发生危险的人类病原。

BSL-3 级：可通过气溶胶传播、能导致严重后果或生命危险的内源性和外源性病原。

BSL-4 级：对生命有高度危险的病原或外源性病原，致命，通过气溶胶而导致实验室感染，或未知传播危险的病原。

（注：CDC 为疾病预防控制中心，Centers for Diease Control and Prevention；NIH 为美国国立卫生研究院，The National Institutes of Health）

二、实验室风险评估的基本内容

实验室应建立并维持风险评估和风险控制制度或程序文件，应明确实验室持续进行风险识别、风险评估和风险控制的具体要求，并根据文件规定开展风险评估和控制工作。

当实验活动涉及致病性生物因子时，首先要通过《人间传染的病原微生物名录》查找病原微生物危害程度分类，并根据实验活动性质来确定相应级别的生物安全防护实验室。然后至少应对下列风险因素进行识别。

（一）对病原微生物的评估

1. 一般生物学特性概述

包括：①起源：简要地介绍病原微生物的发现过程；②形态特征：描述病原体的形状、大小和结构；③基因组及其编码产物：描述基因组的类型、长度、编码产物种类及其功能等；④培养特性：描述病原体的培养条件、培养细胞或培养基类型、细胞病变特征、菌落特点等。

2. 致病性和感染数量

致病性和感染剂量是评估病原微生物引起感染的轻重程度的重要参考依据之一。病原微生物的致病性取决于许多因素，如宿主类型，病原微生物的种、型、株，入侵的部位、繁殖的速度和体内的定位，以及是否产生特异性毒素等。不同的病原微生物的致病能力不同，决定了他们感染机体的数量差异。病原微生物致病性越强，导致发病的数量就越低；同一微生物感染数量越大，其暴露的潜在后果也越严重。

评估报告中，致病性主要是阐述病原微生物引发疾病的过程和发病机制；感染数量是给出引起人类或动物模型发病的剂量范围或最低阈值。

3. 自然感染途径

自然感染途径是指病原微生物在自然界中传播的途径，病原微生物可通过呼吸道、消化道、接触、血液、虫媒等途径感染与传播。同一种传染病在各具体病例中的传播途径可能不同，同一种病原微生物可以形成一种以上的传播途径。其中，呼吸道传播的病原微生物在实验室容易通过气溶胶引起感染性疾病。因此，气溶胶是引起实验室感染的重要因素。评估报告中明确所从事病原微生物的自然感染途径的种类和方式。

4. 暴露的潜在后果

机体暴露于不同种类的病原微生物后可能产生多种后果，后果的轻重取决于病原微生物的致病力和机体的抵抗力。对暴露的潜在后果评估，应参考教科书并收集相关资料，突出个体传染过程与结局。

隐性感染（亚临床感染）：是指病原微生物侵入宿主机体内，但不产生可以观察到的临床症状。隐性感染者虽然是宿主，但本身不发病，需要评估该感染形式是否可能产生相应抗体，是否排出病原微生物传给他人，或引发他人发病。

显性感染（临床传染病）：是指病原微生物侵入宿主机体内，可以观察到相应的临床症状和体征。根据该感染形式的临床症状和体征的轻重、病程的长短等，需要评估其临床传染病轻型、中型、重型和严重型的分型，是否出现个体严重的结局，即是否发生严重型临床传染病而致残、致死，以及是否出现个体间的传播。

评估报告中要分析实验人员暴露后，可能对实验人员产生的后果，以及可能导致周围环境和人群带来的危害等。

5. 在环境中的稳定性

病原微生物的稳定性是指其抵抗外界环境的存活能力。这种能力直接影响病原微生物的传染性，特别是通过空气传播的病原体。评估报告中要分析病原微生物在自然界中的稳定性、对物理因素和化学消毒剂的敏感性等。

6. 自然宿主和易感人群

自然宿主是病原微生物在自然界传播中所涉及的、能够在体内存活的动物或人类。评估中应确定拟操作病原微生物的自然宿主。易感人群需要指出在人群中的哪一类或几类人容易感染该病原微生物，如男性或女性，成人、儿童或孕妇等。

7. 动物研究、实验室感染或院内感染信息

在某些病原微生物或待检样品危害程度相关背景信息量不足时，应从动物研究、实验室感染或院内感染的病例中收集信息，包括患者的医学资料，流行病学资料，样品来源地的相关信息，以及动物模型的研究资料等。

8. 预防和治疗措施

需要评估和确定针对病原微生物感染是否有有效的治疗药物或其他有效的治疗措施，是否有针对该传染病的疫苗，是否有可靠的诊断措施，保证尽快查出可能的感染，以便及时进行有效的隔离与治疗。此外，还应考虑“当地”是否有条件进行有效的预防或治疗。

（二）拟从事的实验活动（检测方法、设备、环境）风险评估

在操作病原微生物的实验活动中，许多环节可能产生危害，是整个病原微生物风险评估的重要内容之一。实验活动指实验室从事与病原微生物菌（毒）种、样本有关的研究、教学、检测、诊断等活动，包含实验活动对象和实验活动类别两个要素。实验活动对象是指病原微生物菌（毒）种及样本，实验活动类别是指不同风险级别的实验操作。在评估时，要结合各个实验室和项目开展实验活动的范围和种类，识别不同活动中的危险因素，并给出正确的操作规程和恰当的防护要求。

1. 操作所致的非自然感染途径

因实验操作而造成的非自然感染的机会很多，需要评估并采取相应防护措施。例如清除和处理感染性材料时可能导致手污染；微生物操作中释放的较大粒子和液滴（直径大于5 μm）会迅速沉降到工作台面和操作者的手上，可以引起经消化道、皮肤和眼睛的感染；破损玻璃器皿刺伤，或注射器扎伤可以引起经血液的感染；血清样本采集时可能经喷溅和气溶胶引起呼吸道感染或眼结膜感染；进行动物实验时被动物咬伤、抓伤可导致感染。

2. 被操作病原微生物的浓度和剂量的影响

所操作的病原微生物的浓度和剂量与可能产生的危害程度密切相关；风险评估需要获得不同的实验操作、不同的样本类型所涉及的病原微生物的浓度和剂量，以此来判断危险性的大小。如果实验涉及体积较大的样本或浓度较高的病原微生物制品，则需要提高防护水平。

3. 病原微生物的实验活动类别

病原微生物实验活动的范围和种类不同，其风险不同。在处理病原微生物的感染性材料时应预先确定实验操作中可能产生的危险因素（详见本章第四节）。例如，在收集和洗涤菌体的实验操作过程中，从固体培养基上刮取菌体时容易发生菌体迸溅，因此操作时应小心轻柔，并且在生物安全柜中操作；将菌体转移至洗液后的振荡混匀操作中极易产生气溶胶，必须采取必要的防护措施，如对容器加盖密闭、在生物安全柜中操作、穿戴有效的个人防护装备（口罩、护目镜、防护服等）；检测设备的安全性问题，如普通型离心机、生物密闭型离心机的风险是不相同的。

4. 涉及动物的病原微生物实验操作

对涉及动物的病原微生物实验操作进行评估时，必须考虑病原微生物和实验动物两方面的因素：①关于病原微生物应考虑使用的剂量和浓度、正常传播途径、接种途径、能否和以何种途径被排出等；②关于实验动物方面应考虑动物的自然特性（攻击性和抓咬倾向性）、自然存在的体内外寄生虫、易感的动物疾病等，对于野生动物应考虑潜伏感染的可能性。

5. 重组 DNA 操作和可能扩大的宿主范围

实验室或项目中如果进行病原微生物的基因重组操作，需要结合拟开展的实验活动种类、亲本株的生物学特性和重组体的生物学特性对基因重组操作进行全面评估，以确定重组操作的生物安全水平。基因重组操作的相关规定可以参考卫生部《人间传染的病原微生物名录》和 NIH 的《关于重组 DNA 分子研究指南》。

6. 危险材料的风险评估

实验活动中常常会涉及危险材料的使用、保存和运行等问题，主要有危险性化学品、生物感染性材料、放射性物质等。如酒精、乙苯等易燃易爆试剂，硫酸、盐酸等腐蚀性试剂，阳性菌毒株等。在实验过程中实验员要充分认识到可能发生的风险，以及如何防控这些风险。

（三）人员因素的评估

对所有从事病原微生物实验活动的实验人员要进行人员安全状况评估，包括人员资质评估和人员健康评估。

1. 人员资质评估

对所有涉及病原微生物操作的工作人员的知识背景、实验操作技能、安全防护知识、个人心理素质、应急处理能力等进行评估，如上岗证、培训合格证、设备操作证等；对实验室管理者还要进行管理能力和应急处理能力的测评。

2. 人员健康状况评估

从事病原微生物实验活动的实验人员必须具备良好的健康状况，并建立个人健康档案；做好上岗前体检、年度体检，必要时建立本底血清库针对不同的病原微生物操作还会有一些特殊的健康要求，如对孕妇、胎儿的影响；对实验人员的健康指标进行不间断的监测，如是否有发热、呼吸道感染、开放性损伤、精神状态或情绪状态不佳等。

3. 疫苗免疫状况

对于特定病原微生物实验室，或高致病性病原微生物实验室的工作人员，在有条件的时候应进行预防性免疫接种。如甲/乙肝疫苗、出血热疫苗、狂犬病疫苗等。

（四）评估结论

评估结论应包含病原微生物危害程度分类，实验活动、实验室级别以及个人防护要求，感染控制与医疗检测方案以及应采取的消毒灭菌方案，人员健康和资质要求，预防和治疗措施要求，菌（毒）种和实验活动管理要求，应急预案和措施要求等。

三、含未知病原微生物的物质的风险评估原则

在待检样品所提供的病原微生物信息不足时，应重点考虑该物质为什么作为可疑标本？利用患者的医学资料、流行病学资料（发病率和病死率资料、可疑的传播途径、其他有关暴发的调查资料）以及标本来源地的信息，推测可能分离的病原微生物并进行风险评估。如根据流行病学资料，在湖南省境内人群中高发传染病有肝炎（甲、乙、丙型）、结核、淋病等。所以，在对常规项目检测的正常临床标本（未知病原微生物）进行风险评估时，应对本地区高发、常见的病原微生物进行评估。

处理含未知的病原微生物的标本时应注意：对于取自患者的标本，均应当遵循生物安全实验室的标准防护方法，并采用隔离防护措施（如手套、防护服、眼睛保护等）；所需要的基础（最低）防护条件为二级生物安全水平；标本的运送应当遵循国家和（或）国际的规章和规定。

对可能含有未知病原微生物的物质，应根据回顾性资料，对既往已分离的病原微生物资料以及当地流行病学资料进行分析，推测可能分离的病原微生物并进行风险评估。在没有病原微生物存在与否的确切信息时，也需要采用二级生物安全水平的预防措施。

四、病原微生物风险评估的再评估

在下列情况中，实验室应对病原微生物实验活动的危害进行再评估：①相关政策、法规、标准等发生改变时；②当收集到的资料表明所从事的病原微生物的致病性、传染方式发生变化时；③增加新的研究项目、新的检测方法、新的设备时；④在实验活动中分离到新的病原微生物时；⑤在实验过程中或在检查与督察过程中发现了新的安全隐患或问题时；⑥在实验活动过程中发生微生物泄漏或人员意外情况时，应立即进行再评估。

五、对风险评估报告的定期评审和修订

风险评估报告编制完成后，实验室应定期（每年至少一次）对其进行评审和修订。主要是由于病原微生物研究的信息不断更新，生物安全实验室活动相关的实验人员、检测方法、仪器设备、环境条件等因素随时间的推移而发生变化，所以病原微生物风险评估需要在一种动态发展过程中进行。

第四节　常见的实验室感染类型和感染来源

一、感染类型

（一）气溶胶导致的实验室感染

由于实验室中的病原微生物可以以气溶胶的形式飘散在空气中，工作人员吸入了这种污染的空气而造成感染。

（二）事故性感染

因为实验室人员操作过程中的疏忽使本来接触不到的病原微生物污染环境，直接或间接感染实验室人员甚至危及周围环境。

（三）人为破坏

有意播散生物制剂。

二、感染来源

（一）标本

（1）检测标本　实验室标本、临床标本的采取、转运、保存、销毁等。

（2）菌（毒）种　实验室采购、引进和保存的标准菌毒株或者实验室分离保存的菌毒株和阳性标本，对其进行分离、培养、鉴定、制备等操作。

（二）仪器设备使用过程中产生的污染

（1）离心机　可能造成感染的有气溶胶、飞溅物和离心管泄漏等。

（2）组织匀浆器、粉碎器及研磨器　可能造成感染的有气溶胶、泄漏和容器破碎等。

（3）超声波器具　产生气溶胶。

（4）真空冷冻干燥机及离心浓缩机　产生气溶胶，或直接接触污染。

（5）培养搅拌器、振荡器和混匀器　产生气溶胶、飞溅物、溢出物。

（6）恒温水浴器和恒温震荡水浴器　产生气溶胶。

（7）厌氧罐、干燥罐　爆裂，或者内爆，散布传染性物质。

（8）冷冻切片机　飞溅物。

（三）操作过程产生的污染

（1）接种　产生气溶胶。应使用无弹力的铂丝接种环，细菌接种后接种环火焰灭菌易崩散，酒精灯烧灼时要特别注意。

（2）混匀　产生气溶胶。吸管吸吹菌液时不要产生气泡，应沿容器壁排出。

（3）研磨　产生气溶胶。乳钵易产生气溶胶，最好使用组织研磨器。

（4）移液　产生气溶胶。吸管上端的棉花松紧要适度，吸液时要从管底吸取，吹出时要轻缓，不要全部吹净，以免产生气泡，形成气溶胶。

（5）瓶盖开封　意外溢出。开封时要避免压力和气流的急剧变化。

（6）离心　离心管破裂，造成泄漏。离心管套底垫要完好，使用匹配的管、套、离心头，加盖。

（7）注射　意外刺伤。做好个人防护，正确使用注射器及其他锐器的使用，如解剖器材、玻璃器皿等。

（8）搬运　意外外伤、泄漏。室内移动要避免滑落，移出室外要有坚实密闭的外包装。

（四）实验动物

接种于实验动物体内或本身携带的病原微生物，可通过动物毛屑、呼吸、排泄等途径排出体外，或通过产生气溶胶污染室内环境。试验人员在解剖、采样、检测、废弃物处置等过程中防护或操作不当可造成感染。

第五节　病原微生物实验室风险评估的方法

一、开展风险评估的时机

如前所述，风险评估是所有实验室生物安全工作的核心与前提，开展风险评估的时机应该是：

①在开始一个新的实验（研究）项目或者活动之前。

②检测工作程序改变时，如方法改变、新设备启用、环境条件改变、人员变化等。

③风险发生明显改变时，如使用新病原体，或发生变异，或通过查询资料获悉病原体的性质有新的发现等。

④经常性/定期地（修订）。实验室应对已经编制的所有风险评估报告进行评审和修订，每年至少一次。

⑤从来没有开展过风险评估的实验室，应在通过实验室生物安全知识培训后马上组织开展风险评估工作。

二、参加风险评估人员组成

我国《实验室生物安全通用要求》（GB 19489）规定，病原微生物实验室风险评估应由有经验的专业人员进行，包括实验室负责人、项目负责人、实验操作人员、仪器设备、设施维护人员、临床医生以及生物安全专家等。通常由单位生物安全委员会负责人组织开展风险评估，或者委托实验室负责人组织进行。所有参加人员应当对所涉及的微生物特性、设备和规程、动物模型以及防护设备和设施最为熟悉。

三、风险评估的方法

（一）首先收集相关资料

在正式开展某实验（研究）项目的风险评估之前，实验室负责人应组织项目负责人或其他实验人员收集以下资料：

1. 涉及的病原微生物等生物因子的生物学特征

如果是未知生物因子标本，应该按本章第三节“三”中的要求，对本地区发病率高的前面几种病原微生物进行评估，查找相关资料。

2. 实验室已具备的生物安全基础条件

如实验室的生物安全级别、布局、位置、应急通道、备用电源等。

3. 实验室已有的生物安全设备和设施

如通风设施、高压灭菌器、生物安全柜、冲眼器装置等，及其运行情况。

4. 实验室已有的生物安全管理制度

如生物安全实验室管理制度、人员培训制度、安全检查规定、应急事件处置程序、相关设备设施操作规程等，是否建立？运行是否正常？

5. 拟开展的检测（研究）项目情况

拟开展项目的负责人介绍、检测方法介绍，工作程序或时间安排，及该项目所涉及的设施、设备、人员和病原体等的详细情况与具体要求。

6. 参与人员的医学监测

该项目涉及病原微生物可能产生实验室感染的后果或症状，应该开展哪些内容的医学监测，是否有必要进行预防性疫苗接种。

（二）组织召开专项（题）风险评估会议

在某项实验活动开始前的2～4周，实验室负责人应该组织召开专项（题）风险评估会议。会议前的准备工作包括：实验活动相关的资料，可以是文字、图片、实物或幻灯片形式做介绍；确定参会人员（见本节“二”）；确定会议地点，最好是在现场或附近的会议室进行；确定会议议程和议题；确定会议记录人员和风险评估记录表格（见附件4-1）。

风险评估会议一般由单位生物安全委员会的负责人主持，实验室负责人或项目负责人介绍新开展实验活动的详细情况，汇报所收集到的资料，然后按议程或议题逐项进行讨论。

讨论时要根据从事病原微生物的特点以及开展实验项目的内容和各实验环节等进行综合分析，明确可能的危害来源及危害因素。评估时既要关注病原微生物（包括已知的、未知的、基因修饰的传染性微生物等）的背景材料，实验室的设施、设备条件、实验方法、危险材料，以及实验人员素质与实验室安全管理制度、措施等因素。

对于讨论分析发现的每一个风险源，同时还要提出有针对性的风险预防控制与治疗措施，及意外事件的应急处置措施。记录人员要仔细地、完整地做好每项记录。

（三）编制风险评估报告

根据风险评估会议的记录和会前收集到的资料，按照第三节“二、实验室风险评估的基本内容”的格式要求编制开展某项实验项目的风险评估报告（见附件4-2A～2B），提交实验室负责人审核、生物安全委员会负责人批准。

（四）落实风险评估控制措施

根据风险评估会议和评估报告中提出的风险预防控制与治疗措施，及意外事件的应急处置措施。实验室负责人应立即组织人员一项一项地全部落实到位。对于新制定或修改的安全制度、规程、应急预案等文件，实验室要组织相关人员培训学习；对于新配置的安全防护设施、设备及个人防护装备，实验人员都要预先学会操作、使用，直到熟练为止。

切记！上述工作完成之后，经实验室负责人批准，新的实验项目才能正式开展。实验室应对每项实验活动的风险评估报告定期进行再评估，并及时修订。

第六节　思考题

一、判断题

1.《病原微生物实验室生物安全管理条例》将病原微生物的危害程度分为四类，危害程度由一类至四类递增。（　）

2. WHO《实验室生物安全手册》将“个体危险高，群体危险低”的病原微生物归为危险度Ⅲ级。（　）

3. 呼吸道传播的病原微生物在实验室容易通过气溶胶引起感染性疾病，因此，气溶胶是引起实验室感染的重要因素。（　）

4. 所有朊病毒均属于危害程度第二类的病原体。（　）

5. 处理含未知的病原微生物的标本要求的基础（最低）防护水平是一级生物安全水平。（　）

二、选择题（多选）

6.《人间传染的病原微生物名录》中危害程度为第二类的微生物包括（　）

A. 高致病性禽流感病毒　　B. 炭疽芽孢杆菌

C. 鼠疫耶尔森菌　　D. 流行性感冒病毒

E. 结核分枝杆菌

7.《人间传染的病原微生物名录》中危害程度为第三类的微生物包括（　）

A. 新生隐球菌　　B. 白假丝酵母菌

C. 霍乱弧菌　　D. 疱疹病毒

E. 肝炎病毒

8. 病原微生物风险评估结论应包含下列哪些内容（　）

A. 病原微生物危害程度分类　　B. 实验活动、实验室级别以及个人防护要求

C. 人员健康和资质要求　　D. 预防和治疗措施要求

E. 菌（毒）种管理要求和应采取的消毒灭菌方案

9. 病原微生物风险评估的用途有（　）

A. 确定所需的生物安全防护水平　　B. 制定所从事实验活动的操作规程
C. 制定所从事实验活动的管理规程　　D. 提供相关病原微生物的背景信息
E. 评价病原微生物实验室的生物安全状况

10. 在下列哪些情况下应对病原微生物实验活动的危害进行再评估（　）
A. 生物安全实验室正式启用前　　B. 病原微生物的致病性、传染方式发生变化时
C. 增加新的研究项目时　　D. 发现了安全隐患或问题时
E. 分离到原评估报告中未涉及的高致病性病原微生物时

三、填空题

11. 我国《病原微生物实验室生物安全管理条例》根据危害程度的高低将病原微生物分为________类，其中________和________病原微生物统称为高致病性病原微生物。

12. 在进行病原微生物风险评估时，对一般生物学特性概述应包括________、________、________及________等内容。

13. 我国尚未发现或者已经宣布消灭的微生物属于危害程度为第________类的微生物。

14. 对涉及动物的病原微生物实验操作进行评估时，必须考虑________和________两方面的因素。

15. 对从事病原微生物实验活动的实验人员进行人员安全状况评估时，应包括________和________评估。

四、问答题

16. 简述病原微生物风险评估的目的。
17. 含未知病原微生物的物质的风险评估原则是什么？
18. 在什么情况下要进行病原微生物风险评估的再评估？
19. 试述病原微生物检测活动风险评估报告的主要内容。

（陈利玉　丘　丰　蔡　亮）

附件 4–1

病原微生物实验活动风险评估表

见本书附录 C–6 病原微生物实验室生物安全通用准则（WS 233—2017）中附录 I （资料性附录）表 I–1　病原微生物实验活动风险评估表。

附件 4–2A

新型冠状病毒（SARS-CoV-2）核酸检测实验活动风险评估报告

一、实验活动（项目）简介

包括活动（项目）名称、目的，参与检测的人员、使用的检测方法、所需的检测场所、设施设备、主要试剂耗材等。

二、评估目的、依据和方法

见前述相关章节。

三、评估内容

（一）SARS-CoV-2 背景资料

2020 年 1 月 16 日《国家卫生健康委办公厅关于印发新型冠状病毒实验室生物安全指南的通知》将新冠病毒暂定为第二类病原微生物。国家卫健委 2020 年 1 号公告，将新冠病毒性肺炎（COVID-19）定为乙类传染病按甲类传染病防控管理。

1. 一般特性

新型冠状病毒（SARS-CoV-2）属于冠状病毒科、冠状病毒亚科、β 冠状病毒属，与 SARS 冠状病毒（SARS-CoV）同属于 SARS 相关冠状病毒（SARS-related coronavirus）。病毒颗粒呈圆形或椭圆形，常为多形性，直径 60 ~ 140 nm。核衣壳呈螺旋对称型，有包膜。包膜表面有刺突，形如花冠。

病毒基因组为非分节段的单正链 RNA（ + ssRNA），基因组大小约 30kb，有 5’ – 甲基化帽结构和 3’ – poly – A 尾，基因组编码的蛋白主要包括复制转录酶、S 蛋白（spike glycoprotein）、E 蛋白（envelope protein）、M 蛋白（membrane protein）和 N 蛋白（nucleocapsid protein）等。S 蛋白与宿主细胞的病毒受体血管紧张素转化酶 – 2（angiotensin converting enzyme-2，ACE-2）结合，介导病毒吸附与穿入。E 蛋白与病毒组装和释放有关，M 蛋白保持病毒形态并连接 N 蛋白，N 蛋白与 RNA 结合。由于 RNA 病毒复制酶缺少校正功能，病毒复制过程中易发生突变。其全基因组序列与 MERS 冠状病毒（MERS-CoV）的同源性约 50%，与 SARS-CoV 同源性约 79%，与蝙蝠 SARS 样冠状病毒（bat-SARSr-CoV）同源性达 85% 以上。

SARS-CoV-2 对人体支气管上皮细胞，人体肺泡上皮细胞，Vero 细胞和 Huh-7 细胞等均敏感。体外分离培养时，4 天左右即可在人体支气管上皮细胞内发现病毒颗粒，而在 Vero-E6 和 Huh-7 细胞系中分离培养约需 6 天。病毒可使细胞出现圆缩、聚集、折光性下降、脱落等细胞病变。

2. SARS-CoV-2 环境中的稳定性

病毒对有机溶剂敏感，乙醚 4 ℃ 24 小时可完全灭活病毒，75% 酒精 5 分钟可使病毒失去活力。含氯消毒剂 5 分钟可灭活病毒。根据该病毒对消毒剂的抵抗力，本实验室选择 75% 酒精溶液和 0.5% 有效氯浓度的次氯酸钠溶液用于 SARS-CoV-2 相关实验的消毒处理。

病毒对温度敏感，随温度升高，其抵抗力下降，37 ℃可存活 4 天，56 ℃加热 30 分钟能够灭活病毒。紫外线照射 1 小时可破坏病毒的感染性。

3. 传染源与自然宿主

传染源主要是新型冠状病毒性肺炎（COVID-19）患者，不典型症状的病毒感染者也可能成为传染源。不典型患者是比较难管理的传染源，这类患者可无异常症状，仅仅是影像学显示肺部有病变，因而对于他们的诊断和管理比较困难，也容易流散在社会上造成疫情的蔓延。另外，无症状病毒携带者亦可能成为传染源。

目前研究认为，蝙蝠和穿山甲等野生动物可能是 SARS-CoV-2 的自然宿主和病毒来源。SARS-CoV-2 与蝙蝠和穿山甲携带的冠状病毒基因组序列同源性达 80% 以上，所以，一般认为蝙蝠可能是 SARS-CoV-2 的源头，穿山甲可能是其中间宿主。

4. 传播途径与易感人群

SARS-CoV-2 传播途径主要为经呼吸道飞沫和接触传播。在一些确诊患者的粪便中检出 SARS-CoV-2，存在粪 – 口传播风险。在相对封闭的环境中长时间暴露于高浓度气溶胶情况下存在经气溶胶传播的可能。SARS-CoV-2 传染性强，各年龄段人群普遍易感，只要满足传播条件均可以感染。目前发现的病例，平均年龄 51 岁；老年人的病死率最高，青壮年的死亡率则较低，这可能与老年有基础疾病、免疫力弱、机体调节不良等有关。

5. 潜伏期

SARS-CoV-2 感染后潜伏期为 1 ~ 14 天，多为 3 ~ 7 天，个别病例可达 24 天。

6. 暴露的后果

目前 WHO 将 SARS-CoV-2 感染引起的疾病称为 2019 冠状病毒病（COVID-19），我国卫健委将其称为新型冠状病毒性肺炎。

早期以发热、乏力、干咳为主要表现，鼻塞、流涕等卡他症状以及咽痛、腹泻等症状少见。约半数患者在一周后出现气促，少数患者快速进展为急性呼吸窘迫综合征、脓毒症休克、难以纠正的代谢性酸中毒和凝血功能障碍。重症、危重症患者可表现为中低热，甚至无明显发热。部分患者起病症状轻微，可无发热，多在 1 周后恢复。有基础性疾病、年龄大的患者容易发生重症和死亡。

7. 临床诊断

①有或无明确流行病学史。

②有发热和/或呼吸道症状。

③有新冠肺炎影像学特征。

④发病早期白细胞总数正常或降低，淋巴细胞计数减少。

⑤SARS-CoV-2 核酸检测阳性或基因测序与已知新型冠状病毒高度同源。

具体诊断标准详见国家卫健委《新冠病毒感染的肺炎诊疗方案》。

8. 预防和治疗

目前尚缺少针对 COVID-19 的特异性治疗方法，临床上以对症支持治疗和针对并发症的治疗为主，如有效氧疗，试用抗病毒药物治疗，如 IFN-α（雾化吸入），利巴韦林，瑞德西韦，磷酸氯喹等。具体治疗方案详见国家卫健委《新冠病毒感染的肺炎诊疗方案》。

9. 事故分析

2020 年春节期间武汉暴发 COVID-19 疫情中，某综合医院手术室发生 15 名医护人员和检验科 4 名实验人员的感染事件。分析原因主要是当时没有了解疾病发生的原因，患者没有按要求进行隔离，医护人员没有做好个人防护等。

（二）风险评估与风险控制

1. 实验活动和相应的预防措施

SARS-CoV-2 实验的安全防护重点是实验操作过程中尽量减少溢洒、气溶胶的产生和相关人员的呼吸道保护，如佩带 N95 口罩等，防止通过吸入气溶胶而感染。

（1）临床标本的处理　对疑似 SARS-CoV-2 感染病人的咽拭子、肺组织和血液等临床标本的核酸检测、灭活等处理时，这些标本当中有可能含活病毒。对此类临床标本的操作都必须在生物安全二级实验室生物安全柜内操作，实验室操作人员按生物安全三级实验室防护要求进行个体防护。

（2）涉及活病毒培养的操作　涉及活病毒培养的操作是指如病毒分离、组织培养、TCD_{50}测定、中和实验等。此类实验必须在生物安全三级实验室的生物安全柜内进行。

（3）已灭活的病毒或标本的操作　已灭活的病毒或血清标本等用于病毒特异性核酸、抗原、抗体检测时，可在 BSL-2 实验室进行操作。个人防护按生物安全二级实验室防护要求。尽量使用塑料材质的实验物品，避免使用尖锐物品和利器。必要时必须配备利器盒。严格禁止用手直接接触使用后的锐器。

（4）实验室操作后的消毒措施　涉及临床标本和活病毒的实验操作，在实验完毕后用含 0.5% 有效氯的次氯酸钠消毒剂溶液擦拭工作台面、生物安全柜内壁及台面，实验器材表面用 75% 酒精擦拭后移出生物安全柜。废弃物在实验室内 121 ℃高压处理 30 min 后才允许运出实验室。

2. 在 BSL-2 实验室从事 SARS-CoV-2 检测的实验活动的危险性分析和相应的预防措施

包括样本处理和开展实时荧光 RT-PCR 方法检测病毒核酸。实验活动存在的风险和控制措施见表 1。

表 1　SARS-CoV-2 核酸检测实验存在的风险和控制措施

名称	实验操作	可能风险	发生概率	发生范围	控制措施	残留风险
核酸提取	标本转移至生物安全柜	离心管掉落、破裂，感染性物质溅出，同时可能产生气溶胶	低	生物安全柜内	标本处理时要动作轻柔，应事先在操作台面铺含有 5000 mg/L 有效氯的次氯酸钠纱布。一旦发生意外，马上消毒台面及更换新的纱布或吸水纸	低
	标本振荡或挤压	产生气溶胶和溅出液体	低	生物安全柜内	同上	低

续表

名称	实验操作	可能风险	发生概率	发生范围	控制措施	残留风险
核酸提取	标本离心	产生气溶胶或破裂溢出	低	生物安全柜内或离心机	实验室采用带有安全套盖的离心套筒，如离心过程中发生收集管破裂，应关闭电源。在生物安全柜内处理相关感染性物质，彻底清洁和消毒离心机套桶。如果是不带有安全套筒的离心机，应关闭电源并且保持离心机盖关闭 30 min。及时通知本实验室生物安全员采取相应措施	低
	标本转移离心管	离心管开盖时液体溅出，离心管滑落，打翻标本 加样时，感染性液体溅出，污染离心管外部、手臂或台面	低	生物安全柜内	台面不能拥挤。在操作时，动作要小心，缓慢 使用移液器时，确保吸头与移液器连接紧密 样品打开前进行短暂离心，去除样品管盖上的残留，避免开盖时样品溅出 使用带滤芯的吸管。若滴落在生物安全柜台面，应及时消毒处理，以 5000 mg/L 有效氯的次氯酸钠纱布、75% 的酒精纱布处理。若手或管外壁接触感染材料，用 75% 的酒精纱布擦拭	低

3. 在 BSL-2 实验室从事 SARS-CoV-2 检测的设施设备的可能风险和相应的控制措施

BSL-2 实验室的设施设备中，生物安全柜、培养箱、离心机、振荡器、冰箱、高压灭菌器的可能风险以及控制措施见表 2。

表 2　设施、设备使用中的可能风险及控制措施

仪器名称	可能风险	发生可能性	后果描述	控制措施
生物安全柜	气流异常	可能性低	对实验人员及实验室的高度危险	操作前通过培训，设备定期维护。使用时，观察窗不要抬得过高，操作时动作要缓慢，柜内仪器和物品不要阻塞前后的排气口，禁止在柜内使用酒精灯，尽量减少操作者后面的人员走动，操作者不要频繁移动及挥动手臂，生物安全柜的风扇在工作开始前及结束后至少运行 5 min

续表

仪器名称	可能风险	发生可能性	后果描述	控制措施
培养箱	二氧化碳泄漏，电源短路，培养物产生气溶胶	可能性低	人员接触污染	每次使用二氧化碳培养箱时，注意观察二氧化碳气表以及培养箱显示是否正常，确保电源线连接正常，电源线周围无液体存在 定期更换二氧化碳培养箱的空气滤膜 严格规范操作，定期检查
离心机	离心管发生破裂而气溶胶释放	可能性低	人员接触污染	配备有安全套筒的离心机，可把它转移到生物安全柜内处理
振荡器	产生气溶胶，泄漏和容器破裂	可能性低	人员样品接触污染	必须使用塑料的器皿，因为玻璃可能会破裂而释放出感染性物质，而且可能伤及操作者。在操作结束后，容器应在生物安全柜里才能重新开启
冰箱	保存管泄漏	可能性极低	人员样品接触污染	操作培训，做好个人防护
高压灭菌器	人员接触高温部位，发生烫伤	可能性中等	人员发生烫伤	操作培训，做好个人防护

（三）人员安全状况评估

1. 人员健康监护和健康状况评估

实验人员、辅助人员、后勤保障人员上岗前应建立个人健康档案，进行定期的健康体检和相应的免疫接种。人员的健康状况应当符合实验室的安全工作要求。从事 SARS-CoV-2 检测、研究的实验室工作人员必须在身体状况良好的情况下，才能进入 BSL-2 实验室工作。出现下列情况时不能进入：患发热性疾病；感冒、上呼吸道感染，或其他导致抵抗力下降的情况；妊娠；已经在实验室控制区域内连续工作 4 小时以上，或其他原因造成的疲劳状态；心理素质不稳定者也尽量避免进入实验室；未经充分专业操作技能培训的人员。

SARS-CoV-2 检测实验人员的健康监护从进行实验当日开始，直至实验结束后最长潜伏期结束，期间应每日早晚测量体温、观察相应症状并记录。若操作者或其所在实验室的工作人员在此期间出现发热、体温高于 37. 3 ℃等类似症状，则应被视为可能发生实验室感染，应立即报告实验室负责人，采取早发现、早报告、早隔离、早治疗以控制管理传染源为主的综合性防治措施。对疑似感染者，采取严格的隔离防护措施，送至指定医院就诊，并做好转运过程的安全隔离和防护、消毒工作。

另外的措施有实验活动前采集本底血清样本，实验活动期间每天测体温，必要时采集血液样本进行前后对比检测，以确定是否感染。

2. 人员数量、资质和培训

至少要有2名工作人员同时进行采样、检测或有质量监督员对关键步骤进行监督。人员过少会因缺少相互提示或因工作量增大而导致操作过程中工作失误增加，风险增加。

采样人员、实验人员、辅助人员、后勤保障人员上岗前均须接受包括实验室设施、设备、个体防护、实验操作等技术培训。同时，必须熟悉和严格遵守实验室的生物安全管理要求。要求掌握相关专业知识和技能，能独立熟练地操作，具备职业暴露的应急处理能力，并经考核合格，持证上岗。

（四）综合评估结论

SARS-CoV-2属于危害程度二类的病原微生物。所有参与病毒检测和研究的实验室和实验室人员都必须遵守实验室生物安全操作规范。相关实验操作评估结论如下：

1. 生物安全级别和个人防护要求

SARS-CoV-2核酸检测实验以及确诊病例组织标本相关操作都应在生物安全二级实验室完成。操作者个人防护按照生物安全三级实验室防护要求。

2. 人员健康与素质要求

实验人员必须在身体状况良好的情况下才能进入BSL-2实验室工作，出现下列情况不能进入：由于多种原因所致抵抗力下降、孕妇及由于其他原因造成的处于疲劳状态都不适宜从事检测工作。实验人员都必须经过生物安全培训，并取得上岗证。

3. COVID-19患者样本的运输

包括在市内、省内和跨省的运输，样本的包装、标识及运输程序必须符合《可感染人类的高致病性病原微生物菌（毒）种或样本运输管理规定》中A类（UN编号为UN2814）的要求。

4. 规章制度与应急预案

应编制相关作业文件如《生物安全柜操作规程》《高压灭菌器操作规程》《离心机操作规程》《洗板机操作规程》《微生物实验室消毒灭菌和废弃物的管理》《样品管理程序》等，并经过生物安全委员会的评审是有效和安全的。实验室应对制订的《实验室意外事故和疾病报告制度》和《病原微生物生物安全应急处置技术方案》经过培训和反复演练，能确保一旦发生意外感染事件时能有效应对，把危害控制在最小范围和最低限度。在工作中一旦发现实验室可疑获得性感染患者，应立即报告实验室负责人和所在单位负责人以及相关管理部门，启动应急预案，并进行相关检测、预防和支持性治疗。

评估人员：　　　评估时间：　　　报告编制人：　　　批准人：

附件 4-2B

人类免疫缺陷病毒检测活动风险评估报告

一、实验活动（项目）简介

包括活动（项目）名称、目的，参与检测的人员、使用的检测方法、所需的检测场所、设施设备、主要试剂耗材等。

二、评估目的、依据和方法

见前述相关章节。

（一）HIV 背景资料

人类免疫缺陷病毒（human immunodeficiency virus，HIV）是引起获得性免疫缺陷综合征（acquired immunodeficiency syndrome，AIDS）即艾滋病的病原体。病毒主要通过性接触、血液和母婴传播而感染。其主要特点是感染者的 $CD4^+$ T 淋巴细胞和其他免疫细胞的数量异常和功能受损，引起机体免疫功能缺陷，并发各种机会性感染和肿瘤发生，最终导致死亡。

1. 一般生物学特性

HIV 分为两型 HIV-1 和 HIV-2，两型核苷酸序列差异超过 40%。HIV-1 是在全球范围内流行的艾滋病病原，HIV-2 是主要在西非局部流行的艾滋病病原。HIV/AIDS 流行表现为地域广、速度快，世界各地均被波及。我国自 1985 年出现第一例艾滋病病人以来，截至 2014 年底，全国报告现存活 HIV 感染者/AIDS 病人 500 679 例，死亡 158 743 例。2014 年新发现 HIV 感染者/AIDS 病人 103 501 例，死亡 23 254 例；HIV 感染者男女之比为 3.4：1，AIDS 病人男女之比为 3.6：1；15 岁以下 HIV 感染者 677 例，AIDS 病人 175 例。近年来 HIV 在我国的流行特点是：疫情依然呈上升趋势，但增速减缓；注射毒品传播和血液传播的比例逐年下降，性传播成为主要传播途径；自高危人群向普通人群扩散；地域分布差异大，局部地区疫情严重。

HIV 属反转录病毒科慢病毒属，病毒颗粒呈球形，直径约 100～120 nm。病毒核心含有两条相同的 + ssRNA 基因组和核衣壳蛋白 p7（NC），并携带有反转录酶（RT）、整合酶（IN）、蛋白酶（PR）和 RNA 酶 H（RNase H）。病毒衣壳由衣壳蛋白 p24（CA）组成。核心和衣壳共同构成圆柱状核衣壳。病毒外层为包膜，包膜来源于宿主细胞膜。包膜内衬有内膜（MA），内膜由豆蔻酸化的内膜蛋白 p17 组成。包膜表面有糖蛋白刺突，每个刺突由 gp120 和 gp41 构成的三聚体组成，是 HIV 与宿主细胞受体结合位点和主要的中和位点。HIV 基因组为两条相同的 + ssRNA，以二聚体形式存在。HIV 基因组结构比其他反转录病毒复杂，基因组两端是长末端重复序列（LTR），包含启动子、增强子及其他与转录调控因子结合的序列。基因组中间含有 gag、pol 和 env 3 个结构基因及 tat、nef、vif、rev、vpr 和 vpu 6 个调节基因，HIV-2 没有 vpu，取而代之的是 vpx。结构基因 gag 基因编码病毒的核心蛋白；pol 基因编码病毒复制所需要的酶类；env 基因编码病毒包膜糖蛋白。调节基因编码的辅助蛋白调节病毒蛋白合成和复制。

HIV是一种变异性很强的病毒，不同的毒株之间差异很大，甚至同一毒株在同一感染者体内仅数月就可以改变，使特异性中和抗体失去中和效能，这给HIV疫苗的研制造成很大困难。目前在全球流行的HIV-1毒株有3组，即M、O和N组，其中M组又可分为A～J 11个亚型，而且亚型间的重组体已有发现。HIV-2有A～F 6个亚型。

HIV仅感染表面有CD4分子的细胞，只能在激活的T淋巴细胞中才能发生产毒性感染，因此实验室常用有丝分裂原（如PHA）活化的外周血T淋巴细胞或传代的T淋巴细胞株与疑有HIV感染的淋巴细胞等标本混合培养以分离病毒。HIV在T淋巴细胞中增殖可使细胞出现不同程度病变，尤其是形成多核巨细胞。

2. 致病性与感染剂量

（1）致病性　HIV主要感染$CD4^+$ T细胞和单核巨噬细胞。HIV可通过多种机制破坏$CD4^+$ T细胞：①细胞融合形成多核巨细胞，丧失正常分裂能力；②细胞内复制产生大量未整合的病毒DNA，抑制细胞正常的生物合成；③HIV作为超抗原，诱导$CD4^+$ T细胞凋亡；④CTL对感染细胞的直接杀伤，抗体介导的ADCC作用，NK细胞杀伤作用；⑤gp41与细胞膜上MHC Ⅱ类分子有同源性，诱导产生具有交叉反应的自身抗体，损伤T细胞。另外，HIV潜伏于静止记忆性$CD4^+$ T细胞和单核－巨噬细胞，成为体内HIV储存库，是形成持续性HIV感染的主要原因。不同于$CD4^+$ T细胞，单核－巨噬细胞对HIV的致细胞病变效应具有一定的抵抗力，HIV可长期潜伏于这些细胞缓慢复制，并随其播散至脑、肺等组织，因此，单核－巨噬细胞也是重要的病毒储存库。与此同时，感染HIV的单核－巨噬细胞逐渐丧失吞噬和诱发免疫应答的功能。

（2）感染剂量　HIV感染剂量与潜伏期和发病过程相关，但具体的感染剂量目前尚未见报道。

3. 感染途径及潜在暴露的后果

（1）感染途径　HIV携带者和AIDS患者是HIV感染的传染源。HIV感染者的血液、精液、前列腺液、阴道分泌物、脑脊液、乳汁、唾液、泪液、脊髓及中枢神经组织等均含有HIV。HIV感染的传播途径主要包括性接触、血液和垂直等途径。与艾滋病人及HIV病毒感染者的日常生活和工作接触（如握手、拥抱、共同进餐、共用工具、办公用具等）不会感染艾滋病，艾滋病不会经马桶圈、电话机、餐饮具、卧具、游泳池或公共浴室等公共设施传播，也不会经咳嗽打喷嚏、蚊虫叮咬等途径传播。

（2）暴露的后果　典型的HIV感染过程包括急性感染期（1～3周）、临床潜伏期（5～15年）、AIDS期等阶段。当$CD4^+/CD8^+$ T细胞数倒置，$CD4^+$ T细胞计数<200细胞/mm^3，感染者免疫功能严重障碍，进入典型AIDS期，临床表现为严重的免疫缺陷、机会感染和恶性肿瘤。

4. 环境中的稳定性

HIV对理化因素抵抗力较弱。对热敏感，56 ℃加热30分钟可灭活体液或血清中的HIV，但冻干血液制品必须加热68 ℃ 72小时才能保证彻底灭活HIV；对化学消毒剂敏感，常用消毒剂如0.5%次氯酸钠、5%甲醛、10%漂白粉、0.3%过氧化氢、70%酒精、35%异丙醇等室温消毒 10~30 min 即可完全灭活 HIV。HIV 对紫外线不敏感，有较强的抵抗力。

5. 自然宿主与易感人群

人类是 HIV 的自然宿主。人群普遍易感，但与个人的生活卫生习惯及社会因素的影响等有关。HIV 感染最主要的高危人群为同性恋及双性恋男性、静脉药瘾者、多个性伙伴或卖淫嫖娼者、血友病患者及接受输血、血制品或器官移植者。目前感染者中男女感染率基本一致，发病年龄主要为 16~40 岁的青壮年。

6. 动物研究、实验室感染或院内感染信息

在 AIDS 流行的早期，研究人员用感染者的淋巴细胞悬液接种包括非人灵长类在内的不同动物，证实只有黑猩猩能被感染，感染的黑猩猩多无症状，病毒不能损害它们的免疫系统。存在医务人员因职业暴露而发生 HIV 感染的可能性。在这些人中，多数是由于在给患者进行静脉穿刺时发生了针刺伤，几乎所有感染者均在职业暴露发生 6 个月内进行了检测并被证实感染。

7. 预防和治疗措施

（1）预防措施　多年来人们一直致力于 HIV 疫苗的研究，但至今尚无临床有效的疫苗，多种候选疫苗处于开发和测试中。目前预防和控制 HIV 感染的主要措施是健康教育和行为干预，包括：①广泛的 AIDS 预防教育宣传；②全球和地区性 HIV 感染的监测网络，及时掌握疫情蔓延趋势，严格出入境检验检疫；③提倡安全性行为，安全性行为是防止 HIV 流行的关键措施，流行病学调查显示，使用安全套避免 HIV 感染的有效率达 69%；④对血液和血制品进行严格检验与规范化管理，献血、献器官、献精液者必须做 HIV 抗体检测，打击吸毒行为，禁止共用注射器、注射针、牙刷和剃须刀等；⑤HIV 抗体阳性妇女，应避免怀孕或避免用母乳喂养婴儿；⑥关心、帮助和不歧视 AIDS 患者和 HIV 感染者，家庭和社会要为他们营造一个友善、理解、健康的生活和工作环境，鼓励他们采取积极的生活态度，改变危险行为，配合治疗，有利于提高他们的生命质量、延长生命。

（2）治疗措施　目前仍缺乏根治 HIV 感染的有效药物，治疗的主要目标是最大限度和持久的降低病毒载量，减少传染性，获得免疫功能重建和维持免疫功能，提高生活质量，降低 HIV 相关的发病率和死亡率。强调综合治疗，包括一般治疗、抗病毒治疗、恢复或改善免疫功能的治疗及机会性感染和恶性肿瘤的治疗等。

（二）拟从事实验室活动的危险性分析及相应的预防措施

1. 实验室实验活动

本实验室主要从事：①HIV 的血清学检测；②HIV 抗体筛查实验：ELISA；③HIV 抗体确证实验：Western blot。

2. 危险性分析

在 HIV 实验操作过程中，包括接收样本时样本包装密封性不好造成样本泄漏；操作过程中如打开容器盖时样本外溅，加样、孵育、震荡、分离保存血清等时由于操作不慎导致样本溅出、离心管破裂等；实验室工作环境的污染，实验人员如果接触污染的实验仪器表面、冰箱、加样器、实验台、门把手及实验废弃物等均可能被感染。

3. 预防和处置措施

（1）预防　①HIV 抗体的检测过程均应在 BSL-2 级实验室内进行；②操作者在实验全过程中都应穿戴好生物安全防护装备，包括一次性的口罩、帽子、双层乳胶手套，及防护衣，必要时佩戴防护镜等；③操作全过程应严格执行实验室的标准操作规程；④尽量避免在实验室使用针头、刀片、玻璃器皿等利器，以防刺伤，如果必须使用，在处理或清洗时应采取措施防止刺伤或划伤，并应对用过的物品进行消毒处理。

（2）处置措施　①所有的血液、血清、未固定的组织和组织液样品，均应视为有潜在传染性，都应以安全的方式进行操作，应按操作未知的有传染风险样品一样，小心存放、拿取和使用所有可能有传染性的质量控制和参考物质，用后的包裹应进行消毒；②接收样本时，核对样品与送检单，检查样品管有无破损和溢漏，如发现溢漏应立即将尚存留的样品移出，若样本外漏到标本容器外面，应立即用浸有 0.5% 含氯消毒液的多重软布及 75% 酒精擦拭标本容器，必要时通知重新采集标本；打开标本容器时要小心，以防内容物泼溅；废弃的标本视为高危物质放置到高压灭菌锅内消毒，同时立即更换污染的手套，污染的手套也应放到高压灭菌锅内灭菌；③在进行操作时，若发生液体外溅，应用 0.5% 含氯消毒液浸泡污染处 10～15 min，然后用 75% 酒精及清水多次擦拭，且所有实验用品应按污染物质处理，放入高压灭菌锅内灭菌；④在离心过程中，若发生离心管破裂及样本外溅，应立即停止离心，待离心机自动停止并发出提示信号 5 min 后，确保穿戴好一切防护用品后，方可打开离心机盖，用止血钳子夹出离心的碎片，被样本污染的地方，用 0.5% 含氯消毒剂的吸水性物质消毒 10～15 min，清理污染处，移走吸水性物质，并用 75% 酒精多次消毒污染处，所有消毒处理用过的物品应按高危物质处理，放入高压灭菌锅内灭菌；⑤如果在操作过程中将待检测的血液、体液等样本溅洒于皮肤黏膜表面时，应立即用自来水、清水或生理盐水反复冲洗；如溅入眼睛、口腔等部位，应用自来水、清水或生理盐水长时间彻底冲洗（30 min）；如发生皮肤黏膜针刺、切割伤、刮伤等出血性损伤，应立即挤出损伤局部的血液，然后用自来水、清水或生理盐水等彻底冲洗，再用碘伏消毒创面；如衣物被污染，应尽快脱掉被污染的衣物，进行消毒处理；⑥如有高危的意外事故发生，除进行局部处理外，同时应立即采取预防措施，包括对其随访、HIV 检测、休息并暂时离开原岗位 3 个月，按医嘱服用抗 HIV 药物进行预防。若一旦发生意外事故造成污染，应立即按《实验室突发事件处理预案和程序》中处理办法进行处理。

（三）人员安全状况评估

1. 工作人员健康监测和健康状况

根据实验室从事 HIV 实验需要，为实验室人员建立健康档案，实验室人员必须在身体状况良好的情况下，才能进入实验室工作。对所有从事 HIV 检测的实验室工作人员在进入实验室前都要做健康体检，保留血样，定期体检，采集的血清标本，留在健康档案中备案，并根据需要进行疫苗接种。每年至少一次为本实验室职工提供相关项目体检：包括血常规、肝炎五项、HIV 抗体检测等。建立健康监测网，监察实验人员健康状况。如遇实验室人员暴露情况出现，除按实验室突发事件处理程序进行处理以外，还要在 HIV 抗体的潜伏期内进行定期（1 月、2 月、3 月、6 月、12 月）监测。近期有较深的开放性伤口的人员应该禁止或限制其进入相关实验操作区；限制在妊娠早期的工作人员进行 HIV 病毒相关的感染性材料的操作。

2. 工作人员素质

所有技术人员均经过规范的生物安全培训，并经过严格考核和取得上级主管部门许可；所有技术人员均学习过生物安全手册并签署知情同意书。熟知 HIV 实验 SOP 文件及流程，并签署知情同意书。

（四）评估结论

1. 危害程度分类

根据《中华人民共和国传染病防治法》，艾滋病属于乙类传染病。在原卫生部 2006 年公布的《人间传染的病原微生物名录》中将 HIV（1 型和 2 型）列为危害程度为第二类病原微生物。运输包装仅病毒培养物为 A 类，UN 编号为 UN2814。

2. 实验活动、实验室级别以及个人防护要求

①在操作 HIV 抗体检测实验过程中，可能发生皮肤、黏膜的接触感染等实验室意外感染，因此，对检测 HIV 抗体的血液（血清）操作必须在 BSL-2 实验室操作，在个人防护措施上应按 BSL-2 实验室防护级别进行防护，实验完毕后能高压的废弃物在实验室内 121 ℃ 30 min 高压灭菌后才允许运出实验室，不能高压的物品用 2 g/L 含氯消毒液进行浸泡消毒 30 min 以上；②所有临床要求检测 HIV 抗体的血标本，都应按临床疑似患者标本处理，所有操作都要在 BSL-2 实验室内进行，个人防护措施要按 BSL-2 实验室防护级别进行个人防护；③ HIV 抗体检测实验中的阳性对照及内部质控品，虽然是灭活的血清，仍要在 BSL-2 级实验室的 A2 级生物安全柜内进行，试验操作后的所有血样品及消耗品均进行高压灭菌 121 ℃ 30 min 后或 2 g/L 含氯消毒液进行浸泡消毒 30 min 以上才允许运出实验室进行集中处理。

3. 人员健康与素质要求

从事 HIV 抗体初筛试验的技术人员必须在身体状况良好的情况下才能进入 BSL-2 实验室工作，出现下列情况不能进入：由于多种原因所致抵抗力下降、孕妇及由于其他原因造成的处于疲劳状态都不适宜从事 HIV 抗体检测工作。没有上岗证的本室人员及非本室人员如要进入 HIV 抗体检测室，必须经本室负责人同意，并填写进入室内的一切相关材料，穿、带防护用品后方可进入。

4. 应急预案与措施要求

在工作中一旦发现实验室可疑获得性感染患者，应立即报告实验室负责人和所在单位负责人以及相关管理部门，启动应急预案，并进行相关检测、预防和支持性治疗。

评估人员：　　评估时间：　　报告编制人：　　批准人：

第五章　生物安全实验室设计原则以及各级生物安全实验室设施、设备基本要求

本章以生物安全一级和二级实验室（BSL-1、BSL-2）为主来介绍生物安全实验室设计的基本原则以及各级实验室设施和设备的基本要求。生物安全实验室的设计应以生物安全为核心，确保实验人员和实验室周围环境的安全，也应满足实验对象及其对环境的要求，并以经济、实用为原则。包括主要介绍实验室生物安全的硬件部分，即生物安全实验室设施和设备。各级实验室设施是指实验室在建筑上的结构特征，如实验室的布局、送排风系统等；各级实验室设备要求主要指生物安全设备的配置，如生物安全柜的选择和安装、高压灭菌器的型别、冲洗眼装置、离心机安全杯帽等。

第一节　生物安全实验室设计原则

实验室选址、设计和建造原则上应符合国家和地方的环境保护以及建设主管单位等相关部门的规定和要求，一般具体要求以下：

一、门禁标识

主入口（或房间的入口）处应有警示和进入限制等标识，房间的门锁应便于快速打开；应设计紧急撤离路线，紧急出口应有明显的标识。其他标识要求见第十三章。

二、环境分区

实验室的设计应保证对生物、化学、辐射和物理等危险源的防护水平控制在经过评估可接受的程度，为与其关联的办公区和邻近的公共空间提供安全的工作环境、生活环境。应评估生物材料、样本、药品、化学品和机密资料等被误用、被偷盗和被不正当使用的风险，并采取相应的物理防范措施，应有专门设计以确保存储、转运、收集、处理和处置危险物料的安全。

三、控制系统

实验室内温度、湿度、照度、噪声和洁净度等室内环境参数应符合工作要求和卫生等相关要求。实验室还应考虑节能、环保及舒适性要求，应符合职业卫生要求和人体工效学要求。

四、生物防护

实验室应有防止节肢动物和啮齿动物进入的措施，如纱门、纱窗、挡鼠板等。动物实验室的生物安全防护设施还应考虑对动物呼吸、排泄、毛发、抓咬、挣扎、逃逸、动物实验（如染毒、医学检查、取样、解剖、检验等）、动物饲养、动物尸体及排泄物的处置等过程产生的潜在生物危险的防护。

五、空间计划

实验室的设计应对其空间、高度、通道（实验室的走廊和通道应宽敞、明亮且不妨碍人员和物品通过）等进行评估。动物实验室还应符合国家实验动物饲养设施标准的要求。动物饲养、解剖室、笼具还应考虑实验及动物福利的要求。

六、定向气流

条件允许的生物实验室设计上可考虑气流方向，但不得循环使用实验室排出的空气（特别是动物实验室），在此基础上再考虑净化级别及要求。

七、功能配置

其他功能上，还应考虑设计实验室配套设施，如特种气体、药品柜管道、真空/负压/天然气、蒸馏水、冷/热水管道、通信/网络传输、冷链系统以及监控和红外报警设备等。

八、安防系统

实验室的设计应考虑安全、防火性和安全疏散通道设置，应符合国家消防规定和要求。实验室的建筑材料和设备等，应符合国家安全、环保标准和要求。

第二节　BSL-1 至 BSL-4 实验室的基本概念

生物安全实验室防护由一级防护屏障（安全设备）和二级防护屏障（设施）这两部分硬件及实验室管理规程和标准操作程序等软件构成。生物安全防护水平（BSL）由安全设备和实验室设施不同组合构成一至四级生物安全防护水平，一级为最低级防护水平，四级为最高级防护水平。其中 BSL-1、BSL-2 实验室被称为基础实验室，BSL-3 实验室被称为生物安全防护实验室，BSL-4 实验室被称为高度生物防护实验室。

一、一级生物安全防护水平（BSL-1）

一级生物安全防护水平是指适合于已知其特征的、在健康成人中不引起疾病的、对实验室工作人员和环境危害性最小的生物因子（对应于我国《病原微生物实验室生物安全管理条例》规定的第四类危害的微生物）的工作。如从事枯草杆菌、格氏阿米巴原虫和感染性犬肝炎病毒等实验。

BSL-1 不需要特殊的一级和二级屏障。除需要洗手池（配有洗眼器）外，依靠标准的微生物无菌操作即可获得基本的防护水平。

二、二级生物安全防护水平（BSL-2）

二级生物安全防护水平是指实验室的操作、安全设备和设施适用于操作我国《病原微生物实验室生物安全管理条例》规定的第三类（少量二类）危害的致病微生物。从未知病原的人身上取血、体液和组织进行检测、诊断、研究的实验室至少要达到二级或以上生物安全防护水平。

这些致病微生物主要是通过破损皮肤或黏膜接触或吞食，以及针头或利器可能导致的损伤。最有可能使工作人员暴露的是实验过程随时都可产生的、充满实验室空间的生物气溶胶。

二级生物安全防护水平微生物操作需要添加生物安全柜、高压灭菌器、安全离心机罩帽、防溅罩或面罩、洗眼器等。

按照实验室是否具备机械通风系统，将 BSL-2 实验室分为普通型 BSL-2 实验室、加强型 BSL-2 实验室。

三、三级生物安全防护水平（BSL-3）

三级生物安全防护水平是指实验室的操作、安全设备和设施适用于操作我国《病原微生物实验室生物安全管理条例》规定的第二类（个别第一类）病原微生物。这些类型致病微生物对工作人员的主要危害是通过接触感染、接种（自伤）、吞服和暴露于感染性气溶胶中有关。

三级生物安全防护水平有严格的一级防护屏障和二级防护屏障的要求，以防止相邻区域的工作人员、社会和环境暴露于可能的感染性气溶胶中。例如，所有实验室操作应该在生物安全柜或其他密闭容器中进行，诸如气密型气溶胶发生柜。这一水平的二级屏障包括实验室的控制入口和为减小感染性气溶胶从实验室释放的特殊通风系统。

四、四级生物安全防护水平（BSL-4）

四级生物安全防护水平是指实验室的操作、安全设备和设施适用于操作我国《病原微生物实验室生物安全管理条例》规定的第一类病原微生物。与四级生物安全防护水平的微生物具有相近的或一致的抗原关系的微生物也应该在该防护水平进行研究。

四级生物安全防护水平的微生物对工作人员的主要危害是呼吸道暴露于感染性气溶胶、黏膜暴露于感染性飞沫和自身接种。所有操作可能具有感染性的诊断材料、分离培养物以及自然或实验感染的动物时，实验室工作人员、社会和环境均可造成高度危险的感染。

四级生物安全防护水平设施一般是独立建筑物或具有复杂的、特殊的通风系统和防止活的微生物释放到环境中的污物处理系统与其他建筑完全隔离。Ⅲ级生物安全柜或全身正压防护服能够把实验室工作人员与气溶胶化的感染性材料完全隔离开。

第三节 BSL-1 至 BSL-4 实验室设施和设备基本要求

一、BSL-1 至 BSL-4 级实验室的设施要求

在实验室设计时，应特别关注能够造成实验室生物危害的主要因素，包括：气溶胶的形成；处理大容量或高浓度微生物；人员过多或设备过多；啮齿动物和节肢动物大量滋生；未经允许人员进入实验室；工作流程中使用一些特殊的样品和试剂。

（一）BSL-1 实验室的设施要求（图 5–1）

BSL-1 实验室可用来涉及我国《病原微生物实验室生物安全管理条例》中危害程度第四类的病原微生物的检测、教学、研究等工作。其设计原则和设施方面应满足以下要求：

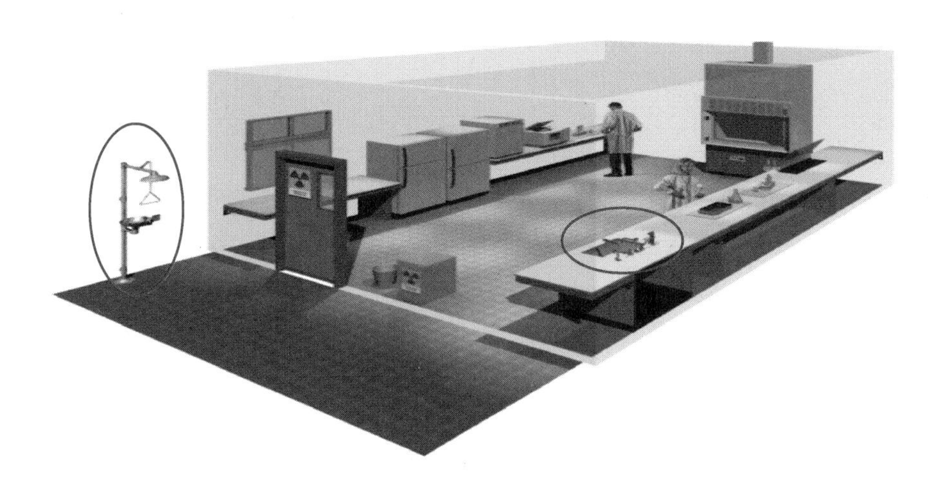

图 5–1 BSL-1 实验室设施设备基本要求（配备有洗手池、洗眼器，必要时设紧急喷淋装置）

①实验室的门应有可视窗并可锁闭，门锁及门的开启方向不应妨碍室内人员逃生。②实验室的墙壁、天花板和地板平整、防滑、不渗水以及耐化学品和消毒剂的腐蚀。易清洁，不应铺地毯。③实验柜稳固，边角圆滑；防水并可耐消毒剂、酸、碱、有机溶剂的腐蚀且能适度耐热。④实验室内的设备应当摆放稳定，在实验台和其他设备之间及其下面要保证有宽敞的空间和距离以备清洗、维修。⑤应当有足够的存储空间或台、柜来摆放物品以方便使用，从而预防在实验台和走廊内造成混乱。最好还应当在实验室工作区域外设置物资存储空间。⑥应当为安全地操作及储存溶剂、放射性物质、压缩气体和液化气提供足够的空间和设备。⑦在实验室门口处应设置存衣或挂衣装置，或在实验室的工作区域设当有存放外衣和私人物品的设施。⑧每个实验室都应该安装有洗手池（水龙头应是自动感应式、长手柄式或脚踏式），最好安装在出口处；若操作刺激或腐蚀性物质，应在 30 米内设洗眼装置（图 5–2–1、图 5–2–2），必要时设紧急喷淋装置（图 5–3）。⑨实验室的窗户和门的入口处应安装防媒介昆虫和啮齿动物的纱窗和挡板。⑩应配备适用的应急器材，如消防、应急照明、急救箱、通信设备等。⑪应配备适当的消毒及灭菌设备。⑫实验室可以利用自然通风。如果采用机械通

风，应避免交叉污染。若操作有毒、刺激性、放射性、挥发性物质，应配备负压排风柜或抽排风罩。⑬应有足够的固定电源插座，避免多台设备使用共同的电源插座。

图 5-2-1　洗眼装置

图 5-2-2　洗眼器

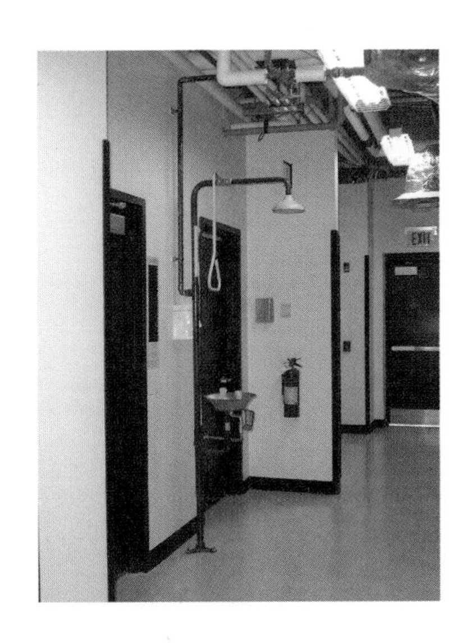

图 5-3　紧急喷淋装置

（二）BSL-2 实验室的设施要求（图 5-4）

BSL-2 实验室可用来涉及我国《病原微生物实验室生物安全管理条例》中危害程度第三类的病原微生物的检测、教学、研究等工作。

BSL-2 实验室首先要在满足 BSL-1 实验室设施的基础上，增加以下内容：

①实验室主入口的门应有进入控制措施，其主入口门和放置生物安全柜实验室的门应能够自动关闭，有可视窗及“生物危害”标识（详见第十三章）。②应在操作病原微生物样本

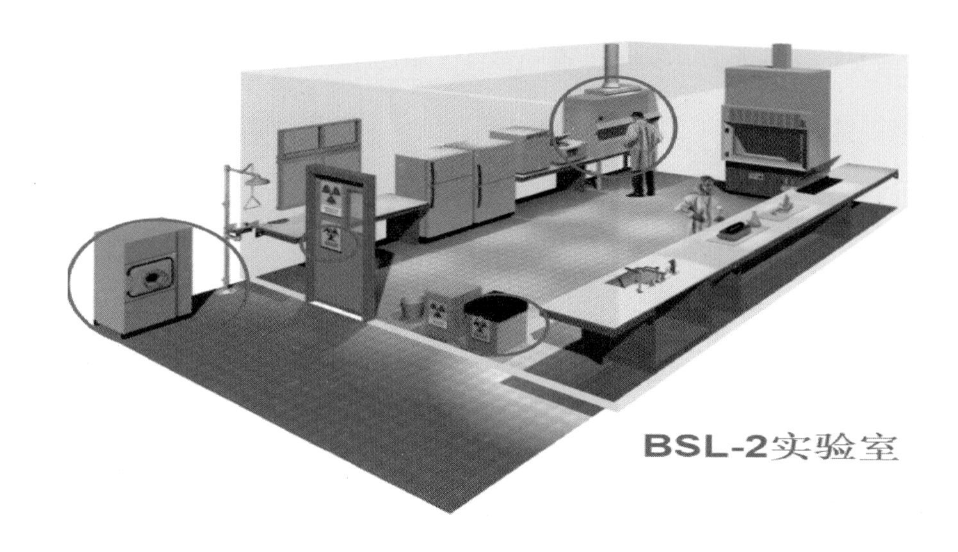

图 5-4　BSL-2 实验室设施设备基本要求（在一级基础上配备有生物安全柜、高压消毒锅、生物危害标识）

的实验间内配备生物安全柜。如果生物安全柜的排风在室内循环，室内应具备通风换气的条件；如果使用需要管道排风的生物安全柜，应通过独立于建筑物其他公共通风系统的管道排出。③应在实验区域配备洗眼装置，在实验室或其所在的建筑内配备高压灭菌器或其他适当的消毒灭菌设备，所配备的消毒灭菌设备应以风险评估为依据。④应有可靠的动力保证。必要时，重要设备（如培养箱、生物安全柜等）应配备用电源或双线供电。应有火灾报警系统。⑤实验室工作区域以外应配备有存放备用物质的条件。

（三）加强型（负压型）BSL-2 实验室建设

在计划新建实验室或改建、扩建、安装新的设备时，有条件的可以或考虑设置空气洁净与通风系统，使空气向内流动而不发生循环、死角少；设计上可参见如下要求：

图 5-5　传递窗

1. 平面布局

①实验室可设计包括有辅助工作区、防护区和核心工作区（间）以及各区之间相连的缓冲间，缓冲间的门应能自动关闭并互锁。

②在防护区应设紧急撤离使用的安全门。

③辅助工作区与防护区之间、防护区与核心工作间之间应设传递窗（图 5-5），人员必须经过缓冲间进入实验室。

④隔离区或隔离门入口处应采用防止节肢动物和啮齿动物进入的设计。

⑤一般配备 A2 级或 B2 级生物安全柜，其安装位置应远离实验间入口和避开工作人员频繁走动的区域，且有利于形成气流

由“清洁”区域流向“污染”区域的单向气流型。

2. 围护结构

①实验室（含缓冲间）维护结构内表面必须光滑耐腐蚀、防水，以易于消毒清洁；所有缝隙必须可靠密封。

②实验室内所有的门均应自动关闭。

③地面应无渗漏，光洁但不滑；不得使用地砖和水磨石等有缝隙地面。

④天花板、地板、墙间的交角均为圆弧形且必须可靠密封，施工时应防止昆虫和老鼠钻进墙脚。

3. 通风空调

①必须安装独立的通风空调系统以控制实验室气流方向和压力梯度。该系统必须确保实验室使用时，室内空气除通过排风管道经高效过滤排出外，不得从实验室的其他部位或缝隙排向室外；同时确保实验室内的气流由“清洁”区域流向“污染”区域。

②进风口和排风口的布局应该是对角分布，上送下排，矢状气流方式较为合适，应使实验区内的死空间降低到最低程度。

③通风空调系统为直排式，不得采用回风系统。

④由生物安全柜排出的经内部高效过滤的空气可通过系统的排风管直接排至大气，应确保生物安全柜与排风系统的压力平衡。

⑤如某些有必要的实验室的进风设计可考虑经初、中、高效三级过滤，保证实验间的静态洁净度为1万级，半污染区为10万级。

⑥实验室的排风可经高效过滤或加其他方法处理后直接向空中排放，该排风口应远离系统进风口位置。

⑦进风和排风高效空气过滤器必须安装在实验室进风管道的末端和排风管道的前端，以避免污染风道。

⑧高效空气过滤（HEPA）器的安装必须牢固，密封良好。

⑨实验室的通风系统中，在进风和排风总管处应安装气密型密闭阀，必要时可完全关闭以进行室内化学熏蒸消毒或检测。

⑩实验室的通风系统中使用的所有部件应为气密型。所使用的高效空气过滤器不得为木框架和纸隔板结构。

⑪如安装通风设备，同时应安装风机启动自动连锁装置，确保实验室启动时先开排风机后开送风机；关闭时先关送风机后关排风机。

⑫在核心工作间和防护区内不应另外安装分体空调、暖气和电风扇等。

4. 环境参数

①相对于实验室外部，其内部保持负压。核心工作间的相对压力以 $-(20\pm5)$ Pa 为宜，防护区与核心工作间之间的缓冲间的相对压力为 -15 Pa，防护区的相对压力以 $-(10\pm5)$ Pa 为宜，辅助工作区与防护区之间的缓冲间的相对压力为 -5 Pa，辅助工作区为室外大气压。

②实验室内的温度在人体舒适范围为宜，相对湿度以不超过70%为宜或根据工艺要求而定。

③实验室内的空气洁净度以 1 万 ~ 10 万级为宜。

④实验室人工照明应均匀，不眩目，不反光，工作照度不高于 500 lx。

⑤实验室内噪声不超过 65 dB。

5. 其他

①实验台表面应防水，耐腐蚀、耐热。

②实验室中的家具应牢固。为便于清洁，各种家具和设备之间应保持一定距离。应有专门放置生物废弃物容器的台（架）。家具和设备的边角和突出部位应圆滑、无毛刺。

③所需真空泵应放在实验室内。真空泵工作时，不能影响室内的负压的有效梯度。

④压缩空气钢瓶等应放在实验室外（专用设备间或设备箱内，见图 5-6）。穿过围护结构的管道与围护结构之间必须有效密封，工作时不能影响室内的负压的有效梯度。

图 5-6 气瓶室

⑤实验室安全出口应有长效发光指示标志。

⑥实验室应设通信系统，实验记录应通过传真机、计算机等手段发送实验室外。

（四）BSL-3 实验室的设施要求（图 5-7）

BSL-3 实验室可用来涉及我国《病原微生物实验室生物安全管理条例》中危害程度第二类的病原微生物的检测、研究工作。设施除满足 BSL-1 和 BSL-2 实验室设施的要求外，BSL-3 实验室在选址（BSL-3 实验室对实验室所在环境有要求，可与其他用途房屋设在一栋建筑物中，但必须自成隔离区或为独立建筑物）、平面布局、送排风系统等方面也有其众多特殊设计，其设计原理主要是“围场效应”；有以下特征，如在平面布局上，BSL-3 实验室包括辅助工作区、防护区和核心工作间以及各区之间相连的缓冲间；相对于实验室外部，其内部保持负压，其核心工作间的相对压力达 -(40 ± 5) Pa。还需有自控、监视、报警系统等。

BSL-3 实验室在建设之前首先要经过国家有关部门的审查批准，并通过环保部门的环境评价。

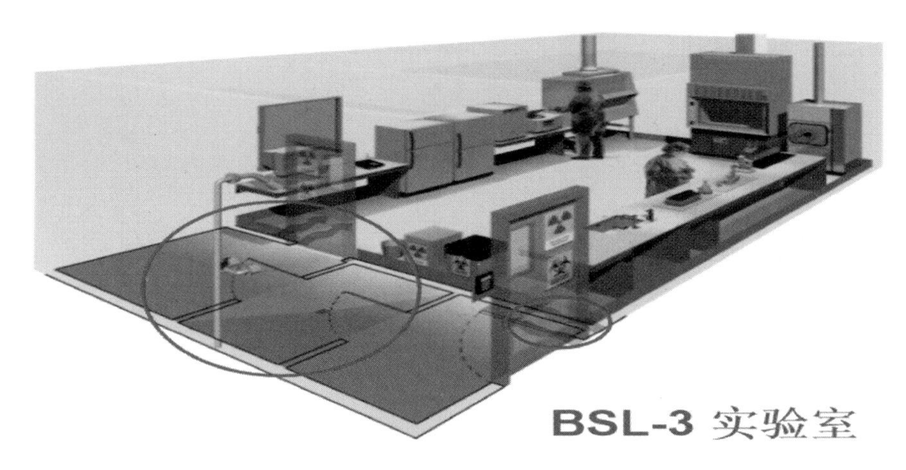

图 5-7　BSL-3 实验室设施设备基本要求（在二级基础上配备有空气净化、负压及气流控制、缓冲间等防护设施）

（五）BSL-4 实验室的设施要求

BSL-4 实验室可用来涉及我国《病原微生物实验室生物安全管理条例》中危害程度第一类的病原微生物的检测、研究工作。在设施设计方面与 BSL-3 实验室基本上是大同小异，在平面布局、送排风系统、围护结构等都应符合 BSL-3 实验室的要求外；所不同的是在选址和环境参数的设置、安全防护设备、废弃物处置等方面有更高的要求和差异。

二、生物安全实验室设备的要求

生物安全实验室设备要求主要有：生物安全柜（详细介绍见第十章第三节）、高压灭菌器、离心机（带安全罩）、洗眼器、防溅罩或面罩等。

（一）BSL-1 实验室安全设备的要求

①对高压灭菌器、离心机是否带安全罩没有要求。

②要设置洗手池（靠近实验室出口）、洗眼装置（30 米内）。

③配备排风柜（必要时）、紫外灯、应急照明、污水处理系统、急救箱、消防器材。

④个人防护设备有防护服、实验室外套、手套、面部防护罩、护目镜等。

（二）BSL-2 实验室安全设备的要求

（1）生物安全柜（图 5-8）　各实验室根据实际情况选用合适的Ⅱ级 A 型或 B 型生物安全柜。生物安全柜应安装在 BSL-2 实验室内气流流动小，人员走动少，离门和中央空调送风口较远的地方。生物安全柜的周围应有一定的空间，与墙壁至少保持 30 cm 的距离，便于清洁环境卫生。如需Ⅱ级 B2 型（A2 全排）生物安全柜其排风管道安装要考虑排风口与排风管道之间的硬连接，也可以通过套管结构连接，无论是哪一种连接方式，排风管道中都应有止回阀，且排风管道中还应有一道 HEPA 过滤器；并独立于建筑物其他公共通风系统的管道排出。

（2）高压灭菌器　高压灭菌器应选择立式或台式（有条件选择的不排气型，即产生的蒸汽被回收）的机型，放置在 BSL-2 实验室内或门外。

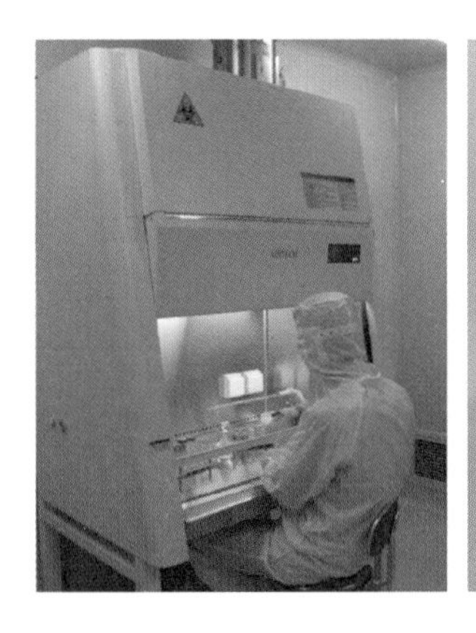

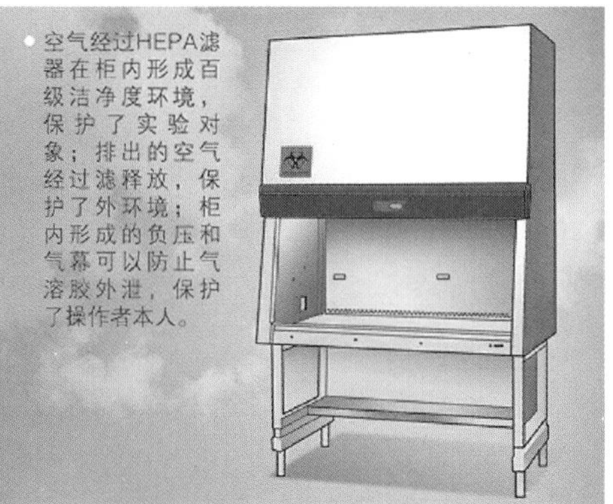

图 5–8　生物安全柜

（图片来源于北京市疾控中心宣教资料）

（3）离心机　离心机需要有安全杯帽。

（4）洗眼装置　①洗眼装置应安装在 BSL-2 实验室内靠近出口明显和易取的地方，并保持洗眼水管的通畅，便于工作人员紧急时使用；②工作人员应掌握其操作方法，用后登记。

（5）淋浴装置或应急消毒喷淋装置　要求保持管道的通畅，必须告知工作人员应急消毒喷淋装置的摆放位置，培训其操作方法；在使用中，可用大量冷水淋洗污染的部位，淋洗时间至少需要 20 min；如果为化学物品溅出污染，用大量急水冲洗；使用紧急淋浴装置后，必须立刻填写事故报告单，并立即报告主管领导。

（6）万向安全罩（负压排风罩）　是指置于生物医学实验室工作台（如样品处置）或仪器设备（如离心机、震荡仪）上的负压排风罩，目的是减少实验室工作时有害气体的暴露危险（图 5–9–1、图 5–9–2）。

图 5–9–1　万向罩

图 5–9–2　万向罩、顶吸罩

（三）BSL-3 实验室安全设备的要求

1. 生物安全柜

BSL-3 实验室必须安装和使用生物安全柜，应根据病原微生物实验活动内容的不同，选择不同型别的生物安全柜。Ⅱ级 A2 型、B1 型生物安全柜，B2 型生物安全柜也可以使用，但因换气量太大，对实验室负压和气流的影响比较大，一般不需要使用Ⅱ级 B2 生物安全柜；少数特殊操作（如感染的中型和大型动物解剖）可以使用Ⅱ级 B2 生物安全柜。另外，BSL-3 实验室内安装Ⅱ级生物安全柜时，要充分考虑实验室和生物安全柜的气流平衡和回流的问题。生物安全柜排风口与排风管道之间可以通过硬连接，也可以通过套管结构连接，无论是哪一种连接方式，排风管道中都应有止回阀，且排风管道中还应有一道 HEPA 过滤器。

BSL-3 安全设备（一级屏障）在 BSL-1、BSL-2 安全设备的基础上，另加呼吸道保护。

2. 高压灭菌器

在 BSL-3 实验室的防护区和辅助工作区之间，宜安装双扉生物安全型高压灭菌器，即高压灭菌器跨墙安装，双门互锁结构，且对高压产生的蒸汽具有回收再高压的性能。高压灭菌器的安装，必须确保高压灭菌器与墙体之间的密封，不能够有一点缝隙。核心工作间内应设置不排蒸汽的高压蒸汽灭菌器或其他消毒装置。

3. 离心机安全杯帽

负压离心机或有离心杯帽的离心机（图 5–10）。

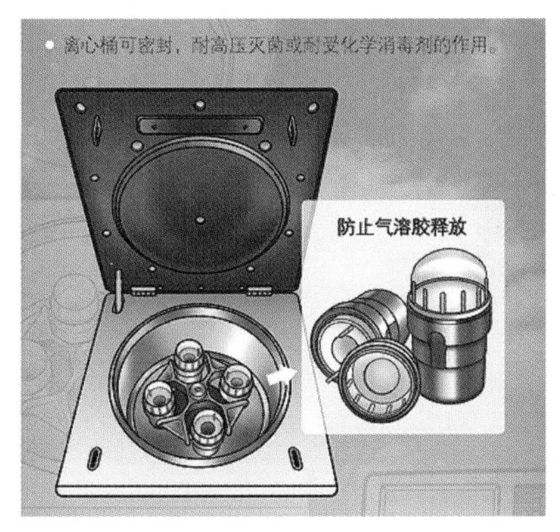

图 5–10　负压离心机或有离心杯帽的离心机

（图片来源于北京市疾控中心宣教资料）

4. 洗手装置

应在核心工作间和防护区出口处设洗手装置。洗手装置的供水应为非手动开关。供水管应安装防回流装置，不准在实验室内安设地漏。下水道应与建筑物的下水管线完全隔离，且有明显标识。下水应直接通往独立的液体消毒系统集中收集，经有效消毒后处置。

第四节　思考题

一、名词解释

1. 生物安全柜；2. 定向气流；3. 气溶胶

二、填空题

4. 生物安全实验室防护由________（安全设备）和________（设施）这两部分硬件及________和____________等软件构成，生物安全防护水平（BSL）由安全设备和实验室设施不同的组合构成四级生物安全防护水平。

5. BSL-2 实验室安全设备要求有：________、________，需要有安全杯帽的________和________。

6. 实验室 4 个等级生物安全防护水平中________实验室被称为基础实验室，________实验室被称为生物安全防护实验室，____________实验室被称为高度生物防护实验室。

7. 在医院临床实验室的检测工作中，所涉及的病原微生物危害等级以____________为多，所以建设临床实验室应达到 BSL-2 水平。

8. 二级生物安全实验室一般需要一级防护屏障和二级防护屏障。前者包括各级____________装备，后者则包括________________系统构成的防护屏障。二级防护的能力取决于实验室分区和室内气压。

9. 依据实验室安全设计要求，一般可将实验室分为三个区域：________、________、________。

10. 安全罩是置于生物实验室工作台或仪器设备上的________，目的是减少实验室工作时有害气体（气溶胶）暴露的危险。

11. HEPA 高效空气过滤器是指通常以滤除大于 0. 3 微米微粒为目的，滤除效率符合相关要求的过滤器，其名称的英文缩写是________。

12. 危险标志中常见的“Biohazard”一词所对应的中文是____________。

三、选择题（13 ~ 17 题单选、18 ~ 22 题多选）

13. 下列不属于实验室一级防护屏障的是（　）

A. 生物安全柜　　B. 防护服　　C. 口罩　　D. 缓冲间

14. BSL-2 实验室必须配备的设备是（　）

A. 生物安全柜和培养箱　　B. 生物安全柜和水浴锅

C. 生物安全柜和高压灭菌器　　D. 普通离心机和高压灭菌器

15. BSL-2 实验室硬件设施方面必须具备的条件（　）

A. 送排风系统　　B. 三区两缓布局　　C. UPS 电源　　D. 自动闭门系统

16. BSL-1 实验室选址的最低要求是（　）

A. 应当特别选址　　B. 普通建筑物即可

C. 需单独在封闭的建筑内　　D. 避开人员密集的场所

17. 每个实验室出口处应当设有洗手池，且洗手池应当（　）

A. 靠近出口处　　B. 采用非手动式开关

C. 必须使用感应式开关　　D. 必须使用脚踏式开关

18. 为在灾害发生时能安全撤离，生物安全实验室中的安全通道和出口应当标（　）

A. 主要出口路线　　B. 实验室所属部门
C. 方向（东西南北或手型指示）　　D. 救助电话

19. 生物安全实验室内操作区域照明的最低要求是（　）
A. 避免反光　　B. 避免强光
C. 照度达到 100 lx　　D. 推荐使用日光灯

20. 实验室中配备消防设备目的是（　）
A. 局部灭火　　B. 帮助人员撤离火场
C. 整体灭火　　D. 应付消防部门

21. 实验室墙壁、天花板及地面应当（　）
A. 表面平整　　B. 容易清洁
C. 耐腐蚀、不渗水　　D. 地面防滑无缝、不铺地毯

22. 实验室验室中的各种柜橱、试验台应当（　）
A. 结构牢固　　B. 相互之间保持适当距离
C. 表面防水　　D 表面耐热、耐腐蚀

四、判断题

23. BSL-2 实验室的建造、使用和管理无须参照 BSL-1 实验室的有关要求。（　）
24. 在 BSL-2 实验室中工作人员应当穿工作服，戴防护眼镜。（　）
25. BSL-2 实验室的门要求带锁、可自动关闭，必须还具有可视窗。（　）
26. 各级实验室的生物安全防护要求依次为：一级最高，四级最低。（　）
27. 在 BSL-2 实验室必须设置通风系统，保证空气不向内循环流动。（　）
28. 应在 BSL-2 实验室或其所在的建筑内配备高压蒸汽灭菌器或适当的消毒灭菌设备，所配备的消毒灭菌设备应以风险评估为依据。（　）
29. BSL-2 防护水平是指实验室的操作、安全设备和设施适用于操作我国《病原微生物实验室生物安全管理条例》规定的第四类（少量三类）危害的致病微生物。（　）
30. 为了使实验室空气流通，生物安全柜可以放在与门或窗相对的位置。（　）

五、简答题

31. BSL-2 实验室生物安全设备有哪些，有哪些使用的基本要求？
32. 何谓 BSL-2 实验室？哪些实验室适合这一级水平来建设？对接触这些致病微生物工作人员的主要危害是什么？

（邓军卫　蔡　亮）

第六章　个人防护装备及使用方法

本章介绍各级生物安全实验室以生物防护装备为主（不含化学或其他防护）的个人防护装备及防护原则和要求。实验室生物安全防护的内容包括安全设备、个体防护装置和措施；除第五章所述实验室特殊设计和建设要求外，还需要建立严格的管理制度和标准化的操作程序及规程。同时个人防护用品应符合国家的有关技术标准，使用前应仔细检查，不使用标志不清，破损的防护用品。在危害评估的基础上，按不同级别的防护要求选择适当的个人防护装备及类型，并做到正确使用。

第一节　常用个人防护装备及使用方法

一、生物安全实验室个人防护装备必要性

个人防护装备（personal protective equipment，PPE）是指用于防止工作人员受到物理、化学和生物等有害因子伤害的器材和用品。在操作感染性材料时采取科学合理的个人防护对避免实验室相关感染非常必要和有效，因为：①感染性材料实验室操作难免溢洒，发生身体暴露；②任何物理防护设备的保护功能都有一定限度，都不是绝对的；③实验室生物安全防护是一项受制于多环节多因素的系统工程，在长期的运转中难免有意外发生，此时个人防护就是保障安全的关键。

个人的防护装备防护所涉及的部位包括：眼睛、头面部、呼吸道、手部、躯体、足部和听力的防护。其装备主要有：口罩、面具、防毒面具、眼镜（安全眼镜和护目镜）、防护衣（实验服、隔离衣、连体衣、围裙）、帽、裤、鞋、靴、袜、手套以及护耳器等。

二、各级 BSL 实验室的个体防护

（一）BSL-1 实验室

①工作人员进入实验室时应穿工作服（白大褂）；

②必要时穿防水隔离服；

③必要时戴乳胶手套（不得戴着手套离开实验室）、一次性帽子、一次性医用口罩；

④必要时戴防护眼镜或面屏。

“必要时”是指涉及有毒有害试剂，可能引发喷溅和大量气溶胶的操作时。

（二）BSL-2 实验室

①穿工作服（建议与 BSL-1 实验室工作服的颜色区分）；

②戴乳胶手套、一次性帽子、一次性医用外壳口罩；

③必要时戴医用防护口罩或 N95 口罩；

④必要时穿防护服、戴双层手套；

⑤必要时戴防护眼镜或面屏。

“必要时”是指：a. 涉及第二类经呼吸道、黏膜传播的病原微生物样本检测时；b. 需要在生物安全柜以外进行的操作或检测活动时，可能涉及感染性样本或有毒有害试剂，引发直接接触、喷溅的操作时。

（三）BSL-3 实验室

①穿工作服（白大褂）、防护服；

②戴双层乳胶手套（或丁腈手套）、医用防护口罩（N95）、一次性帽子；

③穿防水靴套；

④戴护目镜或面屏；

⑤必要时戴正压送风型面罩呼吸器；

⑥必要时穿隔离衣。

“必要时”是指：a. 涉及第二类经呼吸道、黏膜传播的病原微生物样本检测时；b. 需要在生物安全柜以外进行的操作或检测活动时，可能涉及感染性样本或有毒有害试剂，引发直接接触、喷溅的操作时。

（四）BSL-4 实验室（略）

三、生物安全实验室个人防护装备种类介绍

个人的防护装备：包括眼睛、头面、呼吸、手部、躯体、足部和听力防护装备等，主要有口罩、面具、眼镜，防护衣、帽、裤、鞋、靴、袜、手套、正压服（图 6-1 ~ 图 6-12）。

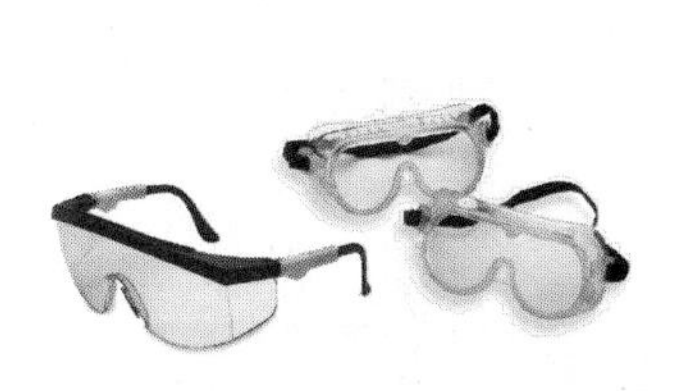

图 6-1　护目镜

图 6-2　外科口罩

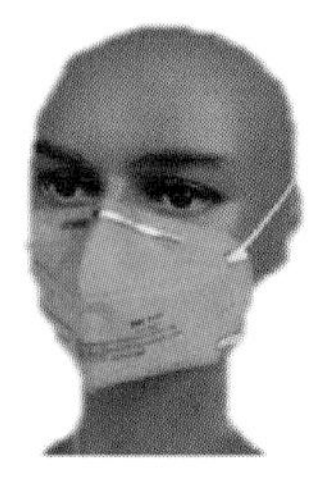

图 6–3　医用防护口罩（N95 口罩）

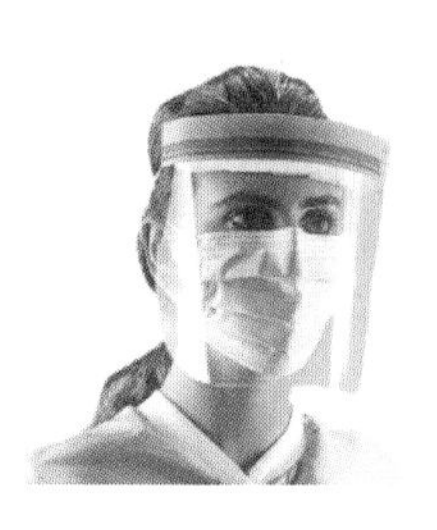
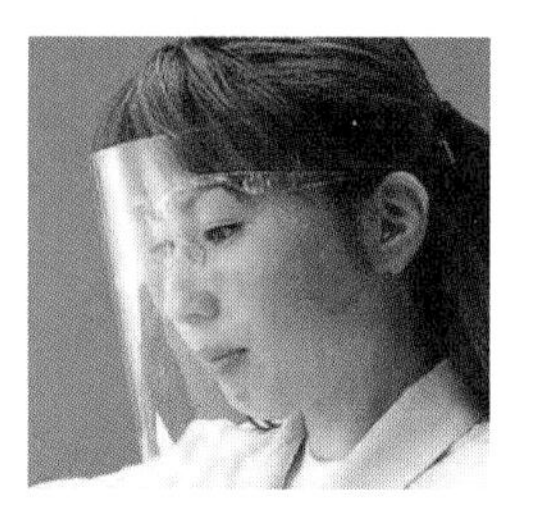

图 6– 4　防护面罩

图 6–5　防毒面罩

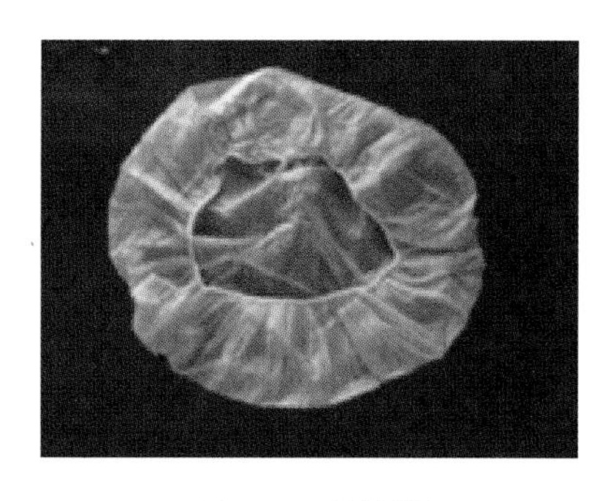

图 6–6　防护帽

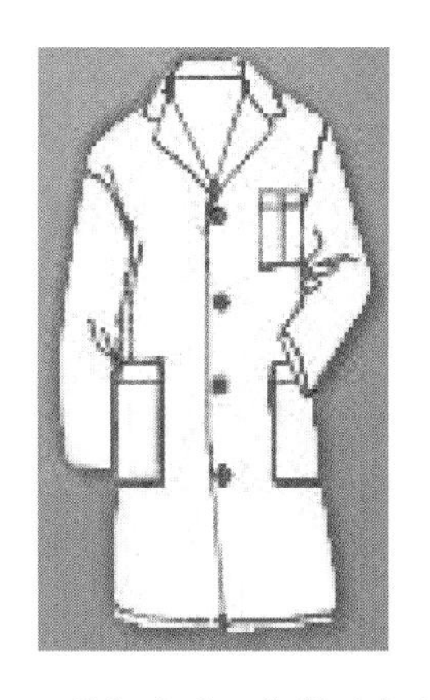

图 6–7　常规实验工作服（白大褂）

图 6–8　医用防护服

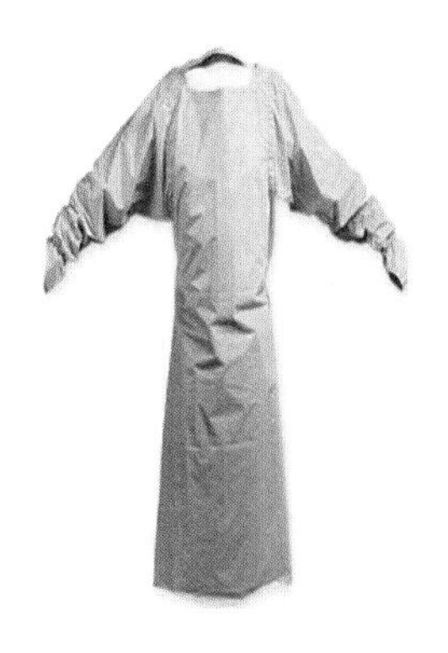

图 6–9　隔离衣

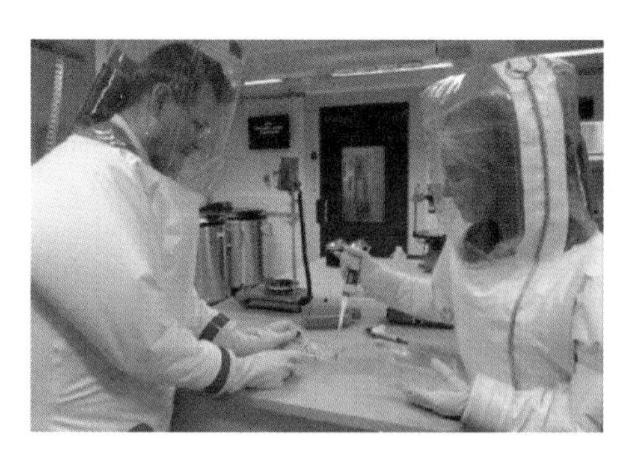

图 6–10　正压防护服（带面罩）

图 6–11　防护鞋套

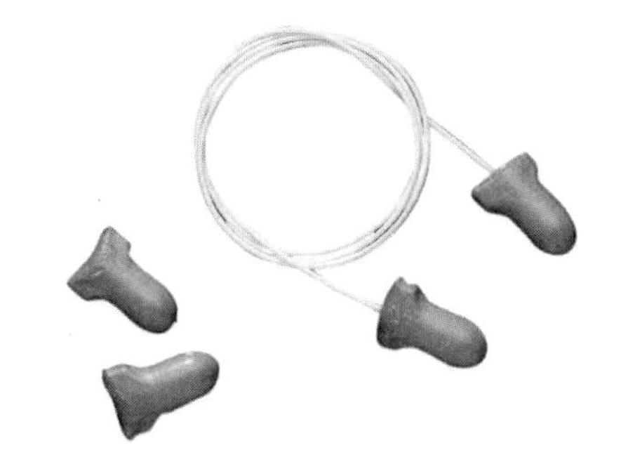

图 6–12　听力保护器

（一）眼睛防护装备

1. 安全眼镜、护目镜（图 6–1）

（1）达到防护的目的（物理、化学和生物因素）;

（2）在进行有可能发生化学和生物污染物质溅出的实验时，必须佩戴护目镜;

（3）有潜在爆裂的反应和使用或混合强腐蚀性和强酸溶液时，必须佩戴面罩或同时佩戴面罩和护目镜或安全眼镜;

（4）不得戴眼镜防护装备离开实验室区域;

建议：在生物安全实验室中工作时，不要佩戴隐形眼镜（长发必须束在脑后，操作人员不佩戴戒指、手镯、腕表、耳环等）。

安全眼镜对某些特殊的操作如腐蚀性液体喷溅出或细小颗粒飞溅出时还不够安全，如:

a. 使用酸类溶液洗涤玻璃器皿、碾磨物品;

b. 在使用玻璃器皿进行极具爆裂或破损危害（如在压力或温度突然增加或降低情况下）的实验操作时有必要保护整个面部和喉部，应该佩戴护目镜（或面罩）。

2. 洗眼装置（图 5–2–1、图 5–2–2）

《实验室生物安全通用要求》规定：BSL-2 应配备紧急洗眼装置（当腐蚀性液体或生物危害液体喷溅至眼睛时）用大量缓流清水冲洗眼睛表面至少 15 ~ 30 min，洗眼装置要求:

（1）洗眼装置应安装在室内明显和易取的地方，并保持洗眼水管的通畅，便于工作人员紧急时使用;

（2）工作人员应掌握其操作方法，用后应登记。

3. 淋浴装置和应急消毒喷淋装置（图 5–3）

《实验室生物安全通用要求》没有明确规定：BSL-2 应设置应急喷淋装置，但 BSL-3 应（在辅助区）设置淋浴装置和应急喷淋装置；而必要时在防护区也应设置应急喷淋装置。

使用要求：保持管道的通畅、必须告知工作人员应急消毒喷淋装置的摆放位置、培训其操作方法；在使用中，可用大量冷水淋洗污染的部位，淋洗时间至少需要 20 min；如果为化学物品溅出污染，用大量急水冲洗，使用紧急淋浴装置后，必须立刻填写事故报告单，并立即报告主管领导。

（二）头面部防护装备

1. 口罩（图6–2、图6–3）

在医学实验室，口罩的主要功能是可滤过空气中的微粒，阻隔飞沫、气溶胶、血液、体液、分泌物及排泄物等喷溅物，以保护呼吸道和部分面部免受生物危害物质的污染。

（1）口罩的种类（表6–1）

①医用防护口罩（GB 19083《医用防护口罩技术要求》，N95 或 KN95 口罩 GB 2626《呼吸防护用品　自吸过滤式防颗粒物呼吸器》）：这是一种能阻止经空气传播的直径≤5 μm 感染因子或近距离（≤1 m）接触经飞沫传播的疾病而发生感染的口罩。对微小带病毒气溶胶或有害微尘的过滤效果显著。可阻挡95%以上的0.3微米颗粒（N是指非油性颗粒物）和大部分的病原微生物。

②医用外科口罩（YY 0469《医用外科口罩技术要求》）：一般用于医疗门诊、实验室、手术室等高要求环境，安全系数相对较高，对于细菌、病毒的抵抗能力较强，也可用于防流感。医用外科口罩细菌过滤效率≥95%，非油性颗粒物过滤效率≥70%（分3层，外层阻水及大颗粒物、中层阻隔空气中5 μm 颗粒>90%，内层吸湿）。

③一次性医用口罩（YY/T 0969）：或一次性普通医用口罩。用于普通医疗环境中佩戴，可以阻隔口腔和鼻腔呼出或喷出污染物，有效阻隔普通灰尘、减少细菌入侵。细菌过滤效率≥95%。

④棉纱口罩：可阻隔普通灰尘、阻挡小部分的细菌，且与人面部密合性差，防病毒效率低。

（2）口罩选用原则

一般实验活动可佩戴一次性医用外科口罩或一次性（普通）医用口罩；当接触经空气、飞沫传播的呼吸道感染病人时，或操作经呼吸道传染的病原微生物阳性标本时需戴医用防护口罩或N95口罩。当不具备防护口罩而急需用时，可临时佩戴医用外科口罩。

（3）医用外科口罩或一次性（普通）医用口罩使用方法

①戴口罩前先洗双手。

②用双手拿着耳绳，把颜色深的一面在外（蓝色），颜色浅的在内（绒面白色）。

③把口罩有金属丝的一边（鼻夹）放在鼻子上，按照自己鼻型捏紧金属丝，然后把口罩罩体完全拉下来，将嘴、鼻、下颌全包住，然后压紧鼻夹，使口罩与面部完全贴合。

④一次性口罩一般4~8小时更换一个，不可以重复使用。

（4）医用防护口罩（或N95口罩）佩戴操作流程

①用一只手托住口罩使鼻夹朝上，用口罩将嘴、鼻、下颌全包住，紧贴面部。

②用另一只手先将下头带往上、往后拉过头顶，放在颈后耳朵以下的位置。

③再将上头带拉过头顶，放在头顶中部（或脑后较高的位置）。

④将双手指尖放在金属鼻夹上，从中间位置开始，用双手指向内按压鼻夹，并分别向两侧移动和按压，塑造出紧贴鼻梁的形状。

⑤气密性检查：双手十指捂住口罩，快速呼气或吸气，应感觉口罩有鼓起或者是塌陷；若感觉有气体从鼻梁处泄漏，应重新调整鼻夹，若感觉气体从口罩两侧泄漏，则进一步调整

头带位置及松紧。

（5）医用防护口罩（或 N95 口罩）摘除操作流程

第一步，不要触及口罩主体，用手慢慢地先将颈部的下头带从脑后拉过头顶。

第二步，拉起上头带摘除口罩，注意不要触及口罩主体。

第三步，直接丢弃使用后的口罩至医疗废物容器内，手卫生或消毒。

表 6–1　口罩的种类与用法

种类	功　能	使用时机
医用防护口罩（KN95/N95 口罩）	是防呼吸道传染性病原微生物性能效果最有效的防护口罩，在非典（SARS）、禽流感病毒、MERS、埃博拉病毒及 2020 年暴发的新型冠状病毒期间使用最广泛。它分为三层，内层材质是无纺布，中间层为高效静电熔喷层，外层为超薄聚丙烯熔喷层；不可以清洗后重复使用。可阻挡 95% 以上的 5 微米颗粒。呼吸阻抗较高，不适合一般人长期佩戴	医护、医学实验室等专业人员使用；当接触经空气、飞沫传播的呼吸道感染病人时，或操作经呼吸道传染的病原微生物阳性标本时；发热门诊、隔离病房的医护人员
医用外科口罩	为蓝色平面口罩。分为三层，外层用来防血液或唾液飞溅，中间层主要过滤病菌，内层可对呼吸产生的水蒸气有效吸附。可阻挡 90% 以上的 5 微米颗粒，需每天更换。多为长方形设计，与面部的密合度不如医用防护口罩那么严密	外科手术时；有呼吸道症状时；前往流感病毒流行区时；实验室人员及禽畜场工作人员
一次性医用口罩	形状、结构、功能基本同上，但是执行的标准不同（为 YY/T 0969）	用于普通医疗环境中佩戴，可以阻隔口腔和鼻腔呼出或喷出污染物
棉布口罩或纱布口罩	通常可以分为 6 层、12 层及 18 层。材质为纯棉胚布，经过脱脂、漂白制作而成。口罩柔软，每次使用后，可用肥皂清洗并用消毒液浸泡消毒，可重复使用。只能过滤较大颗粒	平时清扫工作时

2. 防护面罩（图 6–4、图 6–5）

对整个脸部进行防护：使用一种标准的防护面罩或使用口罩加护目镜。

使用注意：在使用防护面罩时常常同时佩带安全镜或护目镜或口罩，实验完毕后必须先摘下手套，后用手卸下防护面罩。

3. 防护帽（图 6–6）

在生物安全实验室中佩戴防护帽可以保护工作人员避免化学和生物危害物质飞溅至头部所造成的污染。要求：工作人员在实验操作时应佩戴防护帽。

（三）呼吸防护装备

当实验室操作不能安全有效地将气溶胶限定在一定的范围内，要求使用呼吸防护装备。呼吸防护的有效装备：防护面具（正压面罩、个人呼吸器和正压防护服）。

使用范围：在进行高度危险性的操作时根据危险类型来选择防毒面具。

1. 一次性个人防护用具使用要点

1）佩戴时选择合适和合格的防毒面具；

2）遮盖住鼻子、口和下颚；

3）用橡皮筋（松紧带）固定在头部；

4）调整在合适的面部位置并加以检验；

5）吸气时防毒面具应该有塌陷状；

6）呼气时在面具周围不应该漏气；

7）卸下口罩时：首先提起面具下方松紧带越过头部，然后提起面具上方松紧带使面具脱离面部；注意：一次性防毒面具使用完毕后应先消毒再丢弃。

2. 正压面罩（图 6–4）

也称头盔正压式呼吸防护系统，除对呼吸系统防护外，还可提供眼睛、面部和头部防护。分为：

1）正压呼吸防护系统：包括安全帽头盔、安全帽头盔或加配肩罩。

2）双管供气式呼吸防护系统：前置式、背置式、全/半面具。

3）电动式呼吸防护系统：包括电动式送风过滤系统、电动式送风防尘系统；其可提供高等级安全防护，电动送风无呼吸阻力，无压缩空气管限制活动空间。

4）正压防护服的一部分。

（四）手部防护装备

1. 手套

手套应在实验室工作时使用，在接触感染性物质（如血液、体液、分泌液、渗出液）以及接触黏膜和受损皮肤时，必须使用合适的手套以避免受到损害；一次性手套不得重复使用，手套被污染时尽早脱下，消毒后丢弃，应按所从事操作的性质佩戴使用合适的手套（如强酸、碱、有机溶剂、冷热和生物危害物质等），规范使用手套一般包括以下几个要点：

1）手套的选择：生物安全实验室一般使用乳胶橡胶或聚腈类。聚氯乙烯手套用于对强酸、碱、有机溶剂、冷热和生物危害物质防护。

2）手套的检查：佩戴前应检查是否老化（褪色）、穿孔或有裂缝，可通过充气实验来检查手套的质量（气密性）。

3）手套的使用：一般情况下，佩戴一副手套即可（BSL-1 实验室），若在 BSC 中操作感染性物质时应该佩戴两副手套（BSL-2 和 BSL-3 实验室）。

4）手套的清洗和更换：一次性手套使用后，不可再次使用，并经高压灭菌后丢弃，不得戴着手套离开实验区域；在撕破、损坏或污染时应及时更换手套；在脱去手套之前，应该用自来水或肥皂加以彻底清洗、摘除并消毒（BSL-1 实验室）；脱去手套后，拉下袖口将手遮住。

5）避免手套的“触摸污染”，戴手套的手避免触摸鼻子、面部和避免触摸或调整其他个人防护装备和不必要的物体。

6）戴手套的注意要点：在实验室中要一直保持戴手套状态，选择正确类型和尺寸的手套；将手插入手套后将手套口遮盖实验服袖口，戴手套的手要远离面部。

7）脱手套的注意要点：用一手捏起另一近手腕部处的手套外缘，将手套从手上脱下并将手套外表面翻转入内，用戴着手套的手拿住该手套，用脱去手套的手指插入另一手套腕部处内面，脱下该手套使其内面向外并形成一个由两个手套组成的袋状，丢弃在高温消毒袋中并进行消毒处理。

2. 洗手装置

根据《实验室生物安全通用要求》，需安装洗手装置，如脚控、红外控制的洗手池或配置酒精擦手器，要经常洗手，减少有害物质的侵害。在处理活体病原材料或动物等生物危害物质后，在脱去手套和离开实验室之前必须洗手；在脱卸个人防护装备时发生手部的污染时以及在继续脱卸其他个人防护设备之前都应洗手。

（五）身体防护装备

防护服包括：工作服（白大褂）、医用防护服、隔离衣、围裙以及正压防护服等（见图6-7～图6-10）。

在实验室中工作人员应该在实验全程都穿上相应级别的防护装备，清洁的应放置在专用存放处，污染的应放置在有生物危害标志的防漏消毒袋中，每隔适当的时间应更换防护服，被危险材料污染的应立即更换，离开实验室区域之前应脱去防护装备。

1. 工作服（BSL-1、BSL-2 使用）

又称白大褂，前面应能完全扣住。

2. 医用防护服（BSL-2、BSL-3 使用）

一般为帽、衣、裤（或带鞋套）一体的连体服装。在接触高致病性病原微生物或者是接触甲类或按甲类传染病管理的传染病患者时，可能受到患者血液、体液、分泌物、排泄物喷溅或是经空气和飞沫传播风险时所穿的个人防护用品。医用防护服具有抗渗透功能、透气性好、强力高的特点，能够阻隔病毒、细菌等有害物质，从而防止实验室人员和临床医护人员被感染。

3. 隔离衣（BSL-2、BSL-3 使用）

又称洁净服、无菌服。一般为后开口式服装，能遮盖住全部衣服和外露的皮肤。医用隔离衣可用于实验室人员和医务人员在工作中避免接触到血液、体液、分泌物和其他感染性物质的污染，或用于保护患者避免感染。

4. 正压防护服（BSL-4 使用）

具有内置式或外置式生命保障系统（超量清洁呼吸气体的正压供气装置），防护服内气压相对周围环境为持续正压。

5. 围裙

在实验室中需要使用大量腐蚀性液体洗涤物品时，或在必须对化学或生物学物质的喷溅、溢出提供进一步防护时，应该在实验服或隔离衣外面穿上围裙（橡胶制品）加以保护。

（六）足部防护装置

在生物安全实验室尤其是 BSL-1 和 BSL-2 实验室要坚持穿鞋套（图 6–11）或硬质皮鞋，在 BSL-3 和 BSL-4 实验室要求使用专用鞋；禁止在生物安全实验室中穿凉鞋、拖鞋、露趾和机织物鞋面的鞋。

（七）听力防护装备

当在实验室中的噪声达 75 db 时或在 8 h 内噪声大于平均水平时，比如实验室常用超声粉碎器处理物品是产生高分贝噪声，实验人员应戴听力保护器（图 6–12）以保护听力。

四、个人防护装备穿戴、脱卸顺序

（一）常规个人防护装备穿戴、脱卸顺序

1. 穿戴个人防护装备的顺序

手卫生（七步洗手法）→更换工作鞋或穿鞋套→穿工作服→戴一次性工作帽→戴一次性口罩→戴乳胶手套（注意手套气密性检查）。

2. 脱卸个人防护装备的顺序

消毒手套外层→脱手套→手消毒→脱一次性口罩→脱一次性工作帽→脱工作服→换鞋或脱鞋套→手卫生（七步洗手法）。

（二）特殊要求时的个人防护装备穿戴、脱卸顺序

针对经呼吸道飞沫和接触传播的高致病性病原微生物如 SARS 冠状病毒（SARS-CoV、SARS-CoV-2）、埃博拉病毒等所开展的实验活动，包括传染病患者的咽拭子、鼻拭子、呼吸道抽取物、呼吸道灌洗液、深咳痰液、血液、粪便等标本的采集及其病原学、分子生物学、血清学检测检验，采样人员和实验室人员的个人防护用品的穿脱流程、注意事项和步骤如下：

1. 穿、戴顺序

（1）操作者准备　去除个人用品如首饰、手表、手机等。整理头发，脱去外套（有必要时），穿着工作服（白大褂），更换工作鞋（无带无扣），准备好所需防护用品（均符合国家标准并在有效期内使用），选择适合型号。

（2）步骤

①手卫生：七步法手卫生，时间大于 15 秒。

②戴一次性工作帽：将帽子由额前向脑后罩于头部，不让发际外漏。

③戴医用防护口罩（或 N95）：操作流程同前述。

④戴内层手套：a. 检查手套气密性；b. 戴上手套后，将手套口遮盖里面工作服的袖口。

⑤穿防护服：a. 打开防护衣，将拉链拉至合适位置；b. 先穿下衣，再穿上衣；再将防护帽戴至头部（防护帽要完全盖住一次性帽子），将拉链拉上并密封拉链口；c. 注意防护服要完全遮盖内层工作衣、裤。

⑥穿一次性隔离衣：必要时，如防止血液、体液、分泌物、排泄物喷溅时。

⑦戴护目镜或防护面罩。

⑧穿防水靴套。

⑨戴外层手套：a. 检查手套气密性及有效期；b. 戴上外层手套（覆盖防护服或外层防水隔离衣袖口）。

⑩监督人员协助检查确认穿戴效果，确保无裸露头发、皮肤和衣物，不影响实验或诊疗活动。

（3）注意事项　穿防护服全过程稳、准、轻、快，符合操作原则，穿戴完毕应整洁无暴露。

2. 脱、卸顺序

（1）必须在规定的区域内进行，并评估个人防护用品的污染情况。

（2）步骤

①个人防护装备外层有肉眼可见污染物时进行擦拭消毒；

②手卫生（消毒外层手套）：用快速手消毒液进行手卫生——七步洗手法；

③摘除护目镜或防护面罩：将护目镜轻轻摘下，放入回收容器以备消毒，注意双手不要触摸到面部；手卫生；

④脱一次性隔离衣、手卫生；

⑤解开防护服：解开密封胶条，拉开拉链，向上提帽子，使帽子脱离头部；消毒外层手套，摘外层手套和手卫生；

⑥脱防护服、鞋套：脱下袖子——由上外下边脱边卷防护服成包裹状，污染面向里，脱防护服过程中不能触及防护服外面及内层工作服，做到无二次污染；脱鞋套，最好连同防护服一起脱卸；手卫生；

⑦摘内层手套，手卫生，更换新的内层手套（离开防护区进入缓冲区或辅助工作区）；

⑧摘医用防护口罩和一次性工作帽，手卫生（摘除帽子、摘除口罩，方法同前述，注意双手不要触及面部，防止二次污染）；

⑨消毒并更换工作鞋，手卫生——脱内层手套，手卫生；

⑩脱工作服、手卫生。

（3）注意事项

①应由同伴作为监督员对照脱卸顺序表进行口头提示，必要时可协助脱卸。

②脱防护服时，动作尽量轻柔、熟练，确保没有穿戴防护用品人员在场，以免造成他人及周围环境的污染。

③监督员与工作人员一起评估脱摘过程，如可能污染皮肤、黏膜及时消毒，并报告上级部门，进行隔离医学观察。

④将脱下的个人防护用品按可重复使用和废弃分类放入带有生物危害或医疗废物标识的容器（如塑料袋）内，均按规范进行消毒处置。

第二节　洗手与个人防护用品的去污消毒

一、洗手

1. 常规洗手方法

即七步洗手法。用肥皂或洗手液作清洁剂，步骤如下：

第一步：掌心相对，手指并拢相互摩擦；

第二步：手指交叉，掌心对手背搓擦，交换进行；

第三步：手指交叉，掌心相对指缝相互摩擦；

第四步：弯曲手指关节在掌心揉搓；

第五步：一手握另一手大拇指在掌中旋转搓擦，交换进行；

第六步：指尖在手掌心旋转搓擦，交换进行；

第七步：螺旋式洗手腕，交换进行。

最后，在自来水下冲洗干净。

口诀：

内（手掌）、外（手背）、夹（双手交错相夹）、弓（手指弯曲如弓箭）、大（握住清洗大拇指）、立（指尖在掌心立起来）、腕（手腕也得洗一洗）。

需注意的是：①手全过程要认真揉搓双手 15 秒以上；②特别要注意彻底清洗戴戒指、手表和其他装饰品的部位，（有条件的也应清洗戒指、手表等饰品），应先摘下手上的饰物再彻底清洁，因为手上戴了戒指，会使局部形成一个藏污纳垢的“特区”，稍不注意就会使细菌“漏网”。

2. 免水型（干）洗手法

是在水源缺乏的情况下快速清洁手的方法。可使用免水型洗手液，通常应配有消毒成分和挥发性的溶剂。为了避免过多的泡沫产生，免水型洗手液中起洗涤作用的表面活性剂成分含量一般不多，同时选择一些低沸点的醇类溶剂加入，在清洗完手上的污垢后，溶剂会自动挥发，无须再用水冲洗。

为了保护手部皮肤，许多免洗型洗手液中还添加了一定的保湿成分，如含植物提取物成分芦荟胶、沙棘油等类似消毒湿巾，采用 75% 的酒精与 20% 的甘油混合，其中酒精既起到洗涤又起到消毒作用，甘油起到润肤保湿作用，使用后酒精自行挥发，甘油保留在皮肤上滋润皮肤，对大肠杆菌和金黄色葡萄球菌等细菌繁殖具有很好的杀灭作用，可使皮肤上自然菌的平均清除率达到 93. 13% 。对酒精过敏的人最好慎用。

二、个人防护用品的去污消毒

凡在生物安全实验室使用过的个人防护装备均应视为被污染过，应做消毒处理，并应制定个人防护用品去污消毒的标准操作规程，经培训后严格执行；具体方法如下：

（一）塑料、橡胶手套、布制品

1. 一次性用品（防护帽、口罩、手套、防护服）

使用后应放入医疗废物袋内进行高压灭菌，灭菌处理后再作为医疗废物处理。

2. 拟回收再用的耐热的塑料器材

按要求打包并表面消毒后，121 ℃、15 min（根据微生物特性而定）高压灭菌处理。

3. 不耐热拟回收再用的塑料器材

可用0.5%过氧乙酸喷洒或置有效氯2000 mg/L的含氯消毒剂中≥1 h，然后清水洗涤沥干；或置54 ℃，相对湿度为80%，环氧乙烷气体浓度为800 mg/L的消毒柜中作用4～6 h。

4. 可重复使用的棉织工作服、帽子、口罩等

121 ℃、15 min高压灭菌处理。有明显污染时，随时喷洒消毒剂消毒或放入专用污物袋中高压灭菌处理。

（二）使用过程中手套的消毒处理

当进行实验操作时，手的污染概率最大。一般操作高致病微生物时需要佩带双层乳胶手套或聚腈类、聚氯乙烯类材料的手套。在操作中应随时随地对外层手套进行消毒，必要时还许更换。

在安全柜内操作完成后，双手撤离安全柜前要对外层手套进行消毒处理；在实验室内清理收尾工作完成后对外层手套消毒后放入医疗废物袋内，待进一步处理。

（三）正压服和正压面罩消毒

离开实验室前对正压服和正压面罩进行消毒剂淋浴消毒。然后放入环氧乙烷灭菌柜或H_2O_2等离子体灭菌柜内进行熏蒸灭菌后，再用净水清洗，干后存放待用。

（四）鞋袜

在病原微生物实验室中工作的人员如果鞋袜受到感染性物质的污染，应及时按规定程序进行消毒、更换。在BSL-3实验室中，若穿用鞋套，离开核心区工作时应在防护区缓冲区Ⅱ脱去（外层）鞋套，并放入医疗废物袋中进行高压蒸气处理。鞋袜或内层鞋套在防护区缓冲间Ⅰ更换或脱掉。

第三节　思考题

一、名词解释

1. 个人防护装备；2. 洗眼装置；3. N95口罩

二、填空题

4. GB 19489规定：BSL-2应配备________（当腐蚀性液体或生物危害液体喷溅至眼睛时）用大量缓流清水冲洗眼睛表面至少________分钟。

5. 在实验室，________主要功能是保护部分面部免受生物危害物质（如血液、体液、分泌液以及排泄物等喷溅物）的污染，只适用于____________中使用。

6. 在使用防护面罩时常常同时佩带________或________。

7. 防护服包括：实验服、____________、围裙以及________等。

8. 禁止在生物安全实验室中穿凉鞋、________、露趾和________鞋面的鞋。

9. N95 等级：表示________颗粒最低过滤效率为________。

三、选择题

10. 下列不属于实验室一级防护屏障的是（　）

A. 生物安全柜　　B. 防护服　　C. 口罩　　D. 缓冲间

11. 下列哪项措施不是减少气溶胶产生的有效方法（　）

A. 规范操作　　B. 戴眼罩　　C. 加强人员培训　　D. 改进操作技术

12. 脱卸个人防护装备的顺序是（　）

A. 外层手套→防护眼镜→防护服→口罩帽子→内层手套

B. 防护眼镜→外层手套→口罩帽子→防护服→内层手套

C. 防护服→防护眼镜→口罩帽子→外层手套→内层手套

D. 口罩帽子→外层手套→防护眼镜→内层手套→防护服

13. 下列哪种不是实验室暴露的常见原因（　）

A. 因个人防护缺陷而吸入致病因子或含感染性生物因子的气溶胶

B. 被污染的注射器或实验器皿、玻璃制品等锐器刺伤、扎伤、割伤

C. 在生物安全柜内加样、移液等操作过程中，感染性材料洒溢

D. 在离心感染性材料及致病因子过程中发生离心管破裂、致病因子外溢导致实验人员暴露

14. 一般情况下，在 BSL-2 实验室若在 BSC 中操作感染性物质时应该佩戴（　）

A. 无须手套　　B. 一副手套　　C. 两副手套　　D. 三副手套

15. 洗手正确的方法应该是（　）

A. 掌心相对，手指并拢相互摩擦；手心对手背沿指缝相互搓擦，交换进行

B. 掌心相对，双手交叉沿指缝相互摩擦；一手握另一手大拇指旋转搓擦，交换进行

C. 弯曲各手指关节，在另一手掌心旋转搓擦，交换进行；搓洗手腕，交换进行

D. 以上都是

四、判断题

16. 在生物安全Ⅱ级实验室中工作人员应当穿工作服，戴防护眼镜。（　）

17. 实验室生物安全防护是一项受制于多环节多因素的系统工程，在长期的运转中难免有意外发生，此时个人防护就是保障安全的关键。（　）

18. 个人的防护装备：包括眼睛、头面、呼吸、手部、躯体、足部和听力防护装备等。（　）

19. 洗眼装置应安装在室内明显和易取的地方，并保持洗眼水管的通畅，便于工作人员紧急时使用。（　）

20. 在使用传染性物质或已被污染的仪器时，没必要把手套、帽子、口罩和防护服都戴上。(　)

21. 在脱卸个人防护装备时发生手部的污染时以及在继续脱卸其他个人防护设备之前都应洗手。(　)

22. 一次性用品（防护帽、口罩、手套、防护服）使用后应放入医疗废物袋内进行高压灭菌，灭菌处理后再作为医疗废物处理。(　)

五、简答题

23. BSL-2 实验室个体防护要求?

24. 正确的洗手方法是?

（邓军卫　张　红　蔡　亮）

第七章　生物样本的采集与菌（毒）种或样本运输和保藏

病原微生物样本是指医疗卫生、科研和教学等专业机构在从事疾病预防、传染病监测、临床检验、科学研究及生产生物制品等活动所采集的人和动物血液、体液、组织、排泄物、培养物等物质，以及食物和环境样本等。病原微生物菌（毒）种是指可培养的，人间传染的真菌、放线菌、细菌、立克次体、螺旋体、支原体、衣原体、病毒等具有保存价值的微生物。

从事病原微生物实验活动，除了操作菌（毒）种和样本等感染性物质外，还可能涉及菌（毒）种和样本的采集、携带、运输、保藏和管理。

《中华人民共和国传染病防治法》规定由国家建立传染病菌种、毒种库，对传染病菌种、毒种和传染病检测样本的采集、保藏、携带、运输和使用实行分类管理，建立严格的管理制度。对可能导致甲类传染病传播的以及国务院卫生健康行政部门规定的菌种、毒种和传染病检测样本，确需采集、携带、运输和使用的，须经省级以上人民政府卫生健康行政部门批准。并由县级以上人民政府卫生健康行政部门对传染病菌种、毒种和传染病检测样本的采集、保藏、携带、运输和使用进行监督检查；违反本法的，将根据后果严重程度承担相应行政、刑事和民事责任。

2018 年新修改后颁布实施的《病原微生物实验室生物安全管理条例》对病原微生物分类、标本采集、高致病性病原微生物菌（毒）种或者样本运输、菌（毒）种和样本的集中储存（保藏）做了严格规定。

2006 年 1 月卫生部颁布的《人间传染的病原微生物名录》，对具体病原微生物不同实验操作生物安全防护等级或菌（毒）种保藏管理要求进行了具体的规定。

《可感染人类的高致病性病原微生物菌（毒）种或样本运输管理规定》（卫生部 45 号令 2006 年 2 月 1 日起施行）对高致病性病原微生物菌（毒）种或样本的保存与运输进行了严格规定。

《人间传染的病原微生物菌（毒）种保藏机构管理办法》（卫生部令第 68 号 2009 年 10 月 1 日起施行）对我国病原微生物菌（毒）种保藏机构的组成和任务、监督管理做了具体规定。

国际民航组织出版发行的《危险物品航空安全运输技术细则》对感染性物质的定义、分类、识别、包装、标记标签和申报文件准备做了具体规定。

第一节　病原微生物样本的采集

一、样本种类

病原微生物样本种类繁多，根据来源不同，可分为以下几类：

（一）环境样本

包括水、土壤、空气及物品等，用于检测环境被微生物污染的状况，并对其进行卫生学评价；也可作为食源性疾病、突发公共卫生事件的原因样本。

（二）临床样本

包括各种体液样本、呼吸道样本、消化道样本、皮肤样本，以及尸解或活检的各种组织器官样本等，可用于传染病病因检测，也可用于食源性疾病、突发性公共卫生事件原因的辅助诊断。

（三）产品样本

包括食品、化妆品、涉水产品、消毒及卫生用品等，主要用于卫生微生物指标检测、卫生学评价及产品效果评价。

（四）动物及媒介昆虫样本

包括各种宿主动物的血液样本、排泄物样本、尸解样本以及各种昆虫样本等，用于传染病追踪、传播途径的确定及自然疫源地监测。

二、采样原则

在采样过程中，应事先了解待采样本的生物危害程度及个人防护级别，对不清楚其致病性及传播途径的样本采集，应该初步评估危害程度，严格按照生物安全操作规范来进行样本采集。对于未知病原微生物的临床样本，采集时应按 BSL-2 级要求进行防护。

（一）防护原则

在样本采集中避免造成人员感染和样本污染是非常重要的。应把采集的样本视为具有感染性，采取必要的防护措施，注意安全操作，按要求进行包装和运输。应备有急救包，以便在采样中样本意外泄漏或人员暴露时，紧急处理。

1. 人员要求

从事高致病性病原微生物检测样本采集的技术人员，必须经生物安全培训，具备相应的实验技能。严格按照国家相关规定的防护措施进行安全防护（包括疫苗接种等）。

2. 个人防护

采样时要穿工作服，戴手套、口罩和帽子；接触不同患者时不能重复使用手套，以免交叉感染；在使用或处理注射器、手术刀和其他锋利器械时，应避免割伤或手套的破损；对高致病性病原微生物的采样，应尽可能穿防护服，消毒人员对采样后污染区表面和溢出物进行消毒时，要穿戴防护服和厚橡胶手套；为避免吸入有高致病性病原微生物，还需使用呼吸防护器面罩，护目镜等防护用品。

3. 污染废弃物的处理

样本采集和处理过程中产生的医疗（实验）废物应置于防渗漏的专用包装器（袋）中；废弃的针头、玻璃试管、安瓿等利器必须置于符合要求的利器盒里，按规定进行销毁；污染的可废弃设备和材料应先消毒后统一回收；污染的可再用设备或材料应先消毒后清洗；装有废弃物的包装容器（袋）必须采用防渗漏、防溢洒的周转箱安全运送。

4. 样本容器

样本容器要求防渗漏，最好使用国家规定的耐用塑料制品材料制作，能承受运送过程中可能发生的温度和压力变化。所有采样用具、容器均需严格灭菌，并以无菌操作采集样本，避免由于采样用具、容器对样本所造成的新污染。样本运输过程中要求采取“A 类”或“B 类”3 层包装系统，由内到外分别为主容器（样本盛装容器）、辅助容器（或称次级容器）和外包装（或称 3 级容器）；样本在单位内部传递应当使用带盖的运输箱（详见第二节）。

5. 意外事件报告与处理

样本采集和处理过程中发生意外事件或事故应妥善处理，并按国家和（或）地方规定的时限和程序及时报告，必要时采取有效措施预防和控制感染。高致病性病原微生物菌（毒）种或者样本在运输、储存中被盗、被抢、丢失、泄漏时，当事人或发现者应当采取必要的控制措施，并在 2 h 内分别向相关单位及其主管部门报告。

（二）采集原则

1. 必要的沟通

由于不同实验室的检验程序、检测项目和检测方法都不尽相同，对样本种类及采集、运送条件也不完全一致，样本采集人员和实验室检测人员之间应进行有效且必要的沟通。

2. 专业指导与支持

专业实验室在同意检测并落实好样本运送日期和时间后，要尽快制订具体的实验方案，提供必要的技术指导，提供采样器材和采样指南（根据样本类型），最好派出专业人员在现场进行采样指导。

3. 现场采样

对于疾病监测、诊断和突发事件应急处理，无论室内检测过程多么完美，实验结果与采集的样本质量密切相关。因此现场流行病工作者在遇到可能是病原微生物引起的急性事件时，应遵循以下 3 条采样原则：

（1）即使没有理想的采样器材，也要尽快地获得生物样本（人体血液、尿液及其他临床样本）。

（2）有效控制外界污染和干扰，必要时对采样器材可能存在的外来污染或干扰进行评估（随机挑选 1 ~2 个器皿，将其密封并随同样本一起保存和送检）；当采集 2 个以上样本时应采取措施防止交叉污染。

（3）尽快并妥善保存（保温、冷藏或冷冻）样本，以防止病原微生物死亡或降解。

4. 采样时间

用于分离培养微生物的样本，应尽可能在急性期和使用抗生素之前采集。若已使用抗生素，则需加入药物拮抗剂，如加入青霉素酶拮抗青霉素，氨苯甲酸拮抗磺胺等。

用于微生物抗体检测的血液样本，应采集急性期和恢复期2份样本。

对不同的疾病需要采集的样本种类、检测目的、采样时间及采样要求也不尽一致，需依据所检测微生物确定。

用于病毒分离、核酸检测和病毒抗原检测的样本，应在发病初期和急性期采样，病毒分离样本最好在发病1~2天采取。

5. 特殊样本采样要求

因棉拭子和木质拭子类材料中含有核酸扩增抑制剂，因此，采集用于检测核酸的样本，如采集咽拭子或肛拭子时，不能使用这类材料，而应使用灭菌的人造纤维拭子和塑料棒（图7-1）。所以，采集病原微生物样本应当具备以下条件和技术原则：

①具有与采集病原微生物样本所需要的生物安全防护水平相适应的设备，包括个人防护用品（隔离衣、帽、口罩、鞋套、手套、防护眼镜等）、防护材料、器材和防护设施等；

②具有掌握相关专业知识和操作技能的工作人员；

③具有有效地防止病原微生物扩散和感染的措施；

④具有保证病原微生物样本质量的技术方法和手段；

采集高致病性病原微生物样本的工作人员在采集过程中还应当防止病原微生物扩散和感染，并对样本的来源、采集过程和方法等作详细记录。

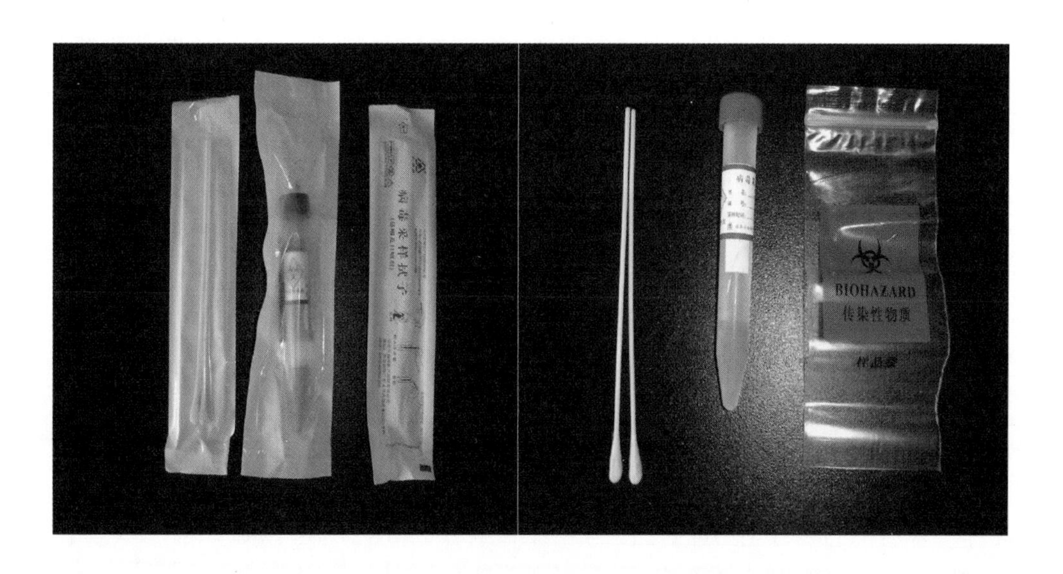

图7-1　采集口咽拭子的器材和容器

第二节　感染性物质的分类、包装和运输

一、感染性物质的分类

感染性物质是指已知或有理由认为含有致病原的物质。致病原是指能使人或动物感染疾病的微生物（包括病毒、细菌、支原体、衣原体、立克次体、放线菌、真菌和寄生虫等）和其他因子，如朊病毒。

国际民航组织《危险物品航空安全运输技术细则》中将感染性物质分为 A、B 两类。

（一）A 类感染性物质

通过接触，会对健康人或动物造成永久性残疾、构成生命威胁或致死疾病的感染性物质。此处“接触”系指感染性物质离开保护性包装与人或动物的身体接触或经呼吸道吸入的情况。

高致病性病原微生物（第一类和第二类）均属于 A 类感染性物质，联合国编号为 UN2814，运输专用名称是：Infectious Substances，affecting humans（感染性物质，可感染人）；仅使动物染病的 A 类感染性物质的联合国编号为 UN2900，其运输专用名称是：Infectious Substances，affecting animals（感染性物质，只感染动物）。

（二）B 类感染性物质

不符合 A 类标准的感染性物质如第三类病原微生物均属于 B 类感染物质。其联合国编号为 UN3373，运输专用名称是：Biological substance，Category B（生物性物质，B 类）。

特别注意：第三类病原微生物中的登革热病毒培养物、乙型肝炎病毒培养物以及塞姆利基森林病毒、水泡性口炎病毒、肉毒梭菌，列入 A 类感染性物质（见《人间传染的病原微生物名录》）。

从看似健康的人身上采集的标本应归于 B 类感染性物质。

为方便查阅，《人间传染的病原微生物名录》中列出了病原微生物及其相关样本的运输包装类别和联合国编号。

豁免或例外（即不属于感染性物质）：有一些物质虽然属于生物性物质，但危害性很小，对人和动物致病的风险极低，可以不受感染性物质运输的规则限制。有以下几种情况：①含有不会使人或动物致病的微生物的物质；②存在病原体但已被中和或者已经失活的物质，这类物质不再具有健康威胁；③被认为不会构成重大感染危险的环境样本（包括食物样本和水样）；④用于输血或为配制血液制品用于输血或移植而采集的血液或血液成分，以及准备用于移植的任何组织或器官；⑤仅用于血液筛查的干燥血斑或者粪便。

二、感染性物质的包装和标识

包装为感染性物质运输的一个必不可少的环节。对感染性物质包装的全部操作是托运人的责任，必须遵守要求，保证包装件的准备方式可完好到达目的站且在运输过程中对人或动

物无危害。

感染性物质在运输过程中需使用三层包装系统。

（一）A 类感染性物质包装要求（图 7–2 ~ 图 7–5–2）

A 类感染性物质包装系统必须包括：

1. 有以下几部分组成的内包装

①防水的主容器；②防水的辅助包装；③固体感染性物质除外，在主容器和辅助包装之间应放入充足数量的吸附材料，如棉花、纸巾，以吸收全部内装物。

2. 详细的内装物清单，封在外包装和辅助包装之间。

3. 一个对其容量、重量和预定用途来说具有足够强度的硬质外包装

①外部最小尺寸必须不低于 100 mm。②外包装必须标明 UN2814 或 UN2900 标记。标记背景颜色应差异明显，确保清晰可见，易于识别。③正方形（菱形）标记每条边是以 45°角设置的，每条边长至少为 50 mm，每条边线宽度至少为 2 mm；字母和数字高度至少为 6 mm。④外包装上临近菱形标记的部位必须表明运输专用名称“Infectious Substances, affecting humans”（感染性物质，可感染人）或者“Infectious Substances, affecting animals”（感染性物质，只感染动物）；同时还应标明联系人姓名、地址和电话号码。

无论在什么温度下运输，也不管托运物质是什么温度，主容器或辅助容器必须能承受不低于 95 kPa 的内部压差及 –40 ℃至 55 ℃的温度范围而无渗漏。

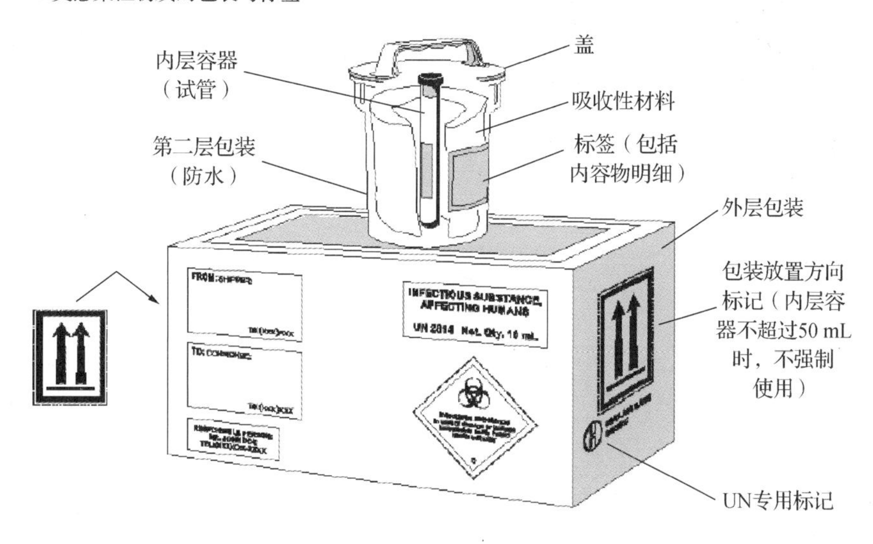

图 7–2　A 类感染性物质的包装与标签

（二）B 类感染性物质包装要求（图 7–6 ~ 图 7–9）

B 类感染性物质包装必须由三部分组成：一个或多个主容器；一个辅助包装；一个坚固的外包装。

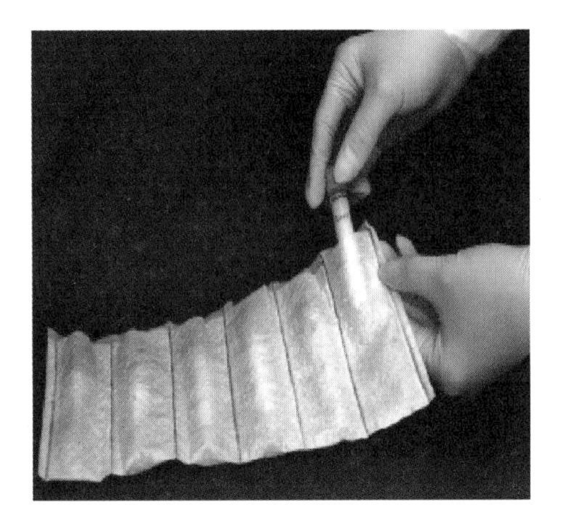

图 7–3　A 类感染性物质包装——主容器

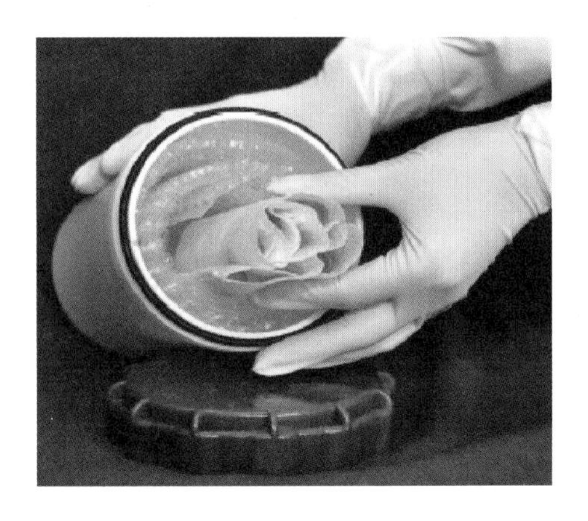

图 7–4　A 类感染性物质包装——次级容器

托运人：
收货人：

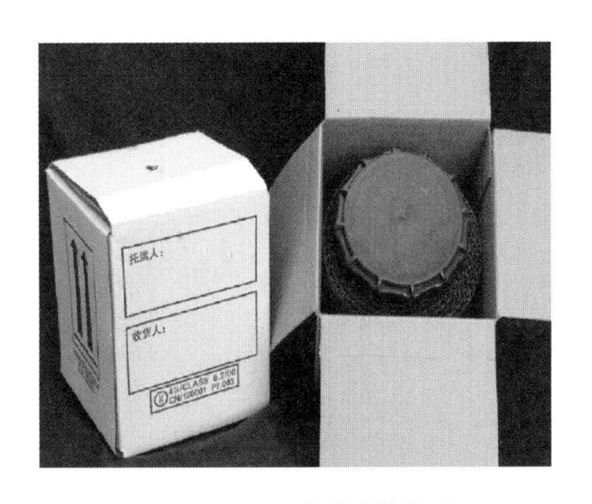

图 7–5–1　A 类感染性物质包装——外包装

●密闭，坚固，符合三防、两耐要求，按《人间传染的病原微生物名录》要求进行分类包装。

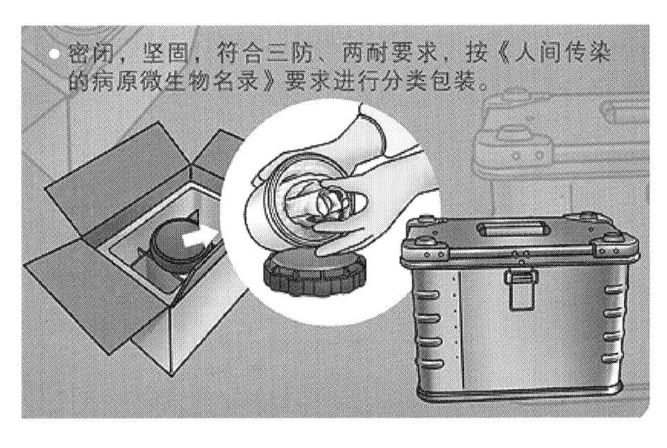

图 7–5–2　A 类感染性物质包装——外包装
（图片来源于北京市疾控中心宣教资料）

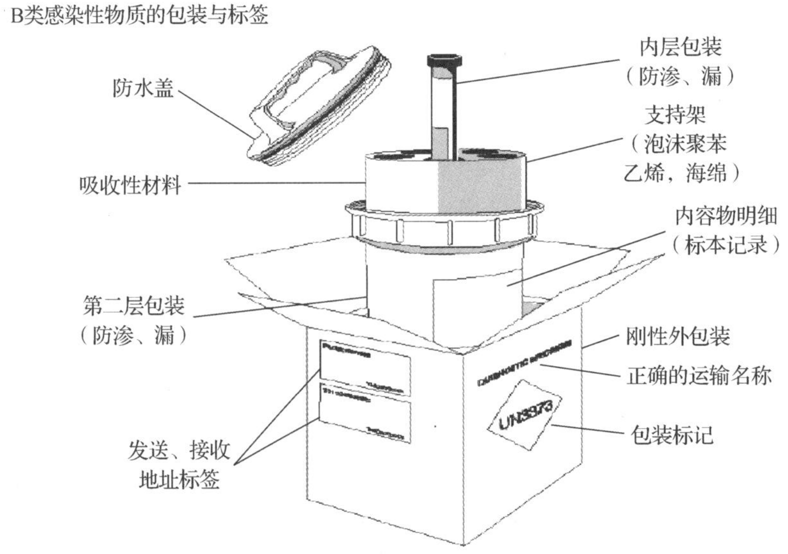

B类感染性物质的包装与标签
防水盖
内层包装（防渗、漏）
支持架（泡沫聚苯乙烯，海绵）
吸收性材料
内容物明细（标本记录）
第二层包装（防渗、漏）
刚性外包装
正确的运输名称
UN3373
包装标记
发送、接收地址标签

图 7–6　B 类感染性物质的包装与标签

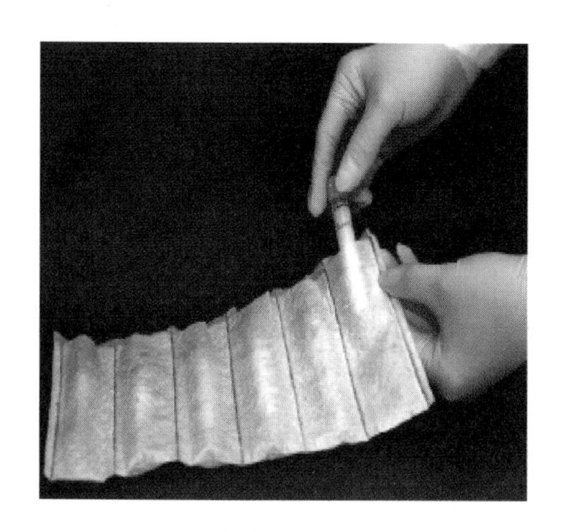

图 7-7　B 类感染性物质包装——主容器与 A 类相同

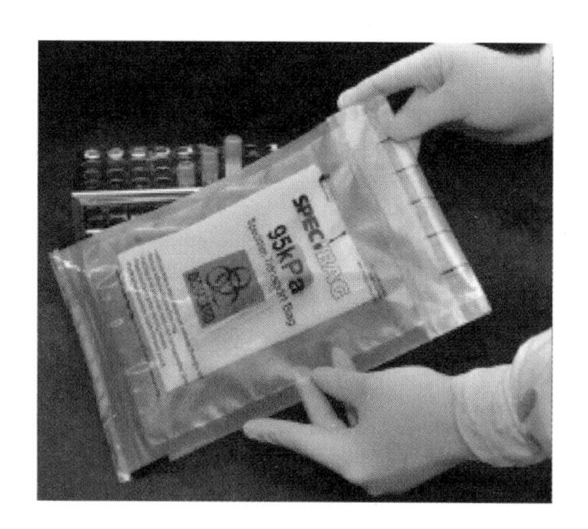

图 7-8　B 类感染性物质包装——次级容器

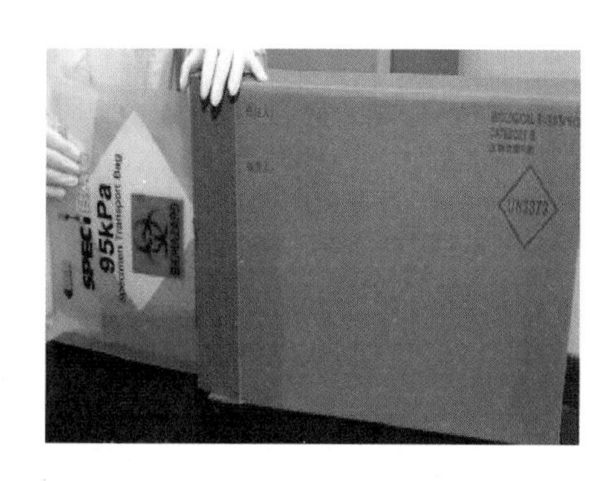

图 7-9　B 类感染性物质包装——外包装

（1）必须使用优质包装，该包装必须具有足够强度以承受运输过程中的震动与负荷，包括运输工具之间、运输工具与仓库之间的转运，为随后的人工或机械作业搬离托盘或合成包装件。包装必须严格制作并密封，以防止在正常运输条件下由于震动、温度、湿度或压力变化而造成的内容物的任何漏失。

（2）外包装必须张贴 UN3373 标记，标记背景颜色应差异明显，确保清晰可见，易于识别。外部最小尺寸必须不低于 100 mm。标记是以 45°角设置的正方形（菱形），每条边边长至少为 50 mm，每条边线宽度至少为 2 mm；字母和数字高度至少为 6 mm。

（3）外包装上临近菱形标记的部位必须表明运输专用名称“Biological substance，Category B（生物性物质，B 类）”；同时还应标明联系人姓名、地址和电话号码。

（三）对 A、B 类感染性物质包装的共同要求

1. 主容器

主容器必须装在辅助包装中，使其保证在正常的运输条件下不会破损、刺穿或将内容物泄漏在辅助包装中。必须使用适当的衬垫材料将辅助包装安全固定在外包装中，内容物的任何泄漏都绝不允许破坏衬垫材料或外包装的完整性。

2. 如果多个易碎的主容器装入一个辅助包装时

必须把他们分别包裹或隔离，以防彼此接触。

3. 完整包装件必须通过跌落实验

完整的包装件必须能成功通过《危险物品航空安全运输技术细则》6.6.2 规定的跌落试验，A 类感染性物质的跌落高度不得低于 9 m，B 类感染性物质的跌落高度不得低于 1.2 m。按照适当的跌落顺序进行跌落试验后，主包装不得产生泄漏。在要求使用吸附材料的情况下，进行跌落试验后，辅助包装内的吸附材料依然能对主容器起到保护作用。

4. A、B 类国际通用包装要求

A 类感染性物质采用国际上通用的 P620 包装要求，B 类感染性物质采用 P650 包装要求。

5. 对于液体物质的包装

1）主容器必须防泄漏，内装物不得超过 1 L；2）辅助包装必须防泄漏；3）必须在主容器和辅助包装之间填充足量的吸附材料，确保意外泄漏时能吸收主容器中的所有内容物，并保证衬垫材料和外包装的完整性；4）主容器和辅助包装必须在 -40 ℃至 55 ℃的温度范围内能承受 95 kPa 的内部压差而无渗漏；5）每个外包装不得超过 4 L，该数量不包括用于保持标本低温的冰、干冰及液氮。

6. 对于固体物质的包装

1）主容器必须防筛漏，并不得超过外包装的重量限制；2）辅助包装必须防筛漏；3）除装有肢体、器官或整个躯体的包装件之外，每个外包装不得超过 4kg。该重量不包括保持标本低温的冰、干冰及液氮；4）如果对运输过程中主容器内残留液体有任何怀疑，都必须使用适合于液体的包装和吸附材料。

7. 对于冷藏或冷冻样品的包装（主要包括冰、干冰及液氮）

当使用干冰或液氮做低温保持材料时，必须满足《危险物品航空安全运输技术细则》的相关要求。使用冰或干冰时，必须将其置于辅助包装外或外包装、合成包装件内。必须使用内部支撑物固定辅助包装，以确保其在冰或干冰消融后仍能保持原位不动。如果使用冰，外包装或合成包装件必须防泄漏；如果使用干冰，包装设计和构造必须留有能排出二氧化碳的孔，以防由于增压而引起包装件破裂。如果使用液氮，必须使用能承受非常低温度的塑料主容器和辅助包装，在大多数情况下，辅助包装需要单独套装在主容器上。主容器和辅助包装在冷冻温度下必须能够保持完整性，也应能承受解除冷冻后所导致的温度和压力（表 7-1）。

表 7-1 A 类、B 类包装的异同点

区别	A 类包装	B 类包装
定义	对人或动物致死或永久致残	不符合列入 A 类标准的感染性物质
运输专用名称	感染性物质，可感染人	诊断标本或临床标本（生物物质 B 类）
英文运输专用名称	Infectious substance，affecting humans	Biological substance category B
UN 编号	UN2814 号	UN3373 号

续表

区别	A 类包装	B 类包装
运输对象	《名录》中规定的第一类、第二类病原微生物及其样本（狂犬病毒街毒）；第三类中包装分类为 A 类的病原微生物	《名录》中规定的第三类、第四类病原微生物及其样本
UN 专用标识	需要	不需要

（四）感染性物质包装的标识

感染性物质外包装上需要有以下标识，所有标识都应清楚可见并且没有被其他标签所覆盖。（图 7-10 ~ 图 7-12）

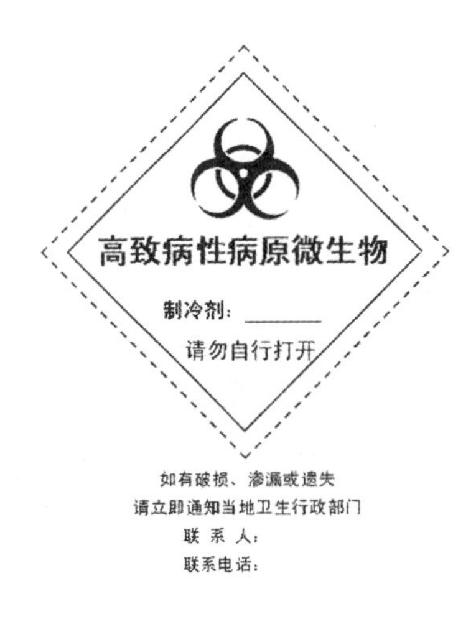

图 7-10　高致病性病原微生物危险标签

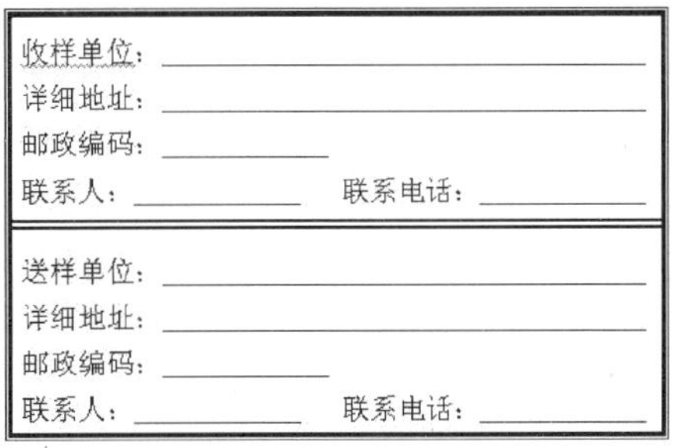

收样单位：
详细地址：
邮政编码：
联系人：　　联系电话：

送样单位：
详细地址：
邮政编码：
联系人：　　联系电话：

图 7-11　高致病性病原微生物运输登记表

①发货人姓名和联系电话、单位名称和地址。

②收货人姓名和联系电话、单位名称和地址。

③航空运输专用名称（航空运输时必须要有）。

④生物危险标识、警告用语和提示用语。

⑤当使用干冰或液氮时：应标出制冷剂的专业名称，正确的联合国编号和净重。

⑥如使用干冰做制冷剂，应标出 Dry Ice（干冰）、UN1845 以及干冰的净重。

图 7-12　外包装放置方向标识

感染性物质的主容器可以采用玻璃、金属或塑料等材料，表面应贴上标签，标明标本类别、编号、名称、样本量等信息。

注：在航空运输时，包装标记、标签以国际民航组织《危险物品航空安全运输技术细则》第五部分第二章及第三章的相关规定为准。

三、感染性物质在单位内部的传递

（一）必须制定感染性物质在单位内部传递的管理规范

无论何时，当感染性物质或者毒素（或者怀疑含有这些物质的生物材料）在单位内部，如实验室内部、不同防护区之间、建筑物内或者邻近建筑物之间进行传递时，都需要制定各项管理制度和操作规程。只有严格实施最佳实验室管理规范、各项规程，才能避免感染性物质在传递过程中发生渗漏、滴漏、溢出或者类似的危险。

（二）感染性物质在实验室内的传递

当在一个实验室（防护区）内传递感染性物质或者毒素时（如从冰箱到 BSC，从培养箱到 BSC，从 BSC 到显微镜），需要保护好这些物质，以避免掉落、倾斜或者溢洒。随着感染性物质或者毒素危险性的增加，人员的预防措施也需要加强，以避免出现较大的危险。

封闭的容器为感染性物质或者毒素的传递提供了最基础的防护。用封闭并且贴有标签的容器传递感染性物质或者毒素，将有助于减少掉落、溢出或者渗漏的可能性和严重性，必要时（如大量的样本、体积很大或者很重的物品）使用手推车。推荐使用专门的带标签、密封、耐冲击、带螺口盖子和橡胶垫的容器（图 7-13）。

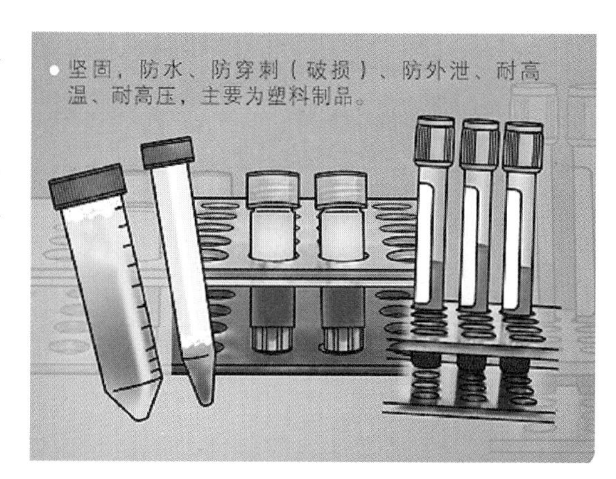

图 7－13　菌毒种及样本容器

（图片来源于北京市疾控中心宣教资料）

当传递风险性高且样本较多时，应当使用有边缘或有围栏的小推车，并且要在车的每层隔板上使用托盘，并放置吸水性的材料。样本放置的方式应该在遇到碰撞时，可以防止样本倾斜或者溢洒。

当运送感染性物质或者毒素时，工作人员应该小心、缓慢操作。根据现场风险评估，必要时应建立并执行在防护区内物品和工作人员从清洁区域至污染区域的流动模式，以防止污染扩散。

（三）感染性物质在同一个建筑物内不同实验室之间的传递

当在同一个建筑物的不同实验室（防护区）之间传递感染性物质或毒素时，应该使用贴有标签、防渗漏并且耐冲击的容器，以避免在容器掉落时发生溅洒或者渗漏，这也包括将废物运至建筑物内防护区外的集中储存区域。当 BSL-1、BSL-2 区域需要将废物运输至经过认证的外部废物处置设施时，必须保证需要处理的物质都做了标记，并且根据危险物质运输规定要求和各地方法规进行了包装。

在运输体积大且沉重的物品时，应使用带有防护栏或者有边缘的小推车，放置时应避免物品倾斜。在实验室（防护区）外，应准备溢洒处理包，以备溢洒时使用。根据工作场所有害物质信息系统的要求，如果样本在运输时需要保持低温，则冰或者干冰只能放在密封的辅助容器内。为避免气体积聚，装有干冰的辅助容器必须透气。

传递高致病性感染性物质或者毒素时，正确准备和填写传递申请文件十分重要。在运输之前，接收方应被告知所传递物质的危险性，并且确定具备操作这些样本适宜的防护区域。为此，两个实验室（或科室）要填写高致病性感染性物质传递记录（注明感染性物质名称、数量、防护级别、储存要求等），并且要通过相应的内部审批。按上述要求包装后，应放在标本运输专用箱（图 7–14–1，图 7–14–2）传递。

图 7–14–1　标本运输专用箱

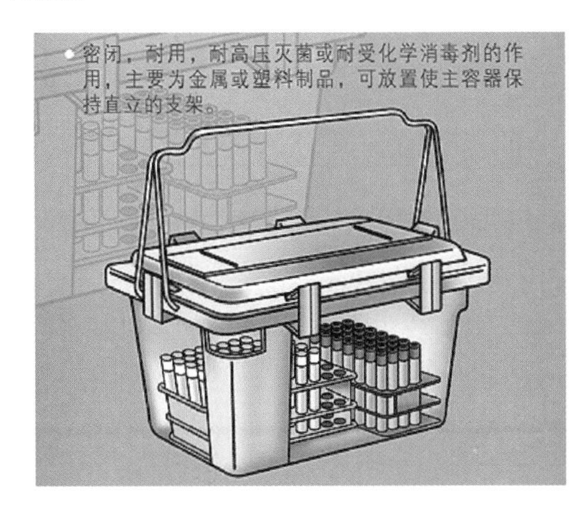

图 7–14–2　设施内样本运输容器

（图片来源于北京市疾控中心宣教资料）

（四）感染性物质在单位内部邻近建筑物之间的传递

除符合上述要求外，至少应配备一个陪同人员护送，并要有交接记录。如果建筑物之间距离比较远，并要使用交通工具运输，则应按照 A 类、B 类感染性物质的要求进行包装、标识、运输（见以下第四、第五）。

四、A 类感染性物质的运输

本章节中所说的运输是指通过交通工具由一个地方（单位）运送到另一个地方（单位）的过程。如市内运输、省内、省际（国内）运输等。

（一）相关法律法规的主要内容

1. 不得通过公共交通工具运输

《病原微生物实验室生物安全管理条例》第十条规定：运输高致病性病原微生物菌（毒）种或者样本，应当通过陆路运输；没有陆路通道，可以通过水路运输；紧急情况下，需要将高致病性病原微生物菌（毒）种或者样本运往国外的，可以通过民用航空运输。

有关单位或者个人不得通过公共电（汽）车和城市铁路运输病原微生物菌（毒）种或者样本。

2. 运输高致病性病原微生物菌（毒）种或者样本，应当具备以下条件

1）运输目的、高致病性病原微生物的用途和接收单位符合国务院卫生主管部门或者兽医主管部门的规定；2）高致病性病原微生物菌（毒）种或者样本的容器应当密封，容器或者包装材料还应当符合防水、防破损、防外泄、耐高（低）温、耐高压的要求；3）容器或

者包装材料上应当印有国务院卫生主管部门或者兽医主管部门规定的生物危险标识、警告用语和提示用语。

3. 审批部门

运输高致病性病原微生物菌（毒）种或者样本，应当经省级以上人民政府卫生主管部门或者兽医主管部门批准。

1）省内运输：在省、自治区、直辖市行政区域内运输的，由省级人民政府卫生主管部门或者兽医主管部门批准；2）跨省运输：需要跨省、自治区、直辖市运输或者运往国外的，由出发地的省级人民政府卫生主管部门或者兽医主管部门进行初审后，分别报国务院卫生主管部门或兽医主管部门批准。3）航空运输：如果通过民用航空运输高致病性病原微生物菌（毒）种或者样本的，除按以上规定取得批准外，还应当经国务院民用航空主管部门批准。

4. 专人护送

运输高致病性病原微生物菌（毒）种或者样本，应当由不少于 2 人的专人护送，并采取相应的防护措施。针对高致病性病原微生物菌（毒）种或者样本的运输，我国卫生部于 2005 年 12 月 28 日发布了《可感染人类的高致病性病原微生物菌（毒）种或样本运输管理规定》，进一步明确了高致病性病原微生物菌（毒）种或者样本的分类定义、包装要求、申请运输单位性质、接收单位应具备的条件、运输审批程序等内容。

（二）高致病性病原微生物运输的申请

申请运输高致病性病原微生物菌（毒）种或样本的单位（以下简称“申请单位”），在运输前应向省级卫生行政部门（省卫健委科教处，或其授权的部门）提出申请，办理《准运证书》并提交以下申请材料（见附件 7–1）：

（1）可感染人类的高致病性病原微生物菌（毒）种或样本运输申请表；

（2）法人资格证明材料；

（3）接收高致病性病原微生物菌（毒）种或样本的单位（以下简称“接收单位”）同意接收的证明文件和资质证明（接收单位的符合条件）；

（4）容器或包装材料的批准文号、合格证书或者高致病性病原微生物菌（毒）种或样本运输容器或包装材料承诺书；

（5）同时提交接收单位的相关材料：

1）法人资格证书；2）具备从事高致病性病原微生物实验活动的资格证书或批准文件；3）取得有关政府主管部门核发的从事高致病性病原微生物实验活动，菌（毒）种或样本保藏、生物制品生产等的批准文件。

6. 多次运输的申请

在固定的申请单位和接收单位之间，如果需要多次运输相同品种高致病性病原微生物菌（毒）种或样本的，可以申请多次运输的《准运证书》，所需申请材料同上。多次运输的有效期为 6 个月；期满后需要继续运输的，应当重新提出申请。

（三）高致病性病原微生物菌（毒）种运输的审批程序

1. 省内运输

运输申请单位→递交申请表→市卫健委科教科初审（市级及以下单位）→省卫健委科教

处（或授权单位）→5 个工作日内审批。

2. 跨省运输

运输申请单位→递交申请表→省卫健委科教处→3 个工作日内初审→国家卫健委科技司→3 个工作日内批准。

3. 运送到国家疾控中心的审批

运输申请单位→递交申请表→省卫健委科教处→3 个工作日内初审→同意→由运输申请单位→国家疾控中心实验室管理处→3 个工作日内审批→国家卫健委科技司备案。

4. 民航运输

通过民航运输的，除依照上述规定取得的批准外，还应当经国务院民航主管部门批准。

托运人应当按照《中国民用航空危险品运输管理规定》（CCAR276）和国际民航组织文件《危险物品航空安全运输细则》（Doc9284）的要求，正确进行分类、包装、加标记、贴标签并提交正确填写的危险品航空运输文件，交由民用航空主管部门批准的航空承运人和机场实施运输。

（四）包装盒的开启

高致病性病原微生物菌（毒）种或样本在运输之前的包装以及送达后包装的开启，应当在相应级别的生物安全实验室的生物安全柜里面进行。

（五）意外事件的处置

高致病性病原微生物菌（毒）种或者样本在运输、储存中被盗、被抢、丢失、泄漏的，承担单位、护送人、保藏机构应当采取必要的控制措施，并在 2 小时内分别向承运单位的主管部门、护送人所在单位和保藏机构的主管部门报告，同时向所在的县级人民政府卫生主管部门或者兽医主管部门报告；发生被盗、被抢、丢失的，还应当向公安机关报告；接到报告的卫生主管部门或者兽医主管部门应当在 2 小时内向本级人民政府报告，并同时向上级人民政府卫生主管部门或者兽医主管部门和国务院卫生主管部门或者兽医主管部门报告。

五、B 类感染性物质的运输

除了不需要向相应级别的人民政府卫生主管部门或者兽医主管部门提交申请并获得批准以外，B 类感染性物质的包装、运输及送达后包装的开启，都应参照 A 类感染性物质的相关要求。

第三节 菌（毒）种和样本的保藏

病原微生物实验室在进行实验活动时，经常需要保藏菌（毒）种及样本。菌（毒）种和样本的保藏是保证实验室生物安全的重要内容之一，只有规范严格的管理，才能有效地防止菌（毒）种的扩散或遗失、发生实验室感染或引起传染病传播；才能避免菌种差错，保证保藏质量和试验结果可靠性。所以，无论是短期还是长期保存，都应遵循安全、存活、生物学特性不变以及避免差错等原则。

实验室使用高致病性菌（毒）种或样本时，应当经省级卫生行政部门批准；除经卫生行政部门批准的保藏机构以外的单位和个人不得擅自保藏菌（毒）种或样本。

实验室可参照《人间传染的病原微生物菌（毒）种保藏机构设置技术规范》（WS 315），加强病原微生物菌（毒）种的管理，防止菌（毒）种或样本在保藏和使用过程中发生实验室感染或者引起传染病传播。

一、保藏机构

《病原微生物实验室生物安全管理条例》第十四条规定：国务院卫生主管部门或者兽医主管部门指定的菌（毒）种保藏中心或者专业实验室（以下称保藏机构），承担集中储存病原微生物菌（毒）种和样本的任务。

保藏机构是指由卫生部指定的，按照规定接收、检定、集中储存与管理菌（毒）种或样本，并能向合法从事病原微生物实验活动的单位提供菌（毒）种或样本的非营利性机构。

医疗卫生、出入境检验检疫、教学和科研机构按规定从事临床诊疗、疾病控制、检疫检验、教学和科研等工作，在确保安全的基础上，可以保管其工作中经常使用的菌（毒）种或样本，其保管的菌（毒）种或样本名单应当报当地卫生行政部门备案。但涉及高致病性病原微生物及行政部门有特殊管理规定的菌（毒）种必须送交指定的保藏机构保管。

二、保藏管理

实验室应当制定严格的安全保管制度，做好病原微生物菌（毒）种和样本进出和储存的记录，建立档案制度，并指定专人负责。对高致病性病原微生物菌（毒）种和样本应当设专库或者专柜单独储存。

（一）登记

保管菌（毒）种和样本应有严格的登记制度，应建立详细的总账及分类账。

收到菌（毒）种后应立即进行编号登记，详细记录菌（毒）种的学名、株名、历史、来源、特性、用途、批号、传代冻干日期、数量等。

在保管过程中，凡传代、冻干及分发，均应及时登记，并定期核对库存数量。

（二）保存

实验室应设有菌（毒）种保藏专库（专用冰箱），专人（双人双锁）管理，菌（毒）种保藏库通常配备有红外报警、摄像监控系统等保安设施。

主要保藏手段包括真空冷冻干燥、低温冷冻保存或液氮超低温保存。

1. 真空冷冻干燥

长期保存细菌、酵母、真菌、病毒和立克次体的标准方法，对一般生命力强的微生物及其孢子以及无芽孢菌都适用，即使对一些很难保存的致病菌，如脑膜炎球菌与淋病球菌等亦能保存。其原理是采用低温、干燥和真空的办法，使菌（毒）种的新陈代谢活动处于高度静止状态，先在极低温度下（-70 ℃左右）快速冷冻，然后在低温下真空干燥，使菌（毒）体细胞结构成分保持原来状态。因此，菌种保存10~20年，仍不降低其原有性能，储存温度要求相对不苛刻，储藏成本相对较低，是菌（毒）种资源保藏中最常用的一种手段。

2. 液氮超低温

保藏细胞（病毒）株最常采用的方法。其原理是利用微生物在 -130 ℃以下，菌体细胞新陈代谢活动降低到最低水平，甚至处于休眠状态，从而有效地保存微生物。它的优点是保存时间可长达数年至数十年，而且经保存的菌种基本上不发生变异。缺点是需要液氮罐，在长期贮存的过程中必须经常注意补充液氮。

另外，通过提供低温、干燥和缺氧等条件，可以保证病原微生物的孢子、芽孢、繁殖体或病毒的代谢或生长繁殖处于抑制状态，达到减低变异率、长期保藏的目的。

一般冻干的细菌菌种可在 2 ~ 8 ℃长期保存，但有些细菌的菌种如钩端螺旋体部分血清型菌种，真空冷冻干燥不能存活，仍需在相应斜面或半固体中保存；大多数病毒的毒种一般可以冻存于 -40 ~ -80 ℃低温冰箱内保存，有些毒种则需要放置 -130 ℃以下的液氮中保存。

（三）保障体系

①菌（毒）种和感染性样本的保存区域内应有其接收、检查、交接登记、包装（分装）的场所和生物安全柜等设施。

②菌（毒）种应经严格检定合格后方可入库。必须指定专人保管定期进行全面检查，以防止在传代过程中出错或污染外源因子。

③菌（毒）种至少制备双份，分别储存在两个适宜贮存条件的专门地方，以防止因低温冰箱停电或液氮罐内液氮干涸造成菌（毒）种和细胞等变异和死亡。

④应指派专人对其保存的菌（毒）种和细胞的容器贴上或固定上该菌（毒）种和细胞等的明确标签或标牌，并且保证能耐受水气浸泡或超低温冷冻，始终保持标签或标牌的信息清晰可辨。

⑤应指派双人负责保管，其中任何一个人是无法单独取得菌（毒）种和细胞的；非指定的其他人，未经主管领导特别批准一律不得进入保藏专库。

⑥应指派保管菌（毒）种和细胞库的专人对进出库的菌（毒）种和细胞库的支数（或容器）与实际数量进行登记清点，不可有差错。

⑦高致病性病原微生物相关实验活动结束后，应当在 6 个月内将菌（毒）种或感染性样本就地销毁，或者送交指定的保藏机构。应保存销毁的审批、操作过程、验证的记录，或者送交保藏机构的审批、交接的记录。

（四）菌（毒）种的制备

菌（毒）种经检定后，应根据其特性选用适当方法及时保存。最好冻干，低温保存。

用于高致病性病原微生物真空冷冻干燥保存的玻璃冻存管材质、厚度应符合抗压要求，不易摔、爆裂。

不能冻干保存的菌（毒）种，应保存 2 份或保存于 2 种培养基，一份供定期移种或传代，一份供经常移种或传代用。

保存的菌（毒）种传代或冻干均应填写专用记录。菌种管上应有牢固的标签，标明菌（毒）种编号、代次、批号、日期。

（五）菌（毒）种的销毁

①销毁无保存价值的一、二类菌（毒）种须经单位领导批准，销毁三、四类菌（毒）

种须经部门领导批准，并在账上注销，写明销毁原因和方式。

②保存的菌（毒）种传代、移种后，销毁原菌（毒）种之前，应仔细检查新旧菌（毒）种的标签是否正确。

③菌（毒）种的销毁时，应放置灭菌指示标志，以确认灭菌效果，必要时进行灭菌效果评价。

④炭疽杆菌、肉毒梭状芽孢杆菌和破伤风梭状芽孢杆菌等在一定条件能形成芽孢，细菌芽孢对外界环境抵抗力极强，用一般常规清洁消毒方法不能将其杀灭。对这类菌的操作必须在专门操作间、使用专门设备进行操作。必须对所用专用设备和器材进行彻底高压蒸气消毒灭菌，必要时对芽孢菌进行间歇消毒灭菌，才能将全部芽孢体杀死。

菌（毒）种销毁的方法详见第八章。

三、菌（毒）种供应和使用

（一）菌（毒）种领取

实验室需要一、二类菌（毒）种时，应派专人向供应单位领取，不得邮寄；三类菌（毒）种的邮寄必须持有邮寄单位的证明，并按照菌（毒）种邮寄与包装的有关规定办理。

（二）菌（毒）种领取批准

使用一类菌（毒）种的单位，必须经国务院卫生行政部门批准；使用二类菌（毒）种的单位，必须经省级政府卫生行政部门批准；使用三类菌（毒）种的单位，必须经县级政府卫生行政部门批准。

（三）菌（毒）种储存保障

经过卫生行政部门批准设立的菌（毒）种保藏机构在储存、提供病原微生物菌（毒）种和样本时，不得收取任何费用，其经费由同级财政在单位预算中予以保障。

（四）菌（毒）种使用后

实验室在相关实验活动结束后，应当依照国务院卫生主管部门或者兽医主管部门的规定，及时将病原微生物菌（毒）种和样本就地销毁或者送交保藏机构保管。保藏机构接收实验室送交的病原微生物菌（毒）种和样本，应当予以登记，并开具接收证明。

第四节　思考题

一、名词解释

1. A 类感染性物质；2. B 类感染性物质；3. 菌（毒）种的保藏机构

二、填空题

4. 国际民航组织《危险物品航空安全运输技术细则》中将感染性物质分为________和________。

5. 在固定的申请单位和接收单位之间多次运输相同品种高致病性病原微生物菌（毒）

种或样本的，可以申请多次运输，多次运输的有效期为________个月。

6. 感染性物质的包装由内到外分别为________、________和________。

7. 用于微生物抗体检测的血液样本，应采集________和________ 2 份样本。

8. 菌（毒）种的主要保藏手段包括____________、____________、____________。

三、选择题

9. A 类感染性物质中使人染病或使人和动物都染病者的联合国编号为（ ）

A. UN2810　　B. UN2814　　C. UN2900　　D. UN3373

10. B 类感染性物质的联合国编号为（ ）

A. UN2810　　B. UN2814　　C. UN2900　　D. UN3373

11.《病原微生物实验室生物安全管理条例》中规定，在省、自治区、直辖市行政区域内运输高致病性病原微生物菌种或者样本，应当由（ ）

A. 省、自治区、直辖市人民政府卫生主管部门或者兽医主管部门批准

B. 省、自治区、直辖市人民政府卫生主管部门和兽医主管部门共同批准

C. 市（设区）人民政府卫生主管部门或者兽医主管部门批准

D. 出发地的省、自治区、直辖市人民政府卫生主管部门或者兽医主管部门批准

E. 县（市）人民政府卫生主管部门或者兽医主管部门批准

12. 运输高致病性病原微生物菌（毒）种或者样本，应当由不少于（ ）人的专人护送，并采取相应的防护措施。

A. 1 人　　B. 2 人　　C. 3 人　　D. 4 人

13. 在样品采集过程中，对于未知病原微生物的临床样本，应按（ ）要求进行防护。

A. BSL-4 级　　B. BSL-3 级　　C. BSL-2 级　　D. BSL-1 级

14. 高致病性病原微生物菌（毒）种或者样本在运输、储存中被盗、被抢、丢失、泄漏时，当事人或发现者应当采取必要的控制措施，并（ ）分别向相关单位及其主管部门报告。

A. 立即　　B. 1 小时内　　C. 2 小时内　　D. 24 小时内

四、判断题

15. 运输高致病性病原微生物菌（毒）种或者样本，应当首选陆路运输；紧急情况下，可以通过民用航空运输。（ ）

16. A 类感染性物质在运输过程中需使用三层包装系统，而 B 类不需要。（ ）

17. 仅用于血液筛查的干燥血斑或者粪便也属于感染性物质。（ ）

18. 感染性样品只在单位内部传递可以只包装 2 级容器。（ ）

19. 菌（毒）种的保藏机构应设有菌（毒）种保藏专库，采用专人（双人双锁）管理。（ ）

（贺健梅　彭瑾瑜　蔡　亮）

附件 7-1

可感染人类的高致病性病原微生物菌（毒）种或样本运输申请表

申请单位：______________________________

联 系 人：______________________________

电　　话：______________传真：______________

电子邮箱：______________________________

中华人民共和国卫健委制

填表说明

1. 按申请表的格式，如实地逐项填写。
2. 申请表填写内容应完整、清楚、不得涂改。
3. 填写此表前，请认真阅读有关法规及管理规定。未按要求申报的，将不予受理。
4. 病原微生物分类及名称、运输包装分类见《人间传染的病原微生物名录》。
5. 申请表可从卫健委网站（www. moh. gov. cn）下载。

<table>
<tr><td rowspan="3">菌（毒）种
或样本</td><td colspan="2" rowspan="2">名称（中英文）</td><td colspan="3" rowspan="2">分类/UN 编号</td><td colspan="6">规格及数量</td><td rowspan="2">来源</td></tr>
<tr><td>样品状态</td><td colspan="2">每包装容量</td><td colspan="3">包装数量</td></tr>
<tr><td colspan="2"></td><td colspan="3"></td><td></td><td colspan="2"></td><td colspan="3"></td><td></td></tr>
<tr><td>运输目的</td><td colspan="12"></td></tr>
<tr><td>主容器</td><td></td><td colspan="3">辅助容器</td><td colspan="3"></td><td colspan="2">填充物</td><td colspan="3"></td></tr>
<tr><td>外包装</td><td colspan="4"></td><td colspan="3">制冷剂名称与数量</td><td colspan="5"></td></tr>
<tr><td>拆检注意事项</td><td colspan="12"></td></tr>
<tr><td rowspan="2">运输起止地点</td><td>起点</td><td colspan="11"></td></tr>
<tr><td>终点</td><td colspan="11"></td></tr>
<tr><td>运输次数</td><td></td><td colspan="4">运输日期</td><td colspan="7"></td></tr>
<tr><td rowspan="3">接收单位</td><td>名称</td><td colspan="11"></td></tr>
<tr><td>地址</td><td colspan="11"></td></tr>
<tr><td>负责人</td><td colspan="4"></td><td colspan="3">联系电话</td><td colspan="4"></td></tr>
<tr><td>运输方式</td><td></td><td colspan="2">运输工作
负责人</td><td colspan="2"></td><td>职务或职称</td><td colspan="2"></td><td colspan="2">联系电话</td><td colspan="2"></td></tr>
</table>

高致病性病原微生物菌（毒）种或样本运输容器或包装材料承诺书

本人确认本次运输高致病性病原微生物菌（毒）种或样本运输容器或包装材料符合以下要求：

1. 高致病性病原微生物在运输过程中要求采取三层包装系统，由内到外分别为主容器、辅助容器和外包装。

2. 高致病性病原微生物菌（毒）种或者样本应正确盛放在主容器内，主容器要求无菌、不透水、防泄漏。主容器可以采用玻璃、金属或塑料等材料，必须采用可靠的防漏封口，如热封、带缘的塞子或金属卷边封口。主容器外面要包裹有足够的样本吸收材料，一旦有泄漏可以将所有样本完全吸收。主容器的表面贴上标签，标明标本类别、编号、名称、样本量等信息。

3. 辅助容器是在主容器之外的结实、防水和防泄漏的第二层容器，它的作用是包装及保护主容器。多个主容器装入一个辅助容器时，必须将它们分别包裹，防止彼此接触，并在多个主容器外面衬以足够的吸收材料。相关文件（例如样品数量表格、危险性申明、信件、样品鉴定资料、发送者和接收者信息）应该放入一个防水的袋中，并贴在辅助容器的外面。

4. 辅助容器必须用适当的衬垫材料固定在外包装内，在运输过程中使其免受外界影响，如破损、浸水等。

5. 在使用冰、干冰或其他冷冻剂进行冷藏运输时，冷冻剂必须放在辅助容器和外包装之间，内部要有支撑物固定，当冰或干冰消耗以后，仍可以把辅助容器固定在原位置上。如使用冰，外包装必须不透水。如果使用干冰，外包装必须能够排放二氧化碳气体，防止压力增加造成容器破裂。在使用冷冻剂的温度下，主容器和辅助容器必须能保持良好性能，在冷冻剂消耗完以后，仍能承受运输中的温度和压力。

6. 当使用液氮对样品进行冷藏时，必须保证主容器和辅助容器能适应极低的温度。此外，还必须符合其他有关液氮的运输要求。

7. 主容器和辅助容器须在使用制冷剂的温度下，以及在失去制冷后可能出现的温度和压力下保持完好无损。主容器和辅助容器必须在无泄漏的情况下能够承受 95 kPa 的内压，并能保证在 −40 ℃到 55 ℃的温度范围内不被损坏。

8. 外包装是在辅助容器外面的一层保护层，外包装具有足够的强度，并按要求在外表面贴上统一的标识。

申请单位法人签字：

年　　月　　日

申请运输单位审查意见： 法人代表： 公　章 年　　月　　日
省、自治区、直辖市卫生行政部门审核意见： 公　章 年　　月　　日
卫健委审批意见： 公　章 年　　月　　日
所附资料（请在所提供资料前的□内打“√”） □ 1. 法人资格证明材料（复印件） □ 2. 接收单位同意接收的证明文件（原件） □ 3. 接收单位出具的卫生部颁发《从事高致病性病原微生物实验活动实验室资格证书》（复印件） □ 4. 接收单位出具的有关政府主管部门核发的从事人间传染的高致病性病原微生物或者疑似高致病性病原微生物实验活动、菌（毒）种保藏、生物制品生产等的批准文件（复印件） □ 5. 容器或包装材料的批准文号、产品合格证书 □ 6. 其他有关资料
其他需要说明的问题

可感染人类的高致病性病原微生物菌（毒）种或样本准运证书

微准运字（年号　　　）　　号

<table>
<tr><td rowspan="2">菌（毒）种或样本</td><td colspan="2">名称（中英文）</td><td>总数量</td><td>每包装容量</td><td>包装数量</td><td>样品状态</td></tr>
<tr><td colspan="2"></td><td></td><td></td><td></td><td></td></tr>
<tr><td>分类/UN 编号</td><td colspan="3"></td><td>运输目的</td><td colspan="2"></td></tr>
<tr><td>主容器</td><td></td><td>辅助容器</td><td></td><td>填充物</td><td colspan="2"></td></tr>
<tr><td>外包装</td><td colspan="3"></td><td>制冷剂名称与数量</td><td colspan="2"></td></tr>
<tr><td>拆检注意事项</td><td colspan="6"></td></tr>
<tr><td>运输次数及运输日期</td><td colspan="6"></td></tr>
<tr><td>运输起点</td><td colspan="6"></td></tr>
<tr><td>运输终点</td><td colspan="6"></td></tr>
<tr><td rowspan="3">运输申请单位</td><td>名称</td><td colspan="5"></td></tr>
<tr><td>地址</td><td colspan="5"></td></tr>
<tr><td>联系人</td><td colspan="2"></td><td>电话</td><td colspan="2"></td></tr>
<tr><td rowspan="3">接收单位</td><td>名称</td><td colspan="5"></td></tr>
<tr><td>地址</td><td colspan="5"></td></tr>
<tr><td>联系人</td><td colspan="2"></td><td>电话</td><td colspan="2"></td></tr>
<tr><td>运输方法</td><td colspan="6"></td></tr>
<tr><td>批准单位</td><td colspan="6">公　章
年　　月　　日</td></tr>
</table>

中华人民共和国卫健委制

第八章　消毒灭菌与生物废弃物处置

第一节　基本概念

①消毒：杀灭或去除病原微生物。

②灭菌：杀灭或去除一切微生物。

③防腐：杀灭或抑制微生物的生长和繁殖的方法。

④抑菌：抑制或妨碍微生物的生长和繁殖及其活性的过程。

⑤无菌：是指环境或物体不存在有生命活动的微生物的状态。

⑥疫源地消毒：对传染病排出的病原微生物所波及的地方进行消毒，分为随时消毒和终末消毒。

⑦预防性消毒：在没有明确的传染源存在时，对可能受到病原微生物污染的场所和物品进行的消毒。

⑧有效氯：是衡量含氯消毒剂氧化能力的标志，是指含氯消毒剂氧化能力相当的氯量。用 mg/L 或% 浓度表示。

⑨消毒剂量：由消毒因子的作用强度和作用时间决定。

第二节　常见消毒方法介绍

一、物理消毒灭菌法

物理消毒因子常用的有热力灭菌法、射线杀菌法、滤过除菌法等。

（一）热力灭菌法

热力灭菌法就是利用热能使微生物中的核酸或蛋白质变性的方法，分为干热灭菌法和湿热灭菌法两种。

1. 干热灭菌法

（1）常用干热灭菌的方法及适用范围

①焚烧是使用直接点燃或焚烧的方法灭菌，这是最彻底的灭菌方法。适用范围：仅适用于动物尸体或废弃的污染物品等。

②烧灼直接用火焰灭菌。适用范围：常用于微生物学实验室的接种环、试管口、镊子和剪刀等的灭菌。

③干烤灭菌是利用干烤箱灭菌，一般可选择的灭菌条件为：160 ~ 180 ℃作用1 ~ 2 h。适用范围：常用于高温下不变质、不损坏、不蒸发的物品灭菌，如玻璃制品（器皿、注射器等）、瓷器、金属器械等。

（2）干烤灭菌时应注意的问题

①待灭菌的物品干烤前应洗净，以防附着在表面的污物炭化。

②玻璃器皿干烤前洗净后应完全干燥，灭菌时勿与烤箱底、壁直接接触。灭菌后温度降至40 ℃以下再开箱，以防炸裂。

③物品包装不宜过大，安放的物品不能超过烤箱箱体内高度的2/3，物品间应留有空隙，如果某些物品的体量或厚度较大，灭菌时间应适当延长。

2. 湿热灭菌法

（1）压力蒸汽灭菌器分类　常用的灭菌器有下排气压力蒸汽灭菌器；真空压力蒸汽灭菌器。

①下排气压力蒸汽灭菌器。利用重力置换原理，使热蒸汽在灭菌器中从上而下，将冷空气从下排气孔排出，排出的冷空气由饱和蒸汽释放的潜热使物品达到灭菌效果。种类有：手提式、立式、卧式压力蒸汽灭菌器，以及快速压力蒸汽灭菌器。

②真空压力蒸汽灭菌器。利用机械抽真空的方法，使灭菌柜室内形成负压，蒸汽得以迅速穿透到物品内部进行灭菌。蒸汽压力达205.8 kPa（2.1 kg/cm^2），温度达132 ℃或以上，开始灭菌，到达灭菌时间后，抽真空使灭菌物品迅速干燥。根据一次性或多次抽真空的不同，分为预真空和脉动真空两种，后者因多次抽真空，空气排除更彻底，效果更可靠。

（2）适用范围　适应于耐高温、耐湿物品的灭菌，如实验室使用的培养基、生理盐水、患者的体液标本等试剂、耗材、污物以及医疗机构使用的手术敷料、医用器械等相关物品。

（3）压力蒸汽灭菌特点及应用

①灭菌速度快，效果可靠。

②消毒过程对器械的损伤小。

③易于操作，维护方便。

④适用于耐高温、高湿的医用器械和物品的灭菌，以及实验室常用物品的消毒灭菌。

（4）使用注意事项

①最好是同类物品装放一起。如需不同类物品混装时，必须按物品所需的最长灭菌或干燥时间为依据进行灭菌。

②敷料包的装放。敷料包应垂直竖放在搁架上，大包在上层，中包在中层，小包在下层。包与包之间留有空隙，以利蒸汽的流通。如果敷料与器械同时灭菌时，应将敷料放在上层，器械放在下层。

③液体的装放。装有液体、培养基的容器，注意灭菌前瓶盖不要封紧，要拧松瓶口便于出气（灭菌后要及时拧紧）；灭菌时间按其瓶装量而设定。

④容器的装放。装有物品的储槽（如盒、筒等），应打开通气孔、容器开口平面应横放于架上，便于容器内的空气被蒸汽置换。

⑤灭菌柜内灭菌物品的装量。不得超过灭菌柜容积的85%。

⑥装放时注意不允许包裹与灭菌柜的内壁相接触，以免内壁上的冷凝水渗透包裹而堵截了蒸汽的流通；最上层的包裹与柜顶板之间应留 7 ~ 8 cm 的距离，确保上层蒸汽的流动置换和均匀渗透；切忌将包裹直接放在柜底板上。

⑦每次消毒时应关注灭菌效果的监测，可在包裹内中心点和消毒柜（锅）的中心位置放置监测试纸（或指示剂）。

（5）压力蒸汽灭菌器灭菌效果的监测

①B-D 试纸指示残留冷空气的排放是否合格。

②化学指示胶带指示物品包是否经过灭菌处理。

③化学指示卡指示物品包中央温度和持续时间。

④生物指示剂是检测灭菌效果是否合格的判定标准方法。

3. 流动蒸汽消毒法

又称常压蒸汽消毒法，是利用一个大气压下 100 ℃的水蒸气进行消毒。细菌繁殖体经 15 ~ 30 min 可被杀灭，但芽孢常不被全部杀灭。该法常用的器具是 Arnold 消毒器，与我国的蒸笼具有相同的原理。

4. 间歇蒸汽灭菌法

利用反复多次的流动蒸气间歇加热以达到灭菌的目的。将需灭菌物置于流通蒸汽灭菌器内，100 ℃加热 15 ~ 30 min，杀死其中的细菌繁殖体；取出后放 37 ℃孵育箱过夜，使芽孢发育成繁殖体，次日再重复蒸一次，如此连续 3 次以上，可达到灭菌的效果。适用于一些不耐高热的含糖、牛奶等培养基，可将温度设置在 75 ~ 80 ℃，每次加热 30 ~ 60 min，次数增加至 3 次以上，也可达到灭菌目的。

5. 巴氏消毒法

用较低温度杀灭液体中的病原菌或特定微生物，而仍保持物品中所需的不耐热成分不被破坏的消毒方法。设定温度在 71. 7 ℃，经 15 ~ 30 min 可达到牛乳等食品的消毒。

6. 煮沸消毒法

一个大气压下水的沸点是 100 ℃，煮沸 100 ℃ 5 min 可杀死细菌的繁殖体，煮沸法简单方便，主要用于注射器、刀剪和食具等的消毒。当在水中加入 2% 的碳酸氢钠，既可提高沸点达到 105 ℃，也可增强消毒的效果，又能防止金属器械生锈。

（二）射线杀菌法

1. 紫外线

（1）原理　紫外线是一种电磁波，波长 200 ~ 300 nm（包括日光中的紫外线）具有杀菌作用，其中以 253. 7 nm 杀菌作用最强。紫外线主要作用于 DNA，使一条 DNA 链上两个胸腺嘧啶共价结合形成二聚体，从而干扰 DNA 的复制和转录，导致微生物死亡或突变。

（2）灭菌范围　紫外线可杀灭多种微生物，包括细菌繁殖体、芽孢、病毒和支原体等。

（3）用途　一般用于无菌实验室（如洁净实验室等）的空气消毒、不耐热物品的表面消毒。

（4）使用方法　应按房间面积选择安装紫外灯的功率大小和数量，悬吊式紫外线灯对室内空气消毒时应为 1. 5 W/m^3，照射时间依据紫外线灯管的功率大小、被照空间及面积大小以及灭菌效果测定结果而定。照射时间一般为 30 min 以上。紫外线灯与被照物体的距离以不超过 1.2 m 为宜。

（5）注意事项

①它的穿透力较弱，仅能杀灭直接照射到的微生物。玻璃、纸张、水蒸气或空气尘埃等均能阻挡紫外线，因此消毒时应使消毒部位充分暴露；保持紫外灯表面的清洁，以及房间内和照射物品表面清洁。用于消毒物体表面时，应便于紫外线直接照射于被消毒物体表面。

②消毒室内空气时，应保持清洁干燥，减少尘埃和水雾，温度低于 20 ℃或高于 40 ℃、相对湿度大于 60% 时，应适当延长照射时间。

③不得使紫外线光源直接照射到人体。紫外线对人体皮肤和眼角膜有损伤作用，使用紫外灯照射时应注意防护或离开实验室。

④紫外线灯应定期检测紫外线辐照度值。普通型或低臭氧型直管紫外灯（30 W）新灯管的辐照度值在灯管下方垂直 1 m 的中心处，应≥90 μW/cm^2，使用中的灯管的辐照度值在灯管下方垂直 1 m 的中心处，应≥70 μW/cm^2，低于此值应予更换。

（6）主要的紫外线消毒产品

①普通紫外线消毒灯：要求出厂新灯辐射 253.7 nm 紫外线的强度（在距离 1 m 处测定，不加反光罩）为：功率 30 W 灯，≥90 μW/cm^2；功率 20 W 灯，≥60 μW/cm^2；功率 15 W 灯，≥20 μW/cm^2。

②循环风紫外线空气消毒机：该机有低臭氧高强度紫外线杀菌灯、初效过滤器、高效过滤器和活性炭系统组成，循环风量大于 480 m^3/h，可有效地杀灭空气中的微生物，滤除空气中的带菌尘埃。50 ~ 60 m^3 的房间，一台机器开机 30 min 能达到空气消毒要求。

③紫外线表面消毒器：采用低臭氧高强度紫外线杀菌灯制造，以使其能在瞬间达到满意的消毒效果。

④紫外线消毒箱：采用高臭氧高强度紫外线杀菌灯或直管高臭氧紫外线灯制造，利用紫外线和臭氧的协同杀菌作用，臭氧对紫外线照射不到的部位进行消毒。

（三）滤过除菌法

1. 原理

滤过除菌法是用物理阻留的方法将液体或空气中的细菌除去，达到无菌的效果。滤菌器含有微细孔径，液体和气体可以通过，但大于孔径的细菌等颗粒不能通过。

2. 使用范围

主要用于不耐高温灭菌的血清、抗生素、毒素、药液和空气等的除菌，但不能去除比孔径小的微生物（如病毒、支原体和某些 L 型细菌等）。

3. 常用滤菌器

实验室常用的滤菌器有薄膜滤菌器、石棉滤菌器（亦称 Seitz 滤器）和玻璃滤菌器等。其中，用于除菌的薄膜滤菌器由硝酸纤维素膜制成，根据孔径大小分为多种规格，用于除菌的滤膜孔径为 0.22 μm。将玻璃细纱加热，压成圆板后固定于玻璃漏斗中制成玻璃滤菌器，其中的 G5、G6 型用于除菌。用石棉做滤板，制成石棉滤菌器，除菌时选用 EK 型。

4. 注意事项

（1）滤膜要灭菌。

（2）滤菌器要清洗灭菌。

二、化学消毒灭菌法

许多化学药物能影响细菌的化学组成、物理结构和生理活动，从而发挥防腐、消毒甚至灭菌的作用。

（一）消毒剂的分类

1. 消毒剂按消毒作用水平分类

可分为：灭菌剂、高效消毒剂、中效消毒剂、低效消毒剂。见表8-1。

表8-1　消毒剂的分类

分类	杀灭微生物范围	消毒剂
灭菌剂	杀灭一切微生物	甲醛、戊二醛、环氧乙烷、过氧乙酸、过氧化氢、二氧化氯等
高效消毒剂	杀灭一切细菌繁殖体（包括分枝杆菌）、病毒、真菌及其孢子等，对细菌芽孢也有一定的杀灭作用，达到高水平消毒要求	含氯消毒剂、二氧化氯、臭氧、甲基乙内酰脲类化合物等
中效消毒剂	仅可杀灭分枝杆菌、真菌、病毒及细菌繁殖体等微生物，达到消毒要求	含碘消毒剂、醇类消毒剂、酚类消毒剂等
低效消毒剂	仅可杀灭细菌繁殖体和亲脂病毒，达到消毒要求	苯扎溴铵等季铵盐类消毒剂、氯己定（洗必泰）等双胍类消毒剂，汞、银、铜等金属离子类消毒剂及中草药消毒剂

2. 按消毒剂有效成分分类

可分为：含氯消毒剂、含碘消毒剂、烷化类消毒剂、醇类消毒剂、氧化类消毒剂、酚类消毒剂、季铵盐类消毒剂。

（1）含氯消毒剂　有漂白粉、次氯酸钙、次氯酸钠等。含氯消毒剂杀菌谱广、作用迅速、低毒，其有效成分是溶于水中产生的次氯酸，可有效杀灭各种微生物。次氯酸分子量很小，容易进入细菌体内，使细菌蛋白快速氧化。

含氯消毒剂中的有效氯含量是衡量其消毒能力的标志，用mg/L或%浓度表示。常规应用的有效氯浓度应为0.1%（1 g/L），但如果遇到有大量有机物或微生物污染时，推荐提高有效氯浓度至0.5%（5 g/L），并延长消毒时间。

含氯消毒剂适用于浸泡、擦拭、喷洒与干粉消毒等方法。可用于墙面、地面、物体表面、玻璃器皿及污水等的消毒。

含氯消毒剂不稳定，一般现配现用；有刺激性气味，对金属有腐蚀性，对织物有漂白作用，使用时应加以注意。

①次氯酸钠（sodium hypochlorite）：本品有强大的杀菌作用，对组织有较大的刺激性，故不用做创伤消毒剂。次氯酸钠溶液0.01%~0.02%水溶液用于实验室用具、器械的浸泡消毒，消毒时间为5~10分钟。次氯酸钠放出的游离氯可引起中毒，亦可引起皮肤病。已知本品有致敏作用。

②次氯酸钙（漂粉精、漂白粉 bleaching powder）：白色粉末，有效氯含量在60%~70%以上。是一种有较高稳定性的强氧化剂。由于本品含有氯化钙，遇光、热、潮湿和在酸性环境下则分解速度加快。与有机物、易燃液体混合能发热自燃，受高热会发生爆炸。有毒！

③二氯异氰尿酸钠（sodium dichloroisocyanurate 优氯净）：属有机氯消毒剂，有效氯含量大于50%（g/g），白色晶粉，性质稳定，即使贮存于高温高湿条件下，有效氯也丧失极少。溶解度为25%，水溶液的稳定性较差。本品绝对禁止与含有氨、铵、胺的无机盐和有机物混放和混合，否则易发生爆炸或燃烧。

④三氯异氰尿酸（trichloroisocyanuric acid）：白色结晶，有较强的氯味，有效氯含量大于89.7%（g/g），25℃时溶解度为1.2%。含氯高效消毒剂，具有广谱、高效、低毒、较为安全的消毒作用，对细菌、病毒、真菌、芽孢等都有杀灭作用，对球虫卵囊也有一定的杀灭作用。有强烈的刺激性气味、对金属有腐蚀性、对织物有漂白作用，受有机物影响很大，消毒液不稳定等特点。储存要求同上。

⑤氯胺-T（chloramine-T）：化学名称为对甲苯磺酰氯胺钠。因其刺激性、腐蚀性小，使用极为广泛。氯胺-T水溶液的稳定性较差，需要密封保存于暗处。其溶液可形成次氯酸释放出氯，有缓慢而持久的杀菌作用。氯胺-T对细菌繁殖体、病毒、真菌孢子及细菌芽孢都有杀灭作用。而且对人体的刺激性和腐蚀性较小。

常用含氯消毒剂化学性质及使用浓度见表8-2。

表8-2　常用含氯消毒剂化学性质及使用浓度

类别	消毒剂	分子式	分子量	有效氯含量	使用浓度
无机氯化合物	氯（次氯酸钠）	$NaClO$	74.5	5%或10%	1~5 g/L
	含氯石灰（次氯酸钙）	$Ca(ClO)_2$	142.99	25%~32%	1%~20%
有机氯化合物	氯胺-T	$C_7H_7ClNNaO_2S$	227.64	25%	20 g/L
	二氯异氰尿酸钠	$C_3Cl_2N_3NaO_3$	219.95	≥60%	1.7~8.5 g/L
	三氯异氰尿酸	$C_3Cl_3N_3O_3$	232.41	≥89.7%（g/g）	1~4片/升

注：使用方法以合格的卫生安全评价报告为准，以上使用浓度仅供参考。

（2）含碘消毒剂　碘和碘伏（iodophor），有效碘含量2~10 g/L，该类消毒剂具有速效、低毒、稳定性好和对皮肤黏膜无刺激等特点。对铜、铝、碳钢等二价金属有腐蚀性，受有机物影响很大。碘多用于皮肤和黏膜等的消毒。可使用擦拭、揉搓或冲洗等方法。

（3）烷化类消毒剂　烷化剂可作用于微生物蛋白质中的氨基和羟基，从而破坏蛋白质分子，达到杀灭微生物的目的。

环氧乙烷等能穿透包裹物，对分枝杆菌、病毒、真菌和细菌芽孢均有较强的杀菌力。缺点是对人体皮肤、黏膜有刺激和固化作用，并可使人致敏，且有些烷化剂，如β-丙酯可能有致癌作用。因此不可用于空气、食具等消毒。一般仅用于医疗器械的消毒，且经消毒后的物品必须用灭菌水将残留的消毒液冲洗干净后才可使用。

①戊二醛（glutaraldehyde）：具有高效、广谱杀菌作用，对金属腐蚀性小，受有机物影响小等特点。其灭菌浓度为2%~2.5%（20 g/L）以上。作用于细菌繁殖体10 min、肝炎病毒30 min可达到灭活效果，但要全部杀死细菌芽孢则需要10个小时。

一般用于不耐热的医疗器械和精密仪器的消毒与灭菌，常用浸泡法。灭菌处理一般需要10 h以上，经消毒或灭菌的物品必须用灭菌水将残留的消毒液冲洗干净才可使用。

戊二醛具有毒性，对皮肤黏膜有刺激性，使用时应该做好防护，避免直接接触，防止溅入眼内或吸入体内。

不建议采用喷雾法或用溶液对环境表面擦拭。戊二醛能够凝固蛋白质，因此要特别注意将物品在消毒灭菌前清洗干净。使用过程中应随时用测试条对戊二醛的浓度进行监测。

②环氧乙烷（epoxy ethane）：可通过对微生物蛋白质分子的烷基化作用，干扰酶的正常代谢而达到消毒灭菌的效果。

环氧乙烷气体杀菌力强、杀菌谱广，可杀灭各种微生物，细菌繁殖体和芽孢对环氧乙烷的敏感性差异很小。环氧乙烷液体与气体都有杀菌作用，但常用环氧乙烷气体。

环氧乙烷易燃、易爆且对人体有毒，必须在密闭的环氧乙烷灭菌器内进行，故一般实验室较少使用。

③甲醛（formaldehyde）：甲醛对所有微生物（包括细菌芽孢）都有杀灭作用，但对朊粒无灭活作用。

甲醛气体灭菌效果可靠，使用方便，对被作用的物品无损害。可用于对湿、热敏感，易腐蚀物品的灭菌。

甲醛制剂分为多聚甲醛和甲醛两种，加热后可产生气体，用于封闭空间（如生物安全柜和房间）的清除污染和消毒。5%甲醛水溶液可以作为液体消毒剂。

在进行甲醛熏蒸时，应将空间密闭，相对湿度维持在70%~90%，温度在18 ℃以上。甲醛气体的穿透性差，污染的表面尽量暴露，不应用于紧密包装物品的消毒；被消毒物品应间隔一定距离摆放，以保证消毒效果。

甲醛疑有致癌作用，它具有刺鼻的气味，其气体能够刺激眼睛和黏膜，因此必须在通风橱或通风良好的地方储存和使用，消毒后，一定要去除残留甲醛气体，也可用抽气通风或用氨水中和法，同时操作人员要做好防护。

（4）醇类消毒剂　可去除细菌胞膜中的脂类，凝固菌体蛋白质，导致细菌死亡。醇类消毒剂可杀灭细菌繁殖体，破坏多数亲脂性病毒，但不能杀灭细菌芽孢，属于中效消毒剂。

最常用的是酒精和异丙醇，鉴于醇类消毒剂容易挥发，应采用浸泡消毒，或反复擦拭以保证作用时间。

①酒精（ethanol）：酒精具有强的穿透力和杀菌力，使细菌蛋白质变性。能杀灭细菌的繁殖体、结核杆菌及大多数真菌和含脂病毒，但不能杀灭细菌芽孢，短时间不能内灭活乙型肝炎病毒，故一般不用于肝炎病毒的消毒。

酒精使用浓度的最佳范围为 60%～80%，低于 60% 时其杀菌效果会受到影响，高于 90% 会迅速凝固表层的蛋白质，影响酒精穿透，杀菌效力反而减低。

酒精对皮肤黏膜有刺激性、对金属无腐蚀性，易挥发、不稳定，受有机物影响很大，应采用反复擦拭以保证作用时间。

②异丙醇（isopropyl alcohol）：异丙醇系无色挥发性液体，70% 的溶液用于浸泡、擦拭消毒。

与酒精相比，异丙醇的杀菌作用更强，且挥发性低，但毒性较高，主要用于皮肤消毒等。

异丙醇蒸气对眼及呼吸道黏膜有刺激作用，主要对中枢神经系统有麻醉作用。

（5）氧化类消毒剂　过氧化物类消毒剂有强氧化能力，可将酶蛋白中的 -SH 转变为 -SS-，使微生物的酶失活。这类消毒剂包括过氧化氢、过氧乙酸、二氧化氯、高锰酸钾和卤素等。它们消毒后在物品上不残留毒性，但因其氧化能力强，高浓度时可刺激、损害皮肤黏膜、腐蚀物品。

由于化学性质不稳定，需现用现配，并储存在避光阴凉的地方。

①过氧化氢（hydrogen peroxide）：过氧化氢具有广谱、高效、速效、无毒、纯品稳定性好等优点，但对金属及织物有腐蚀性，受有机物影响很大，稀释液不稳定。

常用3% 的溶液清除实验台和生物安全柜工作台面的污染；冲洗伤口，可用 1.5%～3.0% 的过氧化氢溶液。

②过氧乙酸（peroxyacetic acid）：过氧乙酸具有广谱、高效、低毒等优点，易溶于水，可杀灭细菌繁殖体和芽孢、真菌和病毒等。但对金属及织物有腐蚀性，受有机物影响大，稳定性差。

适用于耐腐蚀物品、环境及皮肤等消毒与灭菌。

常用消毒方法有浸泡、擦拭和喷洒法。常用浓度为 0.1%～1.0%。1.0% 的溶液浸泡 30 min 可杀死细菌芽孢，0.5% 过氧乙酸作用 30～60 min 可灭活乙肝病毒。用过氧乙酸消毒后的物品，需放置 1～2 h 后使用。需要时可用 0.2%～0.4% 过氧乙酸消毒皮肤和手。

③二氧化氯（chlorine dioxide）：不属含氯消毒剂，是国际上公认的高效消毒灭菌剂，它可以杀灭一切微生物，包括芽孢和病毒。与次氯酸相比，二氧化氯对微生物细胞壁有较强的吸附穿透能力，能有效地氧化细胞中含有巯基的酶从而灭活细菌。

二氧化氯无毒、无刺激，并且使用剂量低，无残留毒性。各种毒性实验均证实了它的安全性，因此被世界卫生组织定为 AI 级。

（6）酚类消毒剂　低浓度酚类化合物可破坏菌细胞膜，使胞质内容物漏出；高浓度时使菌体蛋白质凝固。也有抑制细菌脱氢酶、氧化酶等作用。它们对细菌繁殖体和有包膜病毒具有活性，但对细菌的芽孢无效。

这类消毒剂对水中的钙镁离子敏感，会降低消毒效果，因此建议用蒸馏水或去离子水配制。常用于物体表面的消毒。

①三氯生（triclosan）：是一种安全、高效、广谱抗菌剂，主要对繁殖的细菌有活性。可溶于多种有机溶剂（如酒精、丙酮等）及表面活性剂。

三氯生与人体皮肤有很好的相溶性，对皮肤无刺激性，因此常广泛应用于消毒洗手液、卫生香皂和卫生洗液等，另外，还广泛用于治疗牙龈炎、牙周炎及口腔溃疡等疗效牙膏及漱口水中，建议使用浓度为0.05%~0.3%。

②氯二甲酚（chloroxylenol）：又称氯间二甲酚、4－氯间二甲酚。对金黄色葡萄球菌和链球菌有效，对细菌芽孢无效。常用5%水溶液用于皮肤及创面消毒，偶有皮肤过敏现象。

③来苏尔（saponated cresol solution）：为甲酚、植物油、氢氧化钠的皂化液，含甲酚50%。来苏尔可杀灭细菌繁殖体与某些包膜病毒，对芽孢则需高浓度长时间才有杀灭作用。

（7）季铵盐类消毒剂　表面活性剂又称去污剂，易溶于水，能减低液体表面张力，使物品表面油脂乳化易于除去，故具清洁作用。它能吸附于细菌表面，改变胞壁通透性，使菌体内的酶、辅酶、代谢产物逸出，呈现杀菌作用。

表面活性剂有阳离子型、阴离子型和非离子型三类。因细菌带阴电，故阳离子型杀菌作用较强。阴离子型如烷基苯磺酸钠与十二烷基硫酸钠解离后带阴电，对革兰阳性菌也有杀菌作用。非离子型对细菌无毒性，有些反而有利于细菌的生长。

苯扎溴胺（新洁尔灭）是常用的季铵盐类消毒剂，是常用于消毒的表面活性剂，对多数细菌繁殖体及某些病毒（如流感、疱疹等包膜病毒）有较好的杀灭能力，但对结核菌及真菌的作用差，对芽孢只有抑制作用，对肠道病毒等效果不显著。

对皮肤黏膜无刺激，毒性小，稳定性好，用于皮肤黏膜及环境物品的消毒。

（二）推荐生物安全实验室常备的消毒剂

生物安全实验室常备的消毒剂应该是消毒广谱、高效，经济、稳定、低毒且方便配制、储存。

1. 用于实验室空气消毒

可用气溶胶喷雾消毒法（表8–5）对实验室空气进行消毒处理。消毒剂可使用过氧乙酸消毒剂、过氧化氢消毒剂和二氧化氯消毒剂。

2. 用于工作区域的台面、设备表面的消毒（表8–4）

（1）受抵抗力低的亲脂性病毒和细菌繁殖体污染时，可用季铵盐、胍类消毒剂或酚类消毒剂进行擦拭。

（2）受亲水性病毒和分枝杆菌病原体污染时，可使用含氯消毒剂、二氧化氯消毒剂、过氧乙酸消毒剂或过氧化氢消毒剂进行擦拭。

（3）受细菌芽孢污染时，可使用过氧乙酸消毒剂、二氧化氯消毒剂或过氧化氢消毒剂进行擦拭。

3. 用于地面消毒（表8–6）

使用消毒剂的种类同上述工作区域台面、设备表面的消毒。消毒方式可采用拖地擦拭，或者是使用气溶胶喷雾消毒方法进行。

4. 用于生物安全柜内的消毒

可用熏蒸消毒方法，消毒剂可用甲醛消毒剂和过氧乙酸消毒剂。

5. 用于手消毒的消毒剂

（1）受抵抗力低如亲脂性病毒和细菌繁殖体污染时，可以用速干手消毒剂揉搓消毒，可使用酒精类和胍类消毒剂。

（2）受抵抗力较强的亲水性病毒和分枝杆菌污染时，可使用碘伏消毒剂和过氧化氢消毒剂。

（3）受细菌芽孢污染时，应充分清洗后，使用0.2%过氧乙酸进行消毒处理。

6. 突发事件备用消毒剂

在处理溢洒等突发事件时，可根据病原微生物的种类分别使用75%酒精、碘伏消毒剂、季铵盐消毒剂、含氯消毒剂、二氧化氯消毒剂、过氧乙酸消毒剂和过氧化氢消毒剂进行消毒处理。

建议实验室在每一层楼设置一辆应急处置小推车，可以放置处理溢洒等突发事件所需的物品（见第九章，第二节，六）。其中消毒剂的配备可根据本实验室常见的病原体选择上述2~3种消毒剂。

7. 注意事项

（1）实验室常用的消毒剂不能只是一种，一定要2种以上交替使用，防止耐药性产生。

（2）要特别关注消毒剂的有效期，一定要有专人定期检查，及时更新。

（三）消毒灭菌效果的影响因素

消毒剂的消毒效果受多种因素的影响，如所选消毒剂的性质和使用方法、微生物的种类、敏感性以及环境因素（温度、酸碱度和有机物存在与否）等。选择和使用消毒剂时应充分考虑这些因素，因为处理得当可提高消毒效果，反之则会影响消毒的效果。

1. 消毒剂的性质、浓度与作用时间

各种消毒剂的物理、化学性质与杀菌效力有关。不同消毒剂的作用机制不同，决定了消毒剂对各种微生物的杀灭效果也不同。如表面活性剂对革兰阳性菌的杀灭效果比对革兰阴性菌好；甲紫对葡萄球菌作用较强。一般而言，消毒剂的浓度越大，作用时间越长，消毒灭菌的效果就越好。绝大多数消毒剂在高浓度时具有杀菌作用，在低浓度时只能起到抑菌的作用，但是醇类消毒剂例外。60%~80%的酒精或50%~80%异丙醇杀菌效果最好，当浓度过高，使菌体表面蛋白质迅速凝固，消毒剂难以渗入菌体内部，将降低杀菌效果。

2. 温度

消毒剂对微生物的杀灭是一个化学反应过程，温度越高，杀菌作用就越强。例如，使用2%的戊二醛杀灭10^4 cfu/mL炭疽芽孢杆菌的芽孢时，当温度从20 ℃提高到56 ℃，杀灭时间可从15 min降低到1 min。

3. 酸碱度

酚类消毒剂在酸性溶液中效果好，但戊二醛水溶液呈弱酸性，不具有杀芽孢的作用，只有在加入碳酸氢钠呈碱性环境后才发挥杀菌作用。新洁尔的杀菌作用是pH愈低所需杀菌浓度愈高，在pH=3时所需的杀菌浓度，较pH=9时要高10倍左右。

4. 微生物的种类与数量

在使用时应根据消毒对象的种类选择相适宜的消毒剂。另外，消毒对象中微生物数量越大，消毒就越困难，所需消毒剂的浓度和作用时间也越长。

微生物的种类不同，对消毒剂的敏感性也不同。微生物对化学消毒剂的敏感性从高到低的顺序为：

①亲脂病毒（有脂质膜的病毒），例如乙型肝炎病毒、流感病毒等。

②细菌繁殖体。

③真菌。

④亲水病毒（没有脂质包膜的病毒），例如甲型肝炎病毒、脊髓灰质炎病毒等。

⑤分枝杆菌，例如结核分枝杆菌、龟分枝杆菌等。

⑥细菌芽孢，例如炭疽芽孢杆菌、枯草芽孢杆菌等。

⑦朊毒（感染性蛋白质）。

5. 有机物

血液、痰液、脓液或培养基成分等有机物常会出现在消毒灭菌的环境中，影响消毒剂的作用效果。有机物可在微生物表面形成保护膜，阻碍消毒剂与其正常接触。有机物中的蛋白质与消毒剂结合后使消毒浓度降低，影响消毒效果。受有机物影响较大的有次氯酸盐、酒精、苯扎溴铵等，而酚类消毒剂受的影响较小。另外，金属离子、表面活性剂或一些拮抗物质也对消毒剂的效果有影响。

第三节　消毒灭菌效果的评价与监测

实验室的消毒灭菌是保证实验室生物安全的重要环节之一。消毒灭菌的效果确认是用物理、化学和微生物学等指标评价消毒灭菌设备运转是否正常、消毒剂是否有效、消毒方法是否合理以及消毒效果是否达标。工作人员需经过专业培训，掌握一定的消毒灭菌知识，熟悉消毒设备和药剂性能，选择合理的采样时间（消毒后、使用前），在严格的无菌操作下对消毒与灭菌的效力进行跟踪检测，从而确定选用的消毒灭菌法，达到预期目的。

一、用于消毒效果评价的主要微生物种类

1. 用于灭菌效果评价的标准菌株

枯草杆菌黑色变种芽孢（ATCC 9732）作为细菌芽孢的代表和嗜热脂肪芽孢杆菌（ATCC 7953）。

2. 用于消毒效果评价的标准菌株

细菌繁殖体，如金黄色葡萄球菌（ATCC 6538）作为化脓性球菌的代表；大肠杆菌（8099）作为肠道菌的代表；铜绿假单胞菌（ATCC 15442）作为医院感染中最常分离的细菌繁殖体代表；白色葡萄球菌（8032）作为空气中细菌的代表；龟分枝杆菌脓肿亚种（ATCC 93326）作为人结核分枝杆菌的代表。

还有真菌，如白假丝酵母菌（俗称白色念珠菌，ATCC 10231）和黑曲霉（ATCC 16404）作为致病性真菌的代表。

还有病毒，如脊髓灰质炎病毒Ⅰ型（poliovirus-Ⅰ）疫苗株作为病毒的代表。

二、毒消效果评价标准与试验方法

1. 评价标准

用于灭菌效果评价有相关国家标准《消毒与灭菌效果的评价方法与标准》（GB 15981）、《消毒技术规范》和《医疗机构消毒技术规范》（WS/T 367）。

灭菌合格的标准为：能杀灭全部枯草杆菌黑色变种芽孢或嗜热脂肪芽孢杆菌，定性培养一定时间后无菌生长。

消毒合格的标准为：载体定量试验杀灭指标微生物的对数值≥3.0 或杀灭率≥99.9%，悬液定量杀菌试验杀灭指标微生物的对数值≥5.0 或杀灭率≥99.999%，其中白色念珠菌、龟分枝杆菌脓肿亚种、黑曲霉和脊髓灰质炎病毒Ⅰ型疫苗株杀灭对数值≥4.0 或杀灭率≥99.99% 消毒合格，现场消毒试验对数值≥1.0 或杀灭率≥90.0%。

2. 消毒效果评价的试验方法

常用的杀灭试验有：悬液定量杀灭试验、载体浸泡定量杀灭试验和载体喷雾定量杀菌试验等。具体试验方法可参照相应国家标准或规范。

三、消毒效果监测要求

使用经卫生行政部门批准的消毒灭菌设备和消毒剂或有合格的卫生安全评价报告的产品，并按照产品使用说明书要求使用。必须对消毒灭菌效果定期进行随机抽检，如对使用中的化学消毒剂应进行生物和化学监测；对高压蒸汽灭菌和环氧乙烷气体灭菌应进行工艺监测、化学监测和生物监测；紫外线消毒应进行灯管照射强度监测和生物监测。应定期对消毒灭菌物品进行随机抽检，消毒物品不得检出致病性微生物，灭菌物品不得检出任何微生物。

在消毒灭菌中常用的生物指示剂见表 8-3。

表 8-3　常用生物指示剂

灭菌方法	常用的生物指示剂
干热灭菌法	枯草杆菌黑色变种芽孢 ATCC 9372
湿热灭菌法	嗜热脂肪芽孢杆菌 ATCC 7953
过滤除菌法	缺陷假单胞菌 ATCC 19146
环氧乙烷气体灭菌法	枯草杆菌黑色变种芽孢 ATCC 9372

在使用生物指示剂时，将其按设计放于灭菌设备的不同部位。经灭菌作用时间完成后，在无菌室内将菌片接种于相应的细菌培养基中。与此同时，应设未经灭菌处理的菌片作为对照，将它们分别于 37 ℃培养 24 h 或 72 h。接种灭菌后菌片的培养基应清亮、无混浊，表示无菌生长；接种未经灭菌处理的对照菌片的培养基应呈混浊状态，表示生物指示剂具有活性。

实验室必须对消毒、灭菌效果定期进行监测。灭菌合格率必须达到 100%，不合格的物品不得离开实验室。

（一）使用中的消毒剂、灭菌剂效果监测频率

（1）生物监测　消毒剂每季度一次，细菌含量必须 < 100 cfu/mL，不得检出致病微生物。

（2）灭菌剂　每月一次，不得检出任何微生物。

（3）化学监测　应根据消毒、灭菌剂的性能定期监测，含氯制剂、过氧乙酸等应每日监测，对戊二醛的监测应每周不少于一次。

（4）消毒灭菌物品的监测　应定期（如每月一次）对消毒、灭菌物品进行随机抽检。消毒物品不得检出致病性微生物，灭菌物品不得检出任何微生物。

（二）高压蒸汽灭菌效果监测

高压蒸汽灭菌应进行工艺监测、化学监测和生物监测。

1. 工艺监测或物理监测，又称程序监测

（1）灭菌前的监测　要查看消毒锅门的密封条、灭菌器的安全阀、指示针、报警器及量器（压力表、温度表、计时表）是否正常，查看指示灭菌设备、蒸汽发生器及蒸汽管道等装置是否正常。此法能迅速指出灭菌器的故障，作为常规监测方法，每次灭菌均应进行。

（2）灭菌程序监测　是否应严格按作业指导书进行操作，并填写高压蒸汽灭菌使用记录，内容包括：灭菌日期、设备编号、锅次、压力、温度、灭菌时间、操作者签名。

2. 化学指示监测

利用化学指示剂在一定温度与作用时间条件下受热变色或变形的特点，以判断是否达到灭菌所需参数。常用的有：

（1）3M 压力灭菌指示胶带　此胶带上印有斜形白色指示线条图案，是一种贴在待灭菌的无菌包外的特制变色胶纸。既可做包装胶带使用，其粘贴面可牢固地封闭敷料包、金属盒或玻璃物品，其上面又可做标签使用，标明灭菌日期及失效期、物品名称包装者等信息。在 121 ℃经 20 分钟，130 ℃经 4 分钟后，胶带 100% 变色（条纹图案即显现黑色斜条）。3M 胶带可用于物品包装表面情况的监测，也可用于对包装中心情况的监测。

（2）132 ℃压力蒸汽灭菌化学指示卡　改指示卡表面印有的化学指示剂，在饱和蒸汽的湿热作用下发生化学变化并变色，其颜色的深浅与蒸汽的湿度、温度及持续的时间相关。物品包装时将标明日期的指示卡放在每一个拟灭菌包的中央。灭菌后当灭菌包被使用时，改指示卡应作为一个灭菌达标依据被查验、存放、登记。如果指示卡变色不均匀或没有变成达标颜色，则提示灭菌不成功，灭菌包（物品）不能使用，而应重新消毒。

3. 生物指示监测

利用耐热的非致病性细菌芽孢做指示菌，以测定热力灭菌的效果。菌种用嗜热脂肪杆菌，本菌芽孢对热的抗力较强，其热死亡时间与病原微生物中抗力最强的肉毒芽孢杆菌相似。生物指示剂有芽孢悬液、芽孢菌片以及菌片与培养基混装的指示管。检测时应使用标准试验包，每个包中心部位放置生物指示剂 2 个，放在灭菌柜室的 5 个点，即上、中层的中央各一个点，下层的前、中、后各一个点。灭菌后，取出生物指示剂，接种于溴甲酚紫葡萄糖蛋白胨水培养基中，置 55 ~ 60 ℃温箱中培养 48 小时至 7 天，观察最终结果。若培养后颜色未变，澄清透明，说明芽孢已被杀灭，达到了灭菌要求。若变为黄色混浊，说芽孢未被杀

灭，灭菌失败。

生物监测应每月进行，新灭菌器使用前必须先进行灭菌效果验证合格后方可使用。

4. 预真空压力灭菌器效果监测

预真空或脉动真空压力蒸汽灭菌器除上述监测方法外，每天灭菌前还要进行 B-D 试验。B-D 实验全称布维狄克试验（Bowe-Diciest），是用于检测真空压力蒸汽灭菌器的冷空气的排除效果的试验，作为预真空或脉动真空压力灭菌器除上述监测方法外，每天灭菌前还要进行 B-D 试验。B-D 试纸（BD 试验测试图）是专用于测试预真空或脉动真空压力蒸汽灭菌器内或物品包内冷空气是否彻底排出，物品包内有否冷空气团存在的蒸汽穿透测试图，灭菌后的颜色不易褪色。监测时，按照蒸汽灭菌器使用要求对灭菌物品或器械进行包装、摆放和装载。将 B-D 试验测试图置于标准测试包（标准试验包为用 16 块手术巾叠成 25 cm × 30 cm × 30 cm 大小棉布包）或拟灭菌物品包的中心层，或放于压力蒸汽灭菌测试盒中央。标准测试包、物品包或测试盒置于下层距排气口约 50 ~ 100 mm 处。经过一个灭菌周期处理后，在 132 ~ 134 ℃下，维持作用 35 min，测试图的浅黄色条形图案的颜色应变为均匀的黑色。

（三）紫外线消毒效果监测

①紫外线消毒应进行灯管照射强度监测和生物监测。

②灯管照射强度监测每半年进行一次，不得低于 70 $\mu W/cm^2$。新使用的灯管也要进行监测，不得低于 100 $\mu W/cm^2$。

③生物监测必要时进行，要求经消毒后的物品或空气中的自然菌应减少 90.00% 以上，人工染菌杀灭率应达到 99.90%。

（四）环境监测

环境监测包括对空气、仪器设备、物体表面和工作人员手的监测。在怀疑有实验室污染时应进行环境监测。

第四节　生物安全实验室常用的消毒灭菌方法

各类生物学实验室，特别是微生物学实验室，在操作中经常涉及致病微生物及其感染性生物因子，为预防实验室感染的发生，保护实验室工作人员，保障微生物实验的顺利进行，避免感染因子污染环境，有效地进行实验室的消毒灭菌至关重要。

一、消毒、灭菌的基本原则

在进行实验室消毒灭菌工作时，需要注意以下环节：

（一）选择有效的消毒灭菌方法

1. 根据微生物的种类、数量和污染后的危害程度来选择有效的消毒灭菌方法

消毒首选物理方法，不能用物理方法消毒的，根据对化学消毒剂的敏感程度不同，选择灭菌剂、高效消毒剂、中效消毒剂或低效消毒剂等。

2. 根据消毒物品的性质选择消毒方法

选择消毒方法时既要考虑保护消毒物品不受损坏，也要达到消毒灭菌的效果。根据消毒

对象的理化特性（如是否耐热、耐湿、耐腐蚀等）选择消毒灭菌的方法。

（二）实验室材料的预清洁

尘土、污物及有机物会影响消毒灭菌的效果，因此，在消毒灭菌前，应选用与随后使用的消毒剂相容的清洁剂进行预清洁。关于污染物品清洗消毒的规定：

①被朊毒体、气性坏疽及突发原因不明的传染病病原体污染的诊疗器械、器具和物品。应执行《医院消毒供应中心第2部分：清洗消毒及灭菌技术操作规范》（WS 310.2）中规定的处理流程。被朊毒体污染器材和物品的处理流程：疑似或确诊朊毒体感染的病人宜选用一次性诊疗器械、器具和物品，使用后应进行双层密闭封装焚烧处理；可重复使用的污染器械、器具和物品，应先浸泡于1 mol/L氢氧化钠溶液内作用60 min，再按照清洗—消毒—干燥—灭菌的方式进行处理，压力蒸汽灭菌应选用134～138 ℃，18 min，或132 ℃，30 min，或121 ℃，60 min。

②被气性坏疽污染物品和器材的处理流程应符合《消毒技术规范》的规定和要求。应先采用含氯或含溴消毒剂1000～2000 mg/L浸泡30～45 min后，有明显污染物时应采用含氯消毒剂5000～10000 mg/L浸泡至少60 min后，再按照清洗—消毒—干燥—灭菌的方式进行处理。

③突发原因不明的传染病病原体污染的处理应符合国家当时发布的规定要求。

④被其他传染病病原体污染的器材和物品。可先清洗，再根据消毒原则选择合适的消毒方式。

（三）及时彻底的消毒措施

若不慎发生微生物培养物摔碎或其他实验微生物泄漏事故时，不论是否具有致病性，均应立即对污染及可能波及的区域进行消毒处理（见第九章，第二节）；全部实验结束后，根据实验情况，对需要消毒灭菌的实验物品、实验器材和实验环境进行消毒处理。

（四）做好有效的个人防护

在进行实验室及其物品消毒灭菌过程中，操作人员应根据选择的消毒灭菌方法进行有效的个人防护。既要预防微生物感染，又要避免消毒灭菌过程中理化因素对人体（包括皮肤、呼吸道、眼角膜等）的损害。

二、各类物品和环境的消毒灭菌方法

根据在实验中操作处理的生物材料不同，所包含的微生物毒性各不相同，根据消毒的对象不同，需要选择适当的消毒灭菌方法。

（一）实验室常选择的消毒灭菌方法见表8-4。

表8-4　实验室常选择的消毒灭菌方法

消毒对象	常选择的消毒灭菌方法
实验室空气	1）紫外线照射：1.5 W/m^3，≥30 min 2）气溶胶喷雾：0.5%过氧乙酸，20 mL/m^{3}密闭作用60 min 3）熏蒸：甲醛，12 g/m^3，≥6 h；可用氨气来中和甲醛气体

续表

消毒对象	常选择的消毒灭菌方法
实验室地面、物体表面（实验台、桌椅、柜子、冰箱内、外表面和门把手等）	1）拖地：0.1%过氧乙酸 2）喷洒、擦拭：含氯消毒剂：有效氯1000~2000 mg/L，10~15 min；0.3%~0.5%过氧乙酸：15~30 min 3）覆盖浸没：若表面被明显污染，上述消毒剂应覆盖浸没污染物，作用30~60 min
生物安全柜内（工作台面、内壁）	喷洒、擦拭：1）含氯消毒剂：有效氯1000~2000 mg/L，10~15 min；2）75%酒精：擦拭2遍~3遍
生物安全柜局部环境（高效过滤器）	甲醛熏蒸：12 g/m^3，≥6 h 总体积×11 g/m^3 确定多聚甲醛的用量；（中和甲醛：方法见下述）
玻璃制品、金属物品	1）干烤灭菌：160~180 ℃，1~2 h 2）高压蒸汽灭菌：121 ℃，15 min
使用过的玻璃制品、耐热的塑料制品	有效氯2000 mg/L的含氯消毒剂或0.5%过氧乙酸浸泡1 h后洗净，使用前121 ℃，15 min高压蒸汽灭菌
不耐热塑料制品	有效氯2000 mg/L的含氯消毒剂或0.5%过氧乙酸浸泡1 h后洗净，用环氧乙烷消毒柜，在温度54 ℃，相对湿度80%，环氧乙烷气体浓度为800 mg/L的条件下，作用4~6 h
受污染的橡胶制品（橡胶手套、吸液球等）	有效氯2000 mg/L的含氯消毒剂或0.5%过氧乙酸浸泡1 h后清水洗净，121 ℃，15 min高压蒸汽灭菌
一次性废弃物品、液体废弃物、菌（毒）种、生物样本、其他感染性材料	高压蒸汽灭菌：121 ℃，15 min
实验防护服、帽子和口罩等纺织品	高压蒸汽灭菌：121 ℃，15 min
实验动物尸体	焚烧、高压蒸汽灭菌、堆肥法（要遵守当地法规要求）
工作人员手部	0.3%~0.5%碘伏、75%酒精或其他快速洗手液揉搓消毒1~3 min

（二）生物安全柜（高效过滤器）甲醛熏蒸消毒的基本程序

生物安全柜在使用5~7年后需要更换过滤器时，或者安全柜发生故障需要打开维修之前，抑或是生物安全柜受到严重污染时都需要进行彻底的熏蒸消毒。

在消毒前需确定生物安全柜的型号、大小、循环参数及消毒剂的降解、吸收、与安全柜材料的兼容性，以维持生物安全柜的完整性和确定消毒时间要使用能让甲醛气体独立发生、循环和中和的设备可使用甲醛蒸汽发生器（参照厂家说明书使用）来进行安全柜的熏蒸。

①计算生物安全柜内部空间的总体积。

②总体积 ×11 g/m^3 确定多聚甲醛的用量。

③计算中和甲醛所需 NH_4HCO_3 或其他替代品的理论当量：计算以氨气的形式来中和甲醛气体所需的 NH_4HCO_3 或其他替代品的理论当量，按 110% 称取以确保完全中和甲醛。

④确保生物安全柜排风管道的气密性（关闭风阀）。

⑤加热设备放置于工作台面，多聚甲醛均匀分布在加热设备的加热表面上。

⑥在生物安全柜内同时放置的另一加热装置中盛放中和试剂（NH_4HCO_3 或相当的产品），要密闭，与安全柜中的空气隔绝，以免熏蒸时发生中和作用。

⑦用胶带封闭生物安全柜的工作区开口，以及电线出口、观察窗连接处等。

⑧接通多聚甲醛加热装置的电源（生物安全柜外）。

⑨在甲醛完全蒸发时拔掉电源插头，使生物安全柜静置至少 6 h。

⑩6 h 后给放有中和试剂的第二个加热装置通电，使碳酸氢铵蒸发，然后拔掉电插头；启动生物安全柜两次，每次启动约 2s 让碳酸氢铵气体循环。在移去封闭胶带和排气口罩前，应使生物安全柜静置 30 min。

⑪熏蒸后的安全柜应空运行 2 ~4 小时之后再使用。使用前应擦掉生物安全柜表面上的残渣。

实验室中要张贴如何处理溢出物的操作规则，以便在生物安全柜中发生有生物学危害的物品溢出时，按规定的操作规程进行处置。

需要对实验室进行全面消毒时，建议使用气溶胶喷雾消毒方法（表 8–5），不但对室内的空气进行了消毒，还对室内的所有台面、设备表面、地面也同时进行了消毒。

表 8–5　气溶胶喷雾消毒法

1 原理	气溶胶喷雾消毒法指用气溶胶喷雾器喷雾消毒液进行空气或物体（品）表面消毒的处理方法。气溶胶是液体或固体微粒悬浮在气体介质中所形成的一种分散体系。液体气溶胶雾滴的直径 <50 μm，在空气中悬浮时间长，分布均匀，可使消毒剂与微生物有效接触，气溶胶雾滴的扩散、蒸发、沉积、惯性撞击、布朗运动和静电吸附等物理化学作用比较稳定
2 特点	1）气溶胶喷雾消毒法可兼收喷雾和熏蒸之效，达到空气与物体表面同时消毒之目的，对隐蔽表面也可达到良好效果。2）具有省药、省水、省时，不浸透表面，对物品损坏小等特点。3）QPQ 系列电动气溶胶喷雾器体积小、重量轻，手提或拖拉均可，使用方便
3 适用范围	适用于对室内空气和物体（设备）、地面等表面实施消毒。对人为不能擦拭消毒到的天花板、灯罩、墙面、暖器及缝隙等地方均有消毒效果
4 使用要求	消毒时关好门窗，喷雾前将其他不须消毒的物品放好，按自上而下、由左向右的顺序喷雾。喷雾用药量以消毒剂溶液可均匀覆盖在物品表面或消毒液的雾团充满空间为度。作用 30 ~ 60 min 后，打开门窗通风，驱除空气中残留消毒液的气味
5 注意事项	特别注意防止消毒剂气溶胶进入呼吸道。消毒员要做好个人防护，应佩戴手套、口罩，必要时要根据消毒剂种类及性质佩戴防护镜、防毒口罩或防毒面具

环境表面消毒常用方法见表 8-6。

表 8-6　环境表面消毒常用方法

消毒产品	使用浓度（有效成分）	作用时间	使用方法	适用范围	注意事项
含氯消毒剂	400 ~ 700 mg/L	>10 min	擦拭、拖地	细菌繁殖体、结核杆菌、真菌、亲脂类病毒	对人体有刺激作用；对金属有腐蚀作用；对织物、皮革类有漂白作用；有机物污染对其杀菌效果影响很大
	2000 ~ 5000 mg/L	>30 min	擦拭、拖地	所有细菌（含芽孢）、真菌、病毒	
二氧化氯	100 ~ 250 mg/L	30 min	擦拭、拖地	细菌繁殖体、结核杆菌、真菌、亲脂类病毒	对金属有腐蚀作用；有机物污染对其杀菌效果影响很大
	500 ~ 1000 mg/L	30 min	擦拭、拖地	所有细菌（含芽孢）、真菌、病毒	
过氧乙酸	1000 ~ 2000 mg/L	30 min	擦拭	所有细菌（含芽孢）、真菌、病毒	对人体有刺激作用；对金属有腐蚀作用；对织物、皮革类有漂白作用
过氧化氢	3%	30 min	擦拭	所有细菌（含芽孢）、真菌、病毒	对人体有刺激作用；对金属有腐蚀作用；对织物、皮革类有漂白作用
碘伏	0.2% ~ 0.5%	5 min	擦拭	除芽孢外的细菌、真菌、病毒	主要用于采样瓶和部分医疗器械表面消毒；对二价金属制品有腐蚀性；不能用于硅胶导尿管消毒
醇类	70% ~ 80%	3 min	擦拭	细菌繁殖体、结核杆菌、真菌、亲脂类病毒	易挥发、易燃，不宜大面积使用
季铵盐类	1000 ~ 2000 mg/L	15 ~ 30 min	擦拭、拖地	细菌繁殖体、真菌、亲脂类病毒	不宜与阴离子表面活性剂如肥皂、洗衣粉等合用
自动化过氧化氢喷雾消毒器	按产品说明使用	按产品说明使用	喷雾	环境表面耐药菌等病原微生物的污染	在有人的情况下不得使用
紫外线辐照	按产品说明使用	按产品说明使用	照射	环境表面耐药菌等病原微生物的污染	在有人的情况下不得使用
消毒湿巾	按产品说明使用	按产品说明使用	擦拭	依据病原微生物特点选择消毒剂，按产品说明使用	日常消毒：湿巾遇污染或擦拭时无水迹应丢弃

第五节　生物（医疗）废弃物的管理规定

一、生物废弃物的定义

危害性生物废弃物指在工业生产、农业生产、医疗诊治、教学实验、技术研发等过程中产生的，具有较高传染性、较大生物危害性以及较强潜在风险性的生物性废弃物或生物性相关废弃物。本篇中的生物废弃物特指危害性生物废弃物，且主要指病原微生物实验室所产生的危害性生物废弃物。

二、生物废弃物的分类

按照生物废弃物的来源进行划分，生物废弃物又可以分为三部分：医疗机构产生的生物废弃物、生物学和病理学实验室产生的生物废弃物、转基因产业产生的生物废弃物。

医疗机构产生的生物废弃物，是指医疗卫生机构在医疗、预防、保健以及其他相关活动中产生的具有直接或者间接感染性、毒性以及其他危害性的废物，即医疗废物中具有生物性的那部分，对于这部分生物废弃物国家有一系列的法律法规进行描述与规范。

对于生物学和病理学实验室产生的生物废弃物，依然适用医疗废物的相关法律法规，同时亦包括非医疗机构比如各大高校、涉及微生物的生产企业等单位的实验室所产生的生物废弃物。

（一）医疗废物

医疗废物包括五类：感染性废物、损伤性废物、药物性废物、化学性废物、病理性废物。

（1）感染性废物　携带病原微生物具有引发感染性疾病传播危险的医疗废物。如：

①被患者血液、体液、排泄物污染的物品：棉球、棉签、引流棉条、纱布及其他各种敷料；一次性使用卫生用品、一次性使用医疗用品及一次性医疗器械；废弃的被服；其他患者血液、体液、排泄物污染的物品。

②医疗机构收治的隔离传染病患者、疑似传染病患者产生的生活垃圾。

③微生物实验室废弃的病原体培养基、标本、菌种、毒种保存液。

④各种废弃的医学标本。

⑤废弃的血液、血清。

⑥使用后的一次性使用卫生用品、一次性使用医疗及一次性医疗器械均视为感染性废物。

（2）损伤性废物　能够刺伤或者割伤人体的废弃的医用锐器。废弃的金属类锐器，如医用针头、缝合针、针灸针、探针、穿刺针和各种导丝、钢钉、手术锯等；废弃的玻璃类锐器，如盖玻片、载玻片、玻璃安瓿、破碎的玻璃试管；废弃的其他材质类锐器，如一次性镊子、一次性探针、一次性使用塑料移液吸头等。

（3）药物性废物　过期、淘汰、变质或者被污染的废弃药品。批量废弃的一般性药品，如抗生素、非处方类药品等；废弃的细胞毒性药物和遗传毒性药物，包括：致癌性药物，可疑致癌性药物，免疫抑制剂；废弃的疫苗、血液制品等。

（4）化学性废物　具有毒性、腐蚀性、易燃易爆性的废弃的化学物品。如医学影像实验使用后的废弃的化学试剂；废弃的过氧乙酸、戊二醛等化学消毒剂；废弃的含重金属物质的器具、物品，如含汞血压计、含汞温度计，以及口腔科等使用后的含汞物品等。

（5）病理性废物　诊疗过程中产生的人体废弃物和医学实验室动物尸体等。如手术及其他诊疗过程中产生的废弃的人体组织、器官等；医学实验动物的组织、尸体；病理切片后废弃的人体组织、病理蜡块等；传染病、疑似传染病及突发原因不明的传染病产妇的胎盘；胎龄在 16 周以下，或胎重不足 500 g 的死产胎儿。

（二）医学实验室废弃物

医学实验室的废弃物主要是感染性废物、损伤性废物和化学性废物。

三、生物废弃物与医疗废物、传染性废弃物

作为医疗卫生行业的从业人员，需要搞清楚生物废弃物与医疗废物的区别与联系。医疗废物通常指从医院等卫生保健机构收集的废弃物，医疗废物可分为生活垃圾、感染性垃圾、病理性废弃物、锋利物（锐器）、药物性废弃物、遗传毒性废弃物、化学性废弃物、放射性废弃物等。

生物性废弃物不但包含了医疗废物中带有传染性的细菌、病毒、抗生素、基因等废弃物，还包含了来源于实验室和医药企业的生物活体、基因废弃物和来源于转基因产业的带有生物活性的相关废弃物。

传染性废弃物，需要与生物废弃物相区别。传染性废弃物一般是指含有足以引发感染的病原体的废弃物，主要包括：传染性病原体的培养物及菌株，传染性患者外科手术产生的废弃物，从隔离室传染病患者产生的废弃物，透析中与传染病患者接触产生的废弃物，接种病原菌及与患传染病的动物接触等产生的废弃物。

四、生物（医疗）废弃物管理相关法律法规

我国与生物（医疗）废弃物相关的法律法规和国家标准详见表 8–7。

表 8–7　中国与生物废弃物相关的法律法规和国家标准

法律法规名称	颁布时间	颁布机关
《中华人民共和国固体废物污染环境防治法》	1995 年	全国人民代表大会常务委员会
《国家危险废物名录》	1998 年	国家环保部和国家发改委
《医疗废物管理条例》	2003 年	国务院
《医疗卫生机构医疗废物管理办法》	2003 年	国家卫健委
《医疗废物分类目录》	2003 年	国家卫健委和国家环保部
《医疗废物集中处置技术规范》	2003 年	国家环保部

续表

法律法规名称	颁布时间	颁布机关
《医疗废物专用包装物、容器标准和警示标识规定》	2003 年	国家环保部
《医疗废物焚烧炉技术要求》 GB 19218—2003	2003 年	国家环保部、国家质监总局和国家发改委
《医疗废物转运车技术要求》 GB 19217—2003	2003 年	国家环保部、国家质监总局和国家发改委
《实验室生物安全通用要求》 GB 19489—2008	2004 年	国家质监局和国家标化委

五、生物（医疗）废弃物的管理措施

这些法律法规的设立，最终的目的还是为了加强生物（医疗）废弃物的安全管理，防止疾病传播，保护环境，保障人体健康。对于生物（医疗）废弃物的管理应从以下几个方面进行落实。

（一）建立健全规章制度，完善组织管理体系

应根据《医疗废物管理条例》《医疗卫生机构医疗废物管理办法》《医疗废物集中处理技术规范》等各项法律法规文件，制定本单位的生物（医疗）废弃物管理制度和处置程序（文件示例参见附件 8-1），指定专人负责和协调生物（医疗）废弃物的管理，对生物（医疗）废弃物的分类、收集、贮藏、消毒、转运以及处置等各个环节进行明确规定，建立有关生物（医疗）废弃物管理培训、紧急情况处理的程序和相应文件。对于医院，需要在医院成立医疗废物管理委员会。护理部作为直接参与者，应与医院感染科、医务科、后勤科、保健科等多部门共同对此项工作进行监督、管理和检查，并为全院医护人员提供医疗废物安全管理技术指导。

（二）明确岗位职责，加强人员培训

医疗卫生机构和医疗废物集中处置单位，应当建立、健全医疗废物管理责任制，其法定代表人为第一责任人，各科室主要负责人任医疗废物管理委员会成员，分工明确，责任到人。

医疗卫生机构应当制定与医疗废物安全处置有关的规章制度和在发生意外事故时的应急方案，设置监控部门或者专（兼）职人员，负责检查、督促、落实本单位医疗废物的管理工作。

实验室安全负责人需要制订实验室生物安全计划和培训计划，对生物危害性进行评估，监督生物废弃物处置各个环节中的生物安全，及时发现隐患，提出解决方案。此外，实验室还应设立相应质量保证体系和档案管理体系。

（三）配备必要的设施、设备与耗材

良好的设施设备是生物（医疗）废弃物有效处置的硬件保障。各个实验科室应配齐污

物柜、封闭式垃圾桶、周转箱、锐器盒（图8-1）、特制印有各式标志的垃圾袋以及封扎工具等。配置专用压力蒸气灭菌器及消毒器，对温度、压力表和减压阀等影响灭菌效果和安全性的部件建立年检制度，大型灭菌器应由具备相应资质的单位进行检测评价，同时本单位也应定期检测维护，一般要求每3个月进行一次。为运送废弃物人员配备全套防护用具等。同时，建立规范的医疗废物暂存处和新型污水处理站。

图8-1 锐器盒

（四）医疗废物分类、收集

1. 感染性废物

1）用黄色带盖医疗垃圾桶收集，并套专用黄色医疗垃圾袋（医疗废物标识）。当容器3/4满时，垃圾袋封口并贴上专用标识。

2）微生物实验室的病原体培养基、标本和菌（毒）种保存液等在使用后用压力蒸汽灭菌后再按照感染性废物收集。

3）废弃的尿液、胸腹水、脑脊液等标本可直接排入有污水处理系统的下水道。

4）废弃的血液、血清、粪便标本，及其他感染性废物放入有医疗垃圾袋及带盖医疗垃圾桶内。

5）输血袋应在输血24小时后，单独收集于黄色医疗垃圾袋。

6）隔离的传染病人或疑似传染病人产生的废物（含生活废物）应用双层黄色医疗垃圾袋密闭包装。

2. 损伤性废物

直接放入黄色医疗专用锐器盒。注：选择合适规格的利器盒，装满3/4即封口转运。

3. 药物性废物

批量的过期、淘汰、变质或者被污染的废弃药品，应由药学部按种类集中收集并登记后，退回生产厂家或交由危险废物处置机构处置。少量的药物性废物，包括废弃的细胞毒性药物和遗传毒性药物的药瓶可以直接放入用以盛装感染性废物医疗垃圾袋及医疗垃圾桶，但应当在标签上注明。

4. 化学性废物

批量的废化学试剂（如酒精、甲醛、二甲苯等），应当交由专门的危险废物处置机构处置。批量的含汞体温计、血压计等医疗器具报废时，应当交由专门危险废物处置机构处置。

5. 病理性废物

直接放入医疗垃圾袋及带盖医疗垃圾桶。胎儿遗体、婴儿遗体应依照《殡葬管理条例》规定，纳入遗体管理。严禁将胎龄16周以上或胎重500 g以上胎儿遗体、婴儿遗体作为医疗废物处置。分娩后的胎盘归产妇所有，任何单位和个人不得买卖胎盘。产妇在分娩前应与医疗机构办理胎盘处理手续，并随病史归档备查。

6. 医学实验室废弃物

1）对于病原体的培养基、标本和菌种保存液等高危险废物和容器，应在产生地点进行压力蒸汽灭菌或化学消毒处理后放入黄色医疗废物包装袋有效封口，按感染性废物处理。

2）其他各种废弃的医学标本、废弃的血液、血清和容器等无须消毒，可直接放入双层黄色专用包装袋，有效封口，按感染性废物收集处理。

7. 接触化疗废弃物

接触化疗药物的用具、污物、注射器、输液器、废药瓶等用后一律放置在红色双层袋中封闭，并注明标记。

8. 生活垃圾

生活垃圾装在黑色塑料袋内。

（五）医疗废物的存储、标识、运送

1. 存储

1）垃圾袋与锐器盒（图 8-3 与图 8-1）：垃圾袋要求坚韧、不漏水，袋中物品不能装满，装 3/4 即可，放入袋中的感染性废物不得取出，要及时封闭；锐器盒要求坚韧，不易被刺破、压碎，带盖。

2）贮存点：医疗卫生机构应当建立医疗废物暂时贮存设施、设备，不得露天存放医疗废物，并设置相应的安保措施防止无关人员接触或流失，或者是在实验室内划定专门区域存放，区域内可配备垃圾桶、冰箱等设施；贮存点或区域应在明显的地方设置“生物危害”标识；医疗废物暂时贮存的时间不得超过 2 天，冷冻贮存时间不超过 7 天。

2. 标识

盛装医疗废物的每个包装物、容器（垃圾袋/桶、利器盒）外表面应当有警示标识，如“医疗废物”或“生物危害”标识；在每个包装物、容器上应当系中文标签，中文标签的内容应当包括：医疗废物产生单位、产生日期、类别及需要的特别说明等（图 8-2 与图 8-4）。

图 8-2　医疗废物容器上的“生物危害”标识

图 8-3　包装袋

XXXXXX医院　医疗废物标签

产生部门：______ 产生时间：____年 _月 _日

医废类别：□感染性 □损伤性

□药物性 □化学性 □病理性

特别说明：________________

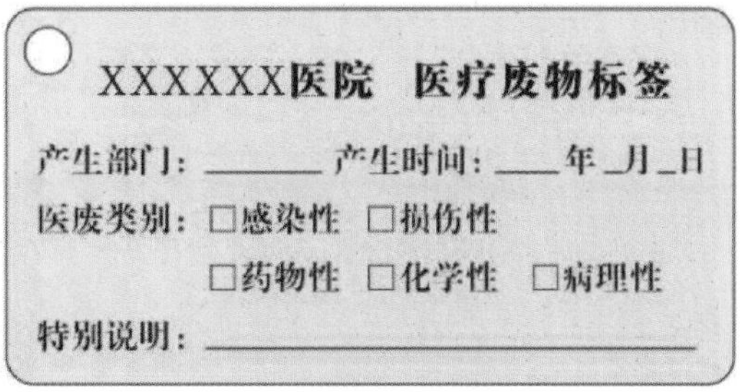

图 8-4　医院废物标签

3. 运送

1）个人防护：废弃物运送人员应该穿戴好防护衣（连体衣）、裤、口罩、帽、靴、手套（或加厚橡胶）。

2）运送时间与路线：废弃物运送人员每天从医疗废物产生地点将按照规定的时间（每周 2 ~ 3 次）和路线（如污染通道、电梯）运送至内部指定的暂时贮存地点。

3）交接记录：医疗废物从产生地点（实验室、手术室、注射室等）责任人、单位运送人员、单位贮存地点责任人，最后交到有资质的危险废物处置机构的运送人员手上，每个交接环节都必须有交接记录，实时登记。登记内容应当包括医疗废物的来源、种类、重量或者数量、交接时间、最终去向以及经办人签名等项目。登记资料至少保存 3 年。

4）清洁消毒：医疗废物贮存地点（区域）、污染通道、电梯、运送工具等所属管理部门或指定责任人员，应在每次运送医疗废物后及时进行清洁和消毒。

5）关注要点：运送人员在运送医疗废物前，应当检查包装物或者容器的标识、标签及封口是否符合要求，不得将不符合要求的医疗废物运送至暂时贮存地点。运送人员在运送医疗废物时，应当防止造成包装物或容器破损和医疗废物的流失、泄漏和扩散，并防止医疗废物直接接触身体。运送医疗废物应当使用防渗漏、防溢洒、无锐利边角、易于装卸和清洁的专用运送工具（图 8–5）。要避免不规范的收集、标识、运输和储存（图 8–6 ~ 图 8–9）。

图 8–5　实验室废物收集和运输的工具（容器）

（图片来源于北京市疾控中心宣教资料）

图 8–6　错误的封口和标识

图 8–7　错误的运输

图 8–8　错误的储存

图 8-9　错误的运输

第六节　生物（医疗）废弃物的处置方法

一、生物（医疗）废弃物处置原则

生物（医疗）废弃物处置包括收集、暂存、运输、无害化处理、消毒灭菌、监测、排放、安保等多个过程。

《医疗废物管理条例》《医疗卫生机构医疗废物管理办法》中明确规定：医疗废物中病原体的培养基、标本和菌（毒）种保存液等高危险废物，在交医疗废物集中处置单位处置前应当就地消毒。医疗卫生机构产生的污水、传染病患者或者疑似传染病患者的排泄物，应当按照国家规定严格消毒；达到国家规定的排放标准后，方可排入污水处理系统。

不具备集中处置医疗废物条件的农村，医疗卫生机构应当按照县级人民政府卫生行政主管部门、环境保护行政主管部门的要求，自行就地处置其产生的医疗废物。

1. 自行处置医疗废物，应当符合下列基本要求

首先，使用后的一次性医疗器具和容易致人损伤的医疗废物，应当消毒并作毁形处理；其次，能够焚烧的，应当及时焚烧；再次，不能焚烧的，消毒后集中填埋。

2. 《实验室生物安全通用要求》中规定，处理和处置危险废物应遵循的原则

1）将操作、收集、运输、处理及处置废物的危险减至最小；

2）将其对环境的有害作用减至最小；

3）只可使用被承认的技术和方法处理和处置危险废物；

4）排放符合国家或地方规定和标准的要求。应根据危险废物的性质和危险性按相关标准分类处理和处置废物。

5）危险废物应弃置于专门设计的、专用的和有标识的用于处置危险废物的容器内，装量不能超过建议的装载容量。锐器（包括针头、小刀、金属和玻璃等）应直接弃置于利器盒内。

6）应由经过培训的人员处理危险废物，并应穿戴适当的个体防护装备。

7）不应蓄积垃圾和实验室废物。在消毒灭菌或最终处置之前，应存放在指定的安全地方。不应从实验室取走或排放不符合相关运输或排放要求的实验室废物。

8）应在实验室内消毒灭菌含活性高致病性生物因子的废物。如果法规许可，只要包装和运输方式符合危险废物的运输要求，可以运送未处理的危险废物到指定机构处理。

二、生物（医疗）废物处置主要有以下几种方法

1. 焚烧法

医疗废物经过焚烧处理后，不仅可以完全杀灭细菌，使绝大部分有毒有害有机物转变成无机物，既能减量化，又节省用地，还可消灭各种病原体，且适用范围广，可以处理感染性、病理性、损伤性、药物性和化学性医疗废物。但是，其弊病突出表现在其潜伏性污染更重、耗资昂贵、操作复杂和浪费资源等方面。焚烧炉尾气中排放的上百种主要污染物，组成极其复杂，其中含有许多温室气体和有毒物。尤其是二噁英类污染物，属于公认的一级致癌物，即使很微量也能在体内长期蓄积。因此垃圾焚烧法在国内外已开始逐步进入萎缩期。

2. 高压蒸汽法

可杀灭包括芽孢在内的所有微生物，是实验室最常使用的灭菌方法。在一定的蒸汽压力（103. 4 ~205. 8 kPa）和温度下（115 ~134 ℃），利用高温高压蒸汽穿透力强的特点使微生物的蛋白质凝固变性而死亡，有效地杀死各种细菌繁殖体、芽孢以及各类病毒与真菌孢子。该方法的缺点是消毒时间长，处理容量和速度有限，处理后体积基本无变化仍需填埋或焚烧等其他方法处置，且同样会产生有害气体。

3. 微波消毒法

利用微生物细胞极性分子吸收能量高的特性，将其置于电磁波高频振荡的能量场中，物体在电磁波的作用下吸收能量产生电磁共振并加剧分子运动，使其内部和外部同时升温，杀死细菌。

4. 化学灭菌法

将机械破碎后的医疗废物与化学消毒剂充分混合，并停留足够长的时间，使医疗废物中的细菌被杀死。

5. 等离子体热解法

利用等离子体炬产生的10000 ℃高温杀死医疗废物中的所有微生物，摧毁残留的细胞毒类药物、药品和有毒的化学药剂，使废物难以辨认。

三、动物实验产生的废弃物的处理

根据《实验动物管理条例》、GB 19489《实验室生物安全通用要求》、WS 233《微生物和生物医学实验室生物安全通用准则》《兽医实验室生物安全管理规范》、GB 14925《实验动物环境和设施》等标准和规范的要求，对于含感染性致病微生物的实验室动物尸体和废弃物，包括器官、组织、污染饲料、垫料等均应先放入高压灭菌器进行灭菌消毒，随后对污染物进行无害化处理。对于液体废弃物应作无害化处理并应达到国家污水综合排放标准的要求。

对于没有含感染性致病性微生物动物尸体可进行焚烧处理，其排放物应达到医院污物焚

烧排放规定要求。如不能立即处理应该将实验动物尸体及其废弃物用专用塑料袋装好打结密封，放置在 -18 ℃以下的指定房间的专用冰柜内冷冻贮存，不得随意将动物尸体就地作深埋处置，不得随意抛入江河水域，不得自行处理后出售等。

实现从动物来源到动物尸体及废弃物处理问题的“可追溯”制度。其他内容见第十二章“动物实验室生物安全操作基本要求”。

废弃物处理时应填写实验动物尸体及废弃物存放登记表，详细记录包括动物来源、存放科室、存放人姓名、存放时间、动物种类、数量、死亡原因、处死地点、是否被污染、污染物类型及程度、接收日期、接收人等内容并及时归档。

第七节　思考题

一、名词解释

1. 医疗废物；2. 感染性废物；3. 病理性废物

二、填空题

4. 医疗卫生机构应当建立医疗废物暂时贮存设施、设备，不得露天存放医疗废物；医疗废物暂时贮存的时间不得超过________天。

5. 医疗卫生机构应当对医疗废物进行登记，登记内容应当包括医疗废物的来源、种类、重量或者数量、交接时间、最终去向以及经办人签名等项目。登记资料至少保存______年。

三、选择题（不定项）

6. 可以通过（　）途径运输医疗废物。

A. 邮寄　　B. 铁路　　C. 航空

D. 陆路　　E. 水路

7.《医疗废物分类目录》将医疗废物分为以下（　）类。

A. 感染性废物　　B. 病理性废物　　C. 损伤性废物

D. 药物性废物　　E. 化学性废物

8. 基因工程废弃物同其他废弃物的主要不同之处在于（　）

A. 基因工程废弃物存在更大的毒性　　B. 基因工程废弃物存在潜在危害性

C. 基因工程废弃物的危害更直接　　D. 二者没有差异

四、判断题

9.《医疗废物管理条例》是为加强医疗废物的安全管理，防止疾病传播，保护环境，保障人体健康，由国务院于 2003 年 6 月 16 日发布并实施。(　)

10. 盛感染性垃圾的塑料袋要求坚韧、不漏水，袋中物品不能装满，盛三分之二即可。(　)

11. 废弃物运送人员每两天从医疗废物产生地点将分类包装的医疗废物按照规定的时间和路线运送至内部指定的暂时贮存地点。(　)

12. 医疗卫生机构和医疗废物集中处置单位，应当建立、健全医疗废物管理责任制，其法定代表人为第一责任人，切实履行职责，防止因医疗废物导致传染病传播和环境污染事故。(　)

13. 禁止在运送过程中丢弃医疗废物；禁止在非贮存地点倾倒、堆放医疗废物或者将医疗废物混入其他废物和生活垃圾。(　)

14. 紧急情况下，允许将医疗废物与旅客在同一运输工具上载运。(　)

五、问答题

15. 我们常说的生物废弃物、医疗废物、传染性废弃物的定义各有什么不同?

16. 不具备集中处置医疗废物条件的农村，医疗卫生机构自行处置医疗废物的，应当符合哪些基本要求?

17. 目前主要使用的焚烧法是否是生物废弃物处置的最佳选择?你们单位实验动物废弃物是如何处理的?

（陈贵秋　黄一伟　丘　丰）

附件 8-1

《有害废弃物处置程序》

文件编号：×××××

（一）目的

对本中心实验室、疾病控制、医疗门诊等工作场所产生的有害废弃物实行有效管理，避免对周围环境造成污染，保障工作人员周围环境及居民的健康和安全。

（二）范围

适用于本中心在实验、疾病控制、医疗工作中产生的有害废弃物的处理。

（三）职责

1. 中心主任和技术负责人保证废弃物处理设施、设备的建设和配置。

2. 中心主管领导负责签订固体有害废弃物无害化处理合同并监督执行。

3. 总务科负责废弃物处置设备设施的管理和维护；负责固体有害废弃物的收集、转运、存储和交接。

4. 各实验室、医疗门诊负责对本部门产生的废弃物进行处理、分装、标识和监管。

5. 中心生物安全管理办公室负责对有害废弃物处理过程进行监督检查。

（四）规定和程序

1. 有害废弃物的分类

（1）感染性废物　包括棉球、棉签、病原体的培养基、标本、菌（毒）种保存液、实验动物尸体、垫料、饵料、各种废弃的医学标本、血液、血清、大便、痰以及使用过的一次性毛细管和手套等。

（2）损伤性废物　包括载玻片、玻璃试管、各种反复使用的细菌培养皿。

（3）化学性废物　包括实验室排放的废气、废液或废弃的化学试剂、化学消毒剂等。

（4）放射性垃圾　包括放射免疫实验室在实验中产生的放射性垃圾。

2. 有害废弃物的处理办法

（1）感染性废物

①实验完成后，实验用一次性个人防护用品和实验器材、弃置的菌（毒）种、生物样本、培养物和被污染的废弃物应当就地或同一区域内，经有效方法消毒灭菌，达到生物学安全后再按感染性废弃物收集处理。

②实验用非一次性个人防护用品和实验器材，应放置在有生物安全标记的防漏袋中送至指定地点（应在同一层楼内）消毒灭菌后方可清洗。运送过程中应防止有害生物因子的扩散。

③实验结束后的动物尸体或有致病菌污染的垫料、饵料等应先经消毒处理后装于塑料袋中，密封后置于冻藏冰箱中贮存，不定期移交合同单位进行焚烧或深埋等无害化处理。

④经生物无害化处理后的废弃物必须装入黄色不渗漏胶袋，当废物达到装量的 3/4 时，及时打包，封口，贴上感染性废物的标示。标签内容包括产生部门、日期、类别等。

⑤实验废弃物最终处置必须交由经市环保部门资质认定的医疗废物处置单位集中处置。

（2）损伤性废物

①所有尖锐物品应置于不易刺破的容器内（锐器盒），消毒后用合适的方法处理。

②将玻璃器皿放入的塑料桶中，按照1000 mL水，加入消毒片6～8片的使用量，加入消毒剂浸泡。细菌培养皿废弃前要15～30 min灭菌后清洗。

（3）放射性废物的处理办法

①凡是产生放射性污染的实验一律在有放射防护的实验室中进行；

②所产生的放射性污水、试管等收集到专门的容器内，等放置6个月后由专门机构处理。

（4）化学性废物

①废气

1）实验中在通风橱内进行消化时产生的气体主要是CO_2、氮氧化物等，通过排风设备经大气稀释气体排放到高空。

2）如有可能产生大量有毒气体和感染性气溶胶的实验，事前应设置专门的吸收和处理装置或在生物安全实验室及安全柜中进行，可通过吸附、吸收、氧化、分解、过滤等方法处理。

②废液

1）实验室应设置专用容器分类收集各种废液，做好标识，并定期进行处理。

2）无机酸类：将废酸慢慢倒入过量的含碳酸钠或氢氧化钙的水溶液中或用废碱互相中和，充分反应后用大量清水冲洗。

3）氢氧化钠、氨水：用6 mol/L盐酸水溶液中和后，用大量清水冲洗。

4）可燃性有机物：用焚烧法处理。本室产生的有机物量少，可投入锅炉中燃烧处理，不易燃烧的可先用废易燃溶剂稀释后进行燃烧。

5）含氰废液：加入氢氧化钠使pH值达到10以上，加入过量的高锰酸钾（3%）溶液，使CN－氧化分解。如CN－含量高，可加入过量的次氯酸钙和氢氧化钠溶液，充分反应后用大量清水冲洗。

③致突变物、致畸物和致癌物

1）环磷酰胺：0.2 mol/L氢氧化钾甲醇溶液，室温下，50分钟。

2）丝裂霉素C：1%高锰酸钾水溶液，100 ℃，30分钟。

3）1，8－二羟蒽醌：重铬酸盐—硫酸，室温下，50分钟。

4）叠氮钠：10%硫代硫酸钠水溶液，室温下，1小时。

5）9－芴酮，2，7－二氨基芴：1.5%高锰酸钾丙酮饱和溶液，室温下，1天。

6）黄曲霉毒素：以漂白粉精溶液或氧化剂（过氧化氢等）浸泡10分钟后流水冲净。

7）若使用其他致突变物、致癌物，可参照GB 15193.19中的方法进行处理。

④有机溶液和有毒废液（重金属等）

1）根据卫生标准（TJ36－79）中的地面水中有害物质最高容许浓度的排放规定，我中心有机溶液废液和有毒废液（重金属等）均低于排放标准，可用自来水稀释后排放。

2）或将有机溶液废液和有毒废液（重金属等）分类存放，定期由环保部门上门收集、运到指定地点销毁。

⑤固体有害废弃物

1）即废弃的农药、鼠药、“三致”物质中毒食物和超标样品及过期的有毒标准物质必须存放在有毒有害化学品库房内。

2）待积累到一定的数量后，可集中进行焚烧、降解、深埋或送交环保部门进行无害化处理。

（5）非感染性垃圾　随时放入普通垃圾桶内，装入黑色不渗漏胶袋运到生活垃圾站。

（6）所有有害废弃物的处置　都要留下记录，包括名称、数量、方式、处置人、批准人、时间等。

3. 有害废弃物的贮存和转移

①中心设置有害废弃物的暂时贮存场所，配备相应的冰柜、专用胶袋、塑料周转箱、推车、个人防护用品、消毒器材等设施、设备；

②该场所应当远离人员活动区以及生活垃圾站，并设置明显的警示标识和防渗漏、防鼠、防蚊蝇、防蟑螂、防盗以及预防儿童接触等安全措施。

③有专人对贮存设施、设备进行管理，并定期消毒和清洁。

④实验室、门诊的有害废弃物，必须消毒后装入有感染性废物标示的黄色不渗漏胶袋中，再放入到专用周转箱内（放在受实验室、门诊控制的安全场所内）。

⑤中心保洁员定期到实验室、门诊将周转箱运送到暂时贮存场所，对有害废弃物进行分类、消毒、贮存。

⑥当有害废弃物积累到一定数量时，由总务科移交给经环保部门资质认定的医疗废物处置单位，并办理移交手续。

⑦总务科应根据《医疗废物管理条例》《医疗废物集中处置技术规范（试行）》《医疗卫生机构医疗废物管理办法》的规定与医疗废物处置单位签订“医疗废物处置服务合同”，报中心主管领导审批。

⑧该合同应就医疗废物集中无害化处置服务内容、方式、责任、收费、结算等进行规定。

（五）相关文件

1.《医疗废物管埋条例》

2.《实验室易制毒化学品管理规定》

3.《医疗卫生机构医疗废物管理办法》

4.《医疗废物集中处置技术规范（试行）》

5.《实验室安全管理规定》

（六）相关记录

1.“实验室‘三废’处理记录”

2.“有害废弃物转移处置记录”

3.“医疗废物处置服务合同”

编制：　　　　　　　　　　　　审核：　　　　　　　　　　　　批准：

第九章　意外事故应急预案与处置方法

第一节　应急预案的制定

一、生物安全意外事故的定义

生物安全意外事故可以定义为在生产、经营、检测、教学、研究、储存、运输、使用病原微生物或基因工程改造的微生物以及处理生物废弃物的活动过程中，突然发生的、违反人的意志的、迫使活动暂停或永久停止的事件。生物安全事故的后果通常表现为人员的感染患病或伤亡、财产的损失或环境的污染。

二、生物安全意外事故的特点

1. 病原微生物在事故的起因和后果中起重要作用

由于病原微生物对人体的致病性，意外事故往往可能导致个体或人群感染这种病原微生物。

2. 生物安全意外事故往往造成严重后果

根据病原微生物本身致病性、传播力和毒力等不同，导致的后果也不同。对于一类病原微生物，发生意外事故往往意味着死亡事件的发生。比如 2004 年 5 月 5 日，在俄罗斯西伯利亚 Vector 病毒学与生物技术国家科学中心下属的分子生物研究所，一位科学家在对感染了埃博拉病毒的豚鼠进行试验时，不小心将带病毒的针头扎到了左手手掌。尽管立即进行了处置，但最终还是因为感染埃博拉而死亡。

3. 一些生物安全意外事故不容易识别

很多病原体的传播是通过气溶胶进行的，而气溶胶本身是无色无味、无声无息地，因此生物安全意外事故可能在工作人员毫不知情的情况下悄然发生。

4. 一些生物安全意外事故后果具有较长潜伏期

由于一些病毒体比如人类免疫缺陷病毒等导致疾病的潜伏期较长，因此发生事故后可能需要较长时间才能识别。

三、生物安全意外事故的分类和分级

实验室生物安全意外事故可以分为以下 6 类：

①由于实验意外操作导致，比如刺伤、割伤、擦伤等。

②由于试验操作不当、失误而导致，如溢洒、泄漏。

③由于设备故障导致，比如容器突然破裂。

④不可预知的事故，比如感染潜在危害性的气溶胶。

⑤火灾及其他自然灾害。

⑥其他事故，比如菌（毒）种丢失等。

其分级的划分往往根据涉及病原微生物的传染性、感染后对个体或者群体的危害程度进行划分。

四、实验室应急预案的制定

不论生物安全实验室的安全防护设施、设备多么先进、齐备，以及安全管理制度多么完善，但是意外事故不可避免的总会发生。因此要求每个实验室做好充分的准备，将意外事故的危害程度和危害范围降到最低限度，应急预案的制定就是其中非常重要的一个环节。

实验室应急预案是指面对实验室突发事件如生物性、化学性、物理性、放射性等紧急情况和火灾、水灾、冰冻、地震、人为破坏等任何意外紧急情况下的应急管理、指挥、救援计划与实施方案等。

实验室应急预案的制定要以相关国家法律法规、国家和地方的应急预案和要求为基础，同时要考虑到实验室的特点和资源。

实验室生物安全意外事故应急预案的主要内容应该至少包括以下几个方面：

1. 明确组织机构人员及其职责

比如生物安全负责人员、安全保卫负责人员、临床医生、微生物学家、兽医学家、流行病学家以及消防和警务部门，同时还应列出能接受暴露或感染人员进行治疗和隔离的单位。

①单位生物安全委员会为应急预案的指挥机构，委员会主任、副主任为总指挥官。②单位生物安全日常管理部门为应急预案协调机构。③生物安全负责人为现场指挥官。④实验室生物安全监督员、安全员、技术骨干等，在意外发生时应承担临时指挥官的重任，同时向实验室负责人报告或向单位有关部门报告，并配合实验室负责人、单位生物安全有关人员进行现场处置各项工作。⑤后勤保障部门负责配合处理有关设备，检查设备的安全性和正常使用，提供有关物资。⑥实验室人员为意外事件的直接责任人，应了解单位的应急预案和职责，配合指挥人员处理各项工作，参加应急演练，了解照明设备、消毒、隔离、撤离、急救等操作技术要求。

2. 危害识别和风险评估

比如高危险度等级微生物的鉴定、高危险区域的地点识别，明确处于危险的个体和人群。

3. 报告程序和报警系统

（1）实验室工作区内设置电话　在电话旁应方便得到报警电话号码，包括单位领导、生物安全官员、火警、急救、医院、生物安全技术专家、后勤保障部门。

（2）实验室自动报警系统　包括消防烟雾自动报警、压力控制报警系统。

（3）生物因素引发的突发事件发生后　应立即利用疾病控制疫情网络直报系统上传

汇报。

4. 应急设施和设备

如防护服、消毒剂、化学和生物学的溢出处理箱（盒/小推车）或清除污染的工具和容器、免疫血清、疫苗、药品等，下面列举几个应急设备的要求：

（1）照明设备　各实验室应装备有固定或移动式应急照明灯，经常检查固定或移动式应急灯的使用状态。保持有电和正常使用。

（2）减损设备　①实验室在适当的位置或 BSL-3 实验室的半污染区安装紧急喷淋设备。②洗眼：专门安装洗眼器或在洗手槽加装洗眼器。紧急喷淋和洗眼器每层楼至少一个。

（3）撤离路线　在实验室布局时应合理设计撤离路线，撤离路线可以用醒目或黑暗中可发光的材料制作，张贴在适当的位置。BSL-3 实验室还应准备逃生用的斧头。

（4）急救器材　在实验室储备急救箱、担架等应急救治设备。急救箱应备有剪刀、镊子、创可贴、绷带、碘酒等伤口处理的器械、药品和物品。

（5）消毒设施　应在实验室储备一定数量和种类的消毒液，配备适当的消毒设备，经常开展实验活动的实验室要常备新鲜配制的消毒液，供人员皮肤、器械、实验台面及实验室消毒使用。

5. 应急处置措施与程序

如意外暴露的处理和清除污染，人员和动物从现场的紧急撤离，人员暴露和受伤的紧急医疗处理、暴露人员的医疗监护、暴露人员的临床处理等。下面列举了通用的一些应急处置程序，针对特别事故的特殊处置方法将在第二节详细叙述。

①意外发生时，在可能做到的情况下，立即隔离污染源，先对人员暴露部分、设备、环境进行消毒处理和自救，应争取第一时间进行。

②当发生的意外非常严重时，报警请求支援。

③根据风险评估结果，确定消毒灭菌、人员隔离和救治、现场隔离和控制要求。

④当发生自然灾害时，以安全撤离为首选。

⑤严重意外暴露或受伤人员紧急送医。事先应和单位周边的医院签订协议，建立绿色通道，让医院了解实验室发生意外的急救程序，争取最短时间让暴露人员得到治疗。

⑥对相关人员或疑似暴露人员进行医学观察。

⑦对事故现场进行彻底消毒。

⑧对事故现场的所有设备、设施、器械、物品、电气、供水进行检查和恢复。

⑨对单位员工和周边社区群众做好宣传、稳定工作。

⑩对事故过程进行总结。

6. 应急预案的备案

从事高致病微生物实验活动的单位制定的实验室应急预案应向省级卫生主管部门备案。

第二节　意外事故应急处置方法

一、自然灾害

当遇到水灾、地震或其他自然灾害时，视建筑物或实验室遭破坏的程度，应采取疏散人员等紧急措施，对生物安全实验室来说，还应隔离区域和污染源、有效消毒、对危害进行评估，实施灾害应急预案。救援人员应事先了解危险物的性质、数量和存放位置，熟悉实验室的布局和设备。

当实验室正在工作时发生了地震自然灾害，实验人员应按照平时演练的程序，采取紧急撤离的方案，切断实验室内所有电源。应迅速将感染性材料进行封装，存放到安全的位置如冰箱等。

遇到水灾时，由于洪水或实验室失水，造成实验室的破坏时，应立即停止工作，切断实验室内所有电源，将菌（毒）种和相关材料转移。必要时及时转移重要或贵重仪器设备，并做好相关防水处理。水灾过后，对仪器设备进行清理、消毒处理。根据实验室受灾情况，对处理现场的人员要进行适当的医学观察。

二、火灾

实验室发生火灾时，首先应要考虑人员撤离，其次是工作人员在判断火势不会蔓延时，尽可能地扑灭或控制火灾。应事先告知消防人员哪些房间有潜在的感染性物质，只有在受过训练的实验室工作人员的陪同下，消防人员才能进入实验室的这些区域，不得用水灭火。

如果是在生物安全柜内操作一、二类病原体时发生失火，由于生物安全柜电路出现短路，造成火灾，实验人员应首先将装有病原体的瓶子盖好，移出生物安全柜。使用事先预备的消毒巾覆盖失火点，或使用灭火器灭火。如以上措施都不能将火灭掉，将采取紧急撤离的方案。

如果是在试验时发生失火，实验人员应尽可能将实验室内助燃的化学试剂，移出失火点，同时用灭火器进行灭火。如以上措施都不能将火灭掉，将采取紧急撤离的方案。

三、电路问题

实验室的停电，严重时将造成检测结果失准，精密检测仪器损坏，生物安全的威胁，特别是如果停电时正在操作生物安全柜、离心机或粉碎感染性材料或使用高压灭菌设备时。生物安全实验室按应急预案处理好现场的样品，检查设备中的感染性材料是否破损、外泄、滴漏、污染。在恢复用电后，要对相关设备设施仔细检查正常后才能继续使用。

四、生物安全柜出现问题

若生物安全柜出现正压，应被视为房间有试验因子污染并对实验人员危害较大，在关闭生物安全柜前挡风板之前屏住呼吸，立即关闭安全柜电源，停止工作。缓慢撤出双手，离开操作位置，避开从安全柜出来的气流。在加强个人防护的条件下对实验室进行消毒处理。填写意外记录，报告科室负责人，通知有关部门进行检修。应对相关人员进行医学观察。

五、意外切割或擦伤

在发生锐利物刺伤、切割伤或擦伤等情况，被视为有极大危险，应采取以下措施：

①实验人员立即停止工作。

②脱掉最外层手套，在污染区出口处的洗手池处，在同操作者的配合下对伤口用清水和肥皂水清洗受伤部位。

③尽量挤出损伤部位的血液；取出急救箱，对污染的皮肤和伤口用碘酒或75%的酒精擦洗多次。

④伤口进行适当的包扎，在操作者的配合下，按照程序退出实验室。

⑤及时送急救室，告知医生所受伤的原因及污染的微生物，进行医学处理。

⑥事后记录受伤原因、涉及的病原微生物，并应保留完整的医疗记录。

六、实验室发生感染性材料或者病原菌（毒）种溢洒泄漏

溢洒是指包含生物危险物质的液态或固态物质意外地与容器或包装材料分离的过程。实验室人员熟悉生物危险物质溢洒处理程序、溢洒处理工具包或手推车的使用方法和存放地点对降低溢洒的危害非常重要，应明确标示出溢洒处理工具包或手推车的存放地点。实验室需要根据其所操作的生物因子制定专用的程序。如果溢洒物中含有放射性物质或危险性化学物质，则应使用特殊的处理程序。

（一）溢洒处理工具包（手推车）组成

①消毒剂：配备二种以上的对感染性物质有效的消毒灭菌液，定期检查有效期，或按使用要求定期配制或更新。

②镊子或钳子、一次性刷子、可高压的扫帚和簸箕，或其他处理锐器的装置。

③足够的布巾、纸巾或其他适宜的吸水性材料。

④用于盛放溢洒物以及清理物品的专用收集袋或容器（如带盖的塑料桶）。

⑤个人防护装备：防护服、橡胶手套、面罩、护目镜、一次性口罩、鞋套等。

⑥75%的酒精喷壶、碘酒（用于手、皮肤消毒）、洗衣袋（用于可回收物品）。

⑦溢洒处理警示标识，如“禁止进入”“生物危险”等。

⑧其他专用的工具（如急救箱）。

（二）感染性材料外溢到皮肤黏膜

①如感染性培养物或标本组织液外溢到皮肤，视为很大危险，应立即停止工作，在同伴的配合下对被溢洒的皮肤，采用75%的酒精或碘酒进行消毒处理，然后用水冲洗。

②处理后安全撤离，视情况隔离观察，期间根据条件进行适当的预防治疗。

③填写意外事故报告，并报相关负责人。

（三）感染性材料溅入眼睛

①眼睛溅入感染性液体时，立即用洗眼器进行冲洗，然后用生理盐水连续冲洗至少

15 min，操作时注意动作不要过猛，损伤眼睛。

②在同伴的配合下，按照退出路线退出实验室。

③处理后安全撤离，视情况隔离观察，期间根据条件进行适当的预防治疗。

④填写意外事故报告，并报相关负责人。

（四）潜在感染性物质的食入

①应脱下受害人的防护服并进行医学处理。

②要报告食入材料的鉴定和事故发生的细节，并保留完整适当的医疗记录。

（五）衣物污染

①尽快脱掉最外层防护服，以防止感染性物触及皮肤并防止进一步扩散。

②脱掉防护手套，到污染区出口处洗手。

③更换防护服和手套。

④将已污染的防护服及手套放入医疗废物垃圾袋内，进行高压灭菌处理。

⑤用 1% 的次氯酸喷雾器，对发生污染的地方及脱防护服的地方进行消毒。

⑥如果内衣被污染，应立即抛弃已污染的衣物（必须先高压灭菌处理）。

⑦如果皮肤接触污染物，立即用肥皂水冲洗，并用 75% 酒精消毒。

⑧更换干净的防护服。

（六）外层手套撕破、损坏、被污染或需要更换时

①在操作过程中，外层手套撕破、损坏或被污染时，首先应立即用消毒剂喷洒手套。

②脱下外层手套，丢弃在可高压灭菌的医疗废弃物塑料袋中。

③再用消毒剂喷洒内层手套。

④戴上新手套，手套应完全遮住手及腕部，将手套口遮盖试验服袖口，继续实验。

（七）容器破碎及感染性物质外溢在台面、地面和其他表面

1. 撤离房间

①发生生物危险物质溢洒时，立即通知房间内的无关人员迅速离开，将房门、窗封闭。

②先喷洒消毒受污染的衣物，脱去个体防护装备，用 75% 酒精消毒暴露皮肤。

③取来溢洒处理工具包（手推车）。在门上（前）张贴（放置）“禁止进入”“溢洒处理”的警告标识牌，至少 30 min 后（气溶胶下沉到地面）方可进入现场处理溢洒物。

④如果同时发生了针刺或扎伤，可以用消毒灭菌剂和水清洗受伤区域，挤压伤处周围以促使血往伤口外流；如果发生了黏膜暴露，至少用水冲洗暴露区域 15 min。

⑤立即通知实验室主管人员和部门领导。必要时，由主管人员安排专人清除溢洒物。

2. 溢洒区域的处理

①做好个体防护（如鞋、防护服、口罩、双层手套、护目镜、呼吸保护装置等）后进入实验室。从溢洒处理工具包（手推车）中取出清理工具和物品，需要两人共同处理溢洒物，必要时，还需配备一名现场指导人员。

②将一沓沓厚纸巾（或其他吸水性材料）覆盖在溢洒物上，然后小心从外围向中心环状、低处倾倒（防止气溶胶形成）适当量的消毒灭菌剂，使其与溢洒物混合并作用一定时间。应注意按消毒灭菌剂的说明确定使用浓度和作用时间。

③到作用时间后，用长柄镊子小心将吸收了溢洒物的纸巾（或其他吸收材料）收集到带盖的塑料桶中，并反复用新的纸巾（或其他吸收材料）将剩余物质吸净、抹干。破碎的玻璃或其他锐器要用镊子或钳子处理放入利器盒。所处理的溢洒物和处理工具（包括收集锐器的镊子等）全部置于专用的塑料桶与收集袋中并封好。

④用消毒灭菌剂擦拭可能被污染的区域。

⑤按程序脱去个体防护装备，将暴露部位向内折叠后，属一次性防护装备则扔进废物桶，可重复使用的衣物则放入洗衣袋并封好。

⑥取掉“禁止进入”或“溢洒处理”的警告标识牌；按程序洗手。

⑦按程序消毒处理清除溢洒物过程中形成的所有废物，以及可重复使用的衣物、工具等。

3. 书写事件报告（见十二）

（八）生物安全柜内溢洒的处理

1. 处理溢洒物时

不要将头伸入安全柜内，也不要将脸直接面对前操作口，而应处于前视面板的后方。选择消毒灭菌剂时需要考虑其对生物安全柜的腐蚀性。

2. 如果溢洒的量不足 1 mL

可直接用消毒灭菌剂浸湿的纸巾（或其他材料）擦拭。

3. 如溢洒量大或容器破碎，建议按如下操作：

①使生物安全柜保持开启状态；

②在溢洒物上覆盖浸有消毒灭菌剂的吸收材料，作用一定时间以发挥消毒灭菌作用。必要时，用消毒灭菌剂浸泡工作表面以及排水沟和接液槽；

③在安全柜内对所戴手套消毒灭菌后，脱下手套。如果防护服已被污染，脱掉所污染的防护服后，用适当的消毒灭菌剂清洗暴露部位；

④穿好适当的个体防护装备，如双层手套、防护服、护目镜和呼吸保护装置等；

⑤小心将吸收了溢洒物的纸巾（或其他吸收材料）连同溢洒物收集到专用的收集袋或容器中，并反复用新的纸巾（或其他吸收材料）将剩余物质吸净；破碎的玻璃或其他锐器要用镊子或钳子处理；

⑥用消毒灭菌剂擦拭或喷洒安全柜内壁、工作表面以及前视窗的内侧；作用一定时间后，用洁净水擦干净消毒灭菌剂；

⑦如果需要浸泡接液槽，在清理接液槽前要先报告主管人员；可能需要用其他方式消毒灭菌后再进行清理。

⑧如果溢洒物流入生物安全柜内部，需要评估后采取适用的措施。

（九）危害气体（气溶胶）的释放

①感染性材料的溅洒以及包括培养物在内的感染性材料溅出，将会产生大量的气溶胶释放。

②首先用布或纸巾覆盖溅洒场地，再将漂白粉倒在布或纸巾上面，静止 60 min，在此期间任何人不得进入事发实验室，以使气溶胶重粒子沉降。

③所有人员立即撤离现场，任何暴露人员都应立即就医。

④贴出标识以示禁止入内。

⑤规定时间后，应穿防护服并佩戴呼吸保护装置，将消毒的布和纸巾及打碎的器皿用镊子夹取玻璃碎片，放入锐器盒内进行高压处理。

⑥如果实验记录表格或其他打印文字材料或手写材料被污染，应把这些材料内容抄到另一表格上，并把原件丢到盛有消毒液的容器内。

（十）运行中离心管的破裂

1. 非封闭离心桶的离心机内带有潜在感染性材料的离心管发生破裂

这种情况被视为发生气溶胶暴露事故，应立即加强个人防护力度，必要时，清理人员需要佩戴呼吸保护装置。其处理原则如下：

①如果机器正在运行时发生破裂或怀疑发生破裂，应关闭机器电源，让机器密闭30 min以上使气溶胶沉积。

②如果机器停止后发现破裂，应立即将盖子盖上，并密闭30 min以上。发生这两种情况时都应通知生物安全委员会。

③随后的所有操作都应戴结实的手套（如厚橡胶手套），必要时可在外面戴适当的一次性手套。

④当清理玻璃碎片时应当使用镊子，或用镊子夹着的棉花来进行。

⑤所有破碎的离心管、玻璃碎片、离心桶、十字轴和转子都应放在无腐蚀性的、已知对相关微生物具有杀灭活性的消毒剂内。

⑥未破损的带盖离心管应放在另一个有消毒剂的容器中，然后回收。

⑦离心机内腔应用适当浓度的同种消毒剂擦拭，干燥。消毒灭菌后小心将转子转移到生物安全柜内，浸泡在适当的非腐蚀性消毒灭菌液内，建议浸泡60 min以上。

⑧清理时所使用的全部材料都应按感染性废弃物处理。

⑨如果溢洒物流入离心机的内部，需要评估后采取适用的措施。

2. 在可封闭的离心桶（安全杯）内离心管发生破裂

①所有密封离心桶都应在生物安全柜内装卸。

②如果怀疑在安全杯内发生破损，应该松开安全杯盖子并将离心桶高压灭菌。另一种方法是，安全杯可以采用化学消毒。

（十一）在生物安全柜以外潜在危害性气溶胶的释放

①所有人员必须立即撤离相关区域，任何暴露人员都应接受医学咨询。

②应当立即通知实验室负责人和生物安全官员。

③为了使气溶胶排出和使较大的粒子沉降，在一定时间内（如1 h内）严禁人员入内。如果实验室没有中央通风系统，则应推迟进入实验室（如24 h）。

④应张贴“禁止进入”的标志。过了相应时间后，在生物安全官员的指导下来清除污染，应穿戴适当的防护服和呼吸保护装备。

（十二）调查、评估与报告

①实验室负责人应组织调查事件发生的来龙去脉。如果只是一个孤立事件，应该找出事

件的根源。

②记录事件过程，确定人员职责，分析导致事件发生的原因及次序，制定相应纠正措施以防止类似事件再次发生。

③对事件的性质进行评估；对实验室进行彻底的消毒灭菌处理和对暴露人员进行医学评估；对预防和纠正措施的有效性进行评估。

④将上述过程形成记录，按安全管理体系中相关程序文件要求书写事件报告。

⑤事件调查报告应经主管领导审批，或提交生物安全委员会审议、评价。

第三节　应急演练与改进

应急演练是完善和保证应急处置与应急预案切实有效的关键过程。通过演练，可以全面评估应急处置与应急预案的可行性和人员的能力，为应急预案的改进与完善提供依据。

一、应急演练的形式、内容与频率

（一）演练的形式（模式）

演练的形式可以分为桌面（沙盘）演练、功能（专项）演练和全面演练。

（二）演练的内容

根据已经制定的应急预案，以及实验室可能发生的各种意外危险来安排设计应急演练的内容，至少应包括个体防护、各类突发事件（见第二节）应对程序、应急设备、撤离路线、污染源隔离与消毒等，以及其他合理恰当的控制措施。

最基本的演练项目有：

1）实验室常用已经处置装备的使用操作；

2）皮肤刺伤、切割伤的应急处置；

3）感染性气溶胶释放的应急处置；

4）感染性物质溢洒的应急处置；

5）离心过程中离心管（杯）破碎的应急处置；

6）防护服被污染的应急处置；

7）生物安全柜故障导致正压时的应急处置等。

（三）演练的频率

应急演练应定期进行，实验室的每一个人都要参与并熟悉各项应急处置程序和要求。每人每年至少参加一次。实验室所在单位每年应组织一次全面的演练，即从某突发事件发生、报告、救护、处置、消毒到应急状态解除、总结汇报的全过程，相关人员都应参加。

二、应急演练的评估、改进和应急预案的修订、完善

每一次演练后，实验室应召集相关人员一起座谈、讨论，对演练过程和结果要进行分析、评价，及时发现和改进存在的问题与不足。

同时实验室应对每一个应急预案的有效性、各环节之间的衔接性、人员能力的胜任性、

应急物资的可靠性和充分性进行评估，并不断修订、完善应急预案。确保应急预案的针对性、可操作性、有效性。

第四节 思考题

一、名词解释

1. 生物安全意外事故；2. 溢洒；3. 生物安全事故应急处理规程

二、填空题

4. 溢洒处理工具包的组成：______、______、______、______、______、______等。

5. 眼睛溅入感染性液体，应立即在同操作者的协助下，到半污染区，用______进行冲洗，然后用生理盐水冲洗，连续冲洗，操作时注意动作不要过猛，损伤眼睛。

6. 实验室意外事故发生处理后，需要填写______，并报相关负责人。

7. 发生生物危险物质溢洒时，立即通知房间内的无关人员迅速离开，在撤离房间的过程中注意防护气溶胶。关门并张贴“禁止进入”“溢洒处理”的警告标识，至少______分钟后方可进入现场处理溢洒物。

8. 如果同时发生了针刺或扎伤，可以用消毒灭菌剂和水清洗受伤区域，挤压伤处周围以促使血往伤口外流；如果发生了黏膜暴露，至少用水冲洗暴露区域______分钟。

三、选择题（不定项）

9. 若生物安全柜出现正压，应当（ ）

A. 在关闭生物安全柜前挡风板之前屏住呼吸，立即关闭安全柜电源，停止工作

B. 缓慢撤出双手，离开操作位置，避开从安全柜出来的气流

C. 在加强个人防护的条件下对实验室进行消毒处理

D. 填写意外记录，报告科室负责人通知有关部门进行检修

E. 操作人员进行医学观察

10. 在发生锐利物刺伤、切割伤或擦伤等情况，应采取以下措施（ ）

A. 实验人员保持清醒的头脑，立即停止工作

B. 脱掉最外层手套，在污染区出口处的洗手池处，在同操作者的配合下对伤口用清水和肥皂水清洗受伤部位

C. 如果可能尽量挤出损伤部处的血液，取出急救箱，对污染的皮肤和伤口用碘酒或75%的酒精擦洗多次，根据伤口而定

D. 伤口进行适当的包扎，在操作者的配合下，按照程序退出实验室

E. 及时送急救室，告知医生所受伤的原因及污染的微生物，进行医学处理

11. 运行中离心管的破裂，应当（　）

A. 应关闭机器电源，让机器密闭 30 min 以上使气溶胶沉积

B. 通知实验室负责人

C. 戴手套处理

D. 使用镊子处理玻璃碎片

E. 转子浸泡消毒

四、判断题

12. 在实验室布局时应合理设计撤离路线，撤离路线可以用醒目或黑暗中可发光的材料制作，张贴在适当的位置。（　）

13. 各实验室应装备有固定或移动式应急照明灯，经常检查固定或移动式应急灯的使用状态。保持有电和正常使用。（　）

14. 意外发生时，在可能做到的情况下，尽量对人员暴露部分、设备、环境进行消毒处理和自救，不需要向其他人报告。（　）

15. 如果是在生物安全柜内操作一、二类病原体时发生失火时，因优先保障试验人员安全，立即进行撤离。（　）

16. 实验室区域一般不能用水灭火。（　）

17. 如感染性培养物或标本组织液外溢到皮肤，直接采用 75% 的酒精进行消毒处理后，继续工作。（　）

五、问答题

18. 实验室生物安全意外事故可以分为哪六大类？

19. 实验室发生感染性物质溢洒事故的处理方法？

20. 中国疾病预防控制中心实验室 SARS 感染事件的主要原因？

（黄一伟　张　红）

第十章　医学实验室安全操作指南

第一节　完善实验室安全制度和操作规程

一、实验室首先应制定完善的安全制度、操作规程或作业指导书

实验人员从进入实验区域开展工作，到结束后离开实验室的每一个关键过程，都应该制定安全制度和安全操作的作业指导书；同时，实验室还应根据实验对象、生物危害程度评估、研究内容、设备设施特点具体制定相应的操作规程。实验室管理制度包括但不限于《实验室准入制度》《设施设备监测、检测和维护制度》《健康医疗监督制度》《生物安全工作自查制度》《生物安全管理及实验室人员培训制度》《菌毒种及阳性标本管理制度》《实验室资料档案管理制度》等。实验室技术规范和操作规程包括但不限于《实验室的运行规范》《仪器设备的使用规范》《针对感染性材料的的试验操作规范》《个人防护用品的使用规范》《实验室消毒规程》《危险废弃物的处置规程》《尖锐器具的安全操作规程》《实验紧急情况处理规程》及实验室设备操作规程和实验活动操作规程等。

二、有效的《安全手册》

每一个医学实验室都应编制一本《安全手册》，或者是《安全应急手册》。保证在实验室内工作时所有人员能随时取阅。《安全手册》编制原则：简明、易懂、易读，内容编排应醒目，尽量使用图示，一目了然；能最快速的得到安全方面的指导。《安全手册》内容应针对实验室的需要进行编制，具体可参见附录 D。

三、新上岗人员的安全培训

掌握实验室安全操作基本流程，熟悉如何识别与控制实验室危害、有安全意识的工作人员是预防实验室感染、差错和事故的关键。因此，不断地进行安全措施方面的在职培训是非常必要的。

实验室应对所有相关工作人员包括运输和清洁员工等实施安全培训。尤其是新上岗人员的培训。培训应强调安全工作行为，要求工作人员上岗前学习、熟悉实验室的安全制度、操作规程或作业指导书、《安全手册》等。所有新上岗人员应通过现场操作和试卷考核的方式来确认其培训效果，只有考核合格的人员才能上岗。实验室应每年制订安全培训计划，包括对新员工的指导以及对有经验员工的周期性再培训。

第二节 实验室安全操作基本流程

一、实验前

1. 风险评估

为确保实验室生物安全，在开展检测工作前，实验人员应根据标本的种类、来源、可能的生物因子、传染性、致病性、传播途径、在环境中的稳定性、感染剂量、浓度、动物实验数据、有效的预防和治疗方法的可用性等信息进行危害评估，并根据危害分级选择适当的生物安全防护水平，采取有效的防护措施。风险评估方法详见第四章。

2. 人员准入

要建立生物安全实验室准入制度。进入实验室的工作人员（包括维修、运输和清洁员工等）都要持证上岗。只有经过安全知识、专业知识与操作技能的培训，并获得批准的人员方可进入实验室工作区域开展相关实验活动。进入动物房应当经过特别批准。

3. 健康监测

对实验人员要健康体检合格，并建立健康档案。从事有疫苗可预防的传染病检测的实验人员应按免疫程序要求完成暴露前免疫，按有关规定保存免疫记录。所有实验室工作人员应保留基线血清。

4. 个人防护

进入实验区域应穿工作服，换不露脚趾的工作鞋，根据实验操作的风险级别选择相应的个人防护用品，并正确穿戴。

5. 门禁系统

实验室区域入口处应标有生物危害警告标志、限制进入标志。进出高等级生物安全实验室的工作人员进出要登记。外来人员获得批准后方可进入实验室工作区域，并执行登记制度。儿童不应被批准或允许进入实验室工作区域，与实验室工作无关的动物不得带入实验室。

6. 实验室设施、设备运行检查

（1）实验前应开启无菌室、超净工作台、生物安全柜的紫外灯照射消毒至少 30 分钟。

（2）开启实验室通风、空调或空气净化系统；核心区或防护区开启“运行中”标记。

（3）将实验所需的试剂、耗材及样品、污物缸或桶摆放到无菌室、生物安全柜或超净工作台内，避免工作人员频繁进出实验室。

（4）实验室的门应保持随时关闭，入口处应标有生物危害、限制进入警告标志。

二、实验中

1. 个人防护

（1）在实验室工作时，任何时候都必须穿着工作服、隔离服或连体衣等防护用品。

（2）按规定不同工作区域穿戴的防护用品仅限于该工作区域，不能交叉污染。

（3）在进行可能直接或意外接触到血液、体液以及其他具有潜在感染性的材料或感染性动物的操作时，应戴上合适的手套。手套用完后，应先消毒再摘除，随后必须洗手。

（4）为了防止眼睛或面部受到泼溅物、碰撞物或人工紫外线辐射的伤害，在进行存在相关风险的操作时必须戴护目镜、面罩（面具）或其他防护设备。

（5）为了保护呼吸系统与部分面部免受生物危害物质（如尘埃粒子、气溶胶、血液、体液、分泌液以及排泄物等喷溅物）的污染，进入实验室操作前必须戴好口罩。口罩的种类与型别的选择可根据实际操作需要进行。具体见第六章。

（6）严禁穿着实验室工作服离开实验室工作区域。如去餐厅、办公室、图书馆、卫生间等。

2. 安全操作基本要求

（1）所有具有或潜在感染性的材料必须在生物安全柜内操作。

（2）严格按标准操作规程开展实验活动。所有的技术操作要按尽量减少气溶胶和微小液滴形成的方式来进行。

（3）限制使用皮下注射针头和注射器。除了进行肠道外注射或抽取实验动物体液，皮下注射针头和注射器不能用于替代移液管或用作其他用途。

（4）严禁用口吸移液管。严禁将实验材料置于口内。严禁舔笔头、标签。

（5）实验中应尽量减少人员的走动。

（6）禁止在实验室工作区域储存食品和饮料。禁止在实验室工作区域进食、饮水、吸烟、化妆和处理隐形眼镜。

3. 意外事故应对

（1）出现溢出、事故以及明显或可能暴露于感染性物质时，严格执行意外事故应急预案和《安全手册》中的处置方法或操作程序。相关内容详见第九章《意外事故应急预案与处置方法》。

（2）及时向实验室主管报告，保留相关记录。

4. 做好实验、设备使用等相关记录

（1）所有记录要求以规范化的记录表格形式，真实记录各项活动和过程。

（2）记录还应注意原始性、复现性，不得誊抄或复印，不得事后补记。

（3）在核心区或污染区（防护区）的实验记录纸张、笔等用品必须严格消毒后才能拿出实验室。

三、实验后

1. 清洁、消毒、撤离

（1）在每次实验结束之后，都必须清除工作台面（包括生物安全柜）的污染。所有受到污染的材料、标本和培养物在保存或运输之前，必须清除表面的污染。

（2）整理工作台面，关闭、检查实验室设备，实验室应保持清洁整齐，严禁摆放和实验无关的物品。

（3）开启无菌室、超净工作台、生物安全柜的紫外灯照射消毒至少 30 分钟。

(4) 需要带出实验室的手写文件必须保证在实验室内没有受到污染或用紫外线照射等方式消毒处理。

(5) 所有的生物废弃物必须采用化学或物理方法进行消毒处理，污染的液体在排放到生活污水管道以前必须采用化学或物理方法清除污染。

(6) 在处理完感染性实验材料和动物后，以及在离开实验室工作区域前，都必须洗手。

(7) 在实验室内用过的防护服必须挂在原实验室内，不得和日常服装放在同一柜子内。

(8) 离开实验室时必须关闭房门。

2. 菌（毒）种和感染性材料的储存、运输

在对菌（毒）种和感染性材料（标本）进行储存、包装和运输时必须遵循国家和（或）国际的相关规定。具体详见第七章《生物样本的采集与菌（毒）种或样本运输和保藏》。

3. 健康监测

出现溢出、事故以及明显或可能暴露于感染性物质时，应为所有实验室人员提供适宜的医学评估、健康监测和治疗，并应妥善保存相应的医学记录（健康档案）。

第三节　生物安全柜的选择与使用

生物安全柜（biological safety cabinets，BSC）是由特殊气流组织结构、高效空气过滤器、风机压力系统和必需的在线监测仪表组成的箱形负压装置。是病原体操作的一级安全隔离屏障。是为操作具有或潜在感染性的实验材料时，用来保护操作者本人、实验室环境以及实验材料而设计的。

当操作液体或半流体，例如摇动、倾注、搅拌，或将液体滴加到固体表面上或另一种液体中时，均有可能产生感染性气溶胶；还有在对琼脂板画线接种、用吸管接种细胞培养瓶、采用多道加样器将感染性试剂的混悬液转移到微量培养板中、对感染性物质进行匀浆及涡旋振荡、对感染性液体进行离心以及进行动物操作时，这些实验室操作都可能产生感染性气溶胶。由于肉眼无法看到直径小于 5 μm 的气溶胶以及直径为 5 ~ 100 μm 的微小液滴，因此实验室工作人员通常意识不到有这样大小的颗粒在生成，并可能吸入或交叉污染工作台面的其他材料。所以这些操作都必须在生物安全柜中进行。

生物安全柜根据前窗气流速度、气流循环模式、排气连接方式等分为Ⅰ、Ⅱ、Ⅲ级，其中Ⅱ级生物安全柜又分为 A1、A2、B1、B2 四个型。

一、Ⅰ级生物安全柜

图 10-1 为Ⅰ级生物安全柜的原理图。房间空气从前面的开口处以 0.38 m/s 的低速率进入安全柜，空气经过工作台表面，并经排风管排出安全柜。定向流动的空气可以将工作台面上可能形成的气溶胶迅速被送入排风管内，并通过 HEPA 过滤器按下列方式排出：①排到实验室中，然后再通过实验室排风系统排到建筑物外面；②通过建筑物的排风系统排到建筑物外面；③直接排到建筑物外面。

Ⅰ级生物安全柜能够为人员和环境提供保护，也可用于操作放射性核素和挥发性有毒化

学品。但因未灭菌的房间空气通过生物安全柜正面的开口处直接吹到工作台面上，因此Ⅰ级生物安全柜对操作对象不能提供切实可靠的保护。

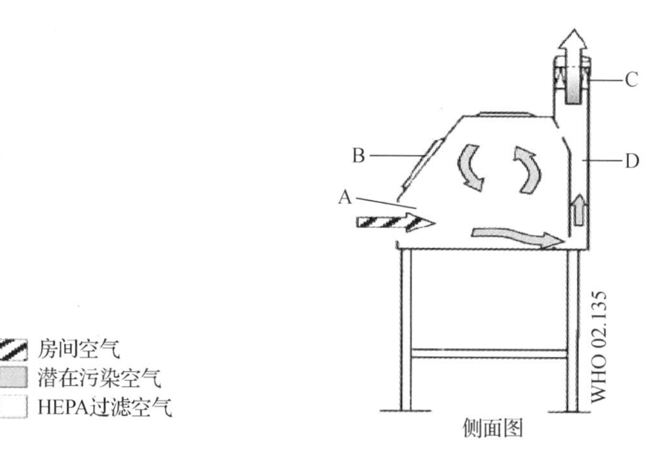

A：前开口；B：窗口；C：排风 HEPA 过滤器；D：压力排风系统

图 10-1 Ⅰ级生物安全柜原理

二、Ⅱ级生物安全柜

Ⅱ级生物安全柜在设计上不但能提供个体防护，而且能保护工作台面的物品不被污染。Ⅱ级生物安全柜有四种不同的类型（分别为 A1、A2、B1 和 B2 型，见图 10-2），它们不同于Ⅰ级生物安全柜之处是让经 HEPA 过滤的（无菌的）空气流过工作台面。Ⅱ级生物安全柜可用于操作危险度三类和四类的病原微生物。在使用正压防护服（二级防护）的条件下，Ⅱ级生物安全柜也可用于部分危险度二类的病原微生物样本的操作。具体参考《人间传染的病原微生物名录》。

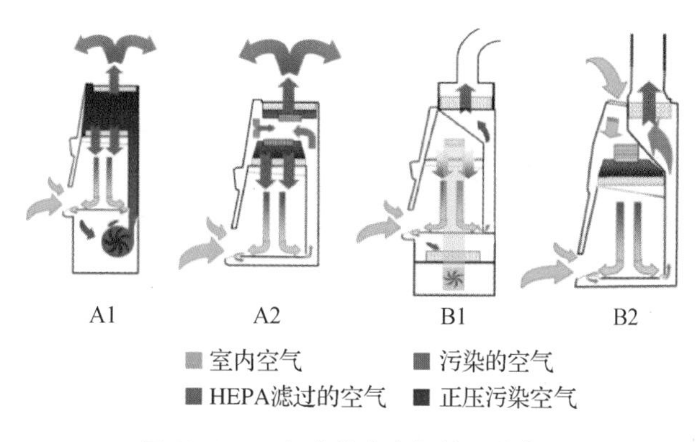

图 10-2 二级生物安全柜的四种类型

（一）Ⅱ级 A1 型生物安全柜

Ⅱ级 A1 型生物安全柜如图 10-3 所示。内置风机将房间空气（供给空气）经前面的开口引入安全柜内并进入前面的进风格栅，其气流速度至少应该达 0.38 m/s。然后，气流先通过供风 HEPA 过滤器，再向下流动通过工作台面。空气在向下流动到距工作台面大约 6 ~ 18 cm 处分开，分别流向前面的排风格栅和后面的排风格栅。所有在工作台面形成的气溶胶立刻被这样向下的气流带走，并经两组排风格栅排出，从而为实验对象提供最好的保护。

Ⅱ级 A1 型生物安全柜排出的空气经过 HEPA 过滤器过滤后可以重新排入房间里，也可以通过连接到专用通风管道上的套管或通过建筑物的排风系统排到建筑物外面。

（二）Ⅱ级 A2 型生物安全柜

Ⅱ级 A2 型生物安全柜是由Ⅱ级 A1 型生物安全柜变化而来，不同之处是Ⅱ级 A2 型生物

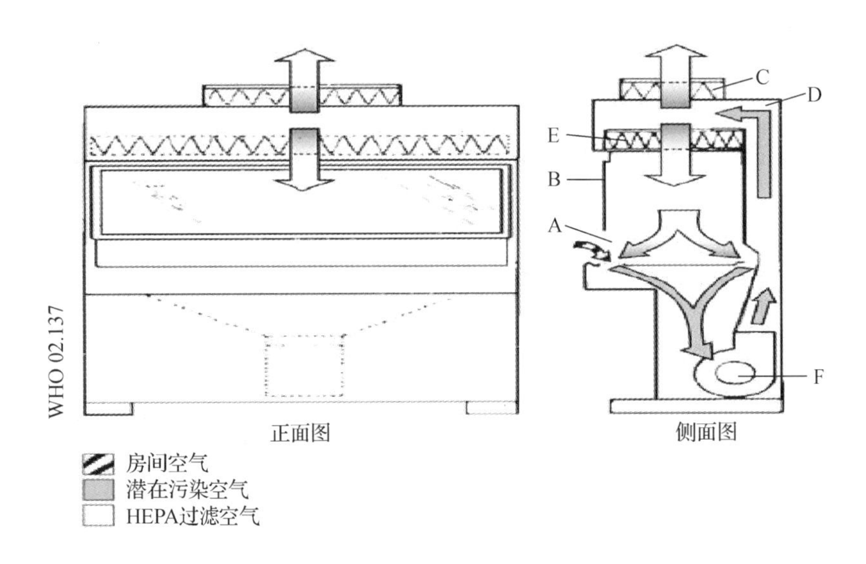

A：前开口；B：窗口；C：排风 HEPA 过滤器；D：后面的压力排风系统；E：供风 HEPA 过滤器；F：风机

图 10-3　Ⅱ级 A1 型生物安全柜原理

安全柜正面开口处的空气流入速度至少应该达 0.51 m/s。污染气流经过 HEPA 过滤器过滤后可以重新排入房间里，也可以通过连接到专用通风管道上的套管或通过建筑物的排风系统排到建筑物外面。

安全柜内所有污染部位均处于负压状态或者被负压通道和负压通风系统环绕。当生物安全柜通过与排风系统的通风管道连接时，还可以进行以微量挥发性有毒化学品和痕量放射性核素为辅助剂的微生物实验。

（三）Ⅱ级 B1、B2 型生物安全柜

Ⅱ级 B1 型和Ⅱ级 B2 型生物安全柜都是由Ⅱ级 A1 型生物安全柜变化而来，不同之处是Ⅱ级 B1 和 B2 型生物安全柜正面开口处的空气流入速度至少应该达 0.51 m/s。污染气流经过 HEPA 过滤器过滤后通过连接到专用通风管道或通过建筑物的排风系统排到建筑物外面。外排风式Ⅱ级 A2 型以及Ⅱ级 B1 型和Ⅱ级 B2 型生物安全柜相互间都有一定的差异，包括气流在工作台面上再循环空气的量以及从安全柜中排出空气的量、安全柜的排风系统以及压力设置等参数的不同。不同类型的生物安全柜之间的差异见表 10-1。

表 10-1　Ⅰ级、Ⅱ级以及Ⅲ级生物安全柜之间的差异

生物安全柜类型	正面气流速度（m/s）	气流百分数（%）		排风系统	操作有毒化学品或放射性物质
		重新循环	排出		
Ⅰ级[a]	>0.38	0	100	硬管	不可以
Ⅱ级 A1 型	0.38～0.51	70	30	排到房间或套管连接处	不可以
Ⅱ级 A2 型[b]	>0.51	70	30	排到房间或套管连接处	套管连接时，可微量操作
Ⅱ级 B1 型[a]	>0.51	30	70	硬管	低挥发性化学品及痕量放射性物质

续表

生物安全柜类型	正面气流速度（m/s）	气流百分数（%）		排风系统	操作有毒化学品或放射性物质
		重新循环	排出		
Ⅱ级 B2 型[a]	>0.51	0	100	硬管	可以
Ⅲ级[a]	>0.7	0	100	硬管	—

注：a：所有生物学污染的管道均为负压状态，或由负压的管道和压力通风系统围绕。

b：外排风式Ⅱ级 A2 型生物安全柜的所有生物学污染的管道均为负压状态，或由负压的管道和压力通风系统围绕。

（四）Ⅲ级生物安全柜

Ⅲ级生物安全柜用于操作危险度 4 级（一类、二类病原微生物）的微生物材料，可以提供最好的个体防护。Ⅲ级生物安全柜的所有接口都是“密封的”，其送风经 HEPA 过滤，排风则经过两个 HEPA 过滤器。Ⅲ级生物安全柜由一个外置的专门的排风系统来控制气流，使安全柜内部始终处于负压状态（大约 124.5 Pa）。只有通过连接在安全柜上的结实的橡胶手套，手才能伸到工作台面。

Ⅲ级生物安全柜适用于三级和四级生物安全水平的实验室。

（五）生物安全柜的选择

主要根据下列所需保护的类型来选择适当的生物安全柜：实验对象保护；操作危险度 1 ~4 级微生物时的个体防护；暴露于放射性核素和挥发性有毒化学品时的个体防护；或上述各种防护的不同组合。如：

Ⅰ级生物安全柜，常用于放置设备（如匀浆机）或进行不需要对实验对象（如样品）保护的操作；

Ⅱ级生物安全柜，与Ⅰ级不同的是它们还可以对实验对象进行保护。当不涉及操作有毒化学品或放射性物质时，可以选择 A1 型；当涉及微量挥发性化学品及痕量放射性物质时可以选择 A2 型（如果废气是通过单项气闸排出）或 B1 型；

Ⅱ级 B2 型安全柜也称为全排放型安全柜，在需要操作大量放射性核素和挥发性化学品时，必须使用这一类型的安全柜。

（六）生物安全柜的安装

1. 安装位置

生物安全柜在室内安放的位置（图 10-4）应该在不会影响其气流模式的区域。要避免在室内进风/排风口、房门附近、开启的窗户附近、放置大件设备的区域及人员通道附近的地方，都有可能会破坏生物安全柜正面脆弱的空气流。

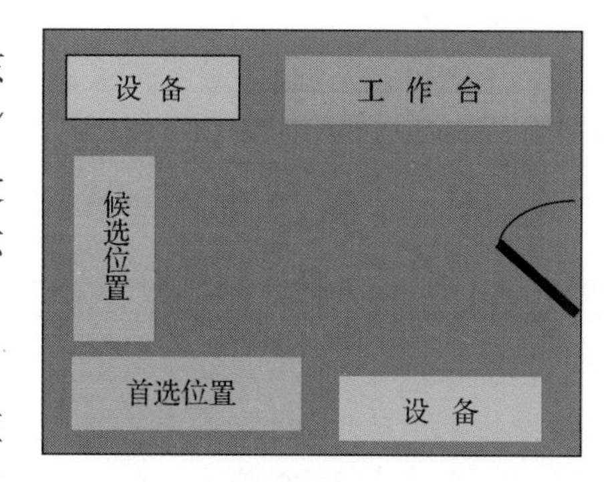

图 10-4　生物安全柜的安装位置

2. 生物安全柜的安装还应考虑以下因素

（1）生物安全柜顶部的排风口和上方障碍物应保持足够的间隙。（2）生物安全柜安装时应保证每一侧都有足够的空间（35 cm 以上）以保证人员通过。(3) 生物安全柜的安放不应正对工作台面、其他生物安全柜或化学通风橱。应保持合理的安全距离，避免操作冲突。(4) 套管应可拆卸，或者设计时充分考虑不影响对生物安全柜进行检测（如有适当的气闸保证生物安全柜的全面消毒，或接口设计可允许对 HEPA 过滤器进行测试）。(5) 具有硬管的生物安全柜在管道系统的输出端应装有排风机。当风量异常时可发送报警信号给用户，并启动连锁系统，阻止生物安全柜的送风机在排气不足的情况下继续工作。(6) 需要操作高致病性病原微生物的生物安全柜备有应急电源，可确保其在紧急情况下持续工作。

3. 安装后测试

生物安全柜的安装、测试都要由专业人员，或者是有经验的人员进行。要严格按照设备说明书的要求进行安装、测试。测试结果验收合格后才能投入使用。

（七）生物安全柜的使用

实验人员应接受生物安全柜操作和使用的正规培训。只有在确认熟悉掌握操作方法后才能正式开展检测活动。尽管如此，还是希望实验室在每一台生物安全柜上方显著位置粘贴编制好的操作规程，应包括以下正确使用生物安全柜的基本要求：

1. 启动主要事项

(1) 调整适当的操作窗口高度、椅子的高度，使腋下与操作窗口的底部平行。(2) 检查压力表度数，以确保可接受的范围内；检查报警器是否处于“开启”状态。(3) 在操作窗口下缘中间位置，手持一张簿纸巾，以检查、确认气流向柜内流动。(4) 使用有针对性的消毒剂对生物安全柜内部表面、台面进行消毒。

2. 操作者

(1) 个人防护装备。根据操作病原微生物和涉及的有毒有害物质情况进行防护。一般最低要求穿防护服、戴手套和帽子。(2) 动作要求。实验人员在生物安全柜前面的所有动作都要缓慢，尤其是操作者在移动双臂进出安全柜时，需要小心维持前面开口处气流的完整性，双臂应该垂直地缓慢进出前面的开口。手和双臂伸入到生物安全柜中等待大约一分钟，以使安全柜调整完毕并且让里面的空气“扫过”手和双臂的表面以后，才可以开始对物品进行处理。要在开始实验之前将所有必需的物品置于安全柜内，以尽可能减少双臂进出前面开口的次数。

3. 物品放置

(1) 生物安全柜前面、后面的进气格栅不能被纸、仪器设备或其他物品阻挡。(2) 放入安全柜内的物品应采用 70% 酒精来清除表面污染。(3) 可以先铺垫一块具有吸水功能的垫单或浸湿消毒剂的毛巾在台面的中间，以吸收操作时可能溅出的液滴。(4) 一般将在工作台面左侧划分为“清洁区”，中间和右侧为“污染区”（图 10–5），实验操作时应该按照从清洁区到污染区的方向进行。所以清洁的物品放在左侧，实验后的物品放在右侧。像装有废弃物袋的桶子、利器盒放在右侧，可产生气溶胶的设备（例如混匀器）应靠近安全柜的右侧的后部放置。(5) 放置实验所用物品时，应注意不要过度拥挤；应尽可能地放在工作台后部靠近后部格栅前缘的位置。

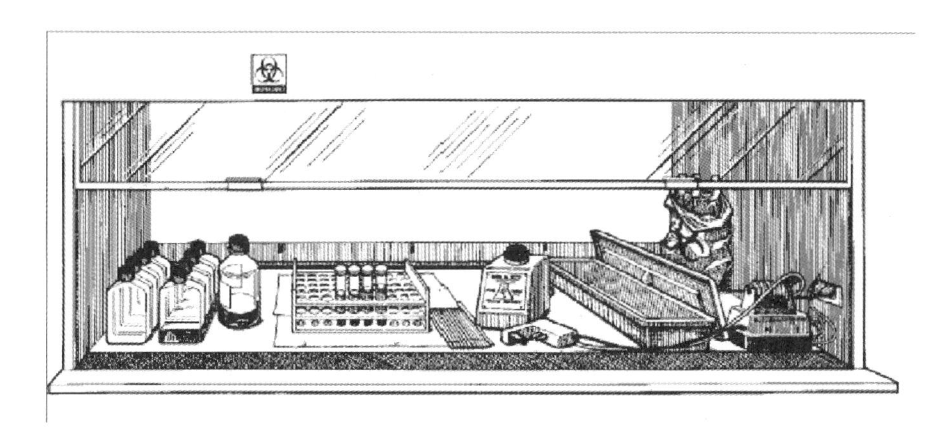

图 10-5　生物安全柜内工作台面物品的摆放

4. 生物安全柜的操作

（1）在放入实验操作的物品、材料后，打开风机运行 5 ~ 10 min，待柜内部的气流稳定后再开始操作。（2）操作时注意肘部和手臂不要接触下面的格栅（进气口）和工作台面。（3）操作过程中产生的废物应丢弃在柜内右侧的废弃物袋（容器）内，而不要丢弃在安全柜外面的垃圾桶内。（4）当发生溢出或飞溅的情况时，需要对工作台面上的所有物品进行消毒处理，此时应保持安全柜处于正常的工作状态。（5）在生物安全柜内禁止使用明火，如酒精灯。必要时可用微型接种环加热器（图 10-6）代替或使用一次性接种环。（6）同一时间，只能在生物安全柜内操作一种病原微生物。（7）当使用生物安全柜时应保持实验室的门、窗关闭，以防止室内气流变化而影响安全柜的正常气流。

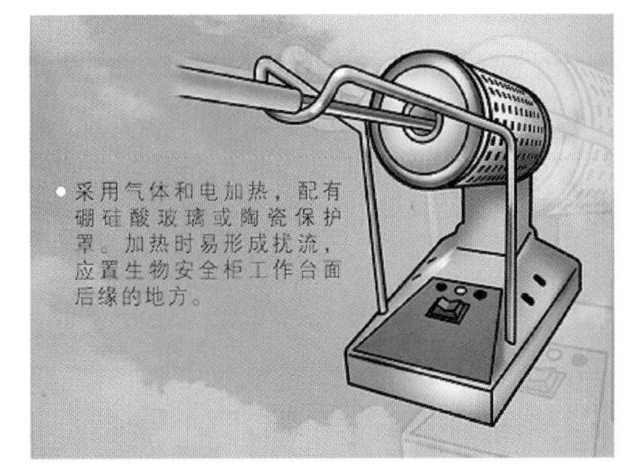

图 10-6　微型接种环加热器

（图片来源于北京市疾控中心宣教资料）

5. 操作完成后的工作

（1）关闭或遮盖柜内所有容器（盖）；对移出生物安全柜的器材和有污染的表面进行必要消毒。（2）使用有针对性的消毒剂对生物安全柜内部侧面、背面、玻璃内面、台面，以及日光灯（紫外灯）灯管表面进行消毒。在使用如漂白剂等腐蚀性消毒剂后，还必须用无菌水再次进行擦拭。（3）上述操作结束后，运行 5 ~ 10 分钟关机（如果在下班前还需要使用时，可不关机）；撤离时打开紫外灯消毒 30 分钟（如果有的话）。

（八）生物安全柜的维护

1. 正常运行时

推荐将安全柜一直维持运行状态。大多数生物安全柜的设计允许整天 24 h 工作。研究人员还发现，连续工作有助于控制实验室中灰尘和颗粒的水平。向房间中排风或通过套管接口与专门的排风管相连接的Ⅱ级 A1 型及 A2 型生物安全柜，在不使用时是可以关闭的。其他如Ⅱ级 B1 型和 B2 型生物安全柜，是通过硬管安装的，就必须始终保持空气流动以维持房间空气的平衡。在开始工作以前以及完成工作以后（如果要关闭的话），应至少让安全柜工作 5 min 来完成“净化”内部气体的过程，亦即应留出将污染的空气排出安全柜的时间。

2. 出现故障时

生物安全柜的所有维修工作应该由有资质的专业人员来进行。在生物安全柜操作中出现的任何故障都应该立即报告，并张贴红色的“故障！停止使用”标识牌，直到维修完成能正常运行为止。

3. 清除污染

生物安全柜在移动以及更换过滤器之前，必须清除污染。最常用的方法是采用甲醛蒸气熏蒸。应该由有资质的专业人员来清除生物安全柜的污染。清除Ⅰ级和Ⅱ级生物安全柜的污染时，要使用能让甲醛气体独立发生、循环和中和的设备。在清除污染时应穿戴好个体防护服。具体要求见第八章第四节相关内容。

（九）生物安全柜的定期检测

1. 检测时间

（1）常规检测：生物安全柜的检测在初始安装后每年都需进行，每年至少一次。（2）更换 HEPA 过滤器后。（3）每次维修和搬迁后都需要检测，以保证生物安全柜按照设计要求正常运行。因为维修和移动等都可能影响 HEPA 过滤器和压力通风系统，可能造成人员或环境暴露于感染性物质和毒素中。

2. 检测项目

根据国家食药总局发布的《Ⅱ级生物安全柜》YY 0569 行业标准要求，每年应对Ⅱ级生物安全柜进行维护检验，检验项目包括：外观、HEPA 过滤器完整性、下降气流速度、流入气流速度、气流模式等 5 个项目。

3. 检测要求

实地现场检测应该由具有相关资质和有经验的专业人员完成。检测方法应按《Ⅱ级生物安全柜》YY 0569 中规定的方法进行。

4. 标识

生物安全柜外部应张贴明确的标志，标明生物安全柜检测的日期、需再次检测的日期、检测的标准及检测单位名称。

（十）相关事项

1. 紫外灯

生物安全柜中不需要紫外灯。如果使用紫外灯的话，应该每周进行清洁，以除去可能影响其杀菌效果的灰尘和污垢。

2. 明火

在生物安全柜内应避免使用明火。使用明火会对气流产生影响，并且在处理挥发性物品和易燃物品时，也易造成危险。在对接种环进行灭菌时，可以使用微型燃烧器或红外灼烧仪，或使用一次性无菌接种环。

3. 溢出

实验室中要张贴如何处理溢出物的操作规程。一旦在生物安全柜中发生有生物学危害的物品溢出时，应在安全柜处于工作状态下立即进行清理。要使用有效的消毒剂，并在处理过程中尽可能减少气溶胶的生成。所有接触溢出物品的材料都要进行消毒和（或）高压灭菌。

4. 警报器

可以在两种警报器中选择一种来装备生物安全柜。①窗式警报器只能装在带有滑动窗的安全柜上。发出警报时表明操作者将滑动窗移到了不当的位置。处理这种警报时，只要将滑动窗移到适宜的位置就可以了。②气流警报器报警时，表明安全柜的正常气流模式受到了干扰，操作者或物品当即处于危险状态。当气流警报响起时，应立刻停止工作，并通知实验室主管。在进行风险评估后采取后续控制措施。

第四节　常见设备安全使用方法

对于实验室的各种设施设备的安全使用主要包括两方面的内容：一是正确使用仪器，保证检测工作的顺利进行、操作人员人身安全和设备安全，这一点上要求我们工作人员掌握设备的操作规程，熟悉设备的维护程序，了解设备的使用说明书；二是防止感染性物质扩散，感染操作人员。下面详细叙述实验室常见的各类设备的安全使用方法以及维护保养注意事项。

一、离心机的安全使用

（一）离心管的配平

配平对于离心机的正确运转非常重要，转速越高的离心机对配平的要求越高，曾有高校发生超速离心机由于未配平导致事故，离心管飞出击穿离心机侧壁以及房间的砖墙。对于一般的离心机对称配平即可。对于高速离心机必须使用天平称量配平管的重量，配平的原则就是将等质量的离心管以转轴为中心的辐射对称放好。对于超速离心机，配平需要采用分析天平，且不仅要求重量平衡，而且要求配平液的密度与离心液的密度相等，以达到力矩平衡。因此应该严格按照厂家说明书的要求进行配平。

（二）离心管的选择

离心管选择不当容易产生离心管破裂，损失样品甚至污染转子和离心机。超速离心时，为了减小阻力，通常在真空状态下运行，故选用离心管时样品必须装满。常规高速或低速离心则不要装满，所有带盖的转子、水平吊篮、试管盖都要盖紧，防止样品外泄而失去平衡。使用角转子时要盖转头盖。

（三）离心机的维护

1. 离心机表面的清洁以及保养

（1）定期清洁离心机以及离心室的机壳，必要情况下可用沾肥皂水或者中性清洁剂的布块擦拭。

（2）如传染性物质进入离心室，则必须立即消毒。适用的消毒剂包括酒精，正丙醇，异丙醇，戊二醛，四价铵盐化合物。

（3）在清洁、消毒后，需用湿布将残余部分抹干。

（4）如离心室内出现冷凝水，可用吸水布将其擦干。

（5）每年需检查离心室是否存在损坏现象。

2. 转头和配件的清洁以及保养

（1）为预防腐蚀和材料变质，请务必用肥皂水或其他中性清洁剂沾染一块湿布对转头和配件进行清洁，推荐每个星期进行一次。适用的清洁剂成分包括：肥皂，负离子性表面活化剂，非离子性表面活化剂。

（2）在使用清洁剂之后，需用清水将残余清洁剂冲洗干净，然后用湿布再将其抹干。

（3）铝制角形转炉、容器和离心罐在风干后需用去酸油脂（如凡士林）轻层涂抹。

（4）为避免转炉与电机轴中间位置潮湿生锈，每月最起码一次需拆下转头去污并给电机轴上油。

（5）每月均应检查转炉和配件的磨损以及腐蚀情况。

（6）如为振荡衰减型转炉，其支承轴颈需定期上油，以确保离心罐的振荡匀称。

（四）离心机使用的注意事项

当使用离心机时，有产生气溶胶的风险（如由于离心管破损或使用不当，离心罐或转子造成的感染性气溶胶或雾化毒素的释放）。以下内容强调了当操作感染性物质或毒素时，离心机使用要求和规范：

（1）按要求对离心罐或转子的外表面进行消毒。

（2）按照厂商说明书使用仪器包括平衡转子，以防止转子损毁或爆炸。

（3）使用适合离心机的塑料管（如使用厚壁塑料离心管，管帽外部有平头螺纹）。

（4）使用带密封装置的离心罐或转子，以防止离心过程中气溶胶释放，定期检查离心罐或转子的密封性。

（5）在生物安全柜内卸载离心罐或转子。

（6）在开启离心罐或转子前留出时间让气溶胶沉降。

二、移液器的安全使用

（一）移液器使用注意事项

（1）只有装上移液器吸嘴后才能使用移液器。

（2）当移液器吸嘴吸满液体时切勿将移液器水平放置。

（3）转移感染性、放射性或毒性等危险液体时，请勿污染移液器，如果发生污染事故，请按要求清洁、消毒移液器。

（4）转移有机溶剂或侵蚀性化学物质时，请注意查对所用移液器吸嘴与移液器是否适宜。

（5）避免移液器、移液器吸嘴及所转移液体间的温差，因这可能导致排液体积的不准。

（6）由于液体（血清、去污剂）会在吸嘴内壁形成一层薄膜，因此首次排出的液体量将过少，因此移液器吸嘴需预先湿润，对液体性质进行补偿。当移血清或高黏度液体时，吸、排液时均应多等待数秒。

（二）移液器维护注意事项

移液器维护主要包括移液器的清理（洗）和金属活塞、夹芯陶瓷活塞上润滑油的添加。耐高压灭菌的下半支可轻松手动拆卸，便于清洗和日常保养。移液器上下端可拆离，下端部分可用锡箔纸包住后高温高压消毒，121 ℃，20 min，并于60 ℃烘箱烘干。部分移液器还可以整支高压灭菌。

1. 定期情况

根据使用的频率，所有的移液器应定期用肥皂水清洗或用60% 的异丙醇或 70% 次氯酸钠消毒液小心擦拭其外表面，再用双蒸水清洗并晾干。拆开移液器后可将液体进入移液器所造成的污染物清除。

2. 更换活塞润滑油

将拆卸好后的移液器活塞部分用软质纸清理干净，并在清理干净的活塞杆上涂上新的专用润滑液。这个换润滑液操作一般单道移液器 3 个月一次，多道移液器半年一次。

3. 清理移液管路

移液器用久了或者由于不规范的操作（比如超过吸头的量程吸取液体将会导致液体流入移液器的管路中）会导致移液管路积累污渍。打开后，可以用棉签或软毛刷蘸取少量清水（注意不可用有机溶剂来清洗，也不可用超声清洗）将污渍清理干净。对于比较顽固的物质可以用大量清水冲洗移液管路，之后自然晾干或在 60 ℃烘箱中烘干。弹簧有污垢也需要及时清理，如果发现有腐蚀现象，则需要换置配件。

三、搅拌器、振荡器、匀浆器、超声处理器、振荡孵育器和混匀器的安全使用

操作搅拌器、振荡器、超声处理器、匀浆器、混匀器、振荡孵育器及其他类似设备会产生气溶胶。以下内容强调了使用此类仪器时的一些要求和规范。

①使用的上述设备时，由于在混匀、振荡过程中，器皿内的压力会增大，含有感染性材料的气溶胶可能会从容器和盖子间的空隙逸出。所以尽可能在生物安全柜内或其他有一级防护的设备内操作（仅在仪器不干扰生物安全柜内的气流模式时才可以这样做）。如果是大型振荡器无法放入安全柜内，操作人员需要加强型个人防护，并进行相应风险评估。

②使用带盖子的塑料试管、杯子或瓶子，无裂隙、无变形。盖子、垫圈应恰好配套，保持完好。避免使用玻璃器皿。

③混匀、振荡结束后，不要马上打开试管盖子，应静止至少 1 分钟后，待里面的气溶胶沉降下来，再在生物安全柜里开启容器。

④使用专门设计用来收纳气溶胶的实验设备和（或）相关配件。例如，超声处理器在杯状容器内对样品进行超声，而容器不直接接触被处理的物质。

四、洗眼器和紧急喷淋装置的安全使用

（一）洗眼器和紧急喷淋装置安装注意事项

洗眼器和紧急喷淋装置是接触酸、碱等化学品和其他有毒、腐蚀性物质及患者血液体液

等感染性物质入眼及眼周围时必要的应急保护设施。当发生意外事故时，通过迅速冲洗，把伤害程度减轻到最低。洗眼器和紧急喷淋装置应该安装在实验室可迅速接近的地方，同时尽量安装在同一水平面上，确保发生事故后能在10秒内到达。通往洗眼器和紧急喷淋装置的途中不能有任何障碍物，否则会妨碍立即冲洗。一般把洗眼器和紧急喷淋装置安装在实验室的内通道上。但是洗眼器和紧急喷淋装置距离工作台位置的实际距离不能超过30米。推荐在实验室的水池旁边安装带软管的洗眼器。这种设备比较容易安装，方便和实用。

洗眼器和紧急喷淋装置的出水速度应该尽量稳定和均衡。喷头喷出的水流要柔和，呈现水雾状态，防止水流过大。这样既可以扩大冲洗面积，又避免水流过急对眼睛造成不舒服的感觉。洗眼器的每一个喷头上面都应该有一个防尘盖。使用洗眼器的时候，水流会自动冲开防尘盖。平时应该把防尘盖盖在喷头上面，以防止灰尘或者其他物质堵塞。

（二）洗眼器和紧急喷淋装置维护注意事项

洗眼器和紧急喷淋装置应每星期使用一次，目的在于检查洗眼器出水是否流畅，冲走管道内部的污染物，同时减少细菌滋生。每年需要对洗眼器和紧急喷淋装置的水龙头开关、推（拉）杆等进行一次检查，防止生锈、失效。

五、高压灭菌器的安全使用

高压灭菌器是指最高压力一般大于等于0.1 MPa、内直径大于等于0.15 m且容积大于等于0.025 m^3 的各种灭菌消毒器（柜）。目前普遍使用的高压灭菌器可分为两类：一类为下排气式高压灭菌器，具有温度高、热穿透力强、灭菌效果好优点；另一类是抽真空脉动式真空灭菌器，属于目前较先进的压力容器设备，具有排出冷空气快、灭菌时间短、对物品损坏轻、环境温度低和自动干燥等优点。不管是哪一类，根据《压力容器安全技术监察规则》，此类设备均属于压力容器，其生产、使用、检验检测和监督检查，应当遵守《特种设备安全监察条例》的要求。

对于设备来说，尤其是固定式高压灭菌器在投入使用前，需要到当地的质量技术监督部门办理压力容器登记注册手续，由质量技术监督部门下属的锅炉、压力检验部门派出专职检测人员现场对设备进行安全压力检查，经检查合格的设备由质量技术监督部门发给压力容器使用证，方可使用。

对于人员来说，操作人员在使用之前除了获得生物安全上岗证以外还需要获得质量技术监督部门颁发的特种设备作业人员证。使用人员应定期进行专业培训和安全教育，持证上岗。

（一）高压灭菌器的规范操作

1. 灭菌前检查

每次灭菌前检查灭菌器柜门、锁扣、蒸汽调节阀、安全阀等是否处于完好状态，检查、清理柜门排气口是否有毛絮等杂物堵塞，保持通畅。

2. 应注意平稳操作，缓慢地进行加载和卸载

操作时要做到：四慢一平稳，即慢升温、慢升压、慢降压、慢降温，恒温操作时工艺参数要稳定。因为开始加压时，过快的加载速度会降低材料的断裂韧性，使存在微小缺陷的容

器在压力的冲击下发生脆性断裂。

3. 注意装载容量

一般来说，下排气灭菌器的装载量不得超过压力容器内容量的 80%，预真空灭菌器的装载量不得超过 90%，且不能小于容器内容量的 5%~10%，以防止“小装量效应”。

4. 灭菌物品尽量分类灭菌

实验前准备消毒的物品和实验后要灭菌的废弃物，应分开灭菌；容易和难于灭菌的物品也应分开高压，若有不同类物品装放一起，应以最难达到灭菌物品所需的温度和时间为准。

5. 灭菌物品应按要求摆放

①消毒玻璃容器时，要将敞口的玻璃容器口朝下放置或平放；②消毒有包装材料的物品时，应用自动启闭式或带气孔的器具盛放，以保证物品内部空气的排出和蒸汽的进入；③消毒器皿时，尽量单独包装，盖要打开，以利蒸汽渗入；④难于灭菌的物品、织物包放上层，较易灭菌的物品、金属物品放下层，不要靠门和四壁摆放物品，以防吸入较多的冷凝水。

6. 废弃物灭菌前的消毒

大多数生物实验室使用脉动真空灭菌器，灭菌前随着冷空气的排放会有消毒灭菌的热蒸汽排出，导致容器中内气溶胶随蒸汽向周围环境扩散。如果灭菌物品是污染过有害病原微生物，这时会在灭菌器周围产生有害气溶胶，污染环境，威胁人的健康。故在对有害废弃物灭菌前，应对污染过的物品先进行消毒即无害化处理，如用含氯消毒液的浸泡等。

7. 根据灭菌消毒物品的不同选择不同的消毒程序

消毒液体时，排出冷空气应选择“置换式”，不要用“脉动式”。

8. 灭菌后要求

开门操作时柜内压力一定显示为零。灭菌物品干燥后，检查指示剂达到灭菌要求即可出锅。如发现含有盐分的液体漏出或溢出时，一定要及时擦干净，沿着盖子的密封圈要彻底擦干，否则会腐蚀容器和管道。取无菌物品时要严格无菌操作，开盖物品先将盖盖好，贮槽关闭好通气孔。同时应分类放置，顺序发放取用。有效期一般不超过 2 周，炎热潮湿季节不超过 7 天。

9. 使用后登记

每次使用完后，要在使用记录表上登记使用的时间、物品名称、消毒效果监测结果、灭菌器运行状态、操作人员姓名等内容。发现“跑、冒、滴、漏”及运行中的异常问题时要采取紧急措施，并及时上报。

（二）高压灭菌器的安全管理

1. 严禁超温超压运行

由于压力容器允许使用的温度、压力、流量及介质充装等参数是依据工艺设计要求和保障安全生产的前提下制定的，故应在设计压力和温度范围内操作，以确保安全运行。

2. 严禁带压操作

严禁带压松紧螺栓和维修，门关到位后才能通气升压，灭菌后一定要等蒸气排净，表压为“0”时才能开门。

3. 不能使用高压蒸汽灭菌器消毒任何有破坏性材料和含碱金属成分的物质

消毒这些物品将会导致爆炸或腐蚀内胆和内部管道，以及破坏垫圈。危险物品清单包括：

（1）爆炸物质　乙二醇二硝酸酯（硝化甘醇）、硝酸甘油、硝化纤维素（硝化纤维素滤器）和所有含硝酸根的酯类。三硝基苯、黄色炸药、苦味酸和所有易燃易爆的硝基。过氧乙酸、甲烷基、乙基、甲醇、过氧化氢、过氧化物、苯甲酰、苯甲酰基及有机过氧化物等。

（2）可燃性物质　金属锂、钾、钠、黄磷、磷、硫化物、红磷。明胶、碳化钙（电石）、氧化钙（石灰）、镁粉、连二亚硫酸钠（保险粉）。

（3）氧化剂　氯化钾、氯化钠、氯化铵和其他氯化物。（粉剂）高氯酸钾、高氯酸钠、高氯酸铵和其他高氯化物。硝酸钾、硝酸钠、硝酸铵和其他硝酸物。过氧化钾、过氧化钠、过氧化钡和其他无机过氧化物。亚氯酸钠和其他亚氯化物，次氯酸钙和其他次氯酸物。

（4）易燃物质　二乙醚、汽油、乙醛（醋醛）、氧化丙烯、环氧丙烷、二硫化碳和其他燃点在 -30～0 ℃间的物质。甲醇、酒精、二甲苯、苄基、乙酸苄酯，和其他燃点在 0～30 ℃之间的物质（醇类）。灯油，火油，汽油，异戊醇，乙酸（醋酸）和其他燃点在 30～65 ℃之间的类似物质。

（5）易燃的气体　氢气、乙炔、次乙基、甲烷、乙烷、丙烷、丁烷等。

4. 定期对灭菌设备进行功能检查

每年至少检查 1 次，由有资质的人员进行，合格的张贴合格标识，内容包括设备编号、状态、检查时间、下次检查时间等。不合格的设备需要在明显位置张贴禁用标识。

5. 建立高压灭菌器的安全技术档案。

六、注射器的安全使用

（一）正确运用注射器的实验室技术

1. 吸液时要尽量减少气泡产生

避免使用注射器混匀感染性的液体，如果使用，保证针的端部在容器的液面下，并且不要太用力；从胶塞瓶中拔出针管前，要用适当的消毒剂浸湿的脱脂棉/纸巾包裹针头和塞子；不允许向空气中直接排放注射器内的气泡，要将多余的液体或气泡推入用消毒剂浸湿的脱脂棉或有脱脂棉的小瓶中。

2. 对动物进行接种时要固定

滴鼻或者口腔接种时，使用钝的针头或套管，并在生物安全柜中操作。

（二）注射器使用注意事项

（1）不要用注射器代替移液管。

（2）不要重新给针头盖帽或夹针头。使用针头锁定型注射器，以防针头和注射器分离，或者使用一体式一次性注射器。

（3）感染性材料的所有操作都要在生物安全柜中进行。如无法在安全柜中进行，要确保个人防护得当。

（4）使用后用专用容器（利器盒）收集，并高压灭菌。

第五节　感染性材料的操作与防护规范

感染性材料的操作与防护规范前面的各个章节均有涉及，比如在实验前、实验中进行的病原微生物实验活动危害评估，各个等级生物安全实验室使用的基本要求，穿着个人防护装备，以及具体一些生物安全设备的安全使用方法。本节的内容主要讲解以上章节未涵盖的内容。

一、生物安全实验室基本工作行为准则

对于感染性材料的操作首先要求实验人员具有良好的工作行为准则，主要包括以下几点：

1. 实验室建立并执行准入制度

未经同意，限制或禁止进入实验室；所有进入人员要熟悉实验室的潜在危险，符合实验室的进入规定。

2. 放置生物安全手册

确保实验室人员在工作地点可随时得到生物安全手册。

3. 建立良好的内务规程

对个人日常清洁和消毒进行要求，如洗手、淋浴（适用时）等。

4. 规范个人行为

①在实验室工作区不要饮食、抽烟、处理隐形眼镜、使用化妆品、存放食品等。

②工作前，掌握生物安全实验室标准的良好操作规程。

③正确使用适当的个体防护装备，如手套、护目镜、防护服、口罩、帽子、鞋等。个体防护装备在工作中发生污染时，要更换后才能继续工作。

④戴手套工作。每当污染、破损或戴一定时间后，更换手套；每当操作危险性材料的工作结束时，除去手套并洗手；离开实验间前，除去手套并洗手。严格遵守洗手的规程。不要清洗或重复使用一次性手套。如果有可能发生微生物或其他有害物质溅出，要佩戴防护眼镜。

⑤存在空气传播的风险时需要进行呼吸防护，用于呼吸防护的口罩在使用前要进行适配性试验。

⑥工作时穿防护服。在处理生物危险材料时，穿着适用的指定防护服。离开实验室前按程序脱下防护服。用完的防护服要消毒灭菌后再洗涤。工作用鞋要防水、防滑、耐扎、舒适，可有效保护脚部。

⑦安全使用移液管，要使用机械移液装置。

⑧配备降低锐器损伤风险的装置和建立操作规程。

⑨按规程小心操作，避免发生溢洒或产生气溶胶，如不正确的离心操作、移液操作等。

⑩所有可能产生感染性气溶胶或飞溅物的操作都要在生物安全柜或相当的安全隔离装置中进行。

⑪工作结束或发生危险材料溢洒后，要及时使用适当的消毒灭菌剂对工作表面和被污染处进行处理。

⑫定期清洁实验室设备。必要时使用消毒灭菌剂清洁实验室设备。

⑬不要在实验室内存放或养与工作无关的动植物。

⑭所有生物危险废物在处置前要消毒灭菌。需要运出实验室进行消毒灭菌的材料，要置于专用的防漏容器中运送，运出实验室前要对容器进行表面消毒灭菌处理。

⑮从实验室内运走的危险材料，要按照国家和地方或主管部门的有关要求进行包装。

二、标本采集

（一）采集前准备

对于感染性标本采集操作需要的基本要求包括：具有与采集病原微生物样本所需要的生物安全防护水平相适应的设备，包括个人防护用品（隔离衣、帽、口罩、鞋套、手套、防护眼镜等）、防护材料、器材和防护设施等；具有掌握相关专业知识和操作技能的工作人员；具有有效防止病原微生物扩散和感染的措施；具有保证病原微生物样本质量的技术方法和手段；准备对标本的来源、标本名称、编号、采样时间、采样量、采样者、检测项目等作详细记录的记录表格。

（二）采集原则

对于感染性标本采集要求：早、快、近（病变部位）、多、净，并应根据病例的临床表现采集不同时期、不同种类的标本。

（三）标本种类

1. 上呼吸道样品

口咽拭子、鼻拭子、鼻咽拭子、鼻洗液、咽漱液、深咳痰液、鼻咽抽取物等。最佳采集时间为发病后 3 天内，一般不超过 7 天。

2. 下呼吸道样品

呼吸道抽取物、呼吸道灌洗液、胸水、肺组织标本等。下呼吸道标本最有利于病毒分离。

3. 消化道样品

粪便、肛拭子、胃内容物等。

4. 其他样品

血液、脑脊液、尿液、疱疹液、瘀斑或出血点、皮肤溃疡分泌液、体液标本、脓或伤口标本、尸检标本等。

（四）采集容器

标本采集的器材和容器应是无菌的，在有效期内使用。标本容器最好使用可耐深低温的塑料制品。如外螺旋盖带密封垫圈的无菌螺口塑料管或瓶。采集好的标本应做好标识，独立包装在带密封条的塑料袋中。

（五）采集方法

1. 口咽拭子　用 2 根聚丙烯纤维头的塑料杆拭子同时擦拭双侧咽扁桃体及咽后壁，将拭子头浸入含 3 ~ 5 mL 采样液的管中，弃去尾部，旋紧管盖。

对于新冠肺炎相关人员，被采集人员先用生理盐水漱口，采样人员将拭子放入无菌生理盐水中湿润（禁止将拭子放入病毒保存液中，避免抗生素引起过敏），被采集人员头部微仰，嘴张大，并发“啊”音，露出两侧咽扁桃体，将拭子越过舌根，在被采集者两侧咽扁桃体稍微用力来回擦拭至少3次，然后再在咽后壁上下擦拭至少3次，将拭子头浸入含2～3 mL病毒保存液（也可使用等渗盐溶液、组织培养液或磷酸盐缓冲液）的管中，尾部弃去，旋紧管盖。咽拭子也可与鼻咽拭子放置于同一管中。

2. 鼻拭子　将1根聚丙烯纤维头的塑料杆拭子轻轻插入鼻道内鼻腭处，停留片刻后缓慢转动退出；取另1根聚丙烯纤维头的塑料杆拭子以同样的方法采集另一侧鼻孔；将上述2根拭子浸入同一含3～5 mL采样液的管中，弃去尾部，旋紧管盖。

3. 鼻咽拭子　采样人员一手轻扶被采集人员的头部，一手执拭子，拭子贴鼻孔进入，沿下鼻道的底部向后缓缓深入，由于鼻道呈弧形，不可用力过猛，以免发生外伤出血。待拭子顶端到达鼻咽腔后壁时，轻轻旋转一周（如遇反射性咳嗽，应停留片刻），然后缓缓取出拭子，将拭子头浸入含2～3 mL病毒保存液（也可使用等渗盐溶液、组织培养液或磷酸盐缓冲液）的管中，尾部弃去，旋紧管盖。

4. 深咳痰液　肺部感染应采取痰标本，以清晨第一口痰为最佳。采集前要求患者用清水漱口数次，以除去口腔内的大量杂菌，患者深咳后，将咳出的痰液收集于含3～5 mL采样液的50 mL无菌螺口采样管中。

5. 粪便标本　对黏液脓血便应挑取黏液或脓血部分，液状粪便采集水样便或含絮状物的液状粪便2～5 mL；成形粪便至少取5 g粪便置于无菌螺口管中，最好加有保存液或增菌液。

6. 肛拭子　若无法获得粪便时，可用保存液或增菌液湿润过的棉拭子插入肛门4～5 cm深处（小儿2～3 cm）轻轻转动一圈，取直肠表面的黏液后取出，用于病毒检测的肛拭子立即放入含3～5 mL病毒保存液的带外螺旋盖的试管中，用于细菌检测的肛拭子需将样品接种到增菌液中，或将标本插入Cary-Blair运送半固体培养基中，但不得冷冻。

7. 血清　用真空负压采血管采集血液标本5 mL，室温静置30分钟，1500～2000 rpm离心10分钟，收集血清于2 mL无菌螺口塑料管中。每一例患者须采集急性期、恢复期双份血清。第一份血清应尽早（最好在发病后7天内）采集，第二份血清应在发病后第3至4周采集。以空腹血为佳。病例诊断需双份血清。

8. 全血　用一次性真空抗凝采血管采集病人5 mL静脉血，立即缓慢地颠倒采血管3～5次，4 ℃条件下立即送至有关实验室。

9. 尿液标本　主要采用中段尿采集法，先用肥皂水清洗外阴部，再以无菌水洗净，一般取首次晨尿的中段尿10～20 mL于无菌容器内。结核分枝杆菌集菌检查时，以一清洁容器留取24小时尿，取沉渣10～15 mL送检。注意无菌操作并在用药前采集，最好在2～3 h内送到实验室检测，否则应在4～8 ℃条件下保存运送样品。

10. 皮肤标本　有时需要采集皮疹或皮肤病变标本帮助诊断。如怀疑皮肤炭疽或淋巴腺鼠疫时可从病变皮肤（焦痂和腹股沟淋巴结）取样做细菌学培养。出现囊疱疹或脓疱疹时可直接从囊疱或脓疱采集液体用于镜检或培养。采集疱疹标本时要注意无菌操作，刺破囊疱后用无菌拭子尽量拭抹足够量的疱疹内液体。

11. 尸检标本　在严格按照生物安全防护的条件下，进行尸检，根据检测目的可采集肺、肝、肾、脾、心脏、脑、淋巴结等组织标本。患者死亡后应依法尽早进行解剖，无菌采集，每一采集部位分别使用不同消毒器械，以防交叉污染；每组织应多部位取材，各组织应取 20 ~ 50 g，淋巴结取 2 个。

（六）重点传染病疾病采样示例

1. 埃博拉出血热

①采样人员需接受埃博拉出血热病人采血规程的培训，内容包括个人防护用品的规范使用和采血要求及注意事项，正确采集病人样本。采血时，需 2 名采血人员同时在场。

②标本采集人员应做好个人防护。脱去个人衣服，穿工作服并戴一次性工作帽，外穿一次性防渗漏连体防护服。头面部防护可用 N95（或以上）防护口罩加防护眼镜或防护面屏，也可以用普通外科口罩加正压头盔。戴两层防渗漏医用手套，使用一次性防水靴套或长筒胶靴及反穿式防渗透防护服。穿脱顺序参照个人防护装备使用指南。

③在进行标本采集之前，应提前将所有采血物品准备齐全，同时，备有洗手的设施、备用手套、消毒液、锐器盒等。

④应根据不同检测目的确定采样时间。诊断埃博拉病毒感染的留观病例或疑似病例，应采集发病 3 天以后的血标本。

⑤标本采集后，应用封口膜封闭管口，消毒后由协助者将患者信息填写在采血管上，放入试管架中。采样人员退入潜在污染区，将采血管放入 50 mL 离心管内。离心管消毒后，放入第二层包装尽快送检。如不能立即送检，则置于 4 ℃下保存。填写标本采集登记表。全血标本的保存采用冷藏运输，血清需采用冷冻运输。

2. H7N9 禽流感

①为进行病例诊断，医疗机构应尽早采集病人的相关临床样本。采集的临床标本包括患者的上呼吸道标本（如咽拭子、鼻拭子、鼻咽抽取物、咽漱液和鼻洗液）、下呼吸道标本（如气管吸取物、肺洗液、肺组织标本）和血清标本等。应当尽量采集病例发病早期的呼吸道标本（尤其是下呼吸道标本）和发病 7 天内急性期血清以及间隔 2 ~ 4 周的恢复期血清。如病人死亡，应当尽可能说服家属同意尸检，及时进行尸体解剖，采集组织（如肺组织、气管、支气管组织）标本。医疗机构采集的呼吸道标本每份不少于 3 mL。血清标本每份分为 2 管，每管不少于 0.5 mL。

②工作人员应着防护服，佩戴防护面罩或眼罩、N95 及以上水平的口罩等，按《禽流感职业暴露人员防护指导原则》等规定做好个人防护。

三、实验室内标本的操作

（一）标本容器

为了保证安全，用于装盛感染性标本的容器应当坚固，不易破碎，盖子或塞子盖好后不应有液体渗漏。最好采用可耐深低温冷冻的塑料制品，如外螺旋盖带密封垫圈的无菌螺口塑料管或瓶。所有的标本都应存放在容器内。容器应正确地贴上标签以利于识别，标签上应有样品名称、采集日期、编号等必要的信息。样品的有关表格和（或）说明不要绑在容器外面，而应单独放在防水的袋子里，以防止发生污染而影响使用。

（二）标本的实验室内运输

为防止发生意外渗漏或溢出而威胁操作者的安全，在实验室内运输标本时，应使用金属的或塑料材质的第二层容器（如盒子）加以包裹，在第二层容器中应该有标本容器的支架，将标本容器固定在支架上，以使其保持直立。第二层容器应耐高压或者能抵抗化学消毒剂的腐蚀，以便定期清除污染。封口处最好有一个衬圈，以防止发生渗漏。

（三）标本的接收

对于已知病原的标本应在相应级别的生物安全实验室内接收，并在生物安全柜内打开外包装。对于未知病原体的标本，应设立一个专用区域或房间接收、受理标本。

所有受理人员应穿防护服，戴口罩、手套。如果需要打开或处理标本时，应在 BSL-2 实验室的生物安全柜内进行。

（四）标本包装的打开

接收并打开标本包装的人员应受过防护培训（尤其是处理破裂的或渗漏的容器），并应知道所操作标本的潜在危害，操作时要采取合适的防护措施。所有标本应该在生物安全柜里打开包装，同时备有消毒剂以便随时处理可能出现的标本泄漏。打开包装前应先仔细检查每个容器的外观、标签是否完整，标签、送检单与内容物是否相符，是否有污染以及容器是否有破损等，要详细登记受理单并记录处置方法。

四、避免感染性物质扩散的方法

在检测过程中，为避免接种物从接种环上脱落，微生物接种环直径应为 2 ~ 3 mm 并且完全闭合，柄的长度不应超过 6 cm 以最大限度减少抖动。应该使用密闭的微型电加热灭菌接种环，以免在开放式的本生灯火焰上灭菌时感染性物质溅落。最好使用一次性的、无须灭菌的接种环。小心操作干燥的痰标本，以免产生气溶胶。要高压灭菌和（或）丢弃的废弃的标本及培养物应放在防渗漏的容器里，如实验室用的医疗废物专用袋，这些袋子是耐高压的。应对实验室进行定期的终末消毒。

五、避免感染性物质吸入或接触的规范

在微生物学的实验操作中释放的较大颗粒或小液滴（直径大于 5 μm）气溶胶会很快降落在操作台表面以及操作者的身上、手上以及所有物体表面，为了避免污染，操作者应戴一次性手套、口罩。实验人员做实验时要避免触摸口、眼和面部。严禁在实验室里吃东西、喝东西以及储存食品和饮料。实验室内不许咬笔、嚼口香糖。实验室内不许化妆和佩戴隐形眼镜。在任何可能导致潜在的传染性物质溅出的操作过程中，应该保护面部、眼睛和嘴。

六、其他注意事项

应对所有危险材料建立清单，包括来源、接收、使用、处置、存放、转移、使用权限、时间和数量等内容，相关记录安全保存，保存期限不少于 20 年。应有可靠的物理措施和管

理程序确保实验室危险材料的安全和安保。

七、对可能含有朊病毒（Prion）的材料的预防措施

（一）朊病毒的性质

朊病毒作为一种特殊的病毒，有着特殊的性质，对常规消毒方法具有抵抗力，如日常使用的压力蒸汽灭菌、辐照、化学消毒剂等，都能耐受。只有强碱（1 ~ 2N NaOH），高压消毒（138 ℃，18 min 或 132 ℃，30 min 或 121 ℃，60 min）才能灭活。

朊病毒不含核酸，用常规 PCR 无法检测。朊病毒具有变异和跨种族感染特点，因此具有大量的潜在感染来源，主要为牛、羊、鹿等反刍动物。未知的潜在储存宿主可能很广，传播的潜在危险不明，很难预测和控制。

受朊病毒感染的器官多样，已知的主要为脑髓，但潜伏期中除神经系统以外，各种器官组织均有感染性；感染途径多样，已知有消化道（食入）、神经、血液均可感染。由正常 PrPc 转化成恶性 PrPsc 的机理和因素不清，难以预防。目前，病死率为 100%，缺乏治疗药物，无法研制预防疫苗。

（二）操作要点

因为朊病毒的抵抗力很强，因此一旦发生污染，其清除是很困难的，故操作朊病毒的实验室应使用专用的设备，而不要和其他实验室共享设备，所有的操作都应在生物安全柜里进行。在操作过程中产生的危险因素主要有气溶胶、意外吸入及皮肤的割伤或刺伤。因此，在操作的过程中，必须穿一次性的防护服（罩衫和围裙）和戴手套（病理学操作者要在两层橡胶手套之间戴钢网手套）。应使用一次性的塑料器皿取代玻璃器皿。由于可能导致污染，不应使用组织处理机，可代之以塑料的广口瓶和大口杯。

（三）消毒处理

福尔马林固定的组织即使经过长时间的浸泡仍认为具有感染性，应按感染性材料处理。含有朊病毒的组织学样品可用 96% 的甲酸处理 1 小时以充分灭活。

工作台上的废弃物以及一次性手套、罩衫、围裙应采用多孔负荷蒸汽灭菌器在 134 ~ 138 ℃高压灭菌 18 分钟一个循环，或高压 3 分钟 6 个循环后，再焚烧处理。

污染了朊病毒的感染性废液可用含有效氯浓度为 20 g/L（2%）（终浓度）的次氯酸钠处理 1 小时。

朊病毒污染的生物安全柜表面可用含有效氯浓度为 20 g/L（2%）的次氯酸钠处理 1 小时。

由于多聚甲醛喷雾剂不能使朊病毒的滴度下降，朊病毒对紫外线照射也有抗性。建议对生物安全柜过滤器的消毒可以先用气化过氧化氢的方法，然后拆除高效空气过滤器再应用最低达 1000 ℃的温度焚烧，以灭活其他可能存在的病原因子。

器械应在含有效氯浓度为 20 g/L（2%）的次氯酸钠中浸泡 1 小时以上，并且在高压灭菌前用清水洗净。使用过的钢网手套和 Kevlar 手套在内的非一次性器械必须灭菌后方可再次使用。不能高压灭菌的器具可以重复用含有效氯浓度为 20 g/L（2%）的次氯酸钠浸湿 1 小时的方法来消毒，并且需适当再清洗以除去残留的次氯酸钠。

第六节　思考题

一、名词解释

1. 高压灭菌器；2. 实验室安全标识

二、填空题

3. 洗眼器和紧急喷淋装置应该安装在实验室可迅速接近的地方，同时尽量安装在同一水平面上，确保发生事故后能在________秒内到达。

4. 难于灭菌的物品、织物包放________层，较易灭菌的物品、金属物品放________层，不要靠门和四壁摆放物品，以防吸入较多的冷凝水。

5. 灭菌后的物品存放一般不超过________周。

6. 感染性标本的接收需要________人。

三、选择题（不定项）

7. 移液器的检定使用（　）

A. 自来水　　B. 去离子水　　C. 水银

D. 盐酸　　E. 蒸馏水

8. 以下哪些设备或操作容易产生气溶胶（　）

A. 离心机　　B. 酶标仪　　C. 振荡器

D. PCR 仪　　E. 移液器

9. 以下哪些物品可以使用高压灭菌器消毒（　）

A. 患者的粪便　　B. 硝化甘油　　C. 生理盐水

D. 甲醇　　E. 汽油

10. 在实验室工作区不要进行下列哪些活动（　）

A. 饮食　　B. 抽烟　　C. 喝水

D. 使用化妆品　　E. 洗手

11. 在采集疑似传染病病例标本时，以下哪些标本类型需要做个人防护（　）

A. 呼吸道标本　　B. 粪便　　C. 脑脊液

D. 皮肤标本　　E. 全血

四、判断题

12. 对于高速离心机必须使用天平称量配平管的重量，配平的原则就是将等质量的离心管以转轴为中心的辐射对称放好。（　）

13. 超速离心时，为了减小阻力，通常在真空状态下运行，离心管时样品可以装满也可以只装一半。（　）

14. 只有装上移液器吸嘴后才能使用移液器。(　)

15. 使用移液器时，由于液体（血清、去污剂）会在吸嘴内壁形成一层薄膜，因此首次排出的液体量将过多。(　)

16. 移液器均可以高温高压消毒，121 ℃，20 min。(　)

17. 新采购的移液器可以不需要校准。(　)

18. 注射器使用完后需要重新给针头盖帽。(　)

19. 感染性材料的所有操作都要在生物安全柜中进行。如无法在安全柜中进行，要确保个人安全防护。(　)

20. 对动物进行接种时要固定。滴鼻或者口腔接种时，使用钝的针头或套管，并在生物安全柜中操作。(　)

21. 三级及以上生物安全实验室才需要建立准入制度，一级和二级不需要。(　)

五、问答题

22. 生物安全柜的工作原理？

23. 生物安全柜有哪几种？如何选择？

24. 高压灭菌器的维护包括哪些方面的内容？

（张　红　黄一伟）

第十一章　血站实验室生物安全操作指南

第一节　概　述

血站是采集、提供临床用血的机构，是不以营利为目的的公益性组织。

血站实验室，是指血液中心实验室、血液集中化检测实验室和省级卫生行政部门根据采供血机构规划批准设置的一般血站实验室。对献血者血液标本进行丙氨酸氨基转移酶检测，血型检测，输血相关传染病 HIV、HBV、HCV 标志物血清学和核酸检测，梅毒螺旋体感染标志物血清学检测以及国家和省级卫生健康行政部门规定的地方性、时限性输血相关传染病标志物检测。血站开展检测的血液中的病原体按照《人间传染的病原微生物名录》的划分属二类或三类病原微生物，根据所操作的生物因子的危害程度和采取的防护措施，血液检测应在生物安全二级实验室中进行。

血站实验室遵照《病原微生物实验室生物安全管理条例》《实验室生物安全通用要求》《血站质量管理规范》《血站实验室质量管理规范》《血站技术操作规程》等规范和要求开展工作。血站实验室新建、改建或者扩建、运行，应向当地设区的市级人民政府卫生主管部门（卫健委科教科）备案。

第二节　血站实验室的设置、分区及基本要求

血站实验室一般分为血清学检测实验室、核酸检测实验室，开展免疫学、生物化学、分子生物学等实验。血站实验室的设置、设施和环境应符合《实验室生物安全通用要求》GB 19489 中二级生物安全实验室的相关规定，满足血液检测工作生物安全的要求。除此以外还应该符合如下要求：

①实验室配备应急电源，热气溶胶自动灭火装置等消防设施。

②实验室走廊和通道应满足大型设备通过。

③设置独立的标本接收室（或通道）、医疗废弃物交接专用通道、污水处理专用下水道等设施。

④实验室宜采用吸顶式防水洁净照明灯，核心工作间的照度不低于 350 lx，避免光线过强和光反射；设有不少于 30 分钟的应急照明系统。

⑤进入实验室区域的大门应有门禁系统，应保证只有获得授权的人员才能进入实验室。

⑥血清学和血型检测实验室原则上可以设置以下工作区域：

1）控制区域：标本的接收、处理和储存区，试剂耗材的储存区，检测区，医疗废物的暂存和处理区；

2）清洁区域：报告区、员工办公区和休息区应当相对独立。

⑦如果采用机械通风，应避免气流流向导致的污染和避免污染气流在实验室之间或与其他区域之间串通而造成交叉污染。

⑧核酸检测实验室原则上可以设置3～4个独立的工作区域：试剂耗材储存与准备区、标本处理和标本制备区（核酸纯化）、扩增检测区。各区域空间完全相互独立，不能直接相通。

第三节　血站实验室生物安全风险与控制

血站实验室的主要工作职责是对血液标本按法规要求进行检测。由于血液捐献者来源广泛，在无偿献血人群中，乙肝、丙肝、梅毒、艾滋病等病原体感染者均占有一定比例，对实验室工作人员具有潜在的生物危害风险。因此，做好生物安全风险评估和控制工作，能够减少或避免工作场所病原微生物感染事件的发生，保障工作人员健康，保护环境免受污染。

一、实验室出现如下情况可能产生生物危害

①标本运输、交接过程中的试管渗漏和破损导致的血液溅出。

②剪血袋辫子标本发生血液喷溅。

③标本在离心、混匀、开启过程的气溶胶形成和血液溅出。

④标本在加样等检验设备使用过程的血液溅出。

⑤剪刀、加样针等锐器划伤手指和皮肤。

⑥清洗实验器具导致废液溅入口、鼻、眼黏膜。

⑦检测后标本、实验废弃物等销毁处置过程产生的生物危害。

⑧危险化学品的易燃和腐蚀性伤害。

⑨实验室设备维修前，未对设备清洁消毒。

二、实验室的设施、设备与个人防护特殊要求

①标本处理区内应配备二级生物安全柜。如果使用管道排风的生物安全柜，应通过独立于建筑物其他公共通风系统的管道排出。

②每间实验室的洗手池宜设置在靠近出口处，水龙头开关应为感应式、脚踏式等非手动式；每个洗手池边应设置洗眼装置；每层实验室至少配备一个紧急喷淋装置。

③核酸实验室检测区入口应安装房间压力显示装置。

④实验室内应配置压力蒸汽灭菌器、文件档案消毒柜、紫外线消毒装置或其他有效的消毒设备。

⑤工作人员进入实验室应穿戴工作服、工作鞋（或鞋套）、帽、口罩、手套；进行实验

器材清洗和处理时要戴防护面罩。

⑥核酸实验室不同的工作区域宜使用不同的工作服（如不同的颜色），工作人员离开各工作区域时，应脱去个人防护物品，严防交叉污染。

三、血站实验室的生物安全风险控制要点

（一）人员培训与资质

1. 实验室主任

应具有高等学校医学或者相关专业大学本科以上学历，高级专业技术职称任职资格，5年以上血液检测实验室的工作经历，接受过血液检测实验室质量管理、生物安全知识与技能等方面的培训，具备血液检测业务有效地组织和管理能力与生物安全应急事件处理能力。

2. 血液检测技术人员

应具备医学检验/相关专业专科以上学历，初级及以上专业技术职称任职资格，经血液检测专业培训考核合格，获得全国采供血机构Ⅱ类人员上岗证、HIV初筛检测上岗证、病原微生物实验室生物安全岗位培训证，经血站法定代表人核准后方可上岗。

（二）生物安全职责

1. 血站站长（主任，法定代表人）

贯彻国家生物安全相关法律法规、标准，组织制订安全方针和安全目标；确定完善的生物安全组织机构，明确各部门、岗位的安全职责；建立生物安全管理体系，确保其所需资源的合理、有效配置，并对安全体系实施监控、测量、分析和改进；担任血站生物安全委员会的主任委员，全权负责血站的生物安全工作。

2. 副站长（负责安全工作的主管领导）

负责建立、运行与完善生物安全管理体系，担任血站生物安全委员会副主任，并负责其管理工作；组织对所有员工进行生物安全知识与技能的培训，定期开展有关安全生产突发事件的演练；定期向法定代表人汇报生物安全工作情况。

3. 实验室主任（科长）

为本实验室（科室）生物安全第一负责人，执行并监督生物安全管理体系各项制度的落实；负责实验室开展项目的风险评估、控制等生物安全日常管理，组织科室员工进行生物安全培训、考核与突发事件演练；负责对实验室生物安全设施设备、个人防护用品的配备与管理；建立工作人员的健康档案。

4. 科室安全管理员（安全监督员）

负责监督实验室安全制度、操作规程的实施，发现问题有权要求有关人员进行纠正或暂停工作；负责实验室有毒有害物品、医疗废物的管理；职业暴露，交接管理；负责实验室房屋、水电、消防、安全卫生设施设备使用的管理。

5. 实验室工作人员

必须严格遵守实验室生物安全管理制度，按安全程序和操作规程开展实验活动；负责其保管使用的生物安全设施设备检查与维护；负责实验场所的清洁消毒与医疗废弃物的交接和处理；参与相关工作的风险评估与控制等工作。

（三）人员健康管理

建立员工健康档案，每年对员工进行一次经血传播病原体感染情况的检测。应对乙型肝炎病毒表面抗体阴性的员工，征得本人同意后进行乙型肝炎病毒疫苗接种。

（四）血站实验室生物安全相关程序文件和操作规程

实验室生物安全体系文件应覆盖检测前、检测中和检测后整个过程，除了生物安全管理手册和其他通用的规范化文件外，还要建立与血站实验室生物安全密切相关的程序文件和标准操作规程，主要有：

①建筑、设施与环境控制程序。

②清洁与消毒管理程序。

③职业暴露防护管理程序。

④血液标本管理程序。

⑤血站医疗废物管理程序。

⑥HIV 疫情报告管理程序。

⑦核酸检测实验室管理制度。

⑧核酸检测实验室标本接收标准操作规程。

⑨核酸实验室清洁消毒标准操作规程。

⑩核酸实验室清洁消毒效果监控标准操作规程。

⑪血站危化品的管理程序与《化学品安全数据简表（MSDS）》。

⑫实验室生物安全意外事故应急处理预案。

⑬文件档案消毒柜标准操作规程。

⑭全自动试管开盖机标准操作规程。

⑮核酸实验室紫外灯标准操作规程。

⑯臭氧消毒机标准操作规程。

第四节　核酸检测实验室的生物安全

血站核酸检测（分子生物学）实验室检测项目主要包括：HBV DNA、HCV RNA、HIV RNA 等的检测，其存在着不同的生物安全风险因素，应在以下方面加强安全控制和管理。

一、人员与培训

1. 核酸检测实验室人员资质

应满足《血站质量管理规范》和《血站实验室质量管理规范》关于人员的要求，并通过核酸检测相关的理论技术培训，且考核合格。

2. 定期接受厂家的仪器设备操作、维护及校准等的培训

每年至少实施一次人员的能力评估，以评估其血液核酸检测工作的胜任程度和安全风险意识。

3. 非授权人员不得进入核酸检测实验室

经批准进入的外来人员应在进入前登记事由和时间，并严格做好个人防护。

二、实验室分区

1. 核酸检测实验室分区及功能要求

原则上可以设置3~4个独立的工作区域：试剂耗材储存与准备区、标本处理和标本制备区（核酸纯化）、扩增和检测区。各区域空间完全相互独立，不能直接相通。其中试剂耗材储存与准备区必须独立设置；标本处理和标本制备区应该配置生物安全柜；用于核酸纯化、扩增检测的核心工作区应设置缓冲间（兼作防护服更换间）。如果单机检测设备可以实现混样、核酸纯化、扩增检测中的两项或多项功能，相关区域可以根据设备功能进行相应合并。

2. 核酸检测实验室通风系统

实验室实施空气流向控制，扩增前和扩增后区域应具有独立通风系统，扩增后区域保持负压状态，其他区域保持正压或常压状态，防止扩增产物进入扩增前的区域。

三、标本处理

1. 包装与运输

标本应隔离密封包装，包装材料应满足防水、防破损、防外泄、保持温度（2~10 ℃）、易于消毒处理。装箱时应保持标本管口向上。

2. 血液标本的交接

核查标本来源、数量、采集时间；是否满足既定的质量要求；如发现溢漏应立即将尚存留的标本移出，对溢出标本管和原包装箱进行消毒并记录，必要时报告实验室负责人和送检单位。

3. 标本的开盖

应在生物安全柜中或者全自动开盖系统中进行，自动开盖和手工开盖均应有防止标本交叉污染的措施。

4. 阳性标本保存

阳性标本保存冰箱实行双人双锁保管。

四、核酸检测实验室的清洁、消毒及环境监控

消毒设备：移动紫外线推车、高压灭菌器；消毒剂：84稀释液、75%酒精；消毒效果监控方法：沉降法和擦拭法。

1. 核酸检测实验室

在试验结束后对实验室地面、实验台面和空气实施清洁和消毒。

2. 消毒时

应使用各区域专用的清洁用具，遵循从清洁区域向污染区域实施消毒的原则，防止交叉污染。

3. 监测核酸扩增产物

每月至少实施一次暴露表面（包括设备表面、工作台面表面等）有无核酸扩增产物污染的监测。

五、核酸检验实验室污染的控制

1. 单向工作流向制度

实验室人员和物品的工作流向应为：试剂准备区→标本混样和标本制备区（核酸纯化）→扩增分析区，不得逆向流动。

2. 防止实验室核酸扩增产物污染和交叉污染的措施

严格执行实验室分区制度；各区域只用于特定的操作，不得从事其他工作；各区域的试剂、仪器、设备及各种物品包括试验记录、标记笔等均为该区专用，不得交叉使用。

六、实验室发生核酸残余污染的处理及验证原则

1. 一旦发生了污染

实验就必须停止，直到发现了污染源并清除污染为止，并且污染期间的实验结果均无效。

2. 污染清除的验证

可从样本开盖环节开始，混样、提取纯化和检测每个步骤用纯水代替样本进行验证，观察是否有阳性反应结果的出现。如有，则说明实验室仍有污染存在，必须清洁至所有水样本均检测为阴性，实验室才可重新启用。

实验室人员需严格执行相关体系文件的要求，严格按照核酸检测操作程序进行，包括实验室擦洗、台面消毒、试剂和耗材的准备，仪器操作和维护、废弃物处理、室内质控、室间质评等。定期收集质量监控指标数据，进行过程趋势分析。

第五节　实验室医疗废物管理要求

为防止实验室医疗废物的泄漏、扩散和污染环境，应加强对实验过程中所产生医疗废物的收集、储存、处理和交接各环节的管理与控制，具体要求如下：

一、本实验室医疗废物分类

1. 损伤性废物

实验中使用的各种加样尖、玻璃器皿，如玻璃试管、玻璃安瓿、载玻片等，以及各种吸头等锐器。

2. 感染性废物

各种废弃的塑料血袋、实验用一次性乳胶手套、棉签、血液样本以及沾染血液的各种物品均属于感染性废物。

3. 化学性废物

废弃未用的免疫试剂盒、生化试剂盒及其他试剂等。

二、医疗废物包装、标识、转运

1. 感染性废物

直接放于黄色收集袋中。

2. 损伤性废物

应置于锐器盒或硬质容器中再进行包装。

3. 化学性废物

批量的废化学试剂、废消毒剂在不破坏包装的情况下交由具有合法资质的医疗废物处理机构集中处置。

4. 交接前的医疗废物

均使用带有“医疗废物”标识的黄色收集袋包装，使用医疗废物贴纸进行包扎并签署包扎人姓名及日期。

交接时，一般感染性废物以“袋”为交接单位，损伤性废物（锐器）以“盒”为交接单位，血液标本、酶标板、报废血液以“支/块/袋”为交接单位，分别在《医疗废物交接记录》上进行登记，交接者和接收者双方签字。

三、医疗废物消毒与暂存管理

①标本出实验室前需进行 121 ℃，30 min 高压灭菌。

②每天试验结束后，将废弃微板置于含有效氯浓度为 2000～5000 mg/L 的消毒液中浸泡至少 12 小时进行消毒。第二天捞出，打包封口，存放至医疗废物暂存间，登记好微板数量。

③各岗位产生的其他医疗废物，应放置在实验室医疗废物暂存间，日产日清，暂存时间不得超过 2 天。

④与医疗垃圾管理员交接时，必须填写《医疗废物交接记录》。

⑤应严格区分医疗废物和生活垃圾，严禁混放。

⑥医疗废物清运后，用不低于 1000 mg/L 含氯消毒剂喷洒或擦拭消毒医疗废物暂存的区。

注意!! 医疗废物处理人员一定要采取适宜、有效的职业卫生防护措施，做好自身防护。

第六节　思考题

一、判断题

1. 血站核酸检测实验室属于 BSL-2 实验室。(　)

2. 对于易燃、易爆、剧毒和有腐蚀性等危险品，应有安全可靠的存放场所。库存量及库存条件应符合相关规定，并对储存危险化学品编制化学品安全数据简表（MSDS）。(　)

3. 传染病标志物是在感染期间或感染后出现在血液或体液中并可检测到的物质。（ ）

4. 抗 HIV 阳性血处理的理想模式是高压蒸汽消毒后焚化。（ ）

5. 实验室质量体系文件应覆盖检测前、检测和检测后整个过程，包括质量手册、程序文件、标准操作规程和记录。（ ）

二、选择题

6. 每个采供血单位都应具备覆盖从献血者初筛到血液发放的全部工作程序的 SOP，此外，SOP 还应涉及（ ）

A. 员工培训　　B. 健康与安全　　C. 设备使用维修　　D. 以上全部

7. 你认为下列哪一项条款可不列入实验室的安全性（ ）

A. 严禁在实验室内饮食、吸烟和使用化妆品

B. 未经许可的人员严禁进入实验室

C. 在实验室上班的人员不得使用化妆品

D. 严禁用口吸取移液管

8. 对做确证试验的样品运输，应注意（ ）

A. 用防水、防漏、坚固的容器装样本

B. 容器外用吸水纸包裹

C. 外套一个塑料袋

D. 装入防机械损坏的外包装中

三、填空题

9. 对从事血液检测的实验室员工，应当每年进行一次____________________检测。对乙型肝炎病毒表面抗体阴性者，征求本人同意后，应当免费进行____________________接种。

10. 血站实验室医疗废物分为____________、____________、____________。

11. 阳性标本保存实行____________保管。

四、问答题

12. 如何防止核酸检测实验室污染？

13. 如何预防实验室工作人员职业暴露？

（张　钢　李　忠　李　涛）

第十二章　动物实验室生物安全管理要求

第一节　概　述

动物实验室常见生物安全事件是感染人兽共患性疾病，此类疾病在我国已发现一百多种。近年来，新的人兽共患疾病频频出现，其中新发现或重新出现的传染病中有 80% 以上是人兽共患疾病，如高致病性禽流感等，并且影响范围广，危害最为严重。

一、动物实验生物安全事件

2001 年北京实验动物流行性出血热感染事件，导致 1 人死亡、20 万只实验大鼠捕杀。2006 年长春某高校中药系学生动物实验导致 10 名学生被感染出血热。2010 年东北农业大学动物解剖课导致 28 名师生感染布鲁氏杆菌病。2019 年由于兰州某生物药厂废弃物处置不规范导致相邻的兰州兽医研究所 181 名学生和职工布鲁氏杆菌抗体阳性事件。

二、动物实验生物安全常见风险

对于常规的动物实验室和实验动物饲养而言，工作人员常见的生物安全风险主要有：人兽共患病、实验动物过敏及废弃物危害。

（一）人兽共患病。如病毒类有：流行性出血热、狂犬病、淋巴细胞脉络丛脑膜炎、禽流感、猴疱疹等；细菌类有：沙门菌、志贺菌、布鲁氏杆菌、结核分枝杆菌等；寄生虫类有：弓形虫病、溶组织阿米巴等。由于动物咬伤、抓伤或者实验人员接触到动物的排泄物，可能会感染动物自身正常菌群中所含的病原体，还可能感染动物携带的人兽共患疾病。

（二）实验动物过敏。包括过敏性皮炎、过敏性鼻炎及过敏性哮喘。导致实验动物过敏的过敏原有：动物血清和尿液中的低分子蛋白质，以及动物被毛、皮屑、唾液、粪便等。实验动物从业人员中 10%～40% 出现过实验动物过敏，常见症状主要是瘙痒、鼻炎、咳嗽、哮喘等。

（三）实验废弃物危害。动物实验和饲养过程中都会产生大量的废水、废气和废物。包括洗涤水、消毒水、氨气、气溶胶、尘埃、垫料、动物尸体，以及其他有毒有害物品等。兰州兽医研究所 181 名学生和职工布鲁氏杆菌抗体阳性事件，就是由于其近邻上风向的某生物药厂，在处理兽用布鲁氏杆菌疫苗生产过程中的废弃物时，使用了过期无效的消毒剂，导致排放的废气中有带菌的气溶胶飘到兽医研究所，使其学生和职工吸入或黏膜接触而感染。

此外，随着生物技术的发展、转基因技术的研究和应用，如转基因小鼠、基因剔除小鼠、FUN－诱导突变小鼠等迅速进入生命科学，尤其是广泛应用于生物医学研究领域，这些转基因动物对生态环境、生物多样性或人类的健康等可能存在潜在的威胁。所以通常以研究、教学、检验检测、生物制品研制、药品生产等为目的常规动物实验室，都需要采取生物安全措施以控制潜在的病原微生物感染，这类实验室均属于实验动物生物安全实验室。

三、实验动物生物安全实验室

实验动物生物安全实验室（animal biosafety laboratory，ABSL）是通过实验室的设计建造、实验设备和笼具的配置、个人防护装备的使用，通过严格遵守预先制定的标准操作程序和管理规范等综合措施，确保进行实验动物实验操作的从业人员不受实验对象的伤害，周围环境不受其污染的，包括实验动物饲育、实验动物设施和设备及运营管理在内的各要素的总和。

根据涉及的病原微生物类别，设置不同的防护水平，可以将实验动物生物安全实验室划分为四个不同等级，分别用ABSL-1、ABSL-2、ABSL-3、ABSL-4表示。其中ABSL-1实验室防护能力最低，ABSL-4实验室防护能力最高。每一级别的动物生物安全实验室都包含四个方面的防护措施：1）微生物学安全操作规程；2）特殊的安全操作要求；3）一级防护屏障（安全设备）要求；4）二级防护屏障（实验室设施）要求。

第二节　动物实验室设计原则及基本要求

一、动物实验室生物安全危害因素

动物实验工作中，生物性危害因素主要来自野生动物所感染的各种微生物，或来自不合格实验动物所携带的各种人畜共患病的病原体，应用这些动物进行实验期间，可能会传染给接触人员；在微生物学和流行病学的研究中，常用各种病原体进行动物感染实验，也会带来对实验人员感染或环境污染的风险。

所谓实验动物生物安全实验室（ABSL），是指涉及动物活体操作的生物安全实验室，安全防护水平对应于BSL实验室。对于体型较小的动物，由于具备良好设计的有效隔离装置和实验装置，生物安全实验室的管理要求和技术要求与对应级别的BSL实验室基本相同。当不能有效利用基础隔离装置时，饲养设施须起到基础隔离装置的作用，还应考虑操作人员需要进入饲养设施直接面对感染动物的问题，因而，对这类ABSL实验室的设计和建设要求要明显高于对应的BSL实验室。

与BSL实验室比较，ABSL实验室的主要生物风险还需要考虑：①动物的自然特性，如攻击性、抓咬倾向、生活习性等；②动物的毛发、呼吸气体和排泄物等，应特别注意形成的有害气溶胶；③易感的动物疾病；④传播过敏原的可能性；⑤动物实验（如：染毒、医学检查、取样、解剖、检验等）、动物饲养；⑥自然存在的体内外寄生虫；⑦动物的逃逸；⑧动物尸体及排泄物等废物的处理和处置；⑨是否同时感染人；⑩操作不感染人的病原体时，降低要求而将病原体带出实验室外。

二、动物实验室设计原则及基本要求

动物实验室主要是通过静态隔离、动态隔离（负压梯度）和排风处理（HEPA 过滤）等措施，把产生的动物气溶胶牢牢地控制在污染区内，确保不向外扩散。

动物实验室必须符合 GB 19489 中的相关要求。与 BSL 实验室比较，ABSL 实验室的设计原则是：所有防护措施需要针对所操作的实验动物的种类、身体大小、生活习性、实验目的等因素来进行设计，应特别注意控制有害气溶胶、防止动物抓咬、处理废物（包括动物尸体、排泄物等），以达到保护操作者、保护环境、防止动物逃逸等目的，比如：

应根据动物的种类、身体大小、生活习性、实验目的等选择适当防护水平专用于动物并符合国家相关标准的生物安全柜、动物饲养设施、动物实验设施、消毒设施和清洗设施等。

实验室建筑应确保实验动物不能逃逸，非实验室动物（如野鼠、昆虫等）不能进入。实验室设计（如空间、进出通道等）应符合所用动物的需要，以及动物福利的要求。

动物实验室空气不应循环。动物源气溶胶应经适当的高效过滤（HEPA）和（或）消毒后排出，不能进入室内循环。

如动物需要饮用无菌水，供水系统应可安全消毒。

动物实验室内的温度、湿度、照度、噪声、洁净度等饲养环境应符合国家相关标准的要求。

要仔细考虑实验室内人员、物品、设备、动物运输的行走路线，尽量消除或减少产生交叉污染的危险性（一般采用清洁、污染双走廊形式）。

第三节　动物实验室的设施与设备要求

一、ABSL-1 动物实验室

ABSL-1 实验室是指利用活体动物从事四类病原微生物即在通常情况下不会引起人类或者动物疾病的微生物实验操作的实验动物综合设施（包括动物实验室、动物饲养与繁殖室）。

凡是使用普通动物、清洁动物开展动物实验和动物饲养的开放系统、屏障系统和隔离系统的建筑物，都是属于 ABSL-1 实验室。常见的 ABSL-1 有：高校、科研院所、企事业单位开展产品安全性评价、功能学评价、医学研究、教学、检定、药品生产等而设立的常规动物实验室和实验动物房（包括普通、清洁和 SPF）。

ABSL-1 实验室的设施与设备要求：①动物饲养间应与建筑物内的其他区域隔离。②动物饲养间的门应有可视窗，向里开；打开的门应能够自动关闭，需要时，可以锁上。③动物饲养间的工作表面应防水和易于消毒灭菌。④不宜安装窗户。如果安装窗户，所有窗户应密闭；需要时，窗户外部应装防护网、纱窗。⑤围护结构的强度应与所饲养的动物种类相适应。⑥如果有地面液体收集系统，应设防液体回流装置，存水弯应有足够的深度。⑦不得循环使用动物实验室排出的空气。⑧应设置洗手池或手部清洁装置，宜设置在出口处。⑨宜将

动物饲养间的室内气压控制为负压。⑩应可以对动物笼具清洗和消毒灭菌。⑪应设置实验动物饲养笼具或护栏，除考虑安全要求外还应考虑对动物福利的要求。⑫动物尸体及相关废物的处置设施和设备应符合国家相关规定的要求。

二、ABSL-2 动物实验室

ABSL-2 实验室是指利用活体动物从事三类病原微生物，或者高致病性病原微生物中已经灭活的病原体或表达产物动物实验操作的实验动物综合设施，通常以研究、教学、检定、生物制品研制、药品生产等为目的。

ABSL-2 实验室的设施与设备要求：①适用时，应符合 ABSL-1 的要求。②动物饲养间应在出入口处设置缓冲间。③应设置非手动洗手池或手部清洁装置和冲洗眼睛的设备，宜设置在出口处。④应在邻近区域配备高压蒸汽灭菌器、化学消毒池（渡槽）。⑤适用时，应在安全隔离装置内从事可能产生有害气溶胶的活动；排气应经 HEPA 过滤器的过滤后排出。⑥应将动物饲养间的室内气压控制为负压，气体应直接排放到其所在的建筑物外。⑦应根据风险评估的结果，确定是否需要使用 HEPA 过滤器过滤动物饲养间排出的气体。⑧当不能满足第 5 条款时，应使用 HEPA 过滤器过滤动物饲养间排出的气体。⑨实验室的外部排风口应至少高出本实验室所在建筑的顶部 2 m，应有防风、防雨、防鼠、防虫设计，但不应影响气体向上空排放。⑩污水（包括污物）应消毒灭菌处理，并应对消毒灭菌效果进行监测，以确保达到排放要求。

第四节　动物实验室人员的个体防护与安全操作

在我国大部分的动物实验室与动物房都是属于 ABSL-1 级别，而用于病原微生物研究的则主要以 ABSL-2 实验室居多。每一个动物实验室或动物房都存在着生物安全风险，因此，在运行前或实验项目开展前必须先进行生物安全的风险评估（详见第四章），根据评估结果采取相应的预防和控制措施。

在动物实验室和动物房中进行操作时，由于实验动物本身可能患有人兽共患疾病，以及实验动物的呼吸、排泄、抓咬、挣扎、逃逸、动物实验（如染毒、医学检查、取样、解剖、检验等）、实验动物饲养（更换垫料、饲料）、实验动物尸体及排泄物的处置等过程，可能产生潜在的生物危害，尤其会有大量危害性极大动物源性气溶胶的产生。因此，需要加强针对这些可能风险的个体防护和安全操作规范。

一、个体防护

①除了制定安全操作程序和规范外，还应针对可能的风险制订特殊的对策。对每位实验动物从业人员进行培训，告知可能的潜在危险，以便采取必要的防护措施。②进入不同实验动物区域的个人防护要求：a. 普通实验动物室：应穿戴工作服、帽，戴一次性口罩或医用口罩、手套；b. 屏障环境：要穿消毒净化的衣、帽子、脚套，戴一次性口罩或医用口罩、手套；c. 灵长类动物感染实验室：要穿连体式防护服、雨鞋，戴一次性口罩或医用口罩、

帽子，戴长袖手套、防护面罩；d. 清洗消毒间：应穿戴工作服、帽子，戴一次性口罩或医用口罩、手套、雨鞋，必要时穿防水罩衫。③在离开动物实验室时应脱去个人防护器具；不得穿工作服进入其他场所或区域。④尽可能减少不熟练的新成员进入实验动物室。必须进入者，要告知其工作潜在的危险，并做好个人防护。⑤在实验动物室内不允许吃、喝、抽烟、处理隐形眼镜和使用化妆品、储藏个人食品。⑥应有医疗监督，根据实验微生物或潜在微生物的危害程度，决定是否对实验动物从业人员进行免疫接种（如狂犬病疫苗）。⑦在操作细菌或病毒培养物和实验动物后要洗手，离开设施之前应脱掉手套并洗手。

二、基本安全操作要求

①建立实验动物房、动物实验室管理的规章制度、作业程序、操作规程及安全手册，每个人都熟悉、掌握，并随时得到。②要制订适当的医学监督、监测计划，建立人员健康档案。③建筑物内实验动物设施区与开放的人员活动区分开；进入实验动物室的门应自动关闭，有实验动物时要关紧。④只允许用于做实验的有合格证实验动物进入实验动物室。⑤所有设备、器具等拿出实验动物室之前必须经去污染处理；操作传染性材料以后的所有设备表面和工作表面，应用有效的消毒剂进行常规消毒，特别是有感染因子外溢和其他污染时，更要严格消毒。⑥所有实验操作过程均须十分小心，以减少气溶胶的产生和防止外溢。不要用手直接接触针头、锐器、和破碎的玻璃，在抛弃之前要放在锐器盒里并高压消毒。⑦收集的所有生物样本、培养物，应放在密闭的容器内并贴标签，避免外漏。⑧所有实验动物室的废弃物（包括实验动物尸体、组织、污染的垫料、剩下的饲料、锐利物和其他垃圾），应放入密闭的容器内，高压蒸汽灭菌或采取其他措施去污染处理。⑨当实验动物室内操作病原微生物时，在入口处必须有生物危害的标志。危害标志应说明使用感染病原微生物的种类、防护级别、负责人姓名和电话号码，以及其他特殊要求如对进入实验动物室人员要免疫接种和佩戴呼吸面罩。⑩若发生明显病原微生物暴露的实验材料外溢事故时，必须立刻妥善处理并向设施负责人报告，及时进行医学评价、监督和治疗，并保留记录。⑪进行容易产生高危险气溶胶的操作时，包括对感染动物的尸体、体液和鸡胚的收集以及动物接种，都应使用生物安全柜或其他物理防护装备和个人防护器具。⑫必要时，把感染动物饲养在和动物种类相宜的生物安全设施里。建议鼠类实验使用带过滤装置的实验动物笼具。⑬动物。在能够得到足够结果时最大限度地减少动物的使用数量，总体上减少危害。⑭动物实验。必须在考虑到与人和动物的健康有关时才选择进行动物实验，充分关注生物安全。⑮动物实验方案合理设计。给药途径正确，减少外伤，减少疼痛，操作速度快而仔细，时间短。实验设计严密能有效降低生物安全风险。⑯动物运输。运输过程中要避免碰撞和惊吓动物，饲料饮水充足；运输笼盒空间要保证动物活动自如；长途运输要保证良好的通风，降低运输带来的生物危害。⑰实验过程。在麻醉下进行动物实验。实验开始前，准备工作要充分，各种可能发生的意外事故和解决方案均要考虑周全；实验中，密切关注动物表现和反应，熟练操作，动物麻醉后的苏醒有人看护。降低实验中各种生物危害。⑱动物的处死。对实验结束后的动物要施行安乐死，尤其不要当着其他动物的面进行动物解剖、处死等操作，降低因处死动物带来的生物危害。⑲使用高质量动物。尽量使用遗传背景一致的动物和微生物控制级别高的动物，可以做

到以质量代替数量。⑳控制疼痛。应考虑使用一切手段以减少动物在实验过程中所产生的疼痛，合理使用必要的麻醉剂、镇痛剂或镇静剂，确保安全。㉑正确而熟练地抓取动物、固定动物，动物就不会剧烈反抗。

三、特殊操作要求

①ABSL-1 级动物实验室：按上述基本安全操作要求即可。

②ABSL-2 级动物实验室：详见“第六节　ABSL-2 实验室管理与规范操作要求”。

第五节　动物实验室人员生物安全培训

实验室负责人应负责拟定动物实验从业人员的生物安全培训计划，经本单位生物安全委员会审核批准后组织实施。在动物实验室工作的所有从业人员在上岗前都应经过培训，考核合格，并取得上岗证书。每年还需要根据实验室使用频率、安全规程和方法变化情况，进行周期性再培训和定期培训。

一、培训目的

使进入动物实验室的从业人员熟悉操作环境，熟悉所操作实验动物的习性和操作技巧，熟悉所从事病原微生物的危害、预防，以及实验活动的操作规范、操作程序。掌握动物实验室内设施设备的操作技能、安全防范，了解实验室生物安全防护知识，以及意外事件的应急处理程序等。

二、培训内容

培训内容主要是单位制定的生物安全管理各项规章制度（如管理手册、程序文件、SOP等），包括风险评估控制程度、动物实验室使用管理规定、进出动物实验室注意事项、实验动物的抓取和固定技术，解剖手术室使用 SOP、动物实验室废弃物的消毒灭菌处理、动物尸体处理技术及实验动物福利伦理等内容。对涉及实验动物活动的相关法律法规和标准，如《实验动物环境与设施》（GB 14925）《实验室生物安全通用要求》（GB 19489）中的内容也应进行详细的培训。

此外，还应注重培训解决实际工作中可能出现的意外突发事件的能力，包括意外咬伤、抓伤、切割伤等实验动物危害。同时，还要有消防、危险化学品安全、感染预防和急救知识等内容。

三、培训方法

可采取专题讲座、影像、现场示范练习、模拟演练及发放文字材料自学然后集中答疑等多种灵活方式进行。

四、培训评估

培训评估有助于评判是否达到了预期效果。培训评估方法见本书“二级生物安全实验室的运行与管理”有关章节。

第六节　ABSL-2 实验室管理与规范操作要求

一、进出动物实验室

动物实验从业人员在进行动物实验前，应先提出申请，并获得生物安全负责人批准。进入动物实验室前准备好实验所需的全部材料，一次性全部传入实验室内。如果遗忘物品，必须服从既定的传递程序。进入实验室的所有人员必须按照要求更换专门的实验防护服和鞋，按照实验要求穿戴工作服和鞋套。

出动物实验室时，根据不同动物实验操作和风险评估结果，洗澡更衣或直接更衣后离开实验室，在已知或疑似暴露于操作病原体的气溶胶时（如滴上传染性物质），在从实验动物室区域出去之前需要进行淋浴。实验器材、物品等在从感染室拿到外部前，应采用高压灭菌或消毒液浸泡处理。拿到研究室的血液、脏器等，由于灭菌可能对实验结果产生影响的，应按照要求进行包装和传递。

二、动物实验室内操作

在 ABSL-2 实验室进行动物实验操作时，必须在入口处粘贴生物安全标识。在饲养动物期间保持动物实验室门处于关闭状态。每天对实验动物进行计数，确认有无死亡或逃离的。操作结束后，应认真检查笼子、盖子等饲养器具是否变形，笼内动物数量，饲养笼的门的关锁状况，以及负压饲养装置的运行状况，做好记录。更换笼子或进行其他操作时，要轻轻操作，尽量降低实验动物应激反应。

在处理完感染性实验材料和实验动物及其他有害物质后，以及在离开实验室工作区域前，都必须洗手，也可以通过摘除最外层手套，更换新手套的方式代替在实验动物室频繁洗手。

操作时必须细心，以减少气溶胶的产生及粉尘从笼具、废料和实验动物身上散播出来。应防止意外自我接种事件的发生。对实验动物应当采取适当的限制手段，避免对实验人员造成伤害。搬运实验动物时，应关闭所有处理室和饲养室的门。

在操作台上更换笼子、盖子、饲料等。更换的垫料、笼子等从饲养室搬出时，要全部消毒，或装入耐高压袋内进行高压消毒。每次操作结束后，应清理操作台和地面，并进行消毒。每次试验结束，必须对实验动物操作间和污染走廊进行清扫并进行有效消毒。可通过采用适当消毒剂喷雾或熏蒸来消毒去污染。

三、手术室/解剖室的使用

手术室/解剖室内的危害不限于飞溅物和传染性物质的气溶胶，也可因切割器械、动物骨头的尖端、光滑的地板、电气设备、化学固定液和消毒剂等引发偶然事故。因此，对实验室内手术室或解剖室的使用应严格管理，使用前应经实验室负责人审批许可后才能进行。在手术室或解剖室内进行任何操作都应该格外小心。

①ABSL-2 手术室/解剖室只允许授权人员使用尸体解剖设施。在实验动物室内必须穿上防护服和鞋套，以及佩戴防水围裙、手套、口罩和护眼/脸设备（面罩、护目镜）。

②进行尸体解剖或样品采集时，手术室门应该保持关闭。在尸体解剖之前，应用水或消毒剂将实验动物（特别是禽类和小型实验动物）浸湿，但取天然孔样品除外。打开体腔后，应防止污染物的大量蔓延，以及源自体液和组织的气溶胶的形成。

③一旦完成处理工作，所有的解剖工具和器械必须经过高压灭菌或消毒（消毒剂必须有效清除所关心的微生物），废弃的锐器、针头、刀片、载玻片等必须放到适当的容器中消毒。解剖台、底板和其他污染工作区域在试验结束时，必须用适当的程序清洗和消毒。注意在使用软管冲洗试验区域或剖检区域时，必须特别地小心，以防止污染物的散播和气溶胶的形成。

④手术室应保持整洁、干净，设备、纸张、报告等应安全存放。手术室使用后，将器械放归原处，并用适宜的消毒液将手术台擦拭干净；地面清洁和消毒时，应先清除地面障碍物，再喷洒消毒液，消毒足够时间后清理。

⑤需要用于进一步研究的生物标本，应放在防漏容器中并做适当标记。在剖检完成后，从手术/解剖室移出容器时，必须对容器外壁进行消毒。生物标本只能在相同防护级别的实验区内开启。

四、动物实验室的消毒

在饲养期间，如果需要对笼具消毒时，可用抹布浸上适宜的消毒剂擦拭。用过的隔离器，在实验结束后可用过氧乙酸或其他适当的消毒剂消毒。对实验动物室内的污染设备和材料，必须经过适当的消毒后方可继续使用或运出 ABSL-2 实验室。

实验结束时，动物实验室内的所有物品必须消毒。从防护屏障内拿出的其他不能采用热处理的物品，可以采用化学消毒剂去除污染。

实验结束后，所有的解剖器械必须经过高压灭菌或消毒，装废弃物的容器必须允许蒸汽穿透，避免将多个容器摞在一起和超负荷放置，以免消毒失败。根据高压灭菌器的使用频率，定期用生物指示剂监测高压灭菌器效率，并记录结果。

实验动物室内空间可采用甲醛熏蒸、过氧化氢熏蒸等适宜的方法进行彻底消毒。

实验人员在离开动物实验室时，必须换下防护服并消毒，可以根据操作病原体的性质确定是否淋浴或简单消毒处理后出实验室。

五、ABSL-2 实验室的废弃物处置

1. 一般废弃物处理

应采用一种减少气溶胶和粉尘的方式转移实验动物垫料，在转移垫料之前，应先对笼舍进行消毒处理。

一般情况下，硬物垃圾、注射针头等危险物，要置于特制容器（利器盒）中。特别注意不要与普通垃圾混在一起。

2. 感染性废弃物处理

对于明确有病原微生物危害的动物垫料、排泄物、病理组织、血液、血清及动物尸体需要就地处置（压力蒸汽灭菌或者化学消毒处理），然后放入黄色生物危害（医疗废物）标识的包装袋中，有效封口，按感染性废物处理。

3. 动物尸体处置

因为实验结束或中断而不需要的实验动物，先麻醉选择适当方法，将其进行安乐死。实验动物尸体装入防漏的塑料袋或规定容器并封口后，粘贴标签，注明内容物，填写部门、时间，然后放入规定的冷藏柜，或经高压灭菌器灭菌后，送指定地点存放，等待焚烧或深埋。实验动物尸体和组织必须焚烧或通过有特殊资质的医疗废弃物处理机构进行处理。

4. 废水处理

对洗涤、擦拭用的少量废水，可以通过高压消毒处理。在对废液罐进行消毒处理时，应全程记录废液罐内部的温度、压力及灭菌时间。小范围内少量液体流出、需要处理时，可采用化学物质除菌系统。从处理系统内排放消除污染的液体，必须符合国家有关废物排放的规定。

第七节　无脊椎动物实验室设施与操作要求

常用于动物实验的无脊椎动物主要有：原生动物，如草履虫；腔肠动物，如水螅；环节动物，如蚯蚓；节肢动物，如蝇、蚊、蟑螂、虾等。常见的无脊椎动物实验室有卫生杀虫药效检测的虫媒实验室、化学品安全性评价的环境保护监测实验室等。

无脊椎动物实验室生物安全设施与操作的基本要求：

该类动物设施的生物安全防护水平应根据国家相关主管部门的规定和风险评估的结果确定。

如果从事某些节肢动物（特别是可飞行、快爬或跳跃的昆虫）的实验活动，应采取以下适用的措施（但不限于）：①应通过缓冲间进入动物饲养间，缓冲间内应安装适用的捕虫器，并应在门上安装防节肢动物逃逸的纱网；②应在所有关键的可开启的门窗上安装防节肢动物逃逸的纱网；③应在所有通风管道的关键节点安装防节肢动物逃逸的纱网；应具备分房间饲养已感染和未感染节肢动物的条件；④应具备密闭和进行整体消毒灭菌的条件；⑤应设喷雾式杀虫装置；⑥应设制冷装置，需要时，可以及时降低动物的活动能力；⑦应有机制确保水槽和存水弯管内的液体或消毒灭菌液不干涸；⑧只要可行，应对所有废物高压灭菌；⑨应有机制监测和记录会飞、爬、跳跃的节肢动物幼虫和成虫的数量；⑩应配备适用于放置装蜱螨容器的油碟；⑪应具备带双层网的笼具以饲养或观察已感染或潜在感染的逃逸能力强的节肢动物；⑫应具备适用的生物安全柜或相当的安全隔离装置以操作已感染或潜在感染的节肢动物；⑬应具备操作已感染或潜在感染的节肢动物的低温盘；⑭需要时，应设置监视器和通信设备。

是否需要其他措施，应根据风险评估的结果确定。

第八节 常见突发事件的应急处理

一、动物咬伤

①如被清洁级以上实验动物咬伤的，应按规定路线退出屏障环境，开放伤口，放流污血，用清水冲洗10分钟，以2.5%碘酊消毒伤口；或者可直接到所在单位的医务室进行适当处理。

②如为普通级动物咬伤或被微生物控制质量不清的动物、感染实验动物等咬伤时，在上述处理或接受适当治疗后，即刻送往医院进行诊治。

③必备急救卫生箱。箱内装有紧急救济所需要的基本物品，如棉花纱布、胶布、消毒水、清洁剂，如70%酒精、碘伏、过氧化氢抗生素等。

④发生动物咬伤事件应及时向实验室负责人、有关医师与兽医师报告并做好相关记录。

二、种群动物感染

①种群感染后首先停止所有动物的配种。

②处死所有的种群动物，并在所处的屏障内进行消毒液浸泡处理，用密封袋包装后待焚烧。

③处死所有的离乳前小鼠，并在所处的屏障内进行消毒液浸泡处理，用密封袋包装后待焚烧。

④隔离其他没有被感染的动物室内人员、物品等，做到严格分流。

⑤若未引进新种，则对原种群动物进行生物净化。

第九节 思考题

一、判断题

1. 学校教学用动物实验设施系统，不属于一级实验动物生物安全实验室。(　)

2. 只允许有合格证的实验动物进入实验动物室。(　)

3. 实验动物饲养人员和兽医技术人员不需要进行健康检查。(　)

4. 屏障环境实验动物设施区域人员、物品、动物的进出路线应单向流动，尽可能避免往返交叉。(　)

5. 在动物实验室工作的所有从业人员在上岗前都应经过培训，考核合格，并取得上岗证书。(　)

二、单项选择题

6. 下列叙述错误的是（　）

A. 动物饲养间应与建筑物内的其他区域隔离
B. 围护结构的强度应与所饲养的动物种类相适应
C. 可循环使用动物实验室排出的空气
D. 宜将动物饲养间的室内气压控制为负压
7. 动物实验室人员生物安全培训目的是（　）
A. 使进入动物实验室的从业人员熟悉操作环境
B. 熟悉所从事病原微生物的危害、预防，以及实验操作规范
C. 了解实验室生物安全防护知识
D. 以上都是

三、多项选择题

8. 实验动物可能携带的人兽共患疾病的病毒是（　）
A. 流行性出血热
B. 狂犬病
C. 淋巴细胞脉络丛脑膜炎病毒
D. 猴疱疹病毒
9. ABSL-2 实验室进行动物实验操作时，应注意（　）
A. 入口处粘贴的生物安全标识
B. 搬运实验动物时，应关闭所有处理室和饲养室的门
C. 做好实验记录
D. 在生物安全柜内更换笼子、盖子、饲料等

四、问答题

11. ABSL-2 实验室动物尸体处置方法?
12. 实验动物咬伤常见突发事件的应急处理?

（刘建高　丘　丰）

第十三章　实验室安全标识

第一节　实验室安全标识的基本要求

由国家卫健委于2018年发布实施的《病原微生物实验室生物安全标识》WS 589的标准中规定了病原微生物实验室生物安全标识的规范设置、运行、维护与管理，本标准适用于从事与病原微生物菌（毒）种、样本有关的研究、教学、检测、诊断、保藏及生物制品生产等相关活动的实验室。

标识系统是一个单位或实验室，尤其是生物安全实验室非常重要的管理环节。每一个实验室都应有标示危险区、警示、指示、证明等的图文标识，包括用于特殊情况下的临时标识，如“污染”“消毒中”“设备检修”等。标识系统也是一个单位管理体系文件的一部分，必须按照管理体系要求进行控制。

一、标识系统的生物安全要求

对于安全标识，国家有一些相关标准进行规范，包括：GB 2893 安全色、GB 2894 安全标志及其使用导则、GBZ 158 工作场所职业病危害警示标识等。同时GB 19489也对标识系统进行了要求，内容如下：

图 13–1　生物危害警示标识

张贴于易发生感染的场所区域的入口处（如实验室走廊大门）、菌（毒）种及样本保藏设施（场所、区域）和感染性物质的运输容器等表面上

①标识应明确、醒目和易区分。只要可行，应使用国际、国家规定的通用标识。

②应清晰地标示出危险区（图 13–1），以警示外来人员相关的危险。在某些情况下，宜同时使用标识和物理屏障标示出危险区。

③应清楚地标示出具体的危险材料、危险性质，包括生物危险、有毒有害、腐蚀性、辐射、刺伤、电击、易燃、易爆、高温、低温、强光、振动、噪声、动物咬伤、砸伤等；需要时，应同时提示必要的防护措施。

④应在计量设备的明显位置注明设备的可用状态、验证周期、下次验证或校准的时间等信息。

⑤每一间生物安全实验室入口处应有相应的专用标识（图 13–2），明确说明实验室名称、生物防护级别、病原体名称、实验室负责人姓名、紧急电话和国际通用的生物危险符号。

⑥实验室所有房间的出口和紧急撤离路线应有在无照明的情况下也可清楚识别的标识。

⑦实验室的所有管道和线路应有明确、醒目和易区分的标识。

⑧所有操作开关应有明确的功能指示标识，必要时，还应采取防止误操作或恶意操作的措施。

⑨实验室管理层应负责定期（至少每年一次）评审实验室标识系统，需要时及时更新，以确保其适用现有的危险。

图 13-2　生物危害专用标识

张贴于某一间生物安全实验室房门入口处，门框边的墙上；应在空栏处填写相应信息；不同等级生物安全实验室有相应的标注。

二、标识的安放要求

要按国家标准规定的要求，有效、正确地使用安全标志，使安全标志的使用规范化、标准化，以提高人们的防范能力，减少或避免事故的发生。

（一）标志牌的设置高度

①标志牌设置的高度，应尽量与人眼的视线高度相一致。

②悬挂式和柱式的环境信息标志牌的下缘距地面的高度不宜小于 2 m。

③局部信息标志的设置高度应视具体情况确定。

（二）使用安全标志牌的要求

①标志牌应设在与安全有关的醒目地方，并使大家看见后，有足够的时间来注意它所表示的内容。环境信息标志宜设在有关场所的入口处和醒目处；局部信息标志应设在所涉及的相应危险地点或设备附近的醒目处。

②标志牌不应设在门、窗、架等可移动的物体上，以免这些物体位置移动后，看不见安全标志。标志牌前不得放置妨碍认读的障碍物。

③标志牌的平面与视线夹角应接近 90°角，观察者位于最大观察距离时，最小夹角不低于 75°。

④标志牌应设置在明亮的环境中。

⑤多个标志牌在一起设置时，应按警告、禁止、指令、提示类型的顺序，先左后右、先上后下地排列。

三、标识的分类

（一）禁止类（红色）

表示禁止不安全行为。如禁止入内、禁止抽烟等。

（二）警告类（黄色）

表示提醒注意。如生物危害、有电危险、易爆等。

（三）指令类（蓝色）

表示必须做到。如必须穿防护服、必须戴防护手套等。

（四）提示类（绿色）

表示提供某种信息。如消防通道紧急出口、逃生路线等。

（五）专用标识

针对某种特定的事物、产品或者设备所制定的符号或标志物，用以标示，便于识别。如：

①基础设施、建筑物、楼层、房间等的导视牌、标牌或警示牌。

②设备标识（固定资产或唯一识别）、器具、试剂等标识。

③贮存物资及状态的标识。如物资分类标识，物资或设施/设备所处状态："未清洁""消毒中""设备检修""正在运行"等。

④样品管理标识。标明样品的唯一编号、信息及状态。

第二节　实验室常用标识符号及含义

一、禁止标识

禁止人们不安全行为的图形标志。

图形符号	名称	适用场所或范围
	禁止入内 No entering	可引起职业病危害的作业场所入口处或涉险区周边，如可能产生生物危害的设备故障时，维护、检修存在生物危害的设备、设施
	禁止通行 No thoroughfare	有危险的作业区，如实验室、污染源等处
	禁止吸烟 No smoking	实验室、禁止吸烟的场所，如实验室区域、二氧化碳储存场所和医院等
	禁止烟火 No burning	实验室易燃易爆化学品存放、使用处和实验室操作区

续表

图形符号	名称	适用场所或范围
	禁止用水灭火 No extinguishing with water	储运、使用中不准用水灭火的物质场所，如变压器室、实验室核心区和精密仪器等
	禁止饮食 No food or drink	易于造成人员伤害的场所，如实验室区域、污染源入口处、医疗垃圾存放处和手术室等

二、警告标识

提醒人们对周围环境引起注意，以避免可能发生危险的图形标志。

名称	图形符号	适用场所或范围
	生物危害 Biohazard	易发生感染的场所，如生物安全二级及以上实验室入口、菌（毒）种及样本保藏场所的入口和感染性物质的运输容器等表面
	注意安全 Warning danger	易造成人员伤害的场所及设备
	当心火灾 Warning fire	易发生火灾的危险场所，如实验室储存和使用可燃性物质的通风橱、通风柜和化学试剂柜等
	当心爆炸 Warning explosion	易发生爆炸危险的场所，如实验室储存易燃易爆物质处、易燃易爆物质使用处或受压容器存放地
	当心化学灼伤 Beware of chemical burns	存放和使用具有腐蚀性化学物质处

续表

名称	图形符号	适用场所或范围
	当心中毒 Warning poisoning	剧毒品及有毒物质（GB 12268 中第 6 类第 1 项所规定的物质）的存储及使用场所，如试剂柜、有毒物品操作处
	当心触电 Warning electric shock	有可能发生触电危险的电器设备和线路，如配电室、开关等
	当心紫外线 Warning ultraviolet	紫外线造成人体伤害的各种作业场所，如生物安全柜、超净台和实验室核心区紫外消毒等
	当心锐器 Warning sharp objects	易造成皮肤刺伤、切割伤的物品或作业场所，如鸡胚接种、菌（毒）种冻干保存过程
	当心电离辐射 Caution isotope & ionizing radiation	能产生同位素和电离辐射危害的作业场所
	危险废物 Hazardous waste	危险废物贮存、处置场所，如盛装感染性物质的容器表面、有害生物制品的生产、储运和使用地点

三、指令标识

强调人们必须做出某种动作或采用防范措施的图形标志。

名称	图形符号	适用场所或范围
	必须穿防护服 Must wear protective clothes	因防止人员感染而须穿防护服的场所，如实验室入口处或更衣室入口处
	必须穿工作服 Must wear work clothes	按规定必须穿工作服（实验室基本工作服装）的场所，如实验室风险较低，不需要穿防护服的一般工作区域
	必须戴防护帽 Must wear protective cap	易污染人体头部的实验区
	必须戴防护镜 Must wear protective goggles	对眼睛有伤害的作业场所
	必须戴面罩 Must wear protective face shield	对人体有害的气体和易产生气溶胶的场所
	必须戴一次性口罩 Must wear disposable masks	实验室内防止致病性物质喷溅时，如离心机的离心、匀浆机的匀浆过程等
	必须戴防护手套 Must wear protective gloves	易造成手部感染和伤害的作业场所，如感染性物质操作，具有腐蚀、污染、灼烫、冰冻及触电危险的工作时
	必须穿鞋套 Must wear shoe covers	易造成脚部污染和传播污染的作业场所，如实验室核心工作间等地点

续表

名称	图形符号	适用场所或范围
	必须穿防护鞋 Must wear protective shoes	易造成脚部感染和伤害的作业场所，如具有腐蚀、污染、砸（刺）伤等危险的作业地点
	必须洗手 Must wash your hands	操作病原微生物实验后进行手部清洁的装置或用品处，如专用水池附近
	必须手消毒 Must disinfect hands	在生物安全实验室实验活动结束后，杀灭手上可能携带的病原微生物
	必须加锁 Must be locked	剧毒品、危险品和致病性物质的库房等场所，如放置感染性物质的冰箱、冰柜、样品柜，有毒有害、易燃易爆品存放处
	必须固定 Must be fixed	须防止移动或倾倒而采取的固定措施的物体附近，如二氧化碳钢瓶、高（和/或低）压液氮罐存放处
	必须通风 Must be ventilated	产生有毒有害化学气体、致病性生物因子气溶胶的场所

四、提示标识

向人们提供某种信息（如标明安全设施或场所等）的图形标志。

名称	图形符号	适用场所或范围
 	紧急出口 Emergency exit	便于安全疏散的紧急出口处，与方向箭头结合设在通向紧急出口的通道、楼梯口等处。可详见 GB 15630
	急救点 First aid	设置现场急救仪器设备及药品的地点
	应急电话 Emergency telephone	安装应急电话的地点
	洗眼装置 Eyewash station	放置紧急洗眼装置的地点，如洗眼器附近
	生物安全应急处置箱 Biosafety emergency box	放置生物安全意外事故紧急处置物品的地点，如生物安全应急箱附近
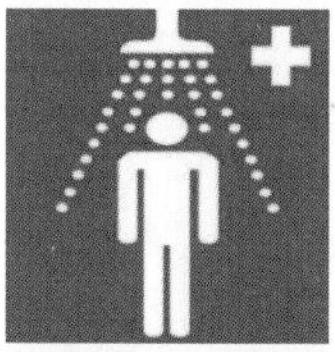	紧急喷淋 Emergency spray	设置紧急喷淋装置的地点，如喷淋装置或喷淋装置附近
	消毒中 Disinfecting	提示正在进行消毒，如正在进行消毒的区域和实验室入口处

五、专用标识

针对某种特定的事物、产品或者设备所制定的符号或标志物，用以标示，便于识别。

名称	图形符号	适用场所或范围
	生物危害 Biohazard	放置生物安全实验室入口处，不同等级生物安全实验室有相应的标注，如生物安全三级实验室标记“BSL-3”
	设备状态 Equipment status	处于正常使用、暂停使用、停止使用状态的仪器和设施设备上或其附近
	医疗废物 Medical waste	医疗废物产生、转移、贮存和处置过程中可能造成危害的物品表面，如医疗废物处置中心、医疗废物暂存间和医疗废物处置设施附近以及医疗废物容器表面等
	工作中 In the work	需要表明实验室处于工作状态的醒目位置，如实验室主入口或防护区入口等处（可辅助以灯箱使用），红灯亮时表明不得进入、调试、中断或干扰
	楼层 导视牌	楼层导视牌放置在电梯间、楼道入口处
	房间 导视牌	房间导视牌放置在房间门框左侧（或右侧）墙上方（高 1.7 ~ 2.0 m）
	视频 监控区域	视频监控区域上方

续表

名称	图形符号	适用场所或范围
HN CDC 消耗品	柜子、抽屉标识	柜子门、抽屉面的左上角
名称 编号 型号 单价 保管 购置日期	设备管理卡	设备、电器的右（或左）上方
HNCDC样品标签 编号： 日期： 待检 在检 已检 留样	样品标识	样品或其包装的正前方
名称： 浓度： 配制人： 配制日： 年 月 日 有效期： 年 月 日	试剂标识	已配制的试剂、标准溶液
合格证	计量设备标识	合格证。计量检定/校准合格。粘贴在设备前方的右（或左）上角
准用证		准用证。计量检定/校准发现设备部分功能合格，部分功能不合格（应在标识中注明）。位置同上
禁用证		禁用证。计量检定/校准为不合格或设备出现故障。位置同上
CDC 限用 非计量设备 设备编号： 限用范围：	非计量设备标识	限用。用于非计量设备，表明部分功能正常，部分功能不正常。粘贴位置同上
CDC 停用 非计量设备 设备编号： 停用原因：		停用。用于非计量设备，表明其功能不正常。粘贴位置同上

续表

名称	图形符号	适用场所或范围
已清洁 未清洁	工作、物品状态标识	未清洁/已清洁。各类玻璃器皿的清洁状态
已消毒 未消毒		未消毒/已消毒。各类玻璃器皿、实验器材、培养基、洁净实验室、无菌室的消毒状态

第三节　思考题

一、名词解释

1. 警告标识；2. 提示标识

二、判断题

3. 多个标志牌在一起设置时，应按禁止、警告、指令、提示类型的顺序，先左后右、先上后下地排列。(　)

4. 标志牌不应设在门、窗、架等可移动的物体上，以免这些物体位置移动后，看不见安全标志。(　)

5. 放置在 BSL-2 生物安全实验室入口处，含有实验室相关信息并有“生物危害”图标的标识属于警告标识一类。(　)

6. 实验室的标识系统也是一个单位管理体系文件的一部分，必须按照文件控制要求进行管理。(　)

三、填空题

7. 标识的分为 5 类，分别是______________（红色）、______________（黄色）、______________（蓝色）、______________（绿色）以及______________。

8. 实验室管理层应定期（至少每__________一次）检查、评审实验室标识系统。

9. 实验室所有房间的出口和紧急撤离路线应有在__________的情况下也可清楚识别的标识。

四、选择题

10. “医疗废物”标识是属于（　）类标识。

A. 禁止　　B. 警告　　C. 指令

D. 提示　　E. 专用

11. “必须戴防护镜”标识是属于（　）类标识。

A. 禁止　　B. 警告　　C. 指令

D. 提示　　E. 专用

（丘　丰）

附　录

附录 A　思考题答案

（注：名词解释、问答题的答案均省略，可以从相关章节查找）

第一章

二、4. 能够引起人类或者动物非常严重疾病，我国尚未发现或者已经宣布消灭；能够引起人类或者动物严重疾病，比较容易直接或者间接在人与人、动物与人、动物与动物间传播；高致病性病原微生物；5. ABS-4；6. ABS-1，ABS-4；ABSL-1、ABSL-2、ABSL-3 和 ABSL-4

三、7.（D）8.（B）9.（ABCD）10.（ABCD）11.（C）

四、12.（×）13.（√）14.（×）15.（√）16.（×）17.（√）18.（×）19.（√）

第二章

一、1. 2004 年 11 月 12 日；七章七十二条；2. 5 年

二、3.（BCD）4.（B）

三、5.（√）6.（√）7.（×）

第三章

一、1.（×）2.（×）3.（√）4.（×）5.（√）6.（×）

二、7.（D）8.（CD）9.（ABCD）

三、10. 管理手册、程序文件、作业指导书、记录表格；11. 一次；12. 最高管理者

第四章

一、1.（×）2.（√）3.（√）4.（×）5.（×）

二、6.（ABCE）7.（ABDE）8.（ABCDE）9.（ABCDE）10.（ABCDE）

三、11. 4 类，第一，第二；12. 起源，形态特征，基因组及其编码产物，培养特性；13. 第一；14. 病原微生物，动物；15. 人员资质，人员健康

第五章

二、4. 一级防护屏障、二级防护屏障、实验室管理规程和标准操作程序；5. 生物安全柜、高压灭菌器、离心机、洗眼器；6. BSL-1 和 BSL-2，BSL-3，BSL-4；7. Ⅱ级（三类）；8. 个人防护装备，实验室屏障设施；9. 辅助工作区、防护区、核心工作区；10. 负压排风罩；11. HEPA；12. 生物危害

三、13.（D）14.（C）15.（D）16.（B）17.（A）18.（AB）19.（ABCD）

20. （A）21. （ABCD）22. （ABCD）

四、23. （×） 24. （√） 25. （√） 26. （×） 27. （×） 28. （√） 29. （×） 30. （×）

第六章

二、4. 紧急洗眼装置，15 ~ 30 min；5. 口罩，BSL-1 或 BSL-2；6. 护目镜或口罩；7. 隔离衣或连体衣以及正压防护服等；8. 拖鞋和机织物；9. 5 微米 ≥95%

三、10. （D）11. （B）12. （A）13. （C）14. （C）15. （D）

四、16. （√）17. （√）18. （√）19. （√）20. （×）21. （√）22. （√）

第七章

二、4. A 类和 B 类；5. 6 个月；6. 主容器、辅助容器和外包装；7. 急性期和恢复期；8. 真空冷冻干燥、低温冷冻保存、液氮超低温保存

三、9. （B）10. （D）11. （A）12. （B）13. （C）14. （C）

四、15. （√）16. （×）17. （×）18. （√）19. （√）

第八章

二、4. 2 天；5. 3 年。

三、6. （DE）7. （ABCDE）8. （B）

四、9. （√）10. （×）11. （×）12. （√）13. （√）14. （×）

第九章

二、4. 消毒灭菌液、镊子或钳子、扫帚和簸箕、足够的布巾（纸巾）或其他适宜的吸收材料、专用收集袋或容器（防溢洒桶）、手套等；5. 洗眼器；6. 意外事故报告；7. 30 分钟；8. 15 分钟

三、9. （ABCDE）10. （ABCDE）11. （ABCDE）

四、12. （√）13. （√）14. （×）15. （×）16. （√）17. （×）

第十章

二、3. 10；4. 上，下；5. 2；6. 2

三、7. （BE）8. （ABCE）9. （AC）10. （ABCD）11. （ABCD）

四、12. （√） 13. （×） 14. （√） 15. （×） 16. （×） 17. （×） 18. （×） 19. （√）20. （√）21. （×）

第十一章

一、1. （√）2. （√）3. （√）4. （√）5. （√）

二、6. （D）7. （C）8. （ABCD）

三、9. 经血传播病原体感染情况；乙型肝炎病毒疫苗；10. 损伤性废物、感染性废物、化学性废物；11. 双人双锁

第十二章

一、1. （×）2. （√）3. （×）4. （×）5. （√）

二、6. （C）7. （D）

三、8. （ABCD）9. （ABD）

第十三章

二、3.（√）4.（√）5.（×）6.（√）

三、7. 禁止、警告、指令、提示、专用；8. 年；9. 无照明

四、10.（B）11.（C）

附录B 生物安全培训考试试卷

实验室生物安全工作人员上岗培训考试模拟试卷．A卷

（时间：　　年　　月　　日）

单位：____________________　　姓名：________　　得分：________

一、名词解释（10分）

1. 生物安全柜（5分）

2. 个人防护装备（5分）

二、填空题（每题2分，共20分）

3. 有关单位或者个人不得通过________________和________________运输高致病性病原微生物菌（毒）种或者样本。

4. 国家根据病原微生物的传染性、感染后对个体或者群体的危害程度，将病原微生物分为四类，第一类是指____________________的微生物，以及____________________的微生物；第二类是指____________________________的微生物，这两类病原微生物统称为____________________。

5. 医疗废物中________________、________________、________________等高危险废物，应当首先在产生地点进行压力蒸汽灭菌或者化学消毒处理，然后按照废物收集处理。

6. 作为甲类传染病的霍乱进行大量活菌的实验操作应该在________________级别的实验室进行。

7. 当一本实验原始记录本的封面被细菌污染，应优先采用________________的消毒方法进行消毒。

8. BSL-2实验室安全设备要求有：________________、________________，带有安全杯帽的________________和________________。

9. 生物安全实验室防护水平可分为四级，______级防护水平要求最低，______级防护水平要求最高。根据实验室所操作的生物因子的危害程度，一般生物安全实验室可分为四级，而动物安全实验室则分为ABSL-1、ABSL-2、ABSL-3和ABSL-4四级。

10. 依据实验室安全设计要求，一般可将实验室分为三个区域：________________、________________、________________。

11. 生物安全操作的核心是________________，实验室应事先对所有拟从事活动的风险进行评估，包括对________、________、________、________、________、________、

________等的风险进行评估。

12. Ⅱ级生物安全柜分为四种，分别是________、________、________、________。

三、选择题（每题 2 分，共 30 分）

13. 下列不属于实验室一级防护屏障的是（ ）

A. 生物安全柜　B. 防护服　C. 口罩　D. 缓冲间

14. 下列哪项措施不是减少气溶胶产生的有效方法（ ）

A. 规范操作　B. 戴眼罩　C. 加强人员培训　D. 改进操作技术

15. 运输高致病性病原微生物菌（毒）种或者样本须有不少于 2 人护送，并采取相应的防护措施，以下哪种运输方式目前是不允许的（ ）

A. 城市铁路　B. 飞机　C. 专车　D. 轮船

16. 生物安全柜操作时废物袋以及盛放废弃吸管的容器放置要求不正确的（ ）

A. 废物袋以及盛放废弃吸管的容器等必须放在安全柜内而不应放在安全柜之外

B. 因其体积大的放在生物安全柜一侧就可以

C. 污染的吸管、容器等应先在放于安全柜中装有消毒液的容器中消毒 1 h 以上，可处理

D. 消毒液后的废弃物方可转人医疗废物专用垃圾袋中进行高压灭菌等处理

17. 避免感染性物质扩散实验操作注意点（ ）

A. 微生物接种环直径应为 2 ~ 3 mm 并且完全闭合，柄的长度不应超过 6 cm

B. 应该使用密闭的微型电加热灭菌接种环，最好使用一次性的、无须灭菌的接种环

C. 小心操作干燥的痰标本，以免产生气溶胶

D. 以上都是

18. GB 19489 规定：BSL-2 应配备紧急洗眼装置，当腐蚀性液体或生物危害液体喷溅至眼睛时，用大量缓流清水冲洗眼睛表面至少（ ）

A. 5 ~ 10 min　B. 10 ~ 20 min

C. 15 ~ 30 min　D. 20 ~ 40 min

19. 脱卸个人防护装备的顺序是（ ）

A. 外层手套→防护眼镜→防护服→口罩帽子→内层手套

B. 防护眼镜→外层手套→口罩帽子→防护服→内层手套

C. 防护服→防护眼镜→口罩帽子→外层手套→内层手套

D. 口罩帽子→外层手套→防护眼镜→内层手套→防护服

20. 二级生物安全实验室硬件设施方面必须具备的条件（ ）

A. 送排风系统　B. 三区两缓布局　C. UPS 电源　D. 自动闭门系统

21. 生物安全柜内少量洒溢，没有造成严重后果属于（ ）

A. 严重差错　B. 一般差错

C. 一般实验室感染事故　D. 严重实验室感染事

22. 全自动高压灭菌器的使用哪项是正确的（ ）

A. 同类物品盛放一起

B. 液体和固体物品分开存放

C. 敷料与器械同时灭菌时，应将敷料放在下层

D. 常用各种物品的灭菌时间（110～121 ℃）20～30 min

23. 干热灭菌效果监测应采用作生物指示物（　）

A. 嗜热脂肪芽孢杆菌　　B. 枯草杆菌黑色变种芽孢物

C. 短小芽孢杆菌　　D. 粪链球菌

24. 实验室生物安全的第一责任是（　）

A. 实验室负责人　　B. 单位法人

C. 实验室分管领导　　D. 直接从事实验的人员

25. 实验室生物危害最主要途径是（　）

A. 微生物气溶胶吸入　　B. 刺伤、割伤

C. 皮肤、黏膜污染及食入　　D. 以上全是

26. 高致病性病原微生物菌（毒）种或样本在运输中发生泄漏的护送人应当在几小时内分别向承运单位的主管部门、护送人所在单位和保藏机构的主管部门报告（　）

A. 1 小时　　B. 2 小时　　C. 12 小时　　D. 24 小时

27. 下列哪项不属于物理学消毒灭菌的方法（　）

A. 热力　　B. 紫外线　　C. 75% 酒精　　D. 电离辐射

四、判断题（每题 1 分，共 20 分）

28. 操作病原微生物时，离心桶的装载、平衡、密封和打开必须在生物安全柜内进行。（　）

29. 在脱卸个人防护装备时发生手部的污染时以及在继续脱卸其他个人防护装备之前都应洗手。（　）

30. 申请跨省、自治区、直辖市运输高致病性病原微生物菌（毒）种或样本的，应当将申请材料提交运输出发地省级卫生行政部门进行初审。（　）

31. 各级实验室的生物安全防护要求依次为：一级最高，四级最低。（　）

32. 在生物安全二级实验室必须要有生物安全柜。（　）

33. 医疗卫生机构应当建立医疗废物暂时贮存设施、设备，不得露天存放医疗废物；医疗废物暂时贮存的时间不得超过 2 天。（　）

34. 为了使实验室空气流通，生物安全柜可以放在与门或窗相对的位置。（　）

35. 各级实验室设施是指实验室在建筑上的结构特征，如实验室的布局、送排风系统等。（　）

36. 开启菌种管先在手里垫一块酒精浸透的棉花再握住安瓿，以免扎伤或污染手部。（　）

37. 生物安全Ⅱ级实验室的门要求带锁、可自动关闭，必须还具有可视窗。（　）

38. 污染的液体在排放到生活污水管道以前都必须清除污染（采用化学或物理学方法）。（　）

39. 生物安全Ⅱ级实验室的建造、使用和管理无须参照生物安全Ⅰ级实验室的有关要

求。(　)

40. 无论是哪一种微生物实验室，只要操作感染性物质，气溶胶的产生是不可避免的。(　)

41. 紫外灯对于生物安全柜不是必需的。(　)

42. BSL-3 级实验室生物危害程度为高个体危害，高群体危害。(　)

43. 高压蒸汽灭菌是实验室物品灭菌的最有效和最可靠的方法。(　)

44. 在《人间传染的病原微生物名录》中艾滋病毒（Ⅰ型和Ⅱ型）的危害程度属于第一类。(　)

45. 危险识别、风险评估和风险控制的过程适用于实验室、实验设备的常规运行，对实验室、设施设备进行清洁、维护或关停期间不适用。(　)

46. 当离心机正在运行时离心管发生破例或怀疑破裂时，应关闭动力并且保证离心机盖关闭 30 min。(　)

47. 实验室或者实验室的设立单位应当每年定期对工作人员进行培训，保证其掌握实验室技术规范、操作规程、生物安全防护知识和实际操作技能，并进行考核。工作人员经考核合格的，方可上岗。(　)

五、简答题（每题 10 分，共 20 分）

48. 感染性材料洒溢处理的一般原则（要点）?

49. 简述实验室意外事故应急预案包括哪些内容?

实验室生物安全工作人员上岗培训考试模拟试卷 . B 卷

（时间：　　年　　月　　日）

单位：____________________　　姓名：________　　得分：________

一、名词解释（10 分）

1. 一级屏障（5 分）

2. 二级屏障（5 分）

二、填空题（每题 2 分，共 20 分）

3. 运送医疗废物应当使用________________、________________、________________、________________的专用运送工具。

4. 实验室四个等级生物安全防护水平中一级为最低级防护水平，四级为最高级防护水平；其中____________________实验室被称为基础实验室，________实验室被称为生物安全防护实验室，________实验室被称为最高生物防护实验室。

5. 在使用防护面罩时常常同时佩带________________或________________。

6. 在临床实验室的检测工作中，所涉及的病原微生物危害等级以________________为多。

7. 个人的防护装备防护所涉及的部位包括：眼睛、头面部、呼吸道、____________、躯体、和听力的防护。

8. GB 19489 规定：BSL-2 应配备________________（当腐蚀性液体或生物危害液体喷溅至眼睛时）用大量缓流清水冲洗眼睛表面至少________分钟。

9. 生物安全柜是直接操作危险性微生物时所用的负压过滤排风柜，可以用来保护________________、保护________________、保护________________。根据正面气流速度，送、排风方式，将生物安全柜分为____________、____________、____________级三个类型。

10. 实验室发生高致病性病原微生物泄漏时，实验室工作人员应当立即采取控制措施，防止高致病性病原微生物扩散，并同时向____________________报告。

11. 生物安全实验室防护由________________（安全设备）和________________（设施）这两部分硬件及________________和________________等软件构成，生物安全防护水平（BSL）由________________和________________不同的组合构成四级生物安全防护水平。

12. 高致病性禽流感病毒危害程度分类为第________类，病毒分离培养应该在________级别的实验室进行，运输包装分类为________类，联合国编码为________。

三、选择题（每题 2 分，共 30 分）

13. 下面哪些单位的病原微生物实验室应当向长沙市卫生计生委主管部门备案（　）

A. 长沙市动物疫病预防控制中心　　B. 湖南省出入境检疫局

C. 解放军 163 医院　　D. 浏阳市人民医院

14. 可产生重度微生物气溶胶的实验室操作是（　）

A. 火焰上烧接种环　　B. 动物尸体解剖

C. 摔碎带有培养物的平皿　　D. 拍打衣服

15. 开展风险评估的时机应该在（　）

A. 在开始一个新的项目之前　　B. 在该项目完成之后

C. 检测工作程序发生改变　　D. 定期进行修订

16. 二级生物安全实验室必须配备的设备是（　）

A. 生物安全柜、培养箱　　B. 生物安全柜和水浴箱

C. 生物安全柜和高压灭菌器　　D. 离心机和高压灭菌器

17. 每个生物安全实验室出口处应当设有洗手池，且洗手池应当（　）

A. 靠近出口处　　B. 采用非手动式开关

C. 必须使用感应式开关　　D. 必须使用脚踏式开关

18. 一般情况下，在 BSL-2 实验室若在 BSC 中操作感染性物质时应该佩戴（　）

A. 无须手套　　B. 一副手套　　C. 两副手套　　D. 三副手套。

19. 口罩主要功能是保护部分面部免受生物危害物质（如血液、体液、分泌液等喷溅物）的污染，N95 口罩可阻挡 95% 以上的（　）

A. 5 μm 颗粒　　B. 10 μm 颗粒　　C. 15 μm 颗粒　　D. 20 μm 颗粒

20. 下列哪种不是实验室暴露的常见原因（　）

A. 因个人防护缺陷而吸入致病因子或含感染性生物因子的气溶胶

B. 被污染的注射器或实验器皿、玻璃制品等锐器刺伤、扎伤、割伤

C. 在生物安全柜内加样、移液等操作过程中，感染性材料溢洒

D. 在离心感染性材料及致病因子过程中发生离心管破裂、致病因子外溢导致实验人员暴露

21. 防护服使用错误的是（ ）

A. 在实验室中工作人员应该一直穿防护服

B. 当防护服被污染材料污染后应该立即更换

C. 每隔适当的时间应更换防护服

D. 短时间离开实验室区域可以不用脱去防护服

22. PCR 实验室要求严格分区，一般分为以下四区（ ）

A. 主实验区、样本置备区、产物扩增区、产物分析区

B. 试剂准备区、样本置备区、产物扩增区、产物分析区

C. 主实验区、样本置备区、产物扩增区、试剂准备区

D. 主实验区、试剂准备区、产物扩增区、产物分析区

23. 生物安全柜在使用前需要检查正常指标，不包括（ ）

A. 噪声　B. 气流量　C. 负压在正常范围　D. 风速

24. 微生物对消毒因子的抗力从高到低的顺序是（ ）

A. 细菌芽孢、分枝杆菌、亲水性病毒、真菌孢子、真菌繁殖体、细菌繁殖体、亲脂性病毒

B. 细菌芽孢、真菌孢子、分枝杆菌、亲水性病毒、真菌繁殖体、细菌繁殖体、亲脂性病毒

C. 细菌芽孢、分枝杆菌、真菌孢子、亲水性病毒、真菌繁殖体、细菌繁殖体、亲脂性病毒

D. 真菌孢子、细菌芽孢、分枝杆菌、亲水性病毒、真菌繁殖体、细菌繁殖体、亲脂性病毒

25. 申请在省、自治区、直辖市行政区域内运输高致病性病原微生物菌（毒）种或样本的，由省、自治区、直辖市卫生行政部门审批。对申请材料齐全或者符合法定形式的，应当即时受理，并在________个工作日内做出是否批准的决定。

A. 1　B. 3　C. 5　D. 10

26. 可能产生微生物气溶胶的实验室活动不包括（ ）

A. 接种环操作　B. 吸管操作

C. 针头和注射器操作　D. 高压蒸汽灭菌

27. 生物安全柜是生物安全实验室的核心装备，按照防护能力不同，安全柜可分为几级几型（ ）

A. 3，3　B. 4，4　C. 4，5　D. 3，6

四、判断题（每题 0.5 分，共 10 分）

28. 当实验室开展新的实验活动并涉及新的病原微生物时，应在原备案的基础上再次申请备案。（　）

29. 实验室生物安全工作的核心是进行风险评估。（　）

30. 实验室生物安全工作是为了在从事病原微生物实验活动的实验室中避免病原微生物对工作人员、相关人员、公众的危害，不管对环境的污染。（　）

31. 生物安全实验室是指通过规范的设计建造、合理的设备配置、正确的装备使用，标准化的程序操作、严格的管理规定等，确保操作生物危险因子的工作人员不受实验对象的伤害，周围环境不受其污染，实验因子保持原有本性的实验室。（　）

32. 和 BSL-3 和 BSL-4 级实验室建设一样对实验室选址方面有特殊要求，BSL-1 和 BSL-2 级实验室在选址和建筑物间距方面也有特殊要求。（　）

33. 从事病原微生物实验室活动的所有操作人员必须经过培训，通过考核，获得上岗证书。（　）

34. 在实验室内运输感染性物质时，应使用金属的或塑料材质的二层容器。（　）

35. 生物安全柜是实验室最重要的安全设备之一，可形成最主要的防护屏障；只要有生物安全柜，个人防护就不重要了。（　）

36. 121 ℃下保持 10 min 的条件下，可以起到高压蒸汽灭菌的作用。（　）

37. 实验室使用新技术、新方法从事高致病性病原微生物相关实验活动的，应当符合防止高致病性病原微生物扩散、保证生物安全和操作者人身安全的要求，并经国家病原微生物实验室生物安全专家委员会论证；经论证可行后，方可使用。（　）

38. 脱个人防护装备时，必须有经过培训的监督员现场监督，监督员可不用穿戴个人防护服或口罩、手套和防护眼镜等。（　）

39. 生物安全柜应进行定期测试和维护，高压灭菌器可不用。（　）

40. 在生物安全二级实验室必须要有生物安全柜。（　）

41. BSL-2 实验室门上应标有国际通用的生物危害警告标志，包括通用的生物危险性标志，生物安全的级别、实验室负责人姓名、紧急联系电话及进入实验室的特殊要求。（　）

42. A 类感染性物质的包装系统包括：防水的主容器，防水的辅助包装和强度满足容积、质量及使用要求的刚性外包装。（　）

43. 实验室发生刺伤、切割伤或擦伤时，受伤人员应当脱下防护服，清洗双手和受伤部位，使用适当的皮肤消毒剂，无须进行医学处理。（　）

44. 在固定的申请单位和接收单位之间多次运输相同品种高致病性病原微生物菌（毒）种或样本的，可以申请多次运输。（　）

45. 实验室的防火和安全通道设置应符合国家的消防规定和要求，同时应考虑生物安全的特殊要求；必要时应事先征询消防主管部门的同意。（　）

46. 生物安全防护水平为二级的实验室适用于操作能够引起人类或者动物严重疾病，比较容易直接或者间接在人与人、动物与人、动物与动物间传播的微生物。（　）

47. 凡涉及病原微生物操作的单位均应建立实验室事故报告制度。（　）

五、简答题（每题 10 分，共 20 分）

48. 简述国家标准是如何对病原微生物实现分类的？高致病性病原微生物是指第几类？

49. BSL-2 实验室必需的安全设备有哪些，基本要求有哪些？

附录 C　相关法律法规、标准、规定及行文

附录 C-1

病原微生物实验室生物安全管理条例

（2018 年修正版）

第一章　总　则

第一条　为了加强病原微生物实验室（以下称实验室）生物安全管理，保护实验室工作人员和公众的健康，制定本条例。

第二条　对中华人民共和国境内的实验室及其从事实验活动的生物安全管理，适用本条例。

本条例所称病原微生物，是指能够使人或者动物致病的微生物。

本条例所称实验活动，是指实验室从事与病原微生物菌（毒）种、样本有关的研究、教学、检测、诊断等活动。

第三条　国务院卫生主管部门主管与人体健康有关的实验室及其实验活动的生物安全监督工作。

国务院兽医主管部门主管与动物有关的实验室及其实验活动的生物安全监督工作。

国务院其他有关部门在各自职责范围内负责实验室及其实验活动的生物安全管理工作。

县级以上地方人民政府及其有关部门在各自职责范围内负责实验室及其实验活动的生物安全管理工作。

第四条　国家对病原微生物实行分类管理，对实验室实行分级管理。

第五条　国家实行统一的实验室生物安全标准。实验室应当符合国家标准和要求。

第六条　实验室的设立单位及其主管部门负责实验室日常活动的管理，承担建立健全安全管理制度，检查、维护实验设施、设备，控制实验室感染的职责。

第二章　病原微生物的分类和管理

第七条　国家根据病原微生物的传染性、感染后对个体或者群体的危害程度，将病原微生物分为四类：

第一类病原微生物，是指能够引起人类或者动物非常严重疾病的微生物，以及我国尚未发现或者已经宣布消灭的微生物。

第二类病原微生物，是指能够引起人类或者动物严重疾病，比较容易直接或者间接在人

与人、动物与人、动物与动物间传播的微生物。

第三类病原微生物，是指能够引起人类或者动物疾病，但一般情况下对人、动物或者环境不构成严重危害，传播风险有限，实验室感染后很少引起严重疾病，并且具备有效治疗和预防措施的微生物。

第四类病原微生物，是指在通常情况下不会引起人类或者动物疾病的微生物。

第一类、第二类病原微生物统称为高致病性病原微生物。

第八条 人间传染的病原微生物名录由国务院卫生主管部门商国务院有关部门后制定、调整并予以公布；动物间传染的病原微生物名录由国务院兽医主管部门商国务院有关部门后制定、调整并予以公布。

第九条 采集病原微生物样本应当具备下列条件：

（一）具有与采集病原微生物样本所需要的生物安全防护水平相适应的设备；

（二）具有掌握相关专业知识和操作技能的工作人员；

（三）具有有效地防止病原微生物扩散和感染的措施；

（四）具有保证病原微生物样本质量的技术方法和手段。

采集高致病性病原微生物样本的工作人员在采集过程中应当防止病原微生物扩散和感染，并对样本的来源、采集过程和方法等作详细记录。

第十条 运输高致病性病原微生物菌（毒）种或者样本，应当通过陆路运输；没有陆路通道，必须经水路运输的，可以通过水路运输；紧急情况下或者需要将高致病性病原微生物菌（毒）种或者样本运往国外的，可以通过民用航空运输。

第十一条 运输高致病性病原微生物菌（毒）种或者样本，应当具备下列条件：

（一）运输目的、高致病性病原微生物的用途和接收单位符合国务院卫生主管部门或者兽医主管部门的规定；

（二）高致病性病原微生物菌（毒）种或者样本的容器应当密封，容器或者包装材料还应当符合防水、防破损、防外泄、耐高（低）温、耐高压的要求；

（三）容器或者包装材料上应当印有国务院卫生主管部门或者兽医主管部门规定的生物危险标识、警告用语和提示用语。

运输高致病性病原微生物菌（毒）种或者样本，应当经省级以上人民政府卫生主管部门或者兽医主管部门批准。在省、自治区、直辖市行政区域内运输的，由省、自治区、直辖市人民政府卫生主管部门或者兽医主管部门批准；需要跨省、自治区、直辖市运输或者运往国外的，由出发地的省、自治区、直辖市人民政府卫生主管部门或者兽医主管部门进行初审后，分别报国务院卫生主管部门或者兽医主管部门批准。

出入境检验检疫机构在检验检疫过程中需要运输病原微生物样本的，由国务院出入境检验检疫部门批准，并同时向国务院卫生主管部门或者兽医主管部门通报。

通过民用航空运输高致病性病原微生物菌（毒）种或者样本的，除依照本条第二款、第三款规定取得批准外，还应当经国务院民用航空主管部门批准。

有关主管部门应当对申请人提交的关于运输高致性病原微生物菌（毒）种或者样本的申请材料进行审查，对符合本条第一款规定条件的，应当即时批准。

第十二条 运输高致病性病原微生物菌（毒）种或者样本，应当由不少于2人的专人护送，并采取相应的防护措施。

有关单位或者个人不得通过公共电（汽）车和城市铁路运输病原微生物菌（毒）种或者样本。

第十三条 需要通过铁路、公路、民用航空等公共交通工具运输高致病性病原微生物菌（毒）种或者样本的，承运单位应当凭本条例第十一条规定的批准文件予以运输。

承运单位应当与护送人共同采取措施，确保所运输的高致病性病原微生物菌（毒）种或者样本的安全，严防发生被盗、被抢、丢失、泄漏事件。

第十四条 国务院卫生主管部门或者兽医主管部门指定的菌（毒）种保藏中心或者专业实验室（以下称保藏机构），承担集中储存病原微生物菌（毒）种和样本的任务。

保藏机构应当依照国务院卫生主管部门或者兽医主管部门的规定，储存实验室送交的病原微生物菌（毒）种和样本，并向实验室提供病原微生物菌（毒）种和样本。

保藏机构应当制定严格的安全保管制度，作好病原微生物菌（毒）种和样本进出和储存的记录，建立档案制度，并指定专人负责。对高致病性病原微生物菌（毒）种和样本应当设专库或者专柜单独储存。

保藏机构储存、提供病原微生物菌（毒）种和样本，不得收取任何费用，其经费由同级财政在单位预算中予以保障。

保藏机构的管理办法由国务院卫生主管部门会同国务院兽医主管部门制定。

第十五条 保藏机构应当凭实验室依照本条例的规定取得的从事高致病性病原微生物相关实验活动的批准文件，向实验室提供高致病性病原微生物菌（毒）种和样本，并予以登记。

第十六条 实验室在相关实验活动结束后，应当依照国务院卫生主管部门或者兽医主管部门的规定，及时将病原微生物菌（毒）种和样本就地销毁或者送交保藏机构保管。

保藏机构接受实验室送交的病原微生物菌（毒）种和样本，应当予以登记，并开具接收证明。

第十七条 高致病性病原微生物菌（毒）种或者样本在运输、储存中被盗、被抢、丢失、泄漏的，承运单位、护送人、保藏机构应当采取必要的控制措施，并在2小时内分别向承运单位的主管部门、护送人所在单位和保藏机构的主管部门报告，同时向所在地的县级人民政府卫生主管部门或者兽医主管部门报告，发生被盗、被抢、丢失的，还应当向公安机关报告；接到报告的卫生主管部门或者兽医主管部门应当在2小时内向本级人民政府报告，并同时向上级人民政府卫生主管部门或者兽医主管部门和国务院卫生主管部门或者兽医主管部门报告。

县级人民政府应当在接到报告后2小时内向设区的市级人民政府或者上一级人民政府报告；设区的市级人民政府应当在接到报告后2小时内向省、自治区、直辖市人民政府报告。省、自治区、直辖市人民政府应当在接到报告后1小时内，向国务院卫生主管部门或者兽医主管部门报告。

任何单位和个人发现高致病性病原微生物菌（毒）种或者样本的容器或者包装材料，

应当及时向附近的卫生主管部门或者兽医主管部门报告；接到报告的卫生主管部门或者兽医主管部门应当及时组织调查核实，并依法采取必要的控制措施。

第三章　实验室的设立与管理

第十八条　国家根据实验室对病原微生物的生物安全防护水平，并依照实验室生物安全国家标准的规定，将实验室分为一级、二级、三级、四级。

第十九条　新建、改建、扩建三级、四级实验室或者生产、进口移动式三级、四级实验室应当遵守下列规定：

（一）符合国家生物安全实验室体系规划并依法履行有关审批手续；

（二）经国务院科技主管部门审查同意；

（三）符合国家生物安全实验室建筑技术规范；

（四）依照《中华人民共和国环境影响评价法》的规定进行环境影响评价并经环境保护主管部门审查批准；

（五）生物安全防护级别与其拟从事的实验活动相适应。

前款规定所称国家生物安全实验室体系规划，由国务院投资主管部门会同国务院有关部门制定。制定国家生物安全实验室体系规划应当遵循总量控制、合理布局、资源共享的原则，并应当召开听证会或者论证会，听取公共卫生、环境保护、投资管理和实验室管理等方面专家的意见。

第二十条　三级、四级实验室应当通过实验室国家认可。

国务院认证认可监督管理部门确定的认可机构应当依照实验室生物安全国家标准以及本条例的有关规定，对三级、四级实验室进行认可；实验室通过认可的，颁发相应级别的生物安全实验室证书。证书有效期为5年。

第二十一条　一级、二级实验室不得从事高致病性病原微生物实验活动。三级、四级实验室从事高致病性病原微生物实验活动，应当具备下列条件：

（一）实验目的和拟从事的实验活动符合国务院卫生主管部门或者兽医主管部门的规定；

（二）通过实验室国家认可；

（三）具有与拟从事的实验活动相适应的工作人员；

（四）工程质量经建筑主管部门依法检测验收合格。

第二十二条　三级、四级实验室，需要从事某种高致病性病原微生物或者疑似高致病性病原微生物实验活动的，应当依照国务院卫生主管部门或者兽医主管部门的规定报省级以上人民政府卫生主管部门或者兽医主管部门批准。实验活动结果以及工作情况应当向原批准部门报告。

实验室申报或者接受与高致病性病原微生物有关的科研项目，应当符合科研需要和生物安全要求，具有相应的生物安全防护水平。与动物间传染的高致病性病原微生物有关的科研项目，应当经国务院兽医主管部门同意；与人体健康有关的高致病性病原微生物科研项目，实验室应当将立项结果告知省级以上人民政府卫生主管部门。

第二十三条 出入境检验检疫机构、医疗卫生机构、动物防疫机构在实验室开展检测、诊断工作时，发现高致病性病原微生物或者疑似高致病性病原微生物，需要进一步从事这类高致病性病原微生物相关实验活动的，应当依照本条例的规定经批准同意，并在具备相应条件的实验室中进行。

专门从事检测、诊断的实验室应当严格依照国务院卫生主管部门或者兽医主管部门的规定，建立健全规章制度，保证实验室生物安全。

第二十四条 省级以上人民政府卫生主管部门或者兽医主管部门应当自收到需要从事高致病性病原微生物相关实验活动的申请之日起 15 日内做出是否批准的决定。

对出入境检验检疫机构为了检验检疫工作的紧急需要，申请在实验室对高致病性病原微生物或者疑似高致病性病原微生物开展进一步实验活动的，省级以上人民政府卫生主管部门或者兽医主管部门应当自收到申请之时起 2 小时内做出是否批准的决定；2 小时内未做出决定的，实验室可以从事相应的实验活动。

省级以上人民政府卫生主管部门或者兽医主管部门应当为申请人通过电报、电传、传真、电子数据交换和电子邮件等方式提出申请提供方便。

第二十五条 新建、改建或者扩建一级、二级实验室，应当向设区的市级人民政府卫生主管部门或者兽医主管部门备案。设区的市级人民政府卫生主管部门或者兽医主管部门应当每年将备案情况汇总后报省、自治区、直辖市人民政府卫生主管部门或者兽医主管部门。

第二十六条 国务院卫生主管部门和兽医主管部门应当定期汇总并互相通报实验室数量和实验室设立、分布情况，以及三级、四级实验室从事高致病性病原微生物实验活动的情况。

第二十七条 已经建成并通过实验室国家认可的三级、四级实验室应当向所在地的县级人民政府环境保护主管部门备案。环境保护主管部门依照法律、行政法规的规定对实验室排放的废水、废气和其他废物处置情况进行监督检查。

第二十八条 对我国尚未发现或者已经宣布消灭的病原微生物，任何单位和个人未经批准不得从事相关实验活动。

为了预防、控制传染病，需要从事前款所指病原微生物相关实验活动的，应当经国务院卫生主管部门或者兽医主管部门批准，并在批准部门指定的专业实验室中进行。

第二十九条 实验室使用新技术、新方法从事高致病性病原微生物相关实验活动的，应当符合防止高致病性病原微生物扩散、保证生物安全和操作者人身安全的要求，并经国家病原微生物实验室生物安全专家委员会论证；经论证可行的，方可使用。

第三十条 需要在动物体上从事高致病性病原微生物相关实验活动的，应当在符合动物实验室生物安全国家标准的三级以上实验室进行。

第三十一条 实验室的设立单位负责实验室的生物安全管理。

实验室的设立单位应当依照本条例的规定制定科学、严格的管理制度，并定期对有关生物安全规定的落实情况进行检查，定期对实验室设施、设备、材料等进行检查、维护和更新，以确保其符合国家标准。

实验室的设立单位及其主管部门应当加强对实验室日常活动的管理。

第三十二条 实验室负责人为实验室生物安全的第一责任人。

实验室从事实验活动应当严格遵守有关国家标准和实验室技术规范、操作规程。实验室负责人应当指定专人监督检查实验室技术规范和操作规程的落实情况。

第三十三条 从事高致病性病原微生物相关实验活动的实验室的设立单位，应当建立健全安全保卫制度，采取安全保卫措施，严防高致病性病原微生物被盗、被抢、丢失、泄漏，保障实验室及其病原微生物的安全。实验室发生高致病性病原微生物被盗、被抢、丢失、泄漏的，实验室的设立单位应当依照本条例第十七条的规定进行报告。

从事高致病性病原微生物相关实验活动的实验室应当向当地公安机关备案，并接受公安机关有关实验室安全保卫工作的监督指导。

第三十四条 实验室或者实验室的设立单位应当每年定期对工作人员进行培训，保证其掌握实验室技术规范、操作规程、生物安全防护知识和实际操作技能，并进行考核。工作人员经考核合格的，方可上岗。

从事高致病性病原微生物相关实验活动的实验室，应当每半年将培训、考核其工作人员的情况和实验室运行情况向省、自治区、直辖市人民政府卫生主管部门或者兽医主管部门报告。

第三十五条 从事高致病性病原微生物相关实验活动应当有2名以上的工作人员共同进行。

进入从事高致病性病原微生物相关实验活动的实验室的工作人员或者其他有关人员，应当经实验室负责人批准。实验室应当为其提供符合防护要求的防护用品并采取其他职业防护措施。从事高致病性病原微生物相关实验活动的实验室，还应当对实验室工作人员进行健康监测，每年组织对其进行体检，并建立健康档案；必要时，应当对实验室工作人员进行预防接种。

第三十六条 在同一个实验室的同一个独立安全区域内，只能同时从事一种高致病性病原微生物的相关实验活动。

第三十七条 实验室应当建立实验档案，记录实验室使用情况和安全监督情况。实验室从事高致病性病原微生物相关实验活动的实验档案保存期，不得少于20年。

第三十八条 实验室应当依照环境保护的有关法律、行政法规和国务院有关部门的规定，对废水、废气以及其他废物进行处置，并制定相应的环境保护措施，防止环境污染。

第三十九条 三级、四级实验室应当在明显位置标示国务院卫生主管部门和兽医主管部门规定的生物危险标识和生物安全实验室级别标志。

第四十条 从事高致病性病原微生物相关实验活动的实验室应当制定实验室感染应急处置预案，并向该实验室所在地的省、自治区、直辖市人民政府卫生主管部门或者兽医主管部门备案。

第四十一条 国务院卫生主管部门和兽医主管部门会同国务院有关部门组织病原学、免疫学、检验医学、流行病学、预防兽医学、环境保护和实验室管理等方面的专家，组成国家病原微生物实验室生物安全专家委员会。该委员会承担从事高致病性病原微生物相关实验活动的实验室的设立与运行的生物安全评估和技术咨询、论证工作。

省、自治区、直辖市人民政府卫生主管部门和兽医主管部门会同同级人民政府有关部门组织病原学、免疫学、检验医学、流行病学、预防兽医学、环境保护和实验室管理等方面的专家，组成本地区病原微生物实验室生物安全专家委员会。该委员会承担本地区实验室设立和运行的技术咨询工作。

第四章　实验室感染控制

第四十二条　实验室的设立单位应当指定专门的机构或者人员承担实验室感染控制工作，定期检查实验室的生物安全防护、病原微生物菌（毒）种和样本保存与使用、安全操作、实验室排放的废水和废气以及其他废物处置等规章制度的实施情况。

负责实验室感染控制工作的机构或者人员应当具有与该实验室中的病原微生物有关的传染病防治知识，并定期调查、了解实验室工作人员的健康状况。

第四十三条　实验室工作人员出现与本实验室从事的高致病性病原微生物相关实验活动有关的感染临床症状或者体征时，实验室负责人应当向负责实验室感染控制工作的机构或者人员报告，同时派专人陪同及时就诊；实验室工作人员应当将近期所接触的病原微生物的种类和危险程度如实告知诊治医疗机构。接诊的医疗机构应当及时救治；不具备相应救治条件的，应当依照规定将感染的实验室工作人员转诊至具备相应传染病救治条件的医疗机构；具备相应传染病救治条件的医疗机构应当接诊治疗，不得拒绝救治。

第四十四条　实验室发生高致病性病原微生物泄漏时，实验室工作人员应当立即采取控制措施，防止高致病性病原微生物扩散，并同时向负责实验室感染控制工作的机构或者人员报告。

第四十五条　负责实验室感染控制工作的机构或者人员接到本条例第四十三条、第四十四条规定的报告后，应当立即启动实验室感染应急处置预案，并组织人员对该实验室生物安全状况等情况进行调查；确认发生实验室感染或者高致病性病原微生物泄漏的，应当依照本条例第十七条的规定进行报告，并同时采取控制措施，对有关人员进行医学观察或者隔离治疗，封闭实验室，防止扩散。

第四十六条　卫生主管部门或者兽医主管部门接到关于实验室发生工作人员感染事故或者病原微生物泄漏事件的报告，或者发现实验室从事病原微生物相关实验活动造成实验室感染事故的，应当立即组织疾病预防控制机构、动物防疫监督机构和医疗机构以及其他有关机构依法采取下列预防、控制措施：

（一）封闭被病原微生物污染的实验室或者可能造成病原微生物扩散的场所；

（二）开展流行病学调查；

（三）对病人进行隔离治疗，对相关人员进行医学检查；

（四）对密切接触者进行医学观察；

（五）进行现场消毒；

（六）对染疫或者疑似染疫的动物采取隔离、扑杀等措施；

（七）其他需要采取的预防、控制措施。

第四十七条　医疗机构或者兽医医疗机构及其执行职务的医务人员发现由于实验室感染

而引起的与高致病性病原微生物相关的传染病病人、疑似传染病病人或者患有疫病、疑似患有疫病的动物，诊治的医疗机构或者兽医医疗机构应当在2小时内报告所在地的县级人民政府卫生主管部门或者兽医主管部门；接到报告的卫生主管部门或者兽医主管部门应当在2小时内通报实验室所在地的县级人民政府卫生主管部门或者兽医主管部门。接到通报的卫生主管部门或者兽医主管部门应当依照本条例第四十六条的规定采取预防、控制措施。

第四十八条 发生病原微生物扩散，有可能造成传染病暴发、流行时，县级以上人民政府卫生主管部门或者兽医主管部门应当依照有关法律、行政法规的规定以及实验室感染应急处置预案进行处理。

第五章 监督管理

第四十九条 县级以上地方人民政府卫生主管部门、兽医主管部门依照各自分工，履行下列职责：

（一）对病原微生物菌（毒）种、样本的采集、运输、储存进行监督检查；

（二）对从事高致病性病原微生物相关实验活动的实验室是否符合本条例规定的条件进行监督检查；

（三）对实验室或者实验室的设立单位培训、考核其工作人员以及上岗人员的情况进行监督检查；

（四）对实验室是否按照有关国家标准、技术规范和操作规程从事病原微生物相关实验活动进行监督检查。

县级以上地方人民政府卫生主管部门、兽医主管部门，应当主要通过检查反映实验室执行国家有关法律、行政法规以及国家标准和要求的记录、档案、报告，切实履行监督管理职责。

第五十条 县级以上人民政府卫生主管部门、兽医主管部门、环境保护主管部门在履行监督检查职责时，有权进入被检查单位和病原微生物泄漏或者扩散现场调查取证、采集样品，查阅复制有关资料。需要进入从事高致病性病原微生物相关实验活动的实验室调查取证、采集样品的，应当指定或者委托专业机构实施。被检查单位应当予以配合，不得拒绝、阻挠。

第五十一条 国务院认证认可监督管理部门依照《中华人民共和国认证认可条例》的规定对实验室认可活动进行监督检查。

第五十二条 卫生主管部门、兽医主管部门、环境保护主管部门应当依据法定的职权和程序履行职责，做到公正、公平、公开、文明、高效。

第五十三条 卫生主管部门、兽医主管部门、环境保护主管部门的执法人员执行职务时，应当有2名以上执法人员参加，出示执法证件，并依照规定填写执法文书。

现场检查笔录、采样记录等文书经核对无误后，应当由执法人员和被检查人、被采样人签名。被检查人、被采样人拒绝签名的，执法人员应当在自己签名后注明情况。

第五十四条 卫生主管部门、兽医主管部门、环境保护主管部门及其执法人员执行职务，应当自觉接受社会和公民的监督。公民、法人和其他组织有权向上级人民政府及其卫生主管部门、兽医主管部门、环境保护主管部门举报地方人民政府及其有关主管部门不依照规定履行职责的情况。接到举报的有关人民政府或者其卫生主管部门、兽医主管部门、环境保护主管部门，应当及时调查处理。

第五十五条 上级人民政府卫生主管部门、兽医主管部门、环境保护主管部门发现属于下级人民政府卫生主管部门、兽医主管部门、环境保护主管部门职责范围内需要处理的事项的，应当及时告知该部门处理；下级人民政府卫生主管部门、兽医主管部门、环境保护主管部门不及时处理或者不积极履行本部门职责的，上级人民政府卫生主管部门、兽医主管部门、环境保护主管部门应当责令其限期改正；逾期不改正的，上级人民政府卫生主管部门、兽医主管部门、环境保护主管部门有权直接予以处理。

第六章 法律责任

第五十六条 三级、四级实验室未经批准从事某种高致病性病原微生物或者疑似高致病性病原微生物实验活动的，由县级以上地方人民政府卫生主管部门、兽医主管部门依照各自职责，责令停止有关活动，监督其将用于实验活动的病原微生物销毁或者送交保藏机构，并给予警告；造成传染病传播、流行或者其他严重后果的，由实验室的设立单位对主要负责人、直接负责的主管人员和其他直接责任人员，依法给予撤职、开除的处分；构成犯罪的，依法追究刑事责任。

第五十七条 卫生主管部门或者兽医主管部门违反本条例的规定，准予不符合本条例规定条件的实验室从事高致病性病原微生物相关实验活动的，由做出批准决定的卫生主管部门或者兽医主管部门撤销原批准决定，责令有关实验室立即停止有关活动，并监督其将用于实验活动的病原微生物销毁或者送交保藏机构，对直接负责的主管人员和其他直接责任人员依法给予行政处分；构成犯罪的，依法追究刑事责任。

因违法做出批准决定给当事人的合法权益造成损害的，做出批准决定的卫生主管部门或者兽医主管部门应当依法承担赔偿责任。

第五十八条 卫生主管部门或者兽医主管部门对出入境检验检疫机构为了检验检疫工作的紧急需要，申请在实验室对高致病性病原微生物或者疑似高致病性病原微生物开展进一步检测活动，不在法定期限内做出是否批准决定的，由其上级行政机关或者监察机关责令改正，给予警告；造成传染病传播、流行或者其他严重后果的，对直接负责的主管人员和其他直接责任人员依法给予撤职、开除的行政处分；构成犯罪的，依法追究刑事责任。

第五十九条 违反本条例规定，在不符合相应生物安全要求的实验室从事病原微生物相关实验活动的，由县级以上地方人民政府卫生主管部门、兽医主管部门依照各自职责，责令停止有关活动，监督其将用于实验活动的病原微生物销毁或者送交保藏机构，并给予警告；造成传染病传播、流行或者其他严重后果的，由实验室的设立单位对主要负责人、直接负责的主管人员和其他直接责任人员，依法给予撤职、开除的处分；构成犯罪的，依法追究刑事责任。

第六十条 实验室有下列行为之一的，由县级以上地方人民政府卫生主管部门、兽医主管部门依照各自职责，责令限期改正，给予警告；逾期不改正的，由实验室的设立单位对主要负责人、直接负责的主管人员和其他直接责任人员，依法给予撤职、开除的处分；有许可证件的，并由原发证部门吊销有关许可证件：

（一）未依照规定在明显位置标示国务院卫生主管部门和兽医主管部门规定的生物危险标识和生物安全实验室级别标志的；

（二）未向原批准部门报告实验活动结果以及工作情况的；

（三）未依照规定采集病原微生物样本，或者对所采集样本的来源、采集过程和方法等未作详细记录的；

（四）新建、改建或者扩建一级、二级实验室未向设区的市级人民政府卫生主管部门或者兽医主管部门备案的；

（五）未依照规定定期对工作人员进行培训，或者工作人员考核不合格允许其上岗，或者批准未采取防护措施的人员进入实验室的；

（六）实验室工作人员未遵守实验室生物安全技术规范和操作规程的；

（七）未依照规定建立或者保存实验档案的；

（八）未依照规定制定实验室感染应急处置预案并备案的。

第六十一条　经依法批准从事高致病性病原微生物相关实验活动的实验室的设立单位未建立健全安全保卫制度，或者未采取安全保卫措施的，由县级以上地方人民政府卫生主管部门、兽医主管部门依照各自职责，责令限期改正；逾期不改正，导致高致病性病原微生物菌（毒）种、样本被盗、被抢或者造成其他严重后果的，责令停止该项实验活动，该实验室2年内不得申请从事高致病性病原微生物实验活动；造成传染病传播、流行的，该实验室设立单位的主管部门还应当对该实验室的设立单位的直接负责的主管人员和其他直接责任人员，依法给予降级、撤职、开除的处分；构成犯罪的，依法追究刑事责任。

第六十二条　未经批准运输高致病性病原微生物菌（毒）种或者样本，或者承运单位经批准运输高致病性病原微生物菌（毒）种或者样本未履行保护义务，导致高致病性病原微生物菌（毒）种或者样本被盗、被抢、丢失、泄漏的，由县级以上地方人民政府卫生主管部门、兽医主管部门依照各自职责，责令采取措施，消除隐患，给予警告；造成传染病传播、流行或者其他严重后果的，由托运单位和承运单位的主管部门对主要负责人、直接负责的主管人员和其他直接责任人员，依法给予撤职、开除的处分；构成犯罪的，依法追究刑事责任。

第六十三条　有下列行为之一的，由实验室所在地的设区的市级以上地方人民政府卫生主管部门、兽医主管部门依照各自职责，责令有关单位立即停止违法活动，监督其将病原微生物销毁或者送交保藏机构；造成传染病传播、流行或者其他严重后果的，由其所在单位或者其上级主管部门对主要负责人、直接负责的主管人员和其他直接责任人员，依法给予撤职、开除的处分；有许可证件的，并由原发证部门吊销有关许可证件；构成犯罪的，依法追究刑事责任：

（一）实验室在相关实验活动结束后，未依照规定及时将病原微生物菌（毒）种和样本就地销毁或者送交保藏机构保管的；

（二）实验室使用新技术、新方法从事高致病性病原微生物相关实验活动未经国家病原微生物实验室生物安全专家委员会论证的；

（三）未经批准擅自从事在我国尚未发现或者已经宣布消灭的病原微生物相关实验活动的；

（四）在未经指定的专业实验室从事在我国尚未发现或者已经宣布消灭的病原微生物相关实验活动的；

（五）在同一个实验室的同一个独立安全区域内同时从事两种或者两种以上高致病性病原微生物的相关实验活动的。

第六十四条 认可机构对不符合实验室生物安全国家标准以及本条例规定条件的实验室予以认可，或者对符合实验室生物安全国家标准以及本条例规定条件的实验室不予认可的，由国务院认证认可监督管理部门责令限期改正，给予警告；造成传染病传播、流行或者其他严重后果的，由国务院认证认可监督管理部门撤销其认可资格，有上级主管部门的，由其上级主管部门对主要负责人、直接负责的主管人员和其他直接责任人员依法给予撤职、开除的处分；构成犯罪的，依法追究刑事责任。

第六十五条 实验室工作人员出现该实验室从事的病原微生物相关实验活动有关的感染临床症状或者体征，以及实验室发生高致病性病原微生物泄漏时，实验室负责人、实验室工作人员、负责实验室感染控制的专门机构或者人员未依照规定报告，或者未依照规定采取控制措施的，由县级以上地方人民政府卫生主管部门、兽医主管部门依照各自职责，责令限期改正，给予警告；造成传染病传播、流行或者其他严重后果的，由其设立单位对实验室主要负责人、直接负责的主管人员和其他直接责任人员，依法给予撤职、开除的处分；有许可证件的，并由原发证部门吊销有关许可证件；构成犯罪的，依法追究刑事责任。

第六十六条 拒绝接受卫生主管部门、兽医主管部门依法开展有关高致病性病原微生物扩散的调查取证、采集样品等活动或者依照本条例规定采取有关预防、控制措施的，由县级以上人民政府卫生主管部门、兽医主管部门依照各自职责，责令改正，给予警告；造成传染病传播、流行以及其他严重后果的，由实验室的设立单位对实验室主要负责人、直接负责的主管人员和其他直接责任人员，依法给予降级、撤职、开除的处分；有许可证件的，并由原发证部门吊销有关许可证件；构成犯罪的，依法追究刑事责任。

第六十七条 发生病原微生物被盗、被抢、丢失、泄漏，承运单位、护送人、保藏机构和实验室的设立单位未依照本条例的规定报告的，由所在地的县级人民政府卫生主管部门或者兽医主管部门给予警告；造成传染病传播、流行或者其他严重后果的，由实验室的设立单位或者承运单位、保藏机构的上级主管部门对主要负责人、直接负责的主管人员和其他直接责任人员，依法给予撤职、开除的处分；构成犯罪的，依法追究刑事责任。

第六十八条 保藏机构未依照规定储存实验室送交的菌（毒）种和样本，或者未依照规定提供菌（毒）种和样本的，由其指定部门责令限期改正，收回违法提供的菌（毒）种和样本，并给予警告；造成传染病传播、流行或者其他严重后果的，由其所在单位或者其上级主管部门对主要负责人、直接负责的主管人员和其他直接责任人员，依法给予撤职、开除的处分；构成犯罪的，依法追究刑事责任。

第六十九条 县级以上人民政府有关主管部门，未依照本条例的规定履行实验室及其实验活动监督检查职责的，由有关人民政府在各自职责范围内责令改正，通报批评；造成传染病传播、流行或者其他严重后果的，对直接负责的主管人员，依法给予行政处分；构成犯罪的，依法追究刑事责任。

第七章　附　则

第七十条　军队实验室由中国人民解放军卫生主管部门参照本条例负责监督管理。

第七十一条　本条例施行前设立的实验室，应当自本条例施行之日起6个月内，依照本条例的规定，办理有关手续。

第七十二条　本条例自公布之日起施行。

附录 C–2

医疗卫生机构医疗废物管理办法

中华人民共和国卫生部令第36号（2003年）

第一章　总　则

第一条　为规范医疗卫生机构对医疗废物的管理，有效预防和控制医疗废物对人体健康和环境产生危害，根据《医疗废物管理条例》，制定本办法。

第二条　各级各类医疗卫生机构应当按照《医疗废物管理条例》和本办法的规定对医疗废物进行管理。

第三条　卫生部对全国医疗卫生机构的医疗废物管理工作实施监督。

县级以上地方人民政府卫生行政主管部门对本行政区域医疗卫生机构的医疗废物管理工作实施监督。

第二章　医疗卫生机构对医疗废物的管理职责

第四条　医疗卫生机构应当建立、健全医疗废物管理责任制，其法定代表人或者主要负责人为第一责任人，切实履行职责，确保医疗废物的安全管理。

第五条　医疗卫生机构应当依据国家有关法律、行政法规、部门规章和规范性文件的规定，制定并落实医疗废物管理的规章制度、工作流程和要求、有关人员的工作职责及发生医疗卫生机构内医疗废物流失、泄漏、扩散和意外事故的应急方案。内容包括：

（一）医疗卫生机构内医疗废物各产生地点对医疗废物分类收集方法和工作要求；

（二）医疗卫生机构内医疗废物的产生地点、暂时贮存地点的工作制度及从产生地点运送至暂时贮存地点的工作要求；

（三）医疗废物在医疗卫生机构内部运送及将医疗废物交由医疗废物处置单位的有关交接、登记的规定；

（四）医疗废物管理过程中的特殊操作程序及发生医疗废物流失、泄漏、扩散和意外事故的紧急处理措施；

（五）医疗废物分类收集、运送、暂时贮存过程中有关工作人员的职业卫生安全防护。

第六条 医疗卫生机构应当设置负责医疗废物管理的监控部门或者专（兼）职人员，履行以下职责：

（一）负责指导、检查医疗废物分类收集、运送、暂时贮存及机构内处置过程中各项工作的落实情况；

（二）负责指导、检查医疗废物分类收集、运送、暂时贮存及机构内处置过程中的职业卫生安全防护工作；

（三）负责组织医疗废物流失、泄漏、扩散和意外事故发生时的紧急处理工作；

（四）负责组织有关医疗废物管理的培训工作；

（五）负责有关医疗废物登记和档案资料的管理；

（六）负责及时分析和处理医疗废物管理中的其他问题。

第七条 医疗卫生机构发生医疗废物流失、泄漏、扩散和意外事故时，应当按照《医疗废物管理条例》和本办法的规定采取相应紧急处理措施，并在48小时内向所在地的县级人民政府卫生行政主管部门、环境保护行政主管部门报告。调查处理工作结束后，医疗卫生机构应当将调查处理结果向所在地的县级人民政府卫生行政主管部门、环境保护行政主管部门报告。

县级人民政府卫生行政主管部门每月汇总逐级上报至当地省级人民政府卫生行政主管部门。

省级人民政府卫生行政主管部门每半年汇总后报卫生部。

第八条 医疗卫生机构发生因医疗废物管理不当导致1人以上死亡或者3人以上健康损害，需要对致病人员提供医疗救护和现场救援的重大事故时，应当在12小时内向所在地的县级人民政府卫生行政主管部门报告，并按照《医疗废物管理条例》和本办法的规定，采取相应紧急处理措施。

县级人民政府卫生行政主管部门接到报告后，应当在12小时内逐级向省级人民政府卫生行政主管部门报告。

医疗卫生机构发生因医疗废物管理不当导致3人以上死亡或者10人以上健康损害，需要对致病人员提供医疗救护和现场救援的重大事故时，应当在2小时内向所在地的县级人民政府卫生行政主管部门报告，并按照《医疗废物管理条例》和本办法的规定，采取相应紧急处理措施。

县级人民政府卫生行政主管部门接到报告后，应当在6小时内逐级向省级人民政府卫生行政主管部门报告。

省级人民政府卫生行政主管部门接到报告后，应当在6小时内向卫生部报告。

发生医疗废物管理不当导致传染病传播事故，或者有证据证明传染病传播的事故有可能发生时，应当按照《传染病防治法》及有关规定报告，并采取相应措施。

第九条 医疗卫生机构应当根据医疗废物分类收集、运送、暂时贮存及机构内处置过程中所需要的专业技术、职业卫生安全防护和紧急处理知识等，制订相关工作人员的培训计划并组织实施。

第三章　分类收集、运送与暂时贮存

第十条　医疗卫生机构应当根据《医疗废物分类目录》，对医疗废物实施分类管理。

第十一条　医疗卫生机构应当按照以下要求，及时分类收集医疗废物：

（一）根据医疗废物的类别，将医疗废物分置于符合《医疗废物专用包装物、容器的标准和警示标识的规定》的包装物或者容器内；

（二）在盛装医疗废物前，应当对医疗废物包装物或者容器进行认真检查，确保无破损、渗漏和其他缺陷；

（三）感染性废物、病理性废物、损伤性废物、药物性废物及化学性废物不能混合收集。少量的药物性废物可以混入感染性废物，但应当在标签上注明；

（四）废弃的麻醉、精神、放射性、毒性等药品及其相关的废物的管理，依照有关法律、行政法规和国家有关规定、标准执行；

（五）化学性废物中批量的废化学试剂、废消毒剂应当交由专门机构处置；

（六）批量的含有汞的体温计、血压计等医疗器具报废时，应当交由专门机构处置；

（七）医疗废物中病原体的培养基、标本和菌种、毒种保存液等高危险废物，应当首先在产生地点进行压力蒸汽灭菌或者化学消毒处理，然后按感染性废物收集处理；

（八）隔离的传染病病人或者疑似传染病病人产生的具有传染性的排泄物，应当按照国家规定严格消毒，达到国家规定的排放标准后方可排入污水处理系统；

（九）隔离的传染病病人或者疑似传染病病人产生的医疗废物应当使用双层包装物，并及时密封；

（十）放入包装物或者容器内的感染性废物、病理性废物、损伤性废物不得取出。

第十二条　医疗卫生机构内医疗废物产生地点应当有医疗废物分类收集方法的示意图或者文字说明。

第十三条　盛装的医疗废物达到包装物或者容器的3/4时，应当使用有效的封口方式，使包装物或者容器的封口紧实、严密。

第十四条　包装物或者容器的外表面被感染性废物污染时，应当对被污染处进行消毒处理或者增加一层包装。

第十五条　盛装医疗废物的每个包装物、容器外表面应当有警示标识，在每个包装物、容器上应当系中文标签，中文标签的内容应当包括：医疗废物产生单位、产生日期、类别及需要的特别说明等。

第十六条　运送人员每天从医疗废物产生地点将分类包装的医疗废物按照规定的时间和路线运送至内部指定的暂时贮存地点。

第十七条　运送人员在运送医疗废物前，应当检查包装物或者容器的标识、标签及封口是否符合要求，不得将不符合要求的医疗废物运送至暂时贮存地点。

第十八条　运送人员在运送医疗废物时，应当防止造成包装物或容器破损和医疗废物的流失、泄漏和扩散，并防止医疗废物直接接触身体。

第十九条 运送医疗废物应当使用防渗漏、防遗撒、无锐利边角、易于装卸和清洁的专用运送工具。

每天运送工作结束后，应当对运送工具及时进行清洁和消毒。

第二十条 医疗卫生机构应当建立医疗废物暂时贮存设施、设备，不得露天存放医疗废物；医疗废物暂时贮存的时间不得超过2天。

第二十一条 医疗卫生机构建立的医疗废物暂时贮存设施、设备应当达到以下要求：

（一）远离医疗区、食品加工区、人员活动区和生活垃圾存放场所，方便医疗废物运送人员及运送工具、车辆的出入；

（二）有严密的封闭措施，设专（兼）职人员管理，防止非工作人员接触医疗废物；

（三）有防鼠、防蚊蝇、防蟑螂的安全措施；

（四）防止渗漏和雨水冲刷；

（五）易于清洁和消毒；

（六）避免阳光直射；

（七）设有明显的医疗废物警示标识和“禁止吸烟、饮食”的警示标识。

第二十二条 暂时贮存病理性废物，应当具备低温贮存或者防腐条件。

第二十三条 医疗卫生机构应当将医疗废物交由取得县级以上人民政府环境保护行政主管部门许可的医疗废物集中处置单位处置，依照危险废物转移联单制度填写和保存转移联单。

第二十四条 医疗卫生机构应当对医疗废物进行登记，登记内容应当包括医疗废物的来源、种类、重量或者数量、交接时间、最终去向以及经办人签名等项目。登记资料至少保存3年。

第二十五条 医疗废物转交出去后，应当对暂时贮存地点、设施及时进行清洁和消毒处理。

第二十六条 禁止医疗卫生机构及其工作人员转让、买卖医疗废物。

禁止在非收集、非暂时贮存地点倾倒、堆放医疗废物，禁止将医疗废物混入其他废物和生活垃圾。

第二十七条 不具备集中处置医疗废物条件的农村地区，医疗卫生机构应当按照当地卫生行政主管部门和环境保护行政主管部门的要求，自行就地处置其产生的医疗废物。自行处置医疗废物的，应当符合以下基本要求：

（一）使用后的一次性医疗器具和容易致人损伤的医疗废物应当消毒并作毁形处理；

（二）能够焚烧的，应当及时焚烧；

（三）不能焚烧的，应当消毒后集中填埋。

第二十八条 医疗卫生机构发生医疗废物流失、泄漏、扩散和意外事故时，应当按照以下要求及时采取紧急处理措施：

（一）确定流失、泄漏、扩散的医疗废物的类别、数量、发生时间、影响范围及严重程度；

（二）组织有关人员尽快按照应急方案，对发生医疗废物泄漏、扩散的现场进行处理；

（三）对被医疗废物污染的区域进行处理时，应当尽可能减少对病人、医务人员、其他现场人员及环境的影响；

（四）采取适当的安全处置措施，对泄漏物及受污染的区域、物品进行消毒或者其他无害化处置，必要时封锁污染区域，以防扩大污染；

（五）对感染性废物污染区域进行消毒时，消毒工作从污染最轻区域向污染最严重区域进行，对可能被污染的所有使用过的工具也应当进行消毒；

（六）工作人员应当做好卫生安全防护后进行工作。

处理工作结束后，医疗卫生机构应当对事件的起因进行调查，并采取有效的防范措施预防类似事件的发生。

第四章　人员培训和职业安全防护

第二十九条　医疗卫生机构应当对本机构工作人员进行培训，提高全体工作人员对医疗废物管理工作的认识。对从事医疗废物分类收集、运送、暂时贮存、处置等工作的人员和管理人员，进行相关法律和专业技术、安全防护以及紧急处理等知识的培训。

第三十条　医疗废物相关工作人员和管理人员应当达到以下要求：

（一）掌握国家相关法律、法规、规章和有关规范性文件的规定，熟悉本机构制定的医疗废物管理的规章制度、工作流程和各项工作要求；

（二）掌握医疗废物分类收集、运送、暂时贮存的正确方法和操作程序；

（三）掌握医疗废物分类中的安全知识、专业技术、职业卫生安全防护等知识；

（四）掌握在医疗废物分类收集、运送、暂时贮存及处置过程中预防被医疗废物刺伤、擦伤等伤害的措施及发生后的处理措施；

（五）掌握发生医疗废物流失、泄漏、扩散和意外事故情况时的紧急处理措施。

第三十一条　医疗卫生机构应当根据接触医疗废物种类及风险大小的不同，采取适宜、有效的职业卫生防护措施，为机构内从事医疗废物分类收集、运送、暂时贮存和处置等工作的人员和管理人员配备必要的防护用品，定期进行健康检查，必要时，对有关人员进行免疫接种，防止其受到健康损害。

第三十二条　医疗卫生机构的工作人员在工作中发生被医疗废物刺伤、擦伤等伤害时，应当采取相应的处理措施，并及时报告机构内的相关部门。

第五章　监督管理

第三十三条　县级以上地方人民政府卫生行政主管部门应当依照《医疗废物管理条例》和本办法的规定，对所辖区域的医疗卫生机构进行定期监督检查和不定期抽查。

第三十四条　对医疗卫生机构监督检查和抽查的主要内容是：

（一）医疗废物管理的规章制度及落实情况；

（二）医疗废物分类收集、运送、暂时贮存及机构内处置的工作状况；

（三）有关医疗废物管理的登记资料和记录；

（四）医疗废物管理工作中，相关人员的安全防护工作；

（五）发生医疗废物流失、泄漏、扩散和意外事故的上报及调查处理情况；

（六）进行现场卫生学监测。

第三十五条 卫生行政主管部门在监督检查或者抽查中发现医疗卫生机构存在隐患时，应当责令立即消除隐患。

第三十六条 县级以上卫生行政主管部门应当对医疗卫生机构发生违反《医疗废物管理条例》和本办法规定的行为依法进行查处。

第三十七条 发生因医疗废物管理不当导致传染病传播事故，或者有证据证明传染病传播的事故有可能发生时，卫生行政主管部门应当按照《医疗废物管理条例》第四十条的规定及时采取相应措施。

第三十八条 医疗卫生机构对卫生行政主管部门的检查、监测、调查取证等工作，应当予以配合，不得拒绝和阻碍，不得提供虚假材料。

第六章 罚 则

第三十九条 医疗卫生机构违反《医疗废物管理条例》及本办法规定，有下列情形之一的，由县级以上地方人民政府卫生行政主管部门责令限期改正、给予警告；逾期不改正的，处以2000元以上5000元以下的罚款：

（一）未建立、健全医疗废物管理制度，或者未设置监控部门或者专（兼）职人员的；

（二）未对有关人员进行相关法律和专业技术、安全防护以及紧急处理等知识的培训的；

（三）未对医疗废物进行登记或者未保存登记资料的；

（四）未对机构内从事医疗废物分类收集、运送、暂时贮存、处置等工作的人员和管理人员采取职业卫生防护措施的；

（五）未对使用后的医疗废物运送工具及时进行清洁和消毒的；

（六）自行建有医疗废物处置设施的医疗卫生机构，未定期对医疗废物处置设施的卫生学效果进行检测、评价，或者未将检测、评价效果存档、报告的。

第四十条 医疗卫生机构违反《医疗废物管理条例》及本办法规定，有下列情形之一的，由县级以上地方人民政府卫生行政主管部门责令限期改正、给予警告，可以并处5000元以下的罚款；逾期不改正的，处5000元以上3万元以下的罚款：

（一）医疗废物暂时贮存地点、设施或者设备不符合卫生要求的；

（二）未将医疗废物按类别分置于专用包装物或者容器的；

（三）使用的医疗废物运送工具不符合要求的。

第四十一条 医疗卫生机构违反《医疗废物管理条例》及本办法规定，有下列情形之一的，由县级以上地方人民政府卫生行政主管部门责令限期改正，给予警告，并处5000元以上1万以下的罚款；逾期不改正的，处1万元以上3万元以下的罚款；造成传染病传播的，由原发证部门暂扣或者吊销医疗卫生机构执业许可证件；构成犯罪的，依法追究刑事责任：

（一）在医疗卫生机构内丢弃医疗废物和在非贮存地点倾倒、堆放医疗废物或者将医疗废物混入其他废物和生活垃圾的；

（二）将医疗废物交给未取得经营许可证的单位或者个人的；

（三）未按照条例及本办法的规定对污水、传染病病人和疑似传染病病人的排泄物进行严格消毒，或者未达到国家规定的排放标准，排入污水处理系统的；

（四）对收治的传染病病人或者疑似传染病病人产生的生活垃圾，未按照医疗废物进行管理和处置的。

第四十二条 医疗卫生机构转让、买卖医疗废物的，依照《医疗废物管理条例》第五十三条处罚。

第四十三条 医疗卫生机构发生医疗废物流失、泄漏、扩散时，未采取紧急处理措施，或者未及时向卫生行政主管部门报告的，由县级以上地方人民政府卫生行政主管部门责令改正，给予警告，并处 1 万元以上 3 万元以下的罚款；造成传染病传播的，由原发证部门暂扣或者吊销医疗卫生机构执业许可证件；构成犯罪的，依法追究刑事责任。

第四十四条 医疗卫生机构无正当理由，阻碍卫生行政主管部门执法人员执行职务，拒绝执法人员进入现场，或者不配合执法部门的检查、监测、调查取证的，由县级以上地方人民政府卫生行政主管部门责令改正，给予警告；拒不改正的，由原发证部门暂扣或者吊销医疗卫生机构执业许可证件；触犯《中华人民共和国治安管理处罚条例》，构成违反治安管理行为的，由公安机关依法予以处罚；构成犯罪的，依法追究刑事责任。

第四十五条 不具备集中处置医疗废物条件的农村，医疗卫生机构未按照《医疗废物管理条例》和本办法的要求处置医疗废物的，由县级以上地方人民政府卫生行政主管部门责令限期改正，给予警告；逾期不改的，处 1000 元以上 5000 元以下的罚款；造成传染病传播的，由原发证部门暂扣或者吊销医疗卫生机构执业许可证件；构成犯罪的，依法追究刑事责任。

第四十六条 医疗卫生机构违反《医疗废物管理条例》及本办法规定，导致传染病传播，给他人造成损害的，依法承担民事赔偿责任。

第七章 附 则

第四十七条 本办法所称医疗卫生机构指依照《医疗机构管理条例》的规定取得《医疗机构执业许可证》的机构及疾病预防控制机构、采供血机构。

第四十八条 本办法自公布之日起施行。

附录 C–3

可感染人类的高致病性病原微生物菌（毒）种或样本运输管理规定

卫生部（2006 年）

第一条 和为加强可感染人类的高致病性病原微生物菌（毒）种或样本运输的管理，保障人体健康和公共卫生，依据《中华人民共和国传染病防治法》、《病原微生物实验室生物安全管理条例》等法律、行政法规的规定，制定本规定。

关联法规：全国人大法律（1）条国务院行政法规（1）条

第二条 本规定所称可感染人类的高致病性病原微生物菌（毒）种或样本是指在《人

间传染的病原微生物名录》中规定的第一类、第二类病原微生物菌（毒）种或样本。

第三条 本规定适用于可感染人类的高致病性病原微生物菌（毒）种或样本的运输管理工作。

《人间传染的病原微生物名录》中第三类病原微生物运输包装分类为A类的病原微生物菌（毒）种或样本，以及疑似高致病性病原微生物菌（毒）种或样本，按照本规定进行运输管理。

第四条 运输第三条规定的菌（毒）种或样本（以下统称高致病性病原微生物菌（毒）种或样本），应当经省级以上卫生行政部门批准。未经批准，不得运输。

第五条 从事疾病预防控制、医疗、教学、科研、菌（毒）种保藏以及生物制品生产的单位，因工作需要，可以申请运输高致病性病原微生物菌（毒）种或样本。

第六条 申请运输高致病性病原微生物菌（毒）种或样本的单位（以下简称申请单位），在运输前应当向省级卫生行政部门提出申请，并提交以下申请材料（原件一份，复印件三份）：

（一）可感染人类的高致病性病原微生物菌（毒）种或样本运输申请表；

（二）法人资格证明材料（复印件）；

（三）接收高致病性病原微生物菌（毒）种或样本的单位（以下简称接收单位）同意接收的证明文件；

（四）本规定第七条第（二）、（三）项所要求的证明文件（复印件）；

（五）容器或包装材料的批准文号、合格证书（复印件）或者高致病性病原微生物菌（毒）种或样本运输容器或包装材料承诺书；

（六）其他有关资料。

第七条 接收单位应当符合以下条件：

（一）具有法人资格；

（二）具备从事高致病性病原微生物实验活动资格的实验室；

（三）取得有关政府主管部门核发的从事高致病性病原微生物实验活动、菌（毒）种或样本保藏、生物制品生产等的批准文件。

第八条 在固定的申请单位和接收单位之间多次运输相同品种高致病性病原微生物菌（毒）种或样本的，可以申请多次运输。多次运输的有效期为6个月；期满后需要继续运输的，应当重新提出申请。

第九条 申请在省、自治区、直辖市行政区域内运输高致病性病原微生物菌（毒）种或样本的，由省、自治区、直辖市卫生行政部门审批。

省级卫生行政部门应当对申请单位提交的申请材料及时审查，对申请材料不齐全或者不符合法定形式的，应当即时出具申请材料补正通知书；对申请材料齐全或者符合法定形式的，应当即时受理，并在5个工作日内做出是否批准的决定；符合法定条件的，颁发《可感染人类的高致病性病原微生物菌（毒）种或样本准运证书》；不符合法定条件的，应当出具不予批准的决定并说明理由。

第十条 申请跨省、自治区、直辖市运输高致病性病原微生物菌（毒）种或样本的，应当将申请材料提交运输出发地省级卫生行政部门进行初审；对符合要求的，省级卫生行政部门应当在3个工作日内出具初审意见，并将初审意见和申报材料上报卫生部审批。

卫生部应当自收到申报材料后3个工作日内做出是否批准的决定。符合法定条件的，颁发《可感染人类的高致病性病原微生物菌（毒）种或样本准运证书》；不符合法定条件的，应当出具不予批准的决定并说明理由。

第十一条 对于为控制传染病暴发、流行或者突发公共卫生事件应急处理的高致病性病原微生物菌（毒）种或样本的运输申请，省级卫生行政部门与卫生部之间可以通过传真的方式进行上报和审批；需要提交有关材料原件的，应当于事后尽快补齐。

根据疾病控制工作的需要，应当向中国疾病预防控制中心运送高致病性病原微生物菌（毒）种或样本的，向中国疾病预防控制中心直接提出申请，由中国疾病预防控制中心审批；符合法定条件的，颁发《可感染人类的高致病性病原微生物菌（毒）种或样本准运证书》；不符合法定条件的，应当出具不予批准的决定并说明理由。中国疾病预防控制中心应当将审批情况于3日内报卫生部备案。

第十二条 运输高致病性病原微生物菌（毒）种或样本的容器或包装材料应当达到国际民航组织《危险物品航空安全运输技术细则》（Doc9284 包装说明 PI602）规定的A类包装标准，符合防水、防破损、防外泄、耐高温、耐高压的要求，并应当印有卫生部规定的生物危险标签、标识、运输登记表、警告用语和提示用语。

第十三条 运输高致病性病原微生物菌（毒）种或样本，应当有专人护送，护送人员不得少于两人。申请单位应当对护送人员进行相关的生物安全知识培训，并在护送过程中采取相应的防护措施。

第十四条 申请单位应当凭省级以上卫生行政部门或中国疾病预防控制中心核发的《可感染人类的高致病性病原微生物菌（毒）种或样本准运证书》到民航等相关部门办理手续。

通过民航运输的，托运人应当按照《中国民用航空危险品运输管理规定》（CCAR276）和国际民航组织文件《危险物品航空安全运输技术细则》（Doc9284）的要求，正确进行分类、包装、加标记、贴标签并提交正确填写的危险品航空运输文件，交由民用航空主管部门批准的航空承运人和机场实施运输。如需由未经批准的航空承运人和机场实施运输的，应当经民用航空主管部门批准。

第十五条 高致病性病原微生物菌（毒）种或样本在运输之前的包装以及送达后包装的开启，应当在符合生物安全规定的场所中进行。

申请单位在运输前应当仔细检查容器和包装是否符合安全要求，所有容器和包装的标签以及标本登记表是否完整无误，容器放置方向是否正确。

第十六条 在运输结束后，申请单位应当将运输情况向原批准部门书面报告。

第十七条 对于违反本规定的行为，依照《病原微生物实验室生物安全管理条例》第六十二条、六十七条的有关规定予以处罚。

第十八条 高致病性病原微生物菌（毒）种或样本的出入境，按照卫生部和国家质检总局《关于加强医用特殊物品出入境管理卫生检疫的通知》进行管理。

附：可感染人类的高致病性病原微生物菌（毒）种或样本运输包装标识（略）

附录 C-4

人间传染的病原微生物名录

卫科教发［2006］15 号

表 1　病毒分类名录

序号	病毒名称			危害程度分类	实验活动所需生物安全实验室级别					运输包装分类[f]		备注
	英文名	中文名	分类学地位		病毒培养[a]	动物感染实验[b]	未经培养的感染材料的操作[c]	灭活材料的操作[d]	无感染性材料的操作[e]	A/B	UN 编号 UN3373	
1	Alastrim virus	类天花病毒	痘病毒科	第一类	BSL-4	ABSL-4	BSL-3	BSL-2	BSL-1	A	UN2814	
2	Crimean-Congo hemorrhagic fever virus（Xinjiang hemorrhagic fever virus）	克里米亚—刚果出血热病毒（新疆出血热病毒）	布尼亚病毒科	第一类	BSL-3	ABSL-3	BSL-3	BSL-2	BSL-1	A	UN2814	
3	Eastern equine encephalitis virus	东方马脑炎病毒	披膜病毒科	第一类	BSL-3	ABSL-3	BSL-3	BSL-2	BSL-1	A	UN2814	仅培养物 A 类
4	Ebola virus	埃博拉病毒	丝状病毒科	第一类	BSL-4	ABSL-4	BSL-3	BSL-2	BSL-1	A	UN2814	
5	Flexal virus	Flexal 病毒	沙粒病毒科	第一类	BSL-4	ABSL-4	BSL-3	BSL-2	BSL-1	A	UN2814	
6	Guanarito virus	瓜纳瑞托病毒	沙粒病毒科	第一类	BSL-4	ABSL-4	BSL-3	BSL-2	BSL-1	A	UN2814	
7	Hanzalova virus	Hanzalova 病毒	黄病毒科	第一类	BSL-4	ABSL-4	BSL-3	BSL-2	BSL-1	A	UN2814	
8	Hendra virus	亨德拉病毒	副粘病毒科	第一类	BSL-4	ABSL-4	BSL-3	BSL-2	BSL-1	A	UN2814	
9	Herpesvirus simiae	猿疱疹病毒	疱疹病毒科 B	第一类	BSL-3	ABSL-3	BSL-2	BSL-2	BSL-1	A	UN2814	仅病毒培养物为 A 类

续表

序号	病毒名称			危害程度分类	实验活动所需生物安全实验室级别					运输包装分类[f]		备注
	英文名	中文名	分类学地位		病毒培养[a]	动物感染实验[b]	未经培养的感染材料的操作[c]	灭活材料的操作[d]	无感染性材料的操作[e]	A/B	UN 编号 UN3373	
10	Hypr virus	Hypr 病毒	黄病毒科	第一类	BSL-4	ABSL-4	BSL-3	BSL-2	BSL-1	A	UN2814	
11	Junin virus	鸠宁病毒	沙粒病毒科	第一类	BSL-4	ABSL-4	BSL-3	BSL-2	BSL-1	A	UN2814	
12	Kumlinge virus	Kumlinge 病毒	黄病毒科	第一类	BSL-4	ABSL-4	BSL-3	BSL-2	BSL-1	A	UN2814	
13	Kyasanur Forest disease virus	卡萨诺尔森林病病毒	黄病毒科	第一类	BSL-4	ABSL-4	BSL-3	BSL-2	BSL-1	A	UN2814	
14	Lassa fever virus	拉沙热病毒	沙粒病毒科	第一类	BSL-4	ABSL-4	BSL-3	BSL-2	BSL-1	A	UN2814	
15	Louping ill virus	跳跃病病毒	黄病毒科	第一类	BSL-4	ABSL-4	BSL-3	BSL-2	BSL-1	A	UN2814	
16	Machupo virus	马秋波病毒	沙粒病毒科	第一类	BSL-4	ABSL-4	BSL-3	BSL-2	BSL-1	A	UN2814	
17	Marburg virus	马尔堡病毒	丝状病毒科	第一类	BSL-4	ABSL-4	BSL-3	BSL-2	BSL-1	A	UN2814	
18	Monkeypox virus	猴痘病毒	痘病毒科	第一类	BSL-3	BSL-3	BSL-3	BSL-2	BSL-1	A	UN2814	
19	Mopeia virus（and other Tacaribe viruses）	Mopeia 病毒（和其他 Tacaribe 病毒）	沙粒病毒科	第一类	BSL-4	ABSL-4	BSL-3	BSL-2	BSL-1	A	UN2814	
20	Nipah virus	尼巴病毒	副粘病毒科	第一类	BSL-4	ABSL-4	BSL-3	BSL-2	BSL-1	A	UN2814	
21	Omsk hemorrhagic fever virus	鄂木斯克出血热病毒	黄病毒科	第一类	BSL-4	ABSL-4	BSL-3	BSL-2	BSL-1	A	UN2814	
22	Sabia virus	Sabia 病毒	沙粒病毒科	第一类	BSL-4	ABSL-4	BSL-3	BSL-2	BSL-1	A	UN2814	
23	St. Louis encephalitis virus	圣路易斯脑炎病毒	黄病毒科	第一类	BSL-3	ABSL-3	BSL-2	BSL-1	BSL-1	A	UN2814	

续表

序号	病毒名称			危害程度分类	实验活动所需生物安全实验室级别					运输包装分类[f]		备注
	英文名	中文名	分类学地位		病毒培养[a]	动物感染实验[b]	未经培养的感染材料的操作[c]	灭活材料的操作[d]	无感染性材料的操作[e]	A/B	UN 编号 UN3373	
24	Tacaribe virus	Tacaribe 病毒	沙粒病毒科	第一类	BSL-4	ABSL-4	BSL-2	BSL-2	BSL-1	A	UN2814	
25	Variola virus	天花病毒	痘病毒科	第一类	BSL-4	ABSL-4	BSL-2	BSL-1	BSL-1	A	UN2814	有疫苗
26	Venezuelan equine encephalitis virus	委内瑞拉马脑炎病毒	披膜病毒科	第一类	BSL-3	ABSL-3	BSL-2	BSL-1	BSL-1	A	UN2814	
27	Western equine encephalomyelitis virus	西方马脑炎病毒	披膜病毒科	第一类	BSL-3	ABSL-3	BSL-2	BSL-1	BSL-1	A	UN2814	
28	Yellow fever virus	黄热病毒	黄病毒科	第一类	BSL-3	ABSL-3	BSL-2	BSL-1	BSL-1	A	UN2814	仅病毒培养物为A类，有疫苗
29	Tick-borne encephalitis virus[g]	蜱传脑炎病毒[g]	黄病毒科	第一类	BSL-3	ABSL-3	BSL-3	BSL-1	BSL-1	A	UN2814	仅病毒培养物为A类，有疫苗
30	Bunyamwera virus	布尼亚维拉病毒	布尼亚病毒科	第二类	BSL-3	ABSL-3	BSL-2	BSL-1	BSL-1	A	UN2814	
31	California encephalitis virus	加利福利亚脑炎病毒	布尼亚病毒科	第二类	BSL-3	ABSL-3	BSL-2	BSL-1	BSL-1	A	UN2814	
32	Chikungunya virus	基孔肯尼雅病毒	披膜病毒科	第二类	BSL-3	ABSL-3	BSL-2	BSL-1	BSL-1	A	UN2814	
33	Dhori virus	多里病毒	正粘病毒科	第二类	BSL-3	ABSL-3	BSL-2	BSL-1	BSL-1	A	UN2814	
34	Everglades virus	Everglades 病毒	披膜病毒科	第二类	BSL-3	ABSL-3	BSL-2	BSL-1	BSL-1	A	UN2814	
35	Foot-and-mouth disease virus	口蹄疫病毒	小 RNA 病毒科	第二类	BSL-3	ABSL-3	BSL-2	BSL-1	BSL-1	A	UN2814	

续表

序号	病毒名称			危害程度分类	实验活动所需生物安全实验室级别					运输包装分类[f]		备注
	英文名	中文名	分类学地位		病毒培养[a]	动物感染实验[b]	未经培养的感染材料的操作[c]	灭活材料的操作[d]	无感染性材料的操作[e]	A/B	UN 编号 UN3373	
36	Garba virus	Garba 病毒	弹状病毒科	第二类	BSL-3	ABSL-3	BSL-2	BSL-1	BSL-1	A	UN2814	
37	Germiston virus	Germiston 病毒	布尼亚病毒科	第二类	BSL-3	ABSL-3	BSL-2	BSL-1	BSL-1	A	UN2814	
38	Getah virus	Getah 病毒	披膜病毒科	第二类	BSL-3	ABSL-3	BSL-2	BSL-1	BSL-1	A	UN2814	
39	Gordil virus	Gordil 病毒	布尼亚病毒科	第二类	BSL-3	ABSL-3	BSL-2	BSL-1	BSL-1	A	UN2814	
40	Hantaviruses, other	其他汉坦病毒	布尼亚病毒科	第二类	BSL-3	ABSL-3	BSL-2	BSL-1	BSL-1	A	UN2814	仅病毒培养物为 A 类
41	Hantaviruses cause pulmonary syndrome	引起肺综合征的汉坦病毒	布尼亚病毒科	第二类	BSL-3	ABSL-3	BSL-2	BSL-1	BSL-1	A	UN2814	仅病毒培养物为 A 类
42	Hantaviruses cause hemorrhagic fever with renal syndrome	引起肾综合征出血热的汉坦病毒	布尼亚病毒科	第二类	BSL-2	ABSL-3	BSL-2	BSL-1	BSL-1	A	UN2814	有疫苗。仅病毒培养物为 A 类
43	Herpesvirus saimiri	松鼠猴疱疹病毒	疱疹病毒科	第二类	BSL-3	ABSL-3	BSL-2	BSL-1	BSL-1	A	UN2814	
44	High pathogenic avian influenza virus	高致病性禽流感病毒	正粘病毒科	第二类	BSL-3	ABSL-3	BSL-2	BSL-1	BSL-1	A	UN2814	仅病毒培养物为 A 类
45	Human immunodeficiency virus(HIV) typy1 and 2 virus	艾滋病毒（I 型和 II 型）	反转录病毒科	第二类	BSL-3	ABSL-3	BSL-2	BSL-1	BSL-1	A	UN2814	仅病毒培养物为 A 类
46	Inhangapi virus	Inhangapi 病毒	弹状病毒科	第二类	BSL-3	ABSL-3	BSL-2	BSL-1	BSL-1	A	UN2814	

续表

序号	病毒名称			危害程度分类	实验活动所需生物安全实验室级别					运输包装分类[f]		备注
	英文名	中文名	分类学地位		病毒培养[a]	动物感染实验[b]	未经培养的感染材料的操作[c]	灭活材料的操作[d]	无感染性材料的操作[e]	A/B	UN 编号 UN3373	
47	Inini virus	Inini 病毒	布尼亚病毒科	第二类	BSL-3	ABSL-3	BSL-2	BSL-1	BSL-1	A	UN2814	
48	Issyk-Kul virus	Issyk-Kul 病毒	布尼亚病毒科	第二类	BSL-3	ABSL-3	BSL-2	BSL-1	BSL-1	A	UN2814	
49	Itaituba virus	Itaituba 病毒	布尼亚病毒科	第二类	BSL-3	ABSL-3	BSL-2	BSL-1	BSL-1	A	UN2814	
50	Japanese encephalitis virus	乙型脑炎病毒	黄病毒科	第二类	BSL-2	ABSL-2	BSL-2	BSL-1	BSL-1	A	UN2814	有疫苗。仅病毒培养物为 A 类
51	Khasan virus	Khasan 病毒	布尼亚病毒科	第二类	BSL-3	ABSL-3	BSL-2	BSL-1	BSL-1	A	UN2814	
52	Kyzylagach virus	Kyz 病毒	披膜病毒科	第二类	BSL-3	ABSL-3	BSL-2	BSL-1	BSL-1	A	UN2814	
53	Lymphocytic choriomeningitis (neurotropic) virus	淋巴细胞性脉络丛脑膜炎(嗜神经性的)病毒	沙粒病毒科	第二类	BSL-3	ABSL-3	BSL-2	BSL-1	BSL-1	A	UN2814	
54	Mayaro virus	Mayaro 病毒	披膜病毒科	第二类	BSL-3	ABSL-3	BSL-2	BSL-1	BSL-1	A	UN2814	
55	Middelburg virus	米德尔堡病毒	披膜病毒科	第二类	BSL-3	ABSL-3	BSL-2	BSL-1	BSL-1	A	UN2814	
56	Milker's nodule virus	挤奶工结节病毒	痘病毒科	第二类	BSL-3	ABSL-3	BSL-2	BSL-1	BSL-1	A	UN2814	
57	Mucambo virus	Murcambo 病毒	披膜病毒科	第二类	BSL-3	ABSL-3	BSL-2	BSL-1	BSL-1	A	UN2814	
58	Murray valley encephalitis virus (Australia encephalitis virus)	墨累谷脑炎病毒(澳大利亚脑炎病毒)	黄病毒科	第二类	BSL-3	ABSL-3	BSL-2	BSL-1	BSL-1	A	UN2814	

续表

序号	病毒名称			危害程度分类	实验活动所需生物安全实验室级别					运输包装分类[f]		备注
	英文名	中文名	分类学地位		病毒培养[a]	动物感染实验[b]	未经培养的感染材料的操作[c]	灭活材料的操作[d]	无感染性材料的操作[e]	A/B	UN编号 UN3373	
59	Nairobi sheep disease virus	内罗毕绵羊病病毒	布尼亚病毒科	第二类	BSL-3	ABSL-3	BSL-2	BSL-1	BSL-1	A	UN2814	
60	Ndumu virus	恩杜姆病毒	披膜病毒科	第二类	BSL-3	ABSL-3	BSL-2	BSL-1	BSL-1	A	UN2814	
61	Negishi virus	Negishi 病毒	黄病毒科	第二类	BSL-3	ABSL-3	BSL-2	BSL-1	BSL-1	A	UN2814	
62	Newcastle disease virus	新城疫病毒	副粘病毒科	第二类	BSL-3	ABSL-3	BSL-2	BSL-1	BSL-1	A	UN2900	
63	Orf virus	口疮病毒	痘病毒科	第二类	BSL-3	ABSL-3	BSL-2	BSL-1	BSL-1	A	UN2814	
64	Oropouche virus	Oropouche 病毒	布尼亚病毒科	第二类	BSL-3	ABSL-3	BSL-2	BSL-1	BSL-1	A	UN2814	
65	Other pathogenic orthopoxviruses not in BL 1, 3 or 4	不属于危害程度第一或三、四类的其他正痘病毒属病毒	痘病毒科	第二类	BSL-3	ABSL-3	BSL-2	BSL-1	BSL-1	A	UN2814	
66	Paramushir virus	Paramushir 病毒	布尼亚病毒科	第二类	BSL-3	ABSL-3	BSL-2	BSL-1	BSL-1	A	UN2814	
67	Poliovirus[h]	脊髓灰质炎病毒[h]	小 RNA 病毒科	第二类	BSL-3	ABSL-3	BSL-2	BSL-1	BSL-1	A	UN2814	见注
68	Powassan virus	Powassan 病毒	黄病毒科	第二类	BSL-3	ABSL-3	BSL-2	BSL-1	BSL-1	A	UN2814	
69	Rabbitpox virus (vaccinia variant)	兔痘病毒（痘苗病毒变种）	痘病毒科	第二类	BSL-3	ABSL-3	BSL-2	BSL-1	BSL-1	A	UN2814	
70	Rabies virus (street virus)	狂犬病毒（街毒）	弹状病毒科	第二类	BSL-3	ABSL-3	BSL-2	BSL-1	BSL-1	A	UN2814	

续表

序号	病毒名称			危害程度分类	实验活动所需生物安全实验室级别					运输包装分类[f]		备注
	英文名	中文名	分类学地位		病毒培养[a]	动物感染实验[b]	未经培养的感染材料的操作[c]	灭活材料的操作[d]	无感染性材料的操作[e]	A/B	UN 编号 UN3373	
71	Razdan virus	Razdan 病毒	布尼亚病毒科	第二类	BSL-3	ABSL-3	BSL-2	BSL-1	BSL-1	A	UN2814	
72	Rift valley fever virus	立夫特谷热病毒	布尼亚病毒科	第二类	BSL-3	ABSL-3	BSL-2	BSL-1	BSL-1	A	UN2814	
73	Rochambeau virus	Rochambeau 病毒	弹状病毒科	第二类	BSL-3	ABSL-3	BSL-2	BSL-1	BSL-1	A	UN2814	
74	Rocio virus	罗西奥病毒	黄病毒科	第二类	BSL-3	ABSL-3	BSL-2	BSL-1	BSL-1	A	UN2814	
75	Sagiyama virus	Sagiyama 病毒	披膜病毒科	第二类	BSL-3	ABSL-3	BSL-2	BSL-1	BSL-1	A	UN2814	
76	SARS-associated corona-virus（SARS-CoV）	SARS 冠状病毒	冠状病毒科	第二类	BSL-3	ABSL-3	BSL-3	BSL-2	BSL-1	A	UN2814	
77	Sepik virus	塞皮克病毒	黄病毒科	第二类	BSL-3	ABSL-3	BSL-2	BSL-1	BSL-1	A	UN2814	
78	Simian immunodeficiency virus（SIV）	猴免疫缺陷病毒	逆转录病毒科	第二类	BSL-3	ABSL-3	BSL-2	BSL-1	BSL-1	A	UN2814	
79	Tamdy virus	Tamdy 病毒	布尼亚病毒科	第二类	BSL-3	ABSL-3	BSL-2	BSL-1	BSL-1	A	UN2814	
80	West Nile virus	西尼罗病毒	黄病毒科	第二类	BSL-3	ABSL-3	BSL-2	BSL-1	BSL-1	A	UN2814	仅病毒培养物为 A 类
81	Acute hemorrhagic con-junctivitis virus	急性出血性结膜炎病毒	小 RNA 病毒科	第三类	BSL-2	ABSL-2	BSL-2	BSL-1	BSL-1	B	UN3373	
82	Adenovirus	腺病毒	腺病毒科	第三类	BSL-2	ABSL-2	BSL-2	BSL-1	BSL-1	B	UN3373	
83	Adeno-associated virus	腺病毒伴随病毒	细小病毒科	第三类	BSL-2	ABSL-2	BSL-2	BSL-1	BSL-1	B	UN3373	

续表

序号	病毒名称			危害程度分类	实验活动所需生物安全实验室级别					运输包装分类[f]		备注
	英文名	中文名	分类学地位		病毒培养[a]	动物感染实验[b]	未经培养的感染材料的操作[c]	灭活材料的操作[d]	无感染性材料的操作[e]	A/B	UN 编号 UN3373	
84	Alphaviruses, other known	其他已知的甲病毒	披膜病毒科	第三类	BSL-2	ABSL-2	BSL-2	BSL-1	BSL-1	B	UN3373	
85	Astrovirus	星状病毒	星状病毒科	第三类	BSL-2	ABSL-2	BSL-2	BSL-1	BSL-1	B	UN3373	
86	Barmah forest virus	Barmah 森林病毒	披膜病毒科	第三类	BSL-2	ABSL-2	BSL-2	BSL-1	BSL-1	B	UN3373	
87	Bebaru virus	Bebaru 病毒	披膜病毒科	第三类	BSL-2	ABSL-2	BSL-2	BSL-1	BSL-1	B	UN3373	
88	Buffalo pox virus: 2 viruses (1 a vaccinia variant)	水牛正痘病毒：2 种（1 种是牛痘变种）	痘病毒科	第三类	BSL-2	ABSL-2	BSL-2	BSL-1	BSL-1	B	UN3373	
89	Bunyavirus	布尼亚病毒	布尼亚病毒科	第三类	BSL-2	ABSL-2	BSL-2	BSL-1	BSL-1	B	UN3373	
90	Calicivirus	杯状病毒	杯状病毒科	第三类	BSL-2	ABSL-2	BSL-2	BSL-1	BSL-1	B	UN3373	目前人类病毒不能培养
91	Camel pox virus	骆驼痘病毒	痘病毒科	第三类	BSL-2	ABSL-2	BSL-2	BSL-1	BSL-1	B	UN2814	
92	Coltivirus	Colti 病毒	呼肠病毒科	第三类	BSL-2	ABSL-2	BSL-2	BSL-1	BSL-1	B	UN3373	
93	Coronavirus	冠状病毒	冠状病毒科	第三类	BSL-2	ABSL-2	BSL-2	BSL-1	BSL-1	B	UN3373	除了 SARS-CoV 以外，如 NL-63，OC-43，229E 等
94	Cowpox virus	牛痘病毒	痘病毒科	第三类	BSL-2	ABSL-2	BSL-2	BSL-1	BSL-1	B	UN3373	

续表

序号	病毒名称			危害程度分类	实验活动所需生物安全实验室级别					运输包装分类[f]		备注
	英文名	中文名	分类学地位		病毒培养[a]	动物感染实验[b]	未经培养的感染材料的操作[c]	灭活材料的操作[d]	无感染性材料的操作[e]	A/B	UN 编号 UN3373	
95	Coxsakie virus	柯萨奇病毒	小 RNA 病毒科	第三类	BSL-2	ABSL-2	BSL-2	BSL-1	BSL-1	B	UN3373	
96	Cytomegalovirus	巨细胞病毒	疱疹病毒科	第三类	BSL-2	ABSL-2	BSL-2	BSL-1	BSL-1	B	UN3373	
97	Dengue virus	登革病毒	黄病毒科	第三类	BSL-2	ABSL-2	BSL-2	BSL-1	BSL-1	A	UN2814	仅培养物为 A 类
98	ECHO virus	埃可病毒	小 RNA 病毒科	第三类	BSL-2	ABSL-2	BSL-2	BSL-1	BSL-1	B	UN3373	
99	Enterovirus	肠道病毒	小 RNA 病毒科	第三类	BSL-2	ABSL-2	BSL-2	BSL-1	BSL-1	B	UN3373	系指目前分类未定的肠道病毒
100	Enterovirus 71	肠道病毒–71 型	小 RNA 病毒科	第三类	BSL-2	ABSL-2	BSL-2	BSL-1	BSL-1	B	UN3373	
101	Epstein-Barr virus	EB 病毒	疱疹病毒科	第三类	BSL-2	ABSL-2	BSL-2	BSL-1	BSL-1	B	UN3373	
102	Flanders virus	费兰杜病毒	弹状病毒科	第三类	BSL-2	ABSL-2	BSL-2	BSL-1	BSL-1	B	UN3373	
103	Flaviviruses known to be pathogenic, other	其他的致病性黄病毒	黄病毒科	第三类	BSL-2	ABSL-2	BSL-2	BSL-1	BSL-1	B	UN3373	
104	Guaratuba virus	瓜纳图巴病毒	布尼亚病毒科	第三类	BSL-2	ABSL-2	BSL-2	BSL-1	BSL-1	B	UN3373	
105	Hart Park virus	Hart Park 病毒	弹状病毒科	第三类	BSL-2	ABSL-2	BSL-2	BSL-1	BSL-1	B	UN3373	
106	Hazara virus	Hazara 病毒	布尼亚病毒科	第三类	BSL-2	ABSL-2	BSL-2	BSL-1	BSL-1	B	UN3373	
107	Hepatitis A virus	甲型肝炎病毒	小 RNA 病毒科	第三类	BSL-2	ABSL-2	BSL-2	BSL-1	BSL-1	B	UN3373	

续表

序号	病毒名称			危害程度分类	实验活动所需生物安全实验室级别					运输包装分类[f]		备注
	英文名	中文名	分类学地位		病毒培养[a]	动物感染实验[b]	未经培养的感染材料的操作[c]	灭活材料的操作[d]	无感染性材料的操作[e]	A/B	UN 编号 UN3373	
108	Hepatitis B virus	乙型肝炎病毒	嗜肝 DNA 病毒科	第三类	BSL-2	ABSL-2	BSL-2	BSL-1	BSL-1	A	UN2814	目前不能培养，但有产毒细胞系。仅细胞培养物为A类。
109	Hepatitis C virus	丙型肝炎病毒	黄病毒科	第三类	BSL-2	ABSL-2	BSL-2	BSL-1	BSL-1	B	UN3373	目前不能培养
110	Hepatitis D virus	丁型肝炎病毒	卫星病毒	第三类	BSL-2	ABSL-2	BSL-2	BSL-1	BSL-1	B	UN3373	目前不能培养
111	Hepatitis E virus	戊型肝炎病毒	嵌杯病毒科	第三类	BSL-2	ABSL-2	BSL-2	BSL-1	BSL-1	B	UN3373	目前不能培养
112	Herpes simplex virus	单纯疱疹病毒	疱疹病毒科	第三类	BSL-2	ABSL-2	BSL-2	BSL-1	BSL-1	B	UN3373	
113	Human herpes virus-6	人疱疹病毒 6 型	疱疹病毒科	第三类	BSL-2	ABSL-2	BSL-2	BSL-1	BSL-1	B	UN3373	
114	Human herpes virus-7	人疱疹病毒 7 型	疱疹病毒科	第三类	BSL-2	ABSL-2	BSL-2	BSL-1	BSL-1	B	UN3373	
115	Human herpes virus-8	人疱疹病毒 8 型	疱疹病毒科	第三类	BSL-2	ABSL-2	BSL-2	BSL-1	BSL-1	B	UN3373	
116	Human T-lymphotropic virus	人 T 细胞白血病病毒	逆转录病毒科	第三类	BSL-2	ABSL-2	BSL-2	BSL-1	BSL-1	B	UN3373	
117	Influenza virus	流行性感冒病毒（非 H2N2 亚型）	正粘病毒科	第三类	BSL-2	ABSL-2	BSL-2	BSL-1	BSL-1	B	UN3373	包括甲、乙和丙型。A/PR8/34，A/WS/33 可在 BSL-1 操作。根据 WHO 最新建议，H2N2 亚型病毒应提高防护等级。
		甲型流行性感冒病毒 H2N2 亚型	正粘病毒科	第三类	BSL-3	ABSL-3	BSL-2	BSL-1	BSL-1	B	UN2814	

续表

序号	病毒名称			危害程度分类	实验活动所需生物安全实验室级别					运输包装分类[f]		备注
	英文名	中文名	分类学地位		病毒培养[a]	动物感染实验[b]	未经培养的感染材料的操作[c]	灭活材料的操作[d]	无感染性材料的操作[e]	A/B	UN 编号 UN3373	
118	Kunjin virus	Kunjin 病毒	黄病毒科	第三类	BSL-2	ABSL-2	BSL-2	BSL-1	BSL-1	B	UN3373	
119	La Crosse virus	La Crosse 病毒	布尼亚病毒科	第三类	BSL-2	ABSL-2	BSL-2	BSL-1	BSL-1	B	UN3373	
120	Langat virus	Langat 病毒	黄病毒科	第三类	BSL-2	ABSL-2	BSL-2	BSL-1	BSL-1	B	UN3373	
121	Lentivirus，except HIV	慢病毒，除 HIV 外	反转录病毒科	第三类	BSL-2	ABSL-2	BSL-2	BSL-1	BSL-1	B	UN3373	
122	Lymphocytic choriomeningitis virus	淋巴细胞性脉络丛脑膜炎病毒	沙粒病毒科	第三类：其他亲内脏性的	BSL-2	ABSL-2	BSL-2	BSL-1	BSL-1	B	UN3373	
123	Measles virus	麻疹病毒	副粘病毒科	第三类	BSL-2	ABSL-2	BSL-2	BSL-1	BSL-1	B	UN3373	
124	Metapneumovirus	Meta 肺炎病毒	副粘病毒科	第三类	BSL-2	ABSL-2	BSL-2	BSL-1	BSL-1	B	UN3373	
125	Molluscum contagiosum virus	传染性软疣病毒	痘病毒科	第三类	BSL-2	ABSL-2	BSL-2	BSL-1	BSL-1	B	UN3373	
126	Mumps virus	流行性腮腺炎病毒	副粘病毒科	第三类	BSL-2	ABSL-2	BSL-2	BSL-1	BSL-1	B	UN3373	
127	O’nyong-nyong virus	阿尼昂－尼昂病毒	披膜病毒科	第三类	BSL-2	ABSL-2	BSL-2	BSL-1	BSL-1	B	UN3373	
128	Oncogenic RNA virus B	致癌 RNA 病毒 B	反转录病毒科	第三类	BSL-2	ABSL-2	BSL-2	BSL-1	BSL-1	B	UN3373	

续表

序号	病毒名称			危害程度分类	实验活动所需生物安全实验室级别					运输包装分类[f]		备注
	英文名	中文名	分类学地位		病毒培养[a]	动物感染实验[b]	未经培养的感染材料的操作[c]	灭活材料的操作[d]	无感染性材料的操作[e]	A/B	UN 编号 UN3373	
129	Oncogenic RNA virus C, except HTLV I and II	除 HTLV I 和 II 外的致癌 RNA 病毒 C	反转录病毒科	第三类	BSL-2	ABSL-2	BSL-2	BSL-1	BSL-1	B	UN3373	
130	Other bunyaviridae known to be pathogenic	其他已知致病的布尼亚病毒科病毒	布尼亚病毒科	第三类	BSL-2	ABSL-2	BSL-2	BSL-1	BSL-1	B	UN3373	
131	Papillomavirus (human)	人乳头瘤病毒	乳多空病毒科	第三类	BSL-2	ABSL-2	BSL-2	BSL-1	BSL-1	B	UN3373	目前不能培养
132	Parainfluenza virus	副流感病毒	副粘病毒科	第三类	BSL-2	ABSL-2	BSL-2	BSL-1	BSL-1	B	UN3373	
133	Paravaccinia virus	副牛痘病毒	痘病毒科	第三类	BSL-2	ABSL-2	BSL-2	BSL-1	BSL-1	B	UN3373	
134	Parvovirus B19	细小病毒 B19	细小病毒科	第三类	BSL-2	ABSL-2	BSL-2	BSL-1	BSL-1	B	UN3373	
135	Polyoma virus, BK and JC viruses	多瘤病毒、BK 和 JC 病毒	乳多空病毒科	第三类	BSL-2	ABSL-2	BSL-2	BSL-1	BSL-1	B	UN3373	
136	Rabies virus (fixed virus)	狂犬病毒（固定毒）	弹状病毒科	第三类	BSL-2	ABSL-2	BSL-2	BSL-1	BSL-1	B	UN3373	
137	Respiratory syncytial virus	呼吸道合胞病毒	副粘病毒科	第三类	BSL-2	ABSL-2	BSL-2	BSL-1	BSL-1	B	UN3373	
138	Rhinovirus	鼻病毒	小 RNA 病毒科	第三类	BSL-2	ABSL-2	BSL-2	BSL-1	BSL-1	B	UN3373	

续表

序号	病毒名称			危害程度分类	实验活动所需生物安全实验室级别					运输包装分类[f]		备注
	英文名	中文名	分类学地位		病毒培养[a]	动物感染实验[b]	未经培养的感染材料的操作[c]	灭活材料的操作[d]	无感染性材料的操作[e]	A/B	UN 编号 UN3373	
139	Ross river virus	罗斯河病毒	披膜病毒科	第三类	BSL-2	ABSL-2	BSL-2	BSL-1	BSL-1	B	UN3373	
140	Rotavirus	轮状病毒	呼肠孤病毒科	第三类	BSL-2	ABSL-2	BSL-2	BSL-1	BSL-1	B	UN3373	部分（如 B 组）不能培养
141	Rubivirus（Rubella）	风疹病毒	披膜病毒科	第三类	BSL-2	ABSL-2	BSL-2	BSL-1	BSL-1	B	UN3373	
142	Sammarez Reef virus	Sammarez Reef 病毒	黄病毒科	第三类	BSL-2	ABSL-2	BSL-2	BSL-1	BSL-1	B	UN3373	
143	Sandfly fever virus	白蛉热病毒	布尼亚病毒科	第三类	BSL-2	ABSL-2	BSL-2	BSL-1	BSL-1	B	UN3373	
144	Semliki forest virus	塞姆利基森林病毒	披膜病毒科	第三类	BSL-2	ABSL-2	BSL-2	BSL-1	BSL-1	A	UN2814	
145	Sendai virus（murine parainfluenza virus type 1）	仙台病毒（鼠副流感病毒 1 型）	副粘病毒科	第三类	BSL-2	ABSL-2	BSL-2	BSL-1	BSL-1	B	UN3373	
146	Simian virus 40	猴病毒 40	乳多空病毒科	第三类	BSL-2	ABSL-2	BSL-2	BSL-1	BSL-1	B	UN3373	
147	Sindbis virus	辛德毕斯病毒	披膜病毒科	第三类	BSL-2	ABSL-2	BSL-2	BSL-1	BSL-1	B	UN3373	
148	Tanapox virus	塔那痘病毒	痘病毒科	第三类	BSL-2	ABSL-2	BSL-2	BSL-1	BSL-1	B	UN3373	
149	Tensaw virus	Tensaw 病毒	布尼亚病毒科	第三类	BSL-2	ABSL-2	BSL-2	BSL-1	BSL-1	B	UN3373	
150	Turlock virus	Turlock 病毒	布尼亚病毒科	第三类	BSL-2	ABSL-2	BSL-2	BSL-1	BSL-1	B	UN3373	
151	Vaccinia virus	痘苗病毒	痘病毒科	第三类	BSL-2	ABSL-2	BSL-2	BSL-1	BSL-1	B	UN3373	

续表

序号	病毒名称			危害程度分类	实验活动所需生物安全实验室级别					运输包装分类[f]		备注
	英文名	中文名	分类学地位		病毒培养[a]	动物感染实验[b]	未经培养的感染材料的操作[c]	灭活材料的操作[d]	无感染性材料的操作[e]	A/B	UN 编号 UN3373	
152	Varicella-Zoster virus	水痘－带状疱疹病毒	疱疹病毒科	第三类	BSL-2	ABSL-2	BSL-2	BSL-1	BSL-1	B	UN3373	
153	Vesicular stomatitis virus	水泡性口炎病毒	弹状病毒科	第三类	BSL-2	ABSL-2	BSL-2	BSL-1	BSL-1	A	UN2900	
154	Yellow fever virus,（vaccine strain，17D）	黄热病毒（疫苗株，17D）	黄病毒科	第三类	BSL-2	ABSL-2	BSL-2	BSL-1	BSL-1	B	UN3373	
155	Guinea pig herpes virus	豚鼠疱疹病毒	疱疹病毒科	第四类	BSL-1	ABSL-1	BSL-1	BSL-1	BSL-1			
156	Hamster leukemia virus	金黄地鼠白血病病毒	反转录病毒科	第四类	BSL-1	ABSL-1	BSL-1	BSL-1	BSL-1			
157	Herpesvirus saimiri, Genus Rhadinovirus	松鼠猴疱疹病毒，猴病毒属	疱疹病毒科	第四类	BSL-1	ABSL-1	BSL-1	BSL-1	BSL-1			
158	Mouse leukemia virus	小鼠白血病病毒	反转录病毒科	第四类	BSL-1	ABSL-1	BSL-1	BSL-1	BSL-1			
159	Mouse mammary tumor virus	小鼠乳腺瘤病毒	反转录病毒科	第四类	BSL-1	ABSL-1	BSL-1	BSL-1	BSL-1			
160	Rat leukemia virus	大鼠白血病病毒	反转录病毒科	第四类	BSL-1	ABSL-1	BSL-1	BSL-1	BSL-1			

Prion

序号	疾病英文名	疾病中文名	危害分类	不同实验活动所需实验室生物安全级别			运输包装分类[f]		备注
				组织培养	动物感染	感染性材料的检测	A/B	UN 编号	
1	Bovine spongiform encephalopathy (BSE)	疯牛病	第二类	BSL-3	ABSL-3	BSL-2	B	UN3373	需要有 134℃ 高压灭菌条件
2	Creutzfeldt-Jacob disease（CJD）	人克－雅氏病	第二类	BSL-2	ABSL-3	BSL-2	B	UN3373	需要有 134℃ 高压灭菌条件
3	Gerstmann-Straussler-Scheinker syndrome（GSS）	吉斯特曼－斯召斯列综合征	第二类	BSL-2	ABSL-3	BSL-2	B	UN3373	需要有 134℃ 高压灭菌条件
4	Kuru disease	Kuru 病	第二类	BSL-3	ABSL-3	BSL-2	B	UN3373	需要有 134℃ 高压灭菌条件
5	Scrapie	瘙痒病因子	第三类	BSL-2	ABSL-3	BSL-2	B	UN3373	需要有 134℃ 高压灭菌条件
6	New variance Creutzfeldt-Jacob disease（nvCJD）	变异型克－雅氏病	第二类	BSL-3	ABSL-3	BSL-2	B	UN3373	需要有 134℃ 高压灭菌条件

注：BSL-n/ABSL-n：不同生物安全级别的实验室/动物实验室。

a. 病毒培养：指病毒的分离、培养、滴定、中和试验、活病毒及其蛋白纯化、病毒冻干以及产生活病毒的重组试验等操作。利用活病毒或其感染细胞（或细胞提取物），不经灭活进行的生化分析、血清学检测、免疫学检测等操作视同病毒培养。使用病毒培养物提取核酸，裂解剂或灭活剂的加入必须在与病毒培养等同级别的实验室和防护条件下进行，裂解剂或灭活剂加入后可比照未经培养的感染性材料的防护等级进行操作。

b. 动物感染实验：指以活病毒感染动物的实验。

c. 未经培养的感染性材料的操作：指未经培养的感染性材料在采用可靠的方法灭活前进行的病毒抗原检测、血清学检测、核酸检测、生化分析等操作。未经可靠灭活或固定的人和动物组织标本因含病毒量较高，其操作的防护级别应比照病毒培养。

d. 灭活材料的操作：指感染性材料或活病毒在采用可靠的方法灭活后进行的病毒抗原检测、血清学检测、核酸检测、生化分析、分子生物学实验等不含致病性活病毒的操作。

e. 无感染性材料的操作：指针对确认无感染性的材料的各种操作，包括但不限于无感染性的病毒 DNA 或 cDNA 操作。

f. 运输包装分类：按国际民航组织文件 Doc9284《危险品航空安全运输技术细则》的分类包装要求，将相关病原和标本分为 A、B 两类，对应的联合国编号分别为 UN2814（动物病毒为 UN2900）和 UN3373。对于 A 类感染性物质，若表中未注明“仅限于病毒培养物”，则包括涉及该病毒的所有材料；对于注明“仅限于病毒培养物”的 A 类感染性物质，则病毒培养物按 UN2814 包装，其他标本按 UN3373 要求进行包装。凡标明 B 类的病毒和相关样本均按 UN3373 的要求包装和空运。通过其他交通工具运输的可参照以上标准进行包装。

g. 这里特指亚欧地区传播的蜱传脑炎、俄罗斯春夏脑炎和中欧型蜱传脑炎。

h. 脊髓灰质炎病毒：这里只是列出一般指导性原则。目前对于脊髓灰质炎病毒野毒株的操作应遵从卫生部有关规定。对于疫苗株按 3 类病原微生物的防护要求进行操作，病毒培养的防护条件为 BSL-2，动物感染为 ABSL-2，未经培养的感染性材料的操作在 BSL-2，灭活和无感染性材料的操作均为 BSL-1。疫苗衍生毒株（VDPV）病毒培养的防护条件为 BSL-2，动物感染为 ABSL-3，未经培养的感染性材料的操作在 BSL-2，灭活和无感染性材料的操作均为 BSL-1。上述指导原则会随着全球消灭脊髓灰质炎病毒的进展状况而有所改变，新的指导原则按新规定执行。

说明：

1. 在保证安全的前提下，对临床和现场的未知样本检测操作可在生物安全二级或以上防护级别的实验室进行，涉及病毒分离培养的操作，应加强个体防护和环境保护。要密切注意流行病学动态和临床表现，判断是否存在高致病性病原体，若判定为疑似高致病性病原体，应在相应生物安全级别的实验室开展工作。

2. 本表未列出之病毒和实验活动，由各单位的生物安全委员会负责危害程度评估，确定相应的生物安全防护级别。如涉及高致病性病毒及其相关实验的应经国家病原微生物实验室生物安全专家委员会论证。

3. Prion 为特殊病原体，其危害程度分类及相应实验活动的生物安全防护水平单独列出。

4. 关于使用人类病毒的重组体：在卫生部发布有关的管理规定之前，对于人类病毒的重组体（包括对病毒的基因缺失、插入、突变等修饰以及将病毒作为外源基因的表达载体）暂时遵循以下原则：（1）严禁两个不同病原体之间进行完整基因组的重组；（2）对于对人类致病的病毒，如存在疫苗株，只允许用疫苗株为外源基因表达载体，如脊髓灰质炎病毒、麻疹病毒、乙型脑炎病毒等；（3）对于一般情况下即具有复制能力的重组活病毒（复制型重组病毒），其操作时的防护条件应不低于其母本病毒；对于条件复制型或复制缺陷型病毒可降低防护条件，但不得低于 BSL-2 的防护条件，例如来源于 HIV 的慢病毒载体，为双基因缺失载体，可在 BSL-2 实验室操作；（4）对于病毒作为表达载体，其防护水平总体上应根据其母本病毒的危害等级及防护要求进行操作，但是将高致病性病毒的基因重组入具有复制能力的同科低致病性病毒载体时，原则上应根据高致病性病原体的危害等级和防护条件进行操作，在证明重组体无危害后，可视情降低防护等级；（5）对于复制型重组病毒的制作事先要进行危险性评估，并得到所在单位生物安全委员会的批准。对于高致病性病原体重组体或有可能制造出高致病性病原体的操作应经国家病原微生物实验室生物安全专家委员会论证。

5. 国家正式批准的生物制品疫苗生产用减毒、弱毒毒种的分类地位另行规定。

表 2　细菌、放线菌、衣原体、支原体、立克次体、螺旋体分类名录

序号	病原菌名称		危害程度分类	实验活动所需生物安全实验室级别				运输包装分类[e]		备注
	学名	中文名		大量活菌操作[a]	动物感染实验[b]	样本检测[c]	非感染性材料的实验[d]	A/B	UN 编号	
1	Bacillus anthracis	炭疽芽孢杆菌	第二类	BSL-3	ABSL-3	BSL-2	BSL-1	A	UN 2814	
2	Brucella spp	布鲁氏菌属	第二类	BSL-3	ABSL-3	BSL-2	BSL-1	A	UN 2814	其中弱毒株或疫苗株可在 BSL-2 实验室操作。
3	Burkholderia mallei	鼻疽伯克菌	第二类	BSL-3	ABSL-3	BSL-2	BSL-1	A	UN 2814	
4	Coxiella burnetii	伯氏考克斯体	第二类	BSL-3	ABSL-3	BSL-2	BSL-1	A	UN 2814	
5	Francisella tularensis	土拉热弗朗西斯菌	第二类	BSL-3	ABSL-3	BSL-2	BSL-1	A	UN 2814	
6	Mycobacterium bovis	牛型分枝杆菌	第二类	BSL-3	ABSL-3	BSL-2	BSL-1	A	UN 2814	
7	Mycobacterium tuberculosis	结核分枝杆菌	第二类	BSL-3	ABSL-3	BSL-2	BSL-1	A	UN 2814	
8	Rickettsia spp	立克次体属	第二类	BSL-3	ABSL-3	BSL-2	BSL-1	A	UN 2814	
9	Vibrio cholerae	霍乱弧菌[f]	第二类	BSL-2	ABSL-2	BSL-2	BSL-1	A	UN 2814	
10	Yersinia pestis	鼠疫耶尔森菌	第二类	BSL-3	ABSL-3	BSL-2	BSL-1	A	UN 2814	
11	Acinetobacter lwoffi	鲁氏不动杆菌	第三类	BSL-2	ABSL-2	BSL-2	BSL-1	B	UN 3373	
12	Acinetobacter baumannii	鲍氏不动杆菌	第三类	BSL-2	ABSL-2	BSL-2	BSL-1	B	UN 3373	
13	Mycobacterium cheloei	龟分枝杆菌	第三类	BSL-2	ABSL-2	BSL-2	BSL-1	B	UN 3373	
14	Actinobacillus actinomycetemcomitans	伴放线放线杆菌	第三类	BSL-2	ABSL-2	BSL-2	BSL-1	B	UN 3373	
15	Actinomadura madurae	马杜拉放线菌	第三类	BSL-2	ABSL-2	BSL-2	BSL-1	B	UN 3373	
16	Actinomadura pelletieri	白乐杰马杜拉放线菌	第三类	BSL-2	ABSL-2	BSL-2	BSL-1	B	UN 3373	

续表

序号	病原菌名称		危害程度分类	实验活动所需生物安全实验室级别				运输包装分类[e]		备注
	学名	中文名		大量活菌操作[a]	动物感染实验[b]	样本检测[c]	非感染性材料的实验[d]	A/B	UN 编号	
17	Actinomyces bovis	牛型放线菌	第三类	BSL-2	ABSL-2	BSL-2	BSL-1	B	UN 3373	
18	Actinomyces gerencseriae	戈氏放线菌	第三类	BSL-2	ABSL-2	BSL-2	BSL-1	B	UN 3373	
19	Actinomyces israelii	衣氏放线菌	第三类	BSL-2	ABSL-2	BSL-2	BSL-1	B	UN 3373	
20	Actinomyces naeslundii	内氏放线菌	第三类	BSL-2	ABSL-2	BSL-2	BSL-1	B	UN 3373	
21	Actinomyces pyogenes	酿（化）脓放线菌	第三类	BSL-2	ABSL-2	BSL-2	BSL-1	B	UN 3373	
22	Aeromonas hydrophila	嗜水气单胞菌/杜氏气单胞菌/嗜水变形菌	第三类	BSL-2	ABSL-2	BSL-2	BSL-1	B	UN 3373	
23	Aeromonas punctata	斑点气单胞菌	第三类	BSL-2	ABSL-2	BSL-2	BSL-1	B	UN 3373	
24	Afipia spp	阿菲波菌属	第三类	BSL-2	ABSL-2	BSL-2	BSL-1	B	UN 3373	
25	Amycolata autotrophica	自养无枝酸菌	第三类	BSL-2	ABSL-2	BSL-2	BSL-1	B	UN 3373	
26	Arachnia propionica	丙酸蛛菌/丙酸蛛网菌	第三类	BSL-2	ABSL-2	BSL-2	BSL-1	B	UN 3373	
27	Arcanobacterium equi	马隐秘杆菌	第三类	BSL-2	ABSL-2	BSL-2	BSL-1	B	UN 3373	
28	Arcanobacterium haemolyticum	溶血隐秘杆菌	第三类	BSL-2	ABSL-2	BSL-2	BSL-1	B	UN 3373	
29	Bacillus cereus	蜡样芽孢杆菌	第三类	BSL-2	ABSL-2	BSL-2	BSL-1	B	UN 3373	
30	Bacteroides fragilis	脆弱拟杆菌	第三类	BSL-2	ABSL-2	BSL-2	BSL-1	B	UN 3373	
31	Bartonella bacilliformis	杆状巴尔通体	第三类	BSL-2	ABSL-2	BSL-2	BSL-1	B	UN 3373	
32	Bartonella elizabethae	伊丽莎白巴尔通体	第三类	BSL-2	ABSL-2	BSL-2	BSL-1	B	UN 3373	
33	Bartonella henselae	汉氏巴尔通体	第三类	BSL-2	ABSL-2	BSL-2	BSL-1	B	UN 3373	
34	Bartonella quintana	五日热巴尔通体	第三类	BSL-2	ABSL-2	BSL-2	BSL-1	B	UN 3373	

续表

序号	病原菌名称		危害程度分类	实验活动所需生物安全实验室级别				运输包装分类[e]		备注
	学名	中文名		大量活菌操作[a]	动物感染实验[b]	样本检测[c]	非感染性材料的实验[d]	A/B	UN 编号	
35	Bartonella vinsonii	文氏巴尔通体	第三类	BSL-2	ABSL-2	BSL-2	BSL-1	B	UN 3373	
36	Bordetella bronchiseptica	支气管炎博德特菌	第三类	BSL-2	ABSL-2	BSL-2	BSL-1	B	UN 3373	
37	Bordetella parapertussis	副百日咳博德特菌	第三类	BSL-2	ABSL-2	BSL-2	BSL-1	B	UN 3373	
38	Bordetella pertussis	百日咳博德特菌	第三类	BSL-2	ABSL-2	BSL-2	BSL-1	B	UN 3373	
39	Borrelia burgdorferi	伯氏疏螺旋体	第三类	BSL-2	ABSL-2	BSL-2	BSL-1	B	UN 3373	
40	Borrelia duttonii	达氏疏螺旋体	第三类	BSL-2	ABSL-2	BSL-2	BSL-1	B	UN 3373	
41	Borrelia recurrentis	回归热疏螺旋体	第三类	BSL-2	ABSL-2	BSL-2	BSL-1	B	UN 3373	
42	Borrelia vincenti	奋森疏螺旋体	第三类	BSL-2	ABSL-2	BSL-2	BSL-1	B	UN 3373	
43	Calymmatobacterium granulomatis	肉芽肿鞘杆菌	第三类	BSL-2	ABSL-2	BSL-2	BSL-1	B	UN 3373	
44	Campylobacter jejuni	空肠弯曲菌	第三类	BSL-2	ABSL-2	BSL-2	BSL-1	B	UN 3373	
45	Campylobacter sputorum	唾液弯曲菌	第三类	BSL-2	ABSL-2	BSL-2	BSL-1	B	UN 3373	
46	Campylobacter fetus	胎儿弯曲菌	第三类	BSL-2	ABSL-2	BSL-2	BSL-1	B	UN 3373	
47	Campylobacter coli	大肠弯曲菌	第三类	BSL-2	ABSL-2	BSL-2	BSL-1	B	UN 3373	
48	Chlamydia pneumoniae	肺炎衣原体	第三类	BSL-2	ABSL-2	BSL-2	BSL-1	B	UN 3373	
49	Chlamydia psittaci	鹦鹉热衣原体	第三类	BSL-2	ABSL-2	BSL-2	BSL-1	B	UN 2814	
50	Chlamydia trachomatis	沙眼衣原体	第三类	BSL-2	ABSL-2	BSL-2	BSL-1	B	UN 3373	
51	Clostridium botulinum	肉毒梭菌	第三类	BSL-2	ABSL-2	BSL-2	BSL-1	A	UN 2814	菌株按第二类管理
52	Clostridium difficile	艰难梭菌	第三类	BSL-2	ABSL-2	BSL-2	BSL-1	B	UN 3373	

续表

序号	病原菌名称		危害程度分类	实验活动所需生物安全实验室级别				运输包装分类[e]		备注
	学名	中文名		大量活菌操作[a]	动物感染实验[b]	样本检测[c]	非感染性材料的实验[d]	A/B	UN 编号	
53	Clostridium equi	马梭菌	第三类	BSL-2	ABSL-2	BSL-2	BSL-1	B	UN 3373	
54	Clostridium haemolyticum	溶血梭菌	第三类	BSL-2	ABSL-2	BSL-2	BSL-1	B	UN 3373	
55	Clostridium histolyticum	溶组织梭菌	第三类	BSL-2	ABSL-2	BSL-2	BSL-1	B	UN 3373	
56	Clostridium novyi	诺氏梭菌	第三类	BSL-2	ABSL-2	BSL-2	BSL-1	B	UN 3373	
57	Clostridium perfringens	产气荚膜梭菌	第三类	BSL-2	ABSL-2	BSL-2	BSL-1	B	UN 3373	
58	Clostridium sordellii	索氏梭菌	第三类	BSL-2	ABSL-2	BSL-2	BSL-1	B	UN 3373	
59	Clostridium tetani	破伤风梭菌	第三类	BSL-2	ABSL-2	BSL-2	BSL-1	B	UN 3373	
60	Corynebacterium bovis	牛棒杆菌	第三类	BSL-2	ABSL-2	BSL-2	BSL-1	B	UN 3373	
61	Corynebacterium diphtheriae	白喉棒杆菌	第三类	BSL-2	ABSL-2	BSL-2	BSL-1	B	UN 3373	
62	Corynebacterium minutissimum	极小棒杆菌	第三类	BSL-2	ABSL-2	BSL-2	BSL-1	B	UN 3373	
63	Corynebacterium pseudotuberculosis	假结核棒杆菌	第三类	BSL-2	ABSL-2	BSL-2	BSL-1	B	UN 3373	
64	Corynebacterium ulcerans	溃疡棒杆菌	第三类	BSL-2	ABSL-2	BSL-2	BSL-1	B	UN 3373	
65	Dermatophilus congolensis	刚果嗜皮菌	第三类	BSL-2	ABSL-2	BSL-2	BSL-1	B	UN 3373	
66	Edwardsiella tarda	迟钝爱德华菌	第三类	BSL-2	ABSL-2	BSL-2	BSL-1	B	UN 3373	
67	Eikenella corrodens	啮蚀艾肯菌	第三类	BSL-2	ABSL-2	BSL-2	BSL-1	B	UN 3373	
68	Enterobacter aerogenes/cloacae	产气肠杆菌/阴沟肠杆菌	第三类	BSL-2	ABSL-2	BSL-2	BSL-1	B	UN 3373	
69	Enterobacter spp	肠杆菌属	第三类	BSL-2	ABSL-2	BSL-2	BSL-1	B	UN 3373	

续表

序号	病原菌名称		危害程度分类	实验活动所需生物安全实验室级别				运输包装分类[e]		备注
	学名	中文名		大量活菌操作[a]	动物感染实验[b]	样本检测[c]	非感染性材料的实验[d]	A/B	UN 编号	
70	Erlichia sennetsu	腺热埃里希体	第三类	BSL-2	ABSL-2	BSL-2	BSL-1	B	UN 3373	
71	Erysipelothrix rhusiopathiae	猪红斑丹毒丝菌	第三类	BSL-2	ABSL-2	BSL-2	BSL-1	B	UN 3373	
72	Erysipelothrix spp	丹毒丝菌属	第三类	BSL-2	ABSL-2	BSL-2	BSL-1	B	UN 3373	
73	Pathogenic Escherichia coli	致病性大肠埃希菌	第三类	BSL-2	ABSL-2	BSL-2	BSL-1	B	UN 2814	
74	Flavobacterium meningosepticum	脑膜炎黄杆菌	第三类	BSL-2	ABSL-2	BSL-2	BSL-1	B	UN 3373	
75	Fluoribacter bozemanae	博兹曼荧光杆菌	第三类	BSL-2	ABSL-2	BSL-2	BSL-1	B	UN 3373	
76	Francisella novicida	新凶手弗朗西斯菌	第三类	BSL-2	ABSL-2	BSL-2	BSL-1	B	UN 3373	
77	Fusobacterium necrophorum	坏疽梭杆菌	第三类	BSL-2	ABSL-2	BSL-2	BSL-1	B	UN 3373	
78	Gardnerella vaginalis	阴道加德纳菌	第三类	BSL-2	ABSL-2	BSL-2	BSL-1	B	UN 3373	
79	Haemophilus ducreyi	杜氏嗜血菌	第三类	BSL-2	ABSL-2	BSL-2	BSL-1	B	UN 3373	
80	Haemophilus influenzae	流感嗜血杆菌	第三类	BSL-2	ABSL-2	BSL-2	BSL-1	B	UN 3373	
81	Helicobacter pylori	幽门螺杆菌	第三类	BSL-2	ABSL-2	BSL-2	BSL-1	B	UN 3373	
82	Kingella kingae	金氏金氏菌	第三类	BSL-2	ABSL-2	BSL-2	BSL-1	B	UN 3373	
83	Klebsiella oxytoca	产酸克雷伯菌	第三类	BSL-2	ABSL-2	BSL-2	BSL-1	B	UN 3373	
84	Klebsiella pnenmoniae	肺炎克雷伯菌	第三类	BSL-2	ABSL-2	BSL-2	BSL-1	B	UN 3373	
85	Legionella pneumophila	嗜肺军团菌	第三类	BSL-2	ABSL-2	BSL-2	BSL-1	B	UN 3373	
86	Listeria ivanovii	伊氏李斯特菌	第三类	BSL-2	ABSL-2	BSL-2	BSL-1	B	UN 3373	
87	Listeria monocytogenes	单核细胞增生李斯特菌	第三类	BSL-2	ABSL-2	BSL-2	BSL-1	B	UN 3373	
88	Leptospira interrogans	问号钩端螺旋体	第三类	BSL-2	ABSL-2	BSL-2	BSL-1	B	UN 3373	

续表

序号	病原菌名称		危害程度分类	实验活动所需生物安全实验室级别				运输包装分类[e]		备注
	学名	中文名		大量活菌操作[a]	动物感染实验[b]	样本检测[c]	非感染性材料的实验[d]	A/B	UN 编号	
89	Mima polymorpha	多态小小菌	第三类	BSL-2	ABSL-2	BSL-2	BSL-1	B	UN 3373	
90	Morganella morganii	摩氏摩根菌	第三类	BSL-2	ABSL-2	BSL-2	BSL-1	B	UN 3373	
91	Mycobacterium africanum	非洲分枝杆菌	第三类	BSL-2	ABSL-2	BSL-2	BSL-1	B	UN 3373	
92	Mycobacterium asiaticum	亚洲分枝杆菌	第三类	BSL-2	ABSL-2	BSL-2	BSL-1	B	UN 3373	
93	Mycobacterium avium-chester	鸟分枝杆菌	第三类	BSL-2	ABSL-2	BSL-2	BSL-1	B	UN 3373	
94	Mycobacterium fortuitum	偶发分枝杆菌	第三类	BSL-2	ABSL-2	BSL-2	BSL-1	B	UN 3373	
95	Mycobacterium hominis	人型分枝杆菌	第三类	BSL-2	ABSL-2	BSL-2	BSL-1	B	UN 3373	
96	Mycobacterium kansasii	堪萨斯分枝杆菌	第三类	BSL-2	ABSL-2	BSL-2	BSL-1	B	UN 3373	
97	Mycobacterium leprae	麻风分枝杆菌	第三类	BSL-2	ABSL-2	BSL-2	BSL-1	B	UN 3373	
98	Mycobacterium malmoenes	玛尔摩分枝杆菌	第三类	BSL-2	ABSL-2	BSL-2	BSL-1	B	UN 3373	
99	Mycobacterium microti	田鼠分枝杆菌	第三类	BSL-2	ABSL-2	BSL-2	BSL-1	B	UN 3373	
100	Mycobacterium paratuberculosis	副结核分枝杆菌	第三类	BSL-2	ABSL-2	BSL-2	BSL-1	B	UN 3373	
101	Mycobacterium scrofulaceum	瘰疬分枝杆菌	第三类	BSL-2	ABSL-2	BSL-2	BSL-1	B	UN 3373	
102	Mycobacterium simiae	猿分枝杆菌	第三类	BSL-2	ABSL-2	BSL-2	BSL-1	B	UN 3373	
103	Mycobacterium szulgai	斯氏分枝杆菌	第三类	BSL-2	ABSL-2	BSL-2	BSL-1	B	UN 3373	
104	Mycobacterium ulcerans	溃疡分枝杆菌	第三类	BSL-2	ABSL-2	BSL-2	BSL-1	B	UN 3373	
105	Mycobacterium xenopi	蟾分枝杆菌	第三类	BSL-2	ABSL-2	BSL-2	BSL-1	B	UN 3373	
106	Mycoplasma pneumoniae	肺炎支原体	第三类	BSL-2	ABSL-2	BSL-2	BSL-1	B	UN 3373	
107	Neisseria gonorrhoeae	淋病奈瑟菌	第三类	BSL-2	ABSL-2	BSL-2	BSL-1	B	UN 3373	

续表

序号	病原菌名称		危害程度分类	实验活动所需生物安全实验室级别				运输包装分类[e]		备注
	学名	中文名		大量活菌操作[a]	动物感染实验[b]	样本检测[c]	非感染性材料的实验[d]	A/B	UN 编号	
108	Neisseria meningitidis	脑膜炎奈瑟菌	第三类	BSL-2	ABSL-2	BSL-2	BSL-1	B	UN 3373	
109	Nocardia asteroides	星状诺卡菌	第三类	BSL-2	ABSL-2	BSL-2	BSL-1	B	UN 3373	
110	Nocardia brasiliensis	巴西诺卡菌	第三类	BSL-2	ABSL-2	BSL-2	BSL-1	B	UN 3373	
111	Nocardia carnea	肉色诺卡菌	第三类	BSL-2	ABSL-2	BSL-2	BSL-1	B	UN 3373	
112	Nocardia farcinica	皮诺卡菌	第三类	BSL-2	ABSL-2	BSL-2	BSL-1	B	UN 3373	
113	Nocardia nova	新星诺卡菌	第三类	BSL-2	ABSL-2	BSL-2	BSL-1	B	UN 3373	
114	Nocardia otitidiscaviarum	豚鼠耳炎诺卡菌	第三类	BSL-2	ABSL-2	BSL-2	BSL-1	B	UN 3373	
115	Nocardia transvalensis	南非诺卡菌	第三类	BSL-2	ABSL-2	BSL-2	BSL-1	B	UN 3373	
116	Pasteurella multocida	多杀巴斯德菌	第三类	BSL-2	ABSL-2	BSL-2	BSL-1	B	UN 3373	
117	Pasteurella pneunotropica	侵肺巴斯德菌	第三类	BSL-2	ABSL-2	BSL-2	BSL-1	B	UN 3373	
118	Peptostreptococcus anaerobius	厌氧消化链球菌	第三类	BSL-2	ABSL-2	BSL-2	BSL-1	B	UN 3373	
119	Plesiomonas shigelloides	类志贺气单胞菌	第三类	BSL-2	ABSL-2	BSL-2	BSL-1	B	UN 3373	
120	Prevotella spp	普雷沃菌属	第三类	BSL-2	ABSL-2	BSL-2	BSL-1	B	UN 3373	
121	Proteus mirabilis	奇异变形菌	第三类	BSL-2	ABSL-2	BSL-2	BSL-1	B	UN 3373	
122	Proteus penneri	彭氏变形菌	第三类	BSL-2	ABSL-2	BSL-2	BSL-1	B	UN 3373	
123	Proteus vulgaris	普通变形菌	第三类	BSL-2	ABSL-2	BSL-2	BSL-1	B	UN 3373	
124	Providencia alcalifaciens	产碱普罗威登斯菌	第三类	BSL-2	ABSL-2	BSL-2	BSL-1	B	UN 3373	
125	Providencia rettgeri	雷氏普罗威登斯菌	第三类	BSL-2	ABSL-2	BSL-2	BSL-1	B	UN 3373	
126	Pseudomonas aeruginosa	铜绿假单胞菌	第三类	BSL-2	ABSL-2	BSL-2	BSL-1	B	UN 3373	

续表

序号	病原菌名称		危害程度分类	实验活动所需生物安全实验室级别				运输包装分类[e]		备注
	学名	中文名		大量活菌操作[a]	动物感染实验[b]	样本检测[c]	非感染性材料的实验[d]	A/B	UN 编号	
127	Rhodococcus equi	马红球菌	第三类	BSL-2	ABSL-2	BSL-2	BSL-1	B	UN 3373	
128	Salmonella arizonae	亚利桑那沙门菌	第三类	BSL-2	ABSL-2	BSL-2	BSL-1	B	UN 3373	
129	Salmonella choleraesuis	猪霍乱沙门菌	第三类	BSL-2	ABSL-2	BSL-2	BSL-1	B	UN 3373	
130	Salmonella enterica	肠道沙门菌	第三类	BSL-2	ABSL-2	BSL-2	BSL-1	B	UN 3373	
131	Salmonella meleagridis	火鸡沙门菌	第三类	BSL-2	ABSL-2	BSL-2	BSL-1	B	UN 3373	
132	Salmonella paratyphi A，B，C	甲、乙、丙型副伤寒沙门菌	第三类	BSL-2	ABSL-2	BSL-2	BSL-1	B	UN 3373	
133	Salmonella typhi	伤寒沙门菌	第三类	BSL-2	ABSL-2	BSL-2	BSL-1	B	UN 3373	
134	Salmonella typhimurium	鼠伤寒沙门菌	第三类	BSL-2	ABSL-2	BSL-2	BSL-1	B	UN 3373	
135	Serpulina spp	小蛇菌属	第三类	BSL-2	ABSL-2	BSL-2	BSL-1	B	UN 3373	
136	Serratia liquefaciens	液化沙雷菌	第三类	BSL-2	ABSL-2	BSL-2	BSL-1	B	UN 3373	
137	Serratia marcescens	黏质沙雷菌	第三类	BSL-2	ABSL-2	BSL-2	BSL-1	B	UN 3373	
138	Shigella spp	志贺菌属	第三类	BSL-2	ABSL-2	BSL-2	BSL-1	B	UN 3373	
139	Staphylococcus aureus	金黄色葡萄球菌	第三类	BSL-2	ABSL-2	BSL-2	BSL-1	B	UN 3373	
140	Staphylococcus epidermidis	表皮葡萄球菌	第三类	BSL-2	ABSL-2	BSL-2	BSL-1	B	UN 3373	
141	Streptobacillus moniliformis	念珠状链杆菌	第三类	BSL-2	ABSL-2	BSL-2	BSL-1	B	UN 3373	
142	Streptococcus pneumoniae	肺炎链球菌	第三类	BSL-2	ABSL-2	BSL-2	BSL-1	B	UN 3373	
143	Streptococcus pyogenes	化脓链球菌	第三类	BSL-2	ABSL-2	BSL-2	BSL-1	B	UN 3373	
144	Streptococcus spp	链球菌属	第三类	BSL-2	ABSL-2	BSL-2	BSL-1	B	UN 3373	

续表

序号	病原菌名称		危害程度分类	实验活动所需生物安全实验室级别				运输包装分类[e]		备注
	学名	中文名		大量活菌操作[a]	动物感染实验[b]	样本检测[c]	非感染性材料的实验[d]	A/B	UN 编号	
145	Streptococcus suis	猪链球菌	第三类	BSL-2	ABSL-2	BSL-2	BSL-1	B	UN 2814	
146	Treponema carateum	斑点病密螺旋体	第三类	BSL-2	ABSL-2	BSL-2	BSL-1	B	UN 3373	
147	Treponema pallidum	苍白（梅毒）密螺旋体	第三类	BSL-2	ABSL-2	BSL-2	BSL-1	B	UN 373	
148	Treponema pertenue	极细密螺旋体	第三类	BSL-2	ABSL-2	BSL-2	BSL-1	B	UN 3373	
149	Treponema vincentii	文氏密螺旋体	第三类	BSL-2	ABSL-2	BSL-2	BSL-1	B	UN 3373	
150	Ureaplasma urealyticum	解脲脲原体	第三类	BSL-2	ABSL-2	BSL-2	BSL-1	B	UN 3373	
151	Vibrio vulnificus	创伤弧菌	第三类	BSL-2	ABSL-2	BSL-2	BSL-1	B	UN 3373	
152	Yersinia enterocolitica	小肠结肠炎耶尔森菌	第三类	BSL-2	ABSL-2	BSL-2	BSL-1	B	UN 3373	
153	Yersinia pseudotuberculosis	假结核耶尔森菌	第三类	BSL-2	ABSL-2	BSL-2	BSL-1	B	UN 3373	
154	Human granulocytic ehrlichiae	人粒细胞埃立克体	第三类	BSL-2	ABSL-2	BSL-2	BSL-1	B	UN 3373	
155	Ehrlichia Chaffeensis，EC	查菲埃立克体	第三类	BSL-2	ABSL-2	BSL-2	BSL-1	B	UN 3373	

注：BSL-n/ABSL-n：代表不同生物安全级别的实验室/动物实验室

a 大量活菌操作：实验操作涉及“大量”病原菌的制备，或易产生气溶胶的实验操作（如病原菌离心、冻干等）。

b 动物感染实验：特指以活菌感染的动物实验。

c 样本检测：包括样本的病原菌分离纯化、药物敏感性实验、生化鉴定、免疫学实验、PCR 核酸提取、涂片、显微观察等初步检测活动。

d 非感染性材料的实验：如不含致病性活菌材料的分子生物学、免疫学等实验。

e 运输包装分类：按国际民航组织文件 Doc9284《危险品航空安全运输技术细则》的分类包装要求，将相关病原和标本分为 A、B 两类，对应的联合国编号分别为 UN2814 和 UN3373；A 类中传染性物质特指菌株或活菌培养物，应按 UN2814 的要求包装和空运，其他相关样本和 B 类的病原和相关样本均按 UN3373 的要求包装和空运；通过其他交通工具运输的可参照以上标准包装。

f 因属甲类传染病，流行株按第二类管理，涉及大量活菌培养等工作可在 BSL-2 实验室进行；非流行株归第三类。

说明：

1. 在保证安全的前提下，对临床和现场的未知样本的检测可在生物安全二级或以上防护级别的实验室进行。涉及病原菌分离培养的操作，应加强个体防护和环境保护。但此项工作仅限于对样本中病原菌的初步分离鉴定。一旦病原菌初步明确，应按病原微生物的危害类别将其转移至相应生物安全级别的实验室开展工作。

2. “大量”的病原菌制备，是指病原菌的体积或浓度，大大超过了常规检测所需要的量。比如在大规模发酵、抗原和疫苗生产，病原菌进一步鉴定以及科研活动中，病原菌增殖和浓缩所需要处理的剂量。

3. 本表未列之病原微生物和实验活动，由单位生物安全委员会负责危害程度评估，确定相应的生物安全防护级别。如涉及高致病性病原微生物及其相关实验的，应经国家病原微生物实验室生物安全专家委员会论证。

4. 国家正式批准的生物制品疫苗生产用减毒、弱毒菌种的分类地位另行规定。

表 3　真菌分类名录

序号	真菌名称		危害程度分类	实验活动所需生物安全实验室级别				运输包装分类[e]		备注
	学名	中文名		大量活菌操作[a]	动物感染实验[b]	样本检测[c]	非感染性材料的实验[d]	A/B	UN 编号	
1	Coccidioides immitis	粗球孢子菌	第二类	BSL-3	ABSL-3	BSL-2	BSL-1	A	UN 2814	
2	Histoplasm farcinimosum	马皮疽组织胞质菌	第二类	BSL-3	ABSL-3	BSL-2	BSL-1	A	UN 2814	
3	Histoplasma capsulatum	荚膜组织胞质菌	第二类	BSL-3	ABSL-3	BSL-2	BSL-1	A	UN 2814	
4	Paracoccidioides brasiliensis	巴西副球孢子菌	第二类	BSL-3	ABSL-3	BSL-2	BSL-1	A	UN 2814	
5	Absidia corymbifera	伞枝梨头霉	第三类	BSL-2	ABSL-2	BSL-2	BSL-1	B	UN 3373	
6	Alternaria	交链孢霉属	第三类	BSL-2	ABSL-2	BSL-2	BSL-1	B	UN 3373	
7	Arthrinium	节菱孢霉属	第三类	BSL-2	ABSL-2	BSL-2	BSL-1	B	UN 3373	
8	Aspergillus flavus	黄曲霉	第三类	BSL-2	ABSL-2	BSL-2	BSL-1	B	UN 3373	
9	Aspergillus fumigatus	烟曲霉	第三类	BSL-2	ABSL-2	BSL-2	BSL-1	B	UN 3373	
10	Aspergillus nidulans	构巢曲霉	第三类	BSL-2	ABSL-2	BSL-2	BSL-1	B	UN 3373	
11	Aspergillus ochraceus	赭曲霉	第三类	BSL-2	ABSL-2	BSL-2	BSL-1	B	UN 3373	
12	Aspergillus parasiticus	寄生曲霉	第三类	BSL-2	ABSL-2	BSL-2	BSL-1	B	UN 3373	

续表

序号	真菌名称		危害程度分类	实验活动所需生物安全实验室级别				运输包装分类[e]		备注
	学名	中文名		大量活菌操作[a]	动物感染实验[b]	样本检测[c]	非感染性材料的实验[d]	A/B	UN 编号	
13	Blastomyces dermatitidis	皮炎芽生菌	第三类	BSL-2	ABSL-2	BSL-2	BSL-1	B	UN 3373	
14	Candida albicans	白假丝酵母菌	第三类	BSL-2	ABSL-2	BSL-2	BSL-1	B	UN 3373	
15	Cephalosporium	头孢霉属	第三类	BSL-2	ABSL-2	BSL-2	BSL-1	B	UN 3373	
16	Cladosporium carrionii	卡氏枝孢霉	第三类	BSL-2	ABSL-2	BSL-2	BSL-1	B	UN 3373	
17	Cladosporium trichoides	毛样枝孢霉	第三类	BSL-2	ABSL-2	BSL-2	BSL-1	B	UN 3373	
18	Cryptococcus neoformans	新生隐球菌	第三类	BSL-2	ABSL-2	BSL-2	BSL-1	B	UN 3373	
19	Dactylaria gallopava	指状菌属	第三类	BSL-2	ABSL-2	BSL-2	BSL-1	B	UN 3373	
20	Dermatophilus congolensis	嗜刚果皮菌	第三类	BSL-2	ABSL-2	BSL-2	BSL-1	B	UN 3373	
21	Emmonsia parva	伊蒙微小菌	第三类	BSL-2	ABSL-2	BSL-2	BSL-1	B	UN 3373	
22	Epidermophyton floccosum	絮状表皮癣菌	第三类	BSL-2	ABSL-2	BSL-2	BSL-1	B	UN 3373	
23	Exophiala dermatitidis	皮炎外瓶霉	第三类	BSL-2	ABSL-2	BSL-2	BSL-1	B	UN 3373	
24	Fonsecaea compacta	着紧密色霉	第三类	BSL-2	ABSL-2	BSL-2	BSL-1	B	UN 3373	
25	Fonsecaea pedrosoi	佩氏着色霉	第三类	BSL-2	ABSL-2	BSL-2	BSL-1	B	UN 3373	
26	Fusarium equiseti	木贼镰刀菌	第三类	BSL-2	ABSL-2	BSL-2	BSL-1	B	UN 3373	
27	Fusarium graminearum	禾谷镰刀菌	第三类	BSL-2	ABSL-2	BSL-2	BSL-1	B	UN 3373	
28	Fusarium moniliforme	串珠镰刀菌	第三类	BSL-2	ABSL-2	BSL-2	BSL-1	B	UN 3373	
29	Fusarium nivale	雪腐镰刀菌	第三类	BSL-2	ABSL-2	BSL-2	BSL-1	B	UN 3373	
30	Fusarium oxysporum	尖孢镰刀菌	第三类	BSL-2	ABSL-2	BSL-2	BSL-1	B	UN 3373	
31	Fusarium poae	梨孢镰刀菌	第三类	BSL-2	ABSL-2	BSL-2	BSL-1	B	UN 3373	

续表

序号	真菌名称		危害程度分类	实验活动所需生物安全实验室级别				运输包装分类[e]		备注
	学名	中文名		大量活菌操作[a]	动物感染实验[b]	样本检测[c]	非感染性材料的实验[d]	A/B	UN 编号	
32	Fusarium solani	茄病镰刀菌	第三类	BSL-2	ABSL-2	BSL-2	BSL-1	B	UN 3373	
33	Fusarium sporotricoides	拟枝孢镰刀菌	第三类	BSL-2	ABSL-2	BSL-2	BSL-1	B	UN 3373	
34	Fusarium tricinctum	三线镰刀菌	第三类	BSL-2	ABSL-2	BSL-2	BSL-1	B	UN 3373	
35	Geotrichum spp	地霉属	第三类	BSL-2	ABSL-2	BSL-2	BSL-1	B	UN 3373	
36	Loboa lobai	罗布罗布芽生菌	第三类	BSL-2	ABSL-2	BSL-2	BSL-1	B	UN 3373	
37	Madurella grisea	灰马杜拉分枝菌	第三类	BSL-2	ABSL-2	BSL-2	BSL-1	B	UN 3373	
38	Madurella mycetomatis	足马杜拉分枝菌	第三类	BSL-2	ABSL-2	BSL-2	BSL-1	B	UN 3373	
39	Microsporum spp	小孢子菌属	第三类	BSL-2	ABSL-2	BSL-2	BSL-1	B	UN 3373	
40	Mucor spp	毛霉属	第三类	BSL-2	ABSL-2	BSL-2	BSL-1	B	UN 3373	
41	Penicillium citreoviride	黄绿青霉	第三类	BSL-2	ABSL-2	BSL-2	BSL-1	B	UN 3373	
42	Penicillium citrinum	桔青霉	第三类	BSL-2	ABSL-2	BSL-2	BSL-1	B	UN 3373	
43	Penicillium cyclopium	圆弧青霉	第三类	BSL-2	ABSL-2	BSL-2	BSL-1	B	UN 3373	
44	Penicillium islandicum	岛青霉	第三类	BSL-2	ABSL-2	BSL-2	BSL-1	B	UN 3373	
45	Penicillium marneffei	马内菲青霉	第三类	BSL-2	ABSL-2	BSL-2	BSL-1	B	UN 3373	
46	Penicillium patulum	展开青霉	第三类	BSL-2	ABSL-2	BSL-2	BSL-1	B	UN 3373	
47	Penicillium purpurogenum	产紫青霉	第三类	BSL-2	ABSL-2	BSL-2	BSL-1	B	UN 3373	
48	Penicillium rugulosum	皱褶青霉	第三类	BSL-2	ABSL-2	BSL-2	BSL-1	B	UN 3373	
49	Penicillium versicolor	杂色青霉	第三类	BSL-2	ABSL-2	BSL-2	BSL-1	B	UN 3373	
50	Penicillium viridicatum	纯绿青霉	第三类	BSL-2	ABSL-2	BSL-2	BSL-1	B	UN 3373	

续表

序号	真菌名称		危害程度分类	实验活动所需生物安全实验室级别				运输包装分类[e]		备注
	学名	中文名		大量活菌操作[a]	动物感染实验[b]	样本检测[c]	非感染性材料的实验[d]	A/B	UN 编号	
51	Pneumocystis carinii	卡氏肺孢菌	第三类	BSL-2	ABSL-2	BSL-2	BSL-1	B	UN 3373	
52	Rhizopus cohnii	科恩酒曲菌	第三类	BSL-2	ABSL-2	BSL-2	BSL-1	B	UN 3373	
53	Rhizopus microspous	小孢子酒曲菌	第三类	BSL-2	ABSL-2	BSL-2	BSL-1	B	UN 3373	
54	Sporothrix schenckii	申克孢子细菌	第三类	BSL-2	ABSL-2	BSL-2	BSL-1	B	UN 3373	
55	Stachybotrys	葡萄状穗霉属	第三类	BSL-2	ABSL-2	BSL-2	BSL-1	B	UN 3373	
56	Trichoderma	木霉属	第三类	BSL-2	ABSL-2	BSL-2	BSL-1	B	UN 3373	
57	Trichophyton rubrum	红色毛癣菌	第三类	BSL-2	ABSL-2	BSL-2	BSL-1	B	UN 3373	
58	Trichothecium	单端孢霉属	第三类	BSL-2	ABSL-2	BSL-2	BSL-1	B	UN 3373	
59	Xylohypha bantania	木丝霉属	第三类	BSL-2	ABSL-2	BSL-2	BSL-1	B	UN 3373	

注：BSL-n/ABSL-n：代表不同生物安全级别的实验室/动物实验室

a 大量活菌操作：实验操作涉及“大量”病原菌的制备，或易产生气溶胶的实验操作（如病原菌离心、冻干等）。

b 动物感染实验：特指以活菌感染的动物实验。

c 样本检测：包括样本的病原菌分离纯化、药物敏感性实验、生化鉴定、免疫学实验、PCR 核酸提取、涂片、显微观察等初步检测活动。

d 非感染性材料的实验：如不含致病性活菌材料的分子生物学、免疫学等实验。

e 运输包装分类：按国际民航组织文件 Doc9284《危险品航空安全运输技术细则》的分类包装要求，将相关病原和标本分为 A、B 两类，对应的联合国编号分别为 UN2814 和 UN3373；A 类中传染性物质特指菌株或活菌培养物，应按 UN2814 的要求包装和空运，其他相关样本和 B 类的病原和相关样本均按 UN3373 的要求包装和空运；通过其他交通工具运输的可参照以上标准包装。

说明：

1. 在保证安全的前提下，对临床和现场的未知样本的检测可在生物安全二级或以上防护级别的实验室进行。涉及病原菌分离培养的操作，应加强个体防护和环境保护。但此项工作仅限于对样本中病原菌的初步分离鉴定。一旦病原菌初步明确，应按病原微生物的危害类别将其转移至相应生物安全级别的实验室开展工作。

2. “大量”的病原菌制备，是指病原菌的体积或浓度，大大超过了常规检测所需要的量。比如在大规模发酵、抗原和疫苗生产，病原菌进一步鉴定以及科研活动中，病原菌增殖和浓缩所需要处理的剂量。

3. 本表未列之病原微生物和实验活动，由单位生物安全委员会负责危害程度评估，确定相应的生物安全防护级别。如涉及高致病性病原微生物及其相关实验的，应经国家病原微生物实验室生物安全专家委员会论证。

4. 国家正式批准的生物制品疫苗生产用减毒、弱毒菌种的分类地位另行规定。

附录 C–5

实验室生物安全通用要求（GB 19489—2008）

前 言

本标准代替 GB 19489—2004《实验室生物安全通用要求》。

本标准与 GB 19489—2004 相比主要变化如下：

—对标准要素的划分进行了调整，明确区分了技术要素和管理要素（2004 年版的第 6 章至第 20 章，本版的第 5 章至第 7 章）；

—删除了 2004 年版的部分术语和定义（2004 年版的 2. 2、2. 3、2. 8 和 2. 11）；

—修订了 2004 年版的部分术语和定义（2004 年版的 2. 1、2. 4、2. 6、2. 7、2. 9、2. 10、2. 12、2. 13、2. 14 和 2. 15）；

—增加了新的术语和定义（本版的 2. 2、2. 8、2. 9、2. 11、2. 12、2. 14、2. 17、2. 18 和 2. 19）；

—删除了危害程度分级（2004 年版的第 3 章）；

—修订和增加了风险评估和风险控制的要求（2004 年版的第 4 章，本版的第 3 章）；

—修订了对实验室设计原则、设施和设备的部分要求（2004 年版的第 6 章、第 7 章和 9. 3 节，本版的第 5 章和第 6 章）；

—增加了对实验室设施自控系统的要求（本版的 6. 3. 8）；

—增加了对从事无脊椎动物操作实验室设施的要求（本版的 6. 5. 5）；

—增加了对管理的要求（本版的 7. 4、7. 5、7. 8、7. 9、7. 10、7. 11、7. 12 和 7. 13）；

—删除了部分与 GB19781—2005 重复的内容（2004 年版的第 3 章、第 12 章、第 13 章、第 14 章、第 15 章和第 17 章）；

—增加了资料性附录“生物安全实验室良好工作行为指南”；

—增加了资料性附录“实验室生物危险物质溢洒处理指南”；

—增加了资料性附录“实验室围护结构严密性检测和排风 HEPA 过滤器检漏方法指南”。

本标准的某些内容可能涉及专利权问题，本标准的发布机构不承担识别任何专利权的责任。

本标准的附录 A、附录 B 和附录 C 均为资料性附录。

本标准是与国家法规配套的强制性标准，所以采用了由各相关主管部门推荐起草工作组成员的方式，代表、征求和反馈各相关部门专家的意见。

本标准由全国认证认可标准化技术委员会（SAC/TC261）提出并归口。

本标准起草单位：

本标准起草工作组：

本标准所代替标准的历次版本发布情况为：

—GB 19489—2004。

引　言

应意识到，实验室生物安全涉及的绝不仅是实验室工作人员的个人健康，一旦发生事故，极有可能会给人群、动物或植物带来不可预计的危害。

实验室生物安全事件或事故的发生是难以完全避免的。重要的是实验室工作人员应事先了解所从事活动的风险及应在风险已控制在可接受的状态下从事相关的活动。实验室工作人员应认识但不应过分依赖于实验室设施设备的安全保障作用，绝大多数生物安全事故的根本原因是缺乏生物安全意识和疏于管理。

由于实验室生物安全的重要性，世界卫生组织于 2004 年出版了第三版《实验室生物安全手册》，世界标准化组织于 2006 年启动了对 ISO 15190—2003《医学实验室安全要求》的修订程序，一些重要的国际专业组织陆续制定了相关的新的文件。

我国于 2004 年 11 月 12 日发布了《病原微生物实验室生物安全管理条例》，明确规定实验室的生物安全防护级别应与其拟从事的实验活动相适应。

经过近 5 年的实践，国内对生物安全实验室建设、运行和管理的需求及相应要求有了更深入的理解和新的共识。为适应我国生物安全实验室建设和管理的需要，促进发展，有必要修订 GB 19489—2004。

实验室生物安全通用要求

1　范围

本标准规定了对不同生物安全防护级别实验室设施、设备和安全管理基本要求。

第 5 章以及第 6 章的 6.1 和 6.2 是对生物安全实验室的基础要求，需要时，适用于更高防护水平的生物安全实验室以及动物生物安全实验室。

针对与感染动物饲养相关的实验室活动，本标准规定了对实验室内动物饲养设施和环境的基本要求。需要时，6.3 和 6.4 适用于相应防护水平的动物生物安全实验室。

本标准适用于涉及生物因子操作的实验室。

2　术语和定义

下列术语和定义适用于本标准：

2.1　气溶胶（aerosols）：悬浮于气体介质中的粒径一般为 0.001 μm ~ 100 μm 的固态或液态微小粒子形成的相对稳定的分散体系。

2.2　事故（accident）：造成死亡、疾病、伤害、损坏以及其他损失的意外情况。

2.3　气锁（air lock）：具备机械送排风系统、整体消毒灭菌条件、化学喷淋（适用时）和压力可监控的气密室，其门具有互锁功能，不能同时处于开启状态。

2.4　生物因子（biological agents）：微生物和生物活性物质。

2.5　生物安全柜（biological safety cabinet，BSC）：具备气流控制及高效空气过滤装置的操作柜，可有效降低实验过程中产生的有害气溶胶对操作者和环境的危害。

2.6　缓冲间（buffer room）：设置在被污染概率不同的实验室区域间的密闭室，需要时，设置机械通风系统，其门具有互锁功能，不能同时处于开启状态。

2.7 定向气流（directional airflow）：特指从污染概率小区域流向污染概率大区域的受控制的气流。

2.8 危险（hazard）：可能导致死亡、伤害或疾病、财产损失、工作环境破坏或这些情况组合的根源或状态。

2.9 危险识别（hazard identification）：识别存在的危险并确定其特性的过程。

2.10 高效空气过滤器（HEPA 过滤器）：通常以 0.3 μm 微粒为测试物，在规定的条件下滤除效率高于 99.97% 的空气过滤器。

2.11 事件（incident）：导致或可能导致事故的情况。

2.12 实验室（laboratory）：涉及生物因子操作的实验室。

2.13 实验室生物安全（laboratory biosafety）：实验室的生物安全条件和状态不低于容许水平，可避免实验室人员、来访人员、社区及环境受到不可接受的损害，符合相关法规、标准等对实验室生物安全责任的要求。

2.14 实验室防护区（laboratory containment area）：实验室的物理分区，该区域内生物风险相对较大，需对实验室的平面设计、围护结构的密闭性、气流，以及人员进入、个体防护等进行控制的区域。

2.15 材料安全数据单（material safety data sheet，MSDS）：详细提供某材料的危险性和使用注意事项等信息的技术通报。

2.16 个体防护装备（personal protective equipment，PPE）：防止人员个体受到生物性、化学性或物理性等危险因子伤害的器材和用品。

2.17 风险（risk）：危险发生的概率及其后果严重性的综合。

2.18 风险评估（risk assessment）：评估风险大小以及确定是否可接受的全过程。

2.19 风险控制（risk control）：为降低风险而采取的综合措施。

3 风险评估及风险控制

3.1 实验室应建立并维持风险评估和风险控制程序，以持续进行危险识别、风险评估和实施必要的控制措施。实验室需要考虑的内容包括：

3.1.1 当实验室活动涉及致病性生物因子时，实验室应进行生物风险评估。风险评估应考虑（但不限于）下列内容：

a）生物因子已知或未知的特性，如生物因子的种类、来源、传染性、传播途径、易感性、潜伏期、剂量-效应（反应）关系、致病性（包括急性与远期效应）、变异性、在环境中的稳定性、与其他生物和环境的交互作用、相关实验数据、流行病学资料、预防和治疗方案等；

b）适用时，实验室本身或相关实验室已发生的事故分析；

c）实验室常规活动和非常规活动过程中的风险（不限于生物因素），包括所有进入工作场所的人员和可能涉及的人员（如：合同方人员）的活动；

d）设施、设备等相关的风险；

e）适用时，实验动物相关的风险；

f）人员相关的风险，如身体状况、能力、可能影响工作的压力等；

g）意外事件、事故带来的风险；

h）被误用和恶意使用的风险；

i）风险的范围、性质和时限性；

j）危险发生的概率评估；

k）可能产生的危害及后果分析；

l）确定可接受的风险；

m）适用时，消除、减少或控制风险的管理措施和技术措施，及采取措施后残余风险或新带来风险的评估；

n）适用时，运行经验和所采取的风险控制措施的适应程度评估；

o）适用时，应急措施及预期效果评估；

p）适用时，为确定设施设备要求、识别培训需求、开展运行控制提供输入信息；

q）适用时，降低风险和控制危害所需资料、资源（包括外部资源）的评估；

r）对风险、需求、资源、可行性、适用性等的综合评估。

3.1.2　应事先对所有拟从事活动的风险进行评估，包括对化学、物理、辐射、电气、水灾、火灾、自然灾害等的风险进行评估。

3.1.3　风险评估应由具有经验的专业人员（不限于本机构内部的人员）进行。

3.1.4　应记录风险评估过程，风险评估报告应注明评估时间、编审人员和所依据的法规、标准、研究报告、权威资料、数据等。

3.1.5　应定期进行风险评估或对风险评估报告复审，评估的周期应根据实验室活动和风险特征而确定。

3.1.6　开展新的实验室活动或欲改变经评估过的实验室活动（包括相关的设施、设备、人员、活动范围、管理等），应事先或重新进行风险评估。

3.1.7　操作超常规量或从事特殊活动时，实验室应进行风险评估，以确定其生物安全防护要求，适用时，应经过相关主管部门的批准。

3.1.8　当发生事件、事故等时应重新进行风险评估。

3.1.9　当相关政策、法规、标准等发生改变时应重新进行风险评估。

3.1.10　采取风险控制措施时宜首先考虑消除危险源（如果可行），然后再考虑降低风险（降低潜在伤害发生的可能性或严重程度），最后考虑采用个体防护装备。

3.1.11　危险识别、风险评估和风险控制的过程不仅适用于实验室、设施设备的常规运行，而且适用于对实验室、设施设备进行清洁、维护或关停期间。

3.1.12　除考虑实验室自身活动的风险外，还应考虑外部人员活动、使用外部提供的物品或服务所带来的风险。

3.1.13　实验室应有机制监控其所要求的活动，以确保相关要求及时并有效地得以实施。

3.2　实验室风险评估和风险控制活动的复杂程度决定于实验室所存在危险的特性，适用时，实验室不一定需要复杂的风险评估和风险控制活动。

3.3　风险评估报告应是实验室采取风险控制措施、建立安全管理体系和制定安全操作规程的依据。

3.4 风险评估所依据的数据及拟采取的风险控制措施、安全操作规程等应以国家主管部门和世界卫生组织、世界动物卫生组织、国际标准化组织等机构或行业权威机构发布的指南、标准等为依据；任何新技术在使用前应经过充分验证，适用时，应得到相关主管部门的批准。

3.5 风险评估报告应得到实验室所在机构生物安全主管部门的批准；对未列入国家相关主管部门发布的病原微生物名录的生物因子的风险评估报告，适用时，应得到相关主管部门的批准。

4 实验室生物安全防护水平分级

4.1 根据对所操作生物因子采取的防护措施，将实验室生物安全防护水平分为一级、二级、三级和四级，一级防护水平最低，四级防护水平最高。依据国家相关规定：

a）生物安全防护水平为一级的实验室适用于操作在通常情况下不会引起人类或者动物疾病的微生物；

b）生物安全防护水平为二级的实验室适用于操作能够引起人类或者动物疾病，但一般情况下对人、动物或者环境不构成严重危害，传播风险有限，实验室感染后很少引起严重疾病，并且具备有效治疗和预防措施的微生物；

c）生物安全防护水平为三级的实验室适用于操作能够引起人类或者动物严重疾病，比较容易直接或者间接在人与人、动物与人、动物与动物间传播的微生物；

d）生物安全防护水平为四级的实验室适用于操作能够引起人类或者动物非常严重疾病的微生物，以及我国尚未发现或者已经宣布消灭的微生物。

4.2 以 BSL-1、BSL-2、BSL-3、BSL-4（biosafety level，BSL）表示仅从事体外操作的实验室的相应生物安全防护水平。

4.3 以 ABSL-1、ABSL-2、ABSL-3、ABSL-4（animal biosafety level，ABSL）表示包括从事动物活体操作的实验室的相应生物安全防护水平。

4.4 根据实验活动的差异、采用的个体防护装备和基础隔离设施的不同，实验室分以下情况：

4.4.1 操作通常认为非经空气传播致病性生物因子的实验室。

4.4.2 可有效利用安全隔离装置（如：生物安全柜）操作常规量经空气传播致病性生物因子的实验室。

4.4.3 不能有效利用安全隔离装置操作常规量经空气传播致病性生物因子的实验室。

4.4.4 利用具有生命保障系统的正压服操作常规量经空气传播致病性生物因子的实验室。

4.5 应依据国家相关主管部门发布的病原微生物分类名录，在风险评估的基础上，确定实验室的生物安全防护水平。

5 实验室设计原则及基本要求

5.1 实验室选址、设计和建造应符合国家和地方的环境保护和建设主管部门等的规定和要求。

5.2　实验室的防火和安全通道设置应符合国家的消防规定和要求，同时应考虑生物安全的特殊要求；必要时，应事先征询消防主管部门的建议。

5.3　实验室的安全保卫应符合国家相关部门对该类设施的安全管理规定和要求。

5.4　实验室的建筑材料和设备等应符合国家相关部门对该类产品生产、销售和使用的规定和要求。

5.5　实验室的设计应保证对生物、化学、辐射和物理等危险源的防护水平控制在经过评估的可接受程度，为关联的办公区和邻近的公共空间提供安全的工作环境，及防止危害环境。

5.6　实验室的走廊和通道应不妨碍人员和物品通过。

5.7　应设计紧急撤离路线，紧急出口应有明显的标识。

5.8　房间的门根据需要安装门锁，门锁应便于内部快速打开。

5.9　需要时（如：正当操作危险材料时），房间的入口处应有警示和进入限制。

5.10　应评估生物材料、样本、药品、化学品和机密资料等被误用、被偷盗和被不正当使用的风险，并采取相应的物理防范措施。

5.11　应有专门设计以确保存储、转运、收集、处理和处置危险物料的安全。

5.12　实验室内温度、湿度、照度、噪声和洁净度等室内环境参数应符合工作要求和卫生等相关要求。

5.13　实验室设计还应考虑节能、环保及舒适性要求，应符合职业卫生要求和人机工效学要求。

5.14　实验室应有防止节肢动物和啮齿动物进入的措施。

5.15　动物实验室的生物安全防护设施还应考虑对动物呼吸、排泄、毛发、抓咬、挣扎、逃逸、动物实验（如：染毒、医学检查、取样、解剖、检验等）、动物饲养、动物尸体及排泄物的处置等过程产生的潜在生物危险的防护。

5.16　应根据动物的种类、身体大小、生活习性、实验目的等选择具有适当防护水平的、适用于动物的饲养设施、实验设施、消毒灭菌设施和清洗设施等。

5.17　不得循环使用动物实验室排出的空气。

5.18　动物实验室的设计如空间、进出通道、解剖室、笼具等应考虑动物实验及动物福利的要求。

5.19　适用时，动物实验室还应符合国家实验动物饲养设施标准的要求。

6　实验室设施和设备要求

6.1　BSL-1 实验室

6.1.1　实验室的门应有可视窗并可锁闭，门锁及门的开启方向应不妨碍室内人员逃生。

6.1.2　应设洗手池，宜设置在靠近实验室的出口处。

6.1.3　在实验室门口处应设存衣或挂衣装置，可将个人服装与实验室工作服分开放置。

6.1.4　实验室的墙壁、天花板和地面应易清洁、不渗水、耐化学品和消毒灭菌剂的腐蚀。地面应平整、防滑，不应铺设地毯。

6.1.5　实验室台柜和座椅等应稳固，边角应圆滑。

6.1.6　实验室台柜等和其摆放应便于清洁，实验台面应防水、耐腐蚀、耐热和坚固。

6.1.7　实验室应有足够的空间和台柜等摆放实验室设备和物品。

6.1.8　应根据工作性质和流程合理摆放实验室设备、台柜、物品等，避免相互干扰、交叉污染，并应不妨碍逃生和急救。

6.1.9　实验室可以利用自然通风。如果采用机械通风，应避免交叉污染。

6.1.10　如果有可开启的窗户，应安装可防蚊虫的纱窗。

6.1.11　实验室内应避免不必要的反光和强光。

6.1.12　若操作刺激或腐蚀性物质，应在 30 m 内设洗眼装置，必要时应设紧急喷淋装置。

6.1.13　若操作有毒、刺激性、放射性挥发物质，应在风险评估的基础上，配备适当的负压排风柜。

6.1.14　若使用高毒性、放射性等物质，应配备相应的安全设施、设备和个体防护装备，应符合国家、地方的相关规定和要求。

6.1.15　若使用高压气体和可燃气体，应有安全措施，应符合国家、地方的相关规定和要求。

6.1.16　应设应急照明装置。

6.1.17　应有足够的电力供应。

6.1.18　应有足够的固定电源插座，避免多台设备使用共同的电源插座。应有可靠的接地系统，应在关键节点安装漏电保护装置或监测报警装置。

6.1.19　供水和排水管道系统应不渗漏，下水应有防回流设计。

6.1.20　应配备适用的应急器材，如消防器材、意外事故处理器材、急救器材等。

6.1.21　应配备适用的通信设备。

6.1.22　必要时，应配备适当的消毒灭菌设备。

6.2　BSL-2 实验室

6.2.1　适用时，应符合 6.1 的要求。

6.2.2　实验室主入口的门、放置生物安全柜实验间的门应可自动关闭；实验室主入口的门应有进入控制措施。

6.2.3　实验室工作区域外应有存放备用物品的条件。

6.2.4　应在实验室工作区配备洗眼装置。

6.2.5　应在实验室或其所在的建筑内配备高压蒸汽灭菌器或其他适当的消毒灭菌设备，所配备的消毒灭菌设备应以风险评估为依据。

6.2.6　应在操作病原微生物样本的实验间内配备生物安全柜。

6.2.7　应按产品的设计要求安装和使用生物安全柜。如果生物安全柜的排风在室内循环，室内应具备通风换气的条件；如果使用需要管道排风的生物安全柜，应通过独立于建筑物其他公共通风系统的管道排出。

6.2.8　应有可靠的电力供应。必要时，重要设备如培养箱、生物安全柜、冰箱等应配置备用电源。

6.3 BSL-3 实验室

6.3.1 平面布局

6.3.1.1 实验室应明确区分辅助工作区和防护区，应在建筑物中自成隔离区或为独立建筑物，应有出入控制。

6.3.1.2 防护区中直接从事高风险操作的工作间为核心工作间，人员应通过缓冲间进入核心工作间。

6.3.1.3 适用于4.4.1的实验室辅助工作区应至少包括监控室和清洁衣物更换间；防护区应至少包括缓冲间（可兼作脱防护服间）及核心工作间。

6.3.1.4 适用于4.4.2的实验室辅助工作区应至少包括监控室、清洁衣物更换间和淋浴间；防护区应至少包括防护服更换间、缓冲间及核心工作间。

6.3.1.5 适用于4.4.2的实验室核心工作间不宜直接与其他公共区域相邻。

6.3.1.6 如果安装传递窗，其结构承压力及密闭性应符合所在区域的要求，并具备对传递窗内物品进行消毒灭菌的条件。必要时，应设置具备送排风或自净化功能的传递窗，排风应经 HEPA 过滤器过滤后排出。

6.3.2 围护结构

6.3.2.1 围护结构（包括墙体）应符合国家对该类建筑的抗震要求和防火要求。

6.3.2.2 天花板、地板、墙间的交角应易清洁和消毒灭菌。

6.3.2.3 实验室防护区内围护结构的所有缝隙和贯穿处的接缝都应可靠密封。

6.3.2.4 实验室防护区内围护结构的内表面应光滑、耐腐蚀、防水，以易于清洁和消毒灭菌。

6.3.2.5 实验室防护区内的地面应防渗漏、完整、光洁、防滑、耐腐蚀、不起尘。

6.3.2.6 实验室内所有的门应可自动关闭，需要时，应设观察窗；门的开启方向不应妨碍逃生。

6.3.2.7 实验室内所有窗户应为密闭窗，玻璃应耐撞击、防破碎。

6.3.2.8 实验室及设备间的高度应满足设备的安装要求，应有维修和清洁空间。

6.3.2.9 在通风空调系统正常运行状态下，采用烟雾测试等目视方法检查实验室防护区内围护结构的严密性时，所有缝隙应无可见泄漏（参见附录 A）。

6.3.3 通风空调系统

6.3.3.1 应安装独立的实验室送排风系统，应确保在实验室运行时气流由低风险区向高风险区流动，同时确保实验室空气只能通过 HEPA 过滤器过滤后经专用的排风管道排出。

6.3.3.2 实验室防护区房间内送风口和排风口的布置应符合定向气流的原则，利于减少房间内的涡流和气流死角；送排风应不影响其他设备（如：II 级生物安全柜）的正常功能。

6.3.3.3 不得循环使用实验室防护区排出的空气。

6.3.3.4 应按产品的设计要求安装生物安全柜和其排风管道，可以将生物安全柜排出的空气排入实验室的排风管道系统。

6.3.3.5 实验室的送风应经过 HEPA 过滤器过滤，宜同时安装初效和中效过滤器。

6.3.3.6　实验室的外部排风口应设置在主导风的下风向（相对于送风口），与送风口的直线距离应大于 12 m，应至少高出本实验室所在建筑的顶部 2 m，应有防风、防雨、防鼠、防虫设计，但不应影响气体向上空排放。

6.3.3.7　HEPA 过滤器的安装位置应尽可能靠近送风管道在实验室内的送风口端和排风管道在实验室内的排风口端。

6.3.3.8　应可以在原位对排风 HEPA 过滤器进行消毒灭菌和检漏（参见附录 A）。

6.3.3.9　如在实验室防护区外使用高效过滤器单元，其结构应牢固，应能承受 2500 Pa 的压力；高效过滤器单元的整体密封性应达到在关闭所有通路并维持腔室内的温度在设计范围上限的条件下，若使空气压力维持在 1000 Pa 时，腔室内每分钟泄漏的空气量应不超过腔室净容积的 0.1%。

6.3.3.10　应在实验室防护区送风和排风管道的关键节点安装生物型密闭阀，必要时，可完全关闭。应在实验室送风和排风总管道的关键节点安装生物型密闭阀，必要时，可完全关闭。

6.3.3.11　生物型密闭阀与实验室防护区相通的送风管道和排风管道应牢固、易消毒灭菌、耐腐蚀、抗老化，宜使用不锈钢管道；管道的密封性应达到在关闭所有通路并维持管道内的温度在设计范围上限的条件下，若使空气压力维持在 500 Pa 时，管道内每分钟泄漏的空气量应不超过管道内净容积的 0.2%。

6.3.3.12　应有备用排风机。应尽可能减少排风机后排风管道正压段的长度，该段管道不应穿过其他房间。

6.3.3.13　不应在实验室防护区内安装分体空调。

6.3.4　供水与供气系统

6.3.4.1　应在实验室防护区内的实验间的靠近出口处设置非手动洗手设施；如果实验室不具备供水条件，则应设非手动手消毒灭菌装置。

6.3.4.2　应在实验室的给水与市政给水系统之间设防回流装置。

6.3.4.3　进出实验室的液体和气体管道系统应牢固、不渗漏、防锈、耐压、耐温（冷或热）、耐腐蚀。应有足够的空间清洁、维护和维修实验室内暴露的管道，应在关键节点安装截止阀、防回流装置或 HEPA 过滤器等。

6.3.4.4　如果有供气（液）罐等，应放在实验室防护区外易更换和维护的位置，安装牢固，不应将不相容的气体或液体放在一起。

6.3.4.5　如果有真空装置，应有防止真空装置的内部被污染的措施；不应将真空装置安装在实验场所之外。

6.3.5　污物处理及消毒灭菌系统

6.3.5.1　应在实验室防护区内设置生物安全型高压蒸汽灭菌器。宜安装专用的双扉高压灭菌器，其主体应安装在易维护的位置，与围护结构的连接之处应可靠密封。

6.3.5.2　对实验室防护区内不能高压灭菌的物品应有其他消毒灭菌措施。

6.3.5.3　高压蒸汽灭菌器安装位置不应影响生物安全柜等安全隔离装置的气流。

6.3.5.4　如果设置传递物品的渡槽，应使用强度符合要求的耐腐蚀性材料，并方便更换消毒灭菌液。

6.3.5.5 淋浴间或缓冲间的地面液体收集系统应有防液体回流的装置。

6.3.5.6 实验室防护区内如果有下水系统，应与建筑物的下水系统完全隔离；下水应直接通向本实验室专用的消毒灭菌系统。

6.3.5.7 所有下水管道应有足够的倾斜度和排量，确保管道内不存水；管道的关键节点应按需要安装防回流装置、存水弯（深度应适用于空气压差的变化）或密闭阀门等；下水系统应符合相应的耐压、耐热、耐化学腐蚀的要求，安装牢固，无泄漏，便于维护、清洁和检查。

6.3.5.8 应使用可靠的方式处理处置污水（包括污物），并应对消毒灭菌效果进行监测，以确保达到排放要求。

6.3.5.9 应在风险评估的基础上，适当处理实验室辅助区的污水，并应监测，以确保排放到市政管网之前达到排放要求。

6.3.5.10 可以在实验室内安装紫外线消毒灯或其他适用的消毒灭菌装置。

6.3.5.11 应具备对实验室防护区及与其直接相通的管道进行消毒灭菌的条件。

6.3.5.12 应具备对实验室设备和安全隔离装置（包括与其直接相通的管道）进行消毒灭菌的条件。

6.3.5.13 应在实验室防护区内的关键部位配备便携的局部消毒灭菌装置（如：消毒喷雾器等），并备有足够的适用消毒灭菌剂。

6.3.6 电力供应系统

6.3.6.1 电力供应应满足实验室的所有用电要求，并应有冗余。

6.3.6.2 生物安全柜、送风机和排风机、照明、自控系统、监视和报警系统等应配备不间断备用电源，电力供应应至少维持 30 min。

6.3.6.3 应在安全的位置设置专用配电箱。

6.3.7 照明系统

6.3.7.1 实验室核心工作间的照度应不低于 350 lx，其他区域的照度应不低于 200 lx，宜采用吸顶式防水洁净照明灯。

6.3.7.2 应避免过强的光线和光反射。

6.3.7.3 应设不少于 30 min 的应急照明系统。

6.3.8 自控、监视与报警系统

6.3.8.1 进入实验室的门应有门禁系统，应保证只有获得授权的人员才能进入实验室。

6.3.8.2 需要时，应可立即解除实验室门的互锁；应在互锁门的附近设置紧急手动解除互锁开关。

6.3.8.3 核心工作间的缓冲间的入口处应有指示核心工作间工作状态的装置（如：文字显示或指示灯），必要时，应同时设置限制进入核心工作间的连锁机制。

6.3.8.4 启动实验室通风系统时，应先启动实验室排风，后启动实验室送风；关停时，应先关闭生物安全柜等安全隔离装置和排风支管密闭阀，再关实验室送风及密闭阀，后关实验室排风及密闭阀。

6.3.8.5　当排风系统出现故障时，应有机制避免实验室出现正压和影响定向气流。

6.3.8.6　当送风系统出现故障时，应有机制避免实验室内的负压影响实验室人员的安全、影响生物安全柜等安全隔离装置的正常功能和围护结构的完整性。

6.3.8.7　应通过对可能造成实验室压力波动的设备和装置实行连锁控制等措施，确保生物安全柜、负压排风柜（罩）等局部排风设备与实验室送排风系统之间的压力关系和必要的稳定性，并应在启动、运行和关停过程中保持有序的压力梯度。

6.3.8.8　应设装置连续监测送排风系统 HEPA 过滤器的阻力，需要时，及时更换 HEPA 过滤器。

6.3.8.9　应在有负压控制要求的房间入口的显著位置，安装显示房间负压状况的压力显示装置和控制区间提示。

6.3.8.10　中央控制系统应可以实时监控、记录和存储实验室防护区内有控制要求的参数、关键设施设备的运行状态；应能监控、记录和存储故障的现象、发生时间和持续时间；应可以随时查看历史记录。

6.3.8.11　中央控制系统的信号采集间隔时间应不超过 1 min，各参数应易于区分和识别。

6.3.8.12　中央控制系统应能对所有故障和控制指标进行报警，报警应区分一般报警和紧急报警。

6.3.8.13　紧急报警应为声光同时报警，应可以向实验室内外人员同时发出紧急警报；应在实验室核心工作间内设置紧急报警按钮。

6.3.8.14　应在实验室的关键部位设置监视器，需要时，可实时监视并录制实验室活动情况和实验室周围情况。监视设备应有足够的分辨率，影像存储介质应有足够的数据存储容量。

6.3.9　实验室通信系统

6.3.9.1　实验室防护区内应设置向外传输资料和数据的传真机或其他电子设备。

6.3.9.2　监控室和实验室内应安装语音通信系统。如果安装对讲系统，宜采用向内通话受控、向外通话非受控的选择性通话方式。

6.3.9.3　通信系统的复杂性应与实验室的规模和复杂程度相适应。

6.3.10　参数要求

6.3.10.1　实验室围护结构应能承受送风或排风机异常时导致的空气压力载荷。

6.3.10.2　适用于4.4.1 的实验室核心工作间的气压（负压）与室外大气压的压差值应不小于30 Pa，与相邻区域的压差（负压）应不小于10 Pa；适用于4.4.2 的实验室的核心工作间的气压（负压）与室外大气压的压差值应不小于 40 Pa，与相邻区域的压差（负压）应不小于 15 Pa。

6.3.10.3　实验室防护区各房间的最小换气次数应不小于 12 次/h

6.3.10.4　实验室的温度宜控制在 18 ~ 26 ℃范围内。

6.3.10.5　正常情况下，实验室的相对湿度宜控制在 30% ~ 70% 范围内；消毒状态下，实验室的相对湿度应能满足消毒灭菌的技术要求。

6.3.10.6　在安全柜开启情况下，核心工作间的噪声应不大于68 dB（A）。

6.3.10.7　实验室防护区的静态洁净度应不低于8级水平。

6.4　BSL-4实验室（省略）

6.5　动物生物安全实验室

6.5.1　ABSL-1实验室

6.5.1.1　动物饲养间应与建筑物内的其他区域隔离。

6.5.1.2　动物饲养间的门应有可视窗，向里开；打开的门应能够自动关闭，需要时，可以锁上。

6.5.1.3　动物饲养间的工作表面应防水和易于消毒灭菌。

6.5.1.4　不宜安装窗户。如果安装窗户，所有窗户应密闭；需要时，窗户外部应装防护网。

6.5.1.5　围护结构的强度应与所饲养的动物种类相适应。

6.5.1.6　如果有地面液体收集系统，应设防液体回流装置，存水弯应有足够深度。

6.5.1.7　不得循环使用动物实验室排出的空气。

6.5.1.8　应设置洗手池或手部清洁装置，宜设置在出口处。

6.5.1.9　宜将动物饲养间的室内气压控制为负压。

6.5.1.10　应可以对动物笼具清洗和消毒灭菌。

6.5.1.11　应设置实验动物饲养笼具或护栏，除考虑安全要求外还应考虑对动物福利的要求。

6.5.1.12　动物尸体及相关废物的处置设施和设备应符合国家相关规定的要求。

6.5.2　ABSL-2实验室

6.5.2.1　适用时，应符合6.5.1的要求。

6.5.2.2　动物饲养间应在出入口处设置缓冲间。

6.5.2.3　应设置非手动洗手池或手部清洁装置，宜设置在出口处。

6.5.2.4　应在邻近区域配备高压蒸汽灭菌器。

6.5.2.5　适用时，应在安全隔离装置内从事可能产生有害气溶胶的活动；排气应经HEPA过滤器的过滤后排出。

6.5.2.6　应将动物饲养间的室内气压控制为负压，气体应直接排放到其所在的建筑物外。

6.5.2.7　应根据风险评估的结果，确定是否需要使用HEPA过滤器过滤动物饲养间排出的气体。

6.5.2.8　当不能满足6.5.2.5时，应使用HEPA过滤器过滤动物饲养间排出的气体。

6.5.2.9　实验室的外部排风口应至少高出本实验室所在建筑的顶部2 m，应有防风、防雨、防鼠、防虫设计，但不应影响气体向上空排放。

6.5.2.10　污水（包括污物）应消毒灭菌处理，并应对消毒灭菌效果进行监测，以确保达到排放要求。

6.5.3　ABSL-3实验室（省略）

6.5.4　ABSL-4 实验室（省略）

6.5.5　对从事无脊椎动物操作实验室设施的要求

6.5.5.1　该类动物设施的生物安全防护水平应根据国家相关主管部门的规定和风险评估的结果确定。

6.5.5.2　如果从事某些节肢动物（特别是可飞行、快爬或跳跃的昆虫）的实验活动，应采取以下适用的措施（但不限于）：

a）应通过缓冲间进入动物饲养间，缓冲间内应安装适用的捕虫器，并应在门上安装防节肢动物逃逸的纱网；

b）应在所有关键的可开启的门窗上安装防节肢动物逃逸的纱网；

c）应在所有通风管道的关键节点安装防节肢动物逃逸的纱网；应具备分房间饲养已感染和未感染节肢动物的条件；

d）应具备密闭和进行整体消毒灭菌的条件；

e）应设喷雾式杀虫装置；

f）应设制冷装置，需要时，可以及时降低动物的活动能力；

g）应有机制确保水槽和存水弯管内的液体或消毒灭菌液不干涸；

h）只要可行，应对所有废物高压灭菌；

i）应有机制监测和记录会飞、爬、跳跃的节肢动物幼虫和成虫的数量；

j）应配备适用于放置装蜱螨容器的油碟；

k）应具备带双层网的笼具以饲养或观察已感染或潜在感染的逃逸能力强的节肢动物；

l）应具备适用的生物安全柜或相当的安全隔离装置以操作已感染或潜在感染的节肢动物；

m）应具备操作已感染或潜在感染的节肢动物的低温盘；

n）需要时，应设置监视器和通信设备。

6.5.5.3　是否需要其他措施，应根据风险评估的结果确定。

7　管理要求

7.1　组织和管理

7.1.1　实验室或其母体组织应有明确的法律地位和从事相关活动的资格。

7.1.2　实验室所在的机构应设立生物安全委员会，负责咨询、指导、评估、监督实验室的生物安全相关事宜。实验室负责人应至少是所在机构生物安全委员会有职权的成员。

7.1.3　实验室管理层应负责安全管理体系的设计、实施、维持和改进，应负责：

a）为实验室所有人员提供履行其职责所需的适当权力和资源；

b）建立机制以避免管理层和实验室人员受任何不利其工作质量的压力或影响（如财务、人事或其他方面的），或卷入任何可能降低其公正性、判断力和能力的活动；

c）制定保护机密信息的政策和程序；

d）明确实验室的组织和管理结构，包括与其他相关机构的关系；

e）规定所有人员的职责、权力和相互关系；

f）安排有能力的人员，依据人员的经验和职责对其进行必要的培训和监督；

g）指定一名安全负责人，赋予其监督所有活动的职责和权力，包括制订、维持、监督实验室安全计划的责任，阻止不安全行为或活动的权力，直接向决定实验室政策和资源的管理层报告的权力；

h）指定负责技术运作的技术管理层，并提供可以确保满足实验室规定的安全要求和技术要求的资源；

i）指定每项活动的项目负责人，负责制订并向实验室管理层提交活动计划、风险评估报告、安全及应急措施、项目组人员培训及健康监督计划、安全保障及资源要求；

j）指定所有关键职位的代理人。

7.1.4　实验室安全管理体系应与实验室规模、实验室活动的复杂程度和风险相适应。

7.1.5　政策、过程、计划、程序和指导书等应文件化并传达至所有相关人员。实验室管理层应保证这些文件易于理解并可以实施。

7.1.6　安全管理体系文件通常包括管理手册、程序文件、说明及操作规程、记录等文件，应有供现场工作人员快速使用的安全手册。

7.1.7　应指导所有人员使用和应用与其相关的安全管理体系文件及其实施要求，并评估其理解和运用的能力。

7.2　管理责任

7.2.1　实验室管理层应对所有员工、来访者、合同方、社区和环境的安全负责。

7.2.2　应制定明确的准入政策并主动告知所有员工、来访者、合同方可能面临的风险。

7.2.3　应尊重员工的个人权利和隐私。

7.2.4　应为员工提供持续培训及继续教育的机会，保证员工可以胜任所分配的工作。

7.2.5　应为员工提供必要的免疫计划、定期的健康检查和医疗保障。

7.2.6　应保证实验室设施、设备、个体防护装备、材料等符合国家有关的安全要求，并定期检查、维护、更新，确保不降低其设计性能。

7.2.7　应为员工提供符合要求的适用防护用品和器材。

7.2.8　应为员工提供符合要求的适用实验物品和器材。

7.2.9　应保证员工不疲劳工作和不从事风险不可控制的或国家禁止的工作。

7.3　个人责任

7.3.1　应充分认识和理解所从事工作的风险。

7.3.2　应自觉遵守实验室的管理规定和要求。

7.3.3　在身体状态许可的情况下，应接受实验室免疫计划和其他健康管理规定。

7.3.4　应按规定正确使用设施、设备和个体防护装备。

7.3.5　应主动报告可能不适于从事特定任务的个人状态。

7.3.6　不应因人事、经济等任何压力而违反管理规定。

7.3.7　有责任和义务避免因个人原因造成生物安全事件或事故。

7.3.8　如果怀疑个人受到感染，应立即报告。

7.3.9　应主动识别任何危险和不符合规定的工作，并立即报告。

7.4　安全管理体系文件

7.4.1　实验室安全管理的方针和目标

7.4.1.1　在安全管理手册中应明确实验室安全管理的方针和目标。安全管理的方针应简明扼要，至少包括以下内容：

a）实验室遵守国家以及地方相关法规和标准的承诺；

b）实验室遵守良好职业规范、安全管理体系的承诺；

c）实验室安全管理的宗旨。

7.4.1.2　实验室安全管理的目标应包括实验室的工作范围、对管理活动和技术活动制定的安全指标，应明确、可考核。

7.4.1.3　应在风险评估的基础上确定安全管理目标，并根据实验室活动的复杂性和风险程度定期评审安全管理目标和制订监督检查计划。

7.4.2　安全管理手册

7.4.2.1　应对组织结构、人员岗位及职责、安全及安保要求、安全管理体系、体系文件架构等进行规定和描述。安全要求不能低于国家和地方相关规定及标准要求。

7.4.2.2　应明确规定管理人员的权限和责任，包括保证其所管人员遵守安全管理体系要求的责任。

7.4.2.3　应规定涉及的安全要求和操作规程应以国家主管部门和世界卫生组织、世界动物卫生组织、国际标准化组织等机构或行业权威机构发布的指南或标准等为依据，并符合国家相关法规和标准的要求；任何新技术在使用前应经过充分验证，适用时，应得到国家相关主管部门的批准。

7.4.3　程序文件

7.4.3.1　应明确规定实施具体安全要求的责任部门、责任范围、工作流程及责任人、任务安排及操作人员能力的要求、与其他责任部门的关系、应使用的工作文件等。

7.4.3.2　应满足实验室实施所有的安全要求和管理要求的需要，工作流程清晰，各项职责得到落实。

7.4.4　说明及操作规程

7.4.4.1　应详细说明使用者的权限及资格要求、潜在危险、设施设备的功能、活动目的和具体操作步骤、防护和安全操作方法、应急措施、文件制定的依据等。

7.4.4.2　实验室应维持并合理使用实验室涉及的所有材料的最新安全数据单。

7.4.5　安全手册

7.4.5.1　应以安全管理体系文件为依据，制定实验室安全手册（快速阅读文件）；应要求所有员工阅读安全手册并在工作区随时可供使用；安全手册宜包括（但不限于）以下内容：

a）紧急电话、联系人；

b）实验室平面图、紧急出口、撤离路线；

c）实验室标识系统；

d）生物危险；

e）化学品安全；

f）辐射；

g）机械安全；

h）电气安全；

i）低温、高热；

j）消防；

k）个体防护；

l）危险废物的处理和处置；

m）事件、事故处理的规定和程序；

n）从工作区撤离的规定和程序。

7.4.5.2　安全手册应简明、易懂、易读，实验室管理层应至少每年对安全手册评审和更新。

7.4.6　记录

7.4.6.1　应明确规定对实验室活动进行记录的要求，至少包括应记录的内容、记录的要求、记录的档案管理、记录使用的权限、记录的安全、记录的保存期限等。保存期限应符合国家和地方法规或标准的要求。

7.4.6.2　实验室应建立对实验室活动记录进行识别、收集、索引、访问、存放、维护及安全处置的程序。

7.4.6.3　原始记录应真实并可以提供足够的信息，保证可追溯性。

7.4.6.4　对原始记录的任何更改均不应影响识别被修改的内容，修改人应签字和注明日期。

7.4.6.5　所有记录应易于阅读，便于检索。

7.4.6.6　记录可存储于任何适当的媒介，应符合国家和地方的法规或标准的要求。

7.4.6.7　应具备适宜的记录存放条件，以防损坏、变质、丢失或未经授权的进入。

7.4.7　标识系统

7.4.7.1　实验室用于标示危险区、警示、指示、证明等的图文标识是管理体系文件的一部分，包括用于特殊情况下的临时标识，如“污染”“消毒中”“设备检修”等。

7.4.7.2　标识应明确、醒目和易区分。只要可行，应使用国际、国家规定的通用标识。

7.4.7.3　应系统而清晰地标示出危险区，且应适用于相关的危险。在某些情况下，宜同时使用标识和物理屏障标示出危险区。

7.4.7.4　应清楚地标示出具体的危险材料、危险，包括生物危险、有毒有害、腐蚀性、辐射、刺伤、电击、易燃、易爆、高温、低温、强光、振动、噪声、动物咬伤、砸伤等；需要时，应同时提示必要的防护措施。

7.4.7.5　应在须验证或校准的实验室设备的明显位置注明设备的可用状态、验证周期、下次验证或校准的时间等信息。

7.4.7.6　实验室入口处应有标识，明确说明生物防护级别、操作的致病性生物因子、实验室负责人姓名、紧急联络方式和国际通用的生物危险符号；适用时，应同时注明其他危险。

7.4.7.7　实验室所有房间的出口和紧急撤离路线应有在无照明的情况下也可清楚识别的标识。

7.4.7.8　实验室的所有管道和线路应有明确、醒目和易区分的标识。

7.4.7.9　所有操作开关应有明确的功能指示标识，必要时，还应采取防止误操作或恶意操作的措施。

7.4.7.10　实验室管理层应负责定期（至少每12个月一次）评审实验室标识系统，需要时及时更新，以确保其适用现有的危险。

7.5　文件控制

7.5.1　实验室应对所有管理体系文件进行控制，制定和维持文件控制程序，确保实验室人员使用现行有效的文件。

7.5.2　应将受控文件备份存档，并规定其保存期限。文件可以用任何适当的媒介保存，不限定为纸张。

7.5.3　应有相应的程序以保证：

a）管理体系所有的文件应在发布前经过授权人员的审核与批准；

b）动态维持文件清单控制记录，并可以识别现行有效的文件版本及发放情况；

c）在相关场所只有现行有效的文件可供使用；

d）定期评审文件，需要修订的文件经授权人员审核与批准后及时发布；

e）及时撤掉无效或已废止的文件，或可以确保不误用；

f）适当标注存留或归档的已废止文件，以防误用。

7.5.4　如果实验室的文件控制制度允许在换版之前对文件手写修改，应规定修改程序和权限。修改之处应有清晰的标注、签署并注明日期。被修改的文件应按程序及时发布。

7.5.5　应制定程序规定如何更改和控制保存在计算机系统中的文件。

7.5.6　安全管理体系文件应具备唯一识别性，文件中应包括以下信息：

a）标题；

b）文件编号、版本号、修订号；

c）页数；

d）生效日期；

e）编制人、审核人、批准人；

f）参考文献或编制依据。

7.6　安全计划

7.6.1　实验室安全负责人应负责制订年度安全计划，安全计划应经过管理层的审核与批准。需要时，实验室安全计划应包括（不限于）：

a）实验室年度工作安排的说明和介绍；

b）安全和健康管理目标；

c）风险评估计划；

d）程序文件与标准操作规程的制订与定期评审计划；

e）人员教育、培训及能力评估计划；

f）实验室活动计划；

g）设施设备校准、验证和维护计划；

h）危险物品使用计划；

i）消毒灭菌计划；

j）废物处置计划；

k）设备淘汰、购置、更新计划；

l）演习计划（包括泄漏处理、人员意外伤害、设施设备失效、消防、应急预案等）；

m）监督及安全检查计划（包括核查表）；

n）人员健康监督及免疫计划；

o）审核与评审计划；

p）持续改进计划；

q）外部供应与服务计划；

r）行业最新进展跟踪计划；

s）与生物安全委员会相关的活动计划。

7.7　安全检查

7.7.1　实验室管理层应负责实施安全检查，每年应至少根据管理体系的要求系统性地检查一次，对关键控制点可根据风险评估报告适当增加检查频率，以保证：

a）设施设备的功能和状态正常；

b）警报系统的功能和状态正常；

c）应急装备的功能及状态正常；

d）消防装备的功能及状态正常；

e）危险物品的使用及存放安全；

f）废物处理及处置的安全；

g）人员能力及健康状态符合工作要求；

h）安全计划实施正常；

i）实验室活动的运行状态正常；

j）不符合规定的工作及时得到纠正；

k）所需资源满足工作要求。

7.7.2　为保证检查工作的质量，应依据事先制定的适用于不同工作领域的核查表实施检查。

7.7.3　当发现不符合规定的工作、发生事件或事故时，应立即查找原因并评估后果；必要时，停止工作。

7.7.4　生物安全委员会应参与安全检查。

7.7.5　外部的评审活动不能代替实验室的自我安全检查。

7.8　不符合项的识别和控制

7.8.1　当发现有任何不符合实验室所制定的安全管理体系的要求时，实验室管理层应按需要采取以下措施（不限于）：

a）将解决问题的责任落实到个人；

b）明确规定应采取的措施；

c）只要发现很有可能造成感染事件或其他损害，立即终止实验室活动并报告；

d）立即评估危害并采取应急措施；

e）分析产生不符合项的原因和影响范围，只要适用，应及时采取补救措施；

f）进行新的风险评估；

g）采取纠正措施并验证有效；

h）明确规定恢复工作的授权人及责任；

i）记录每一不符合项及其处理的过程并形成文件；

7.8.2　管理层应按规定的周期评审不符合项报告，以发现趋势并采取预防措施。

7.9　纠正措施

7.9.1　纠正措施程序中应包括识别问题发生的根本原因的调查程序。纠正措施应与问题的严重性及风险的程度相适应。只要适用，应及时采取预防措施。

7.9.2　实验室管理层应将因纠正措施所致的管理体系的任何改变文件化并实施。

7.9.3　实验室管理层应负责监督和检查所采取纠正措施的效果，以确保这些措施已有效解决了识别出的问题。

7.10　预防措施

7.10.1　应识别无论是技术还是管理体系方面的不符合项来源和所需的改进，定期进行趋势分析和风险分析，包括对外部评价的分析。如果需要采取预防措施，应制订行动计划、监督和检查实施效果，以减少类似不符合项发生的可能性并借机改进。

7.10.2　预防措施程序应包括对预防措施的评价，以确保其有效性。

7.11　持续改进

7.11.1　实验室管理层应定期系统地评审管理体系，以识别所有潜在的不符合项来源、识别对管理体系或技术的改进机会。适用时，应及时改进识别出的需改进之处，应制订改进方案，文件化、实施并监督。

7.11.2　实验室管理层应设置可以系统地监测、评价实验室活动风险的客观指标。

7.11.3　如果采取措施，实验室管理层还应通过重点评审或审核相关范围的方式评价其效果。

7.11.4　需要时，实验室管理层应及时将因改进措施所致的管理体系的任何改变文件化并实施。

7.11.5　实验室管理层应有机制保证所有员工积极参加改进活动，并提供相关的教育和培训机会。

7.12　内部审核

7.12.1　应根据安全管理体系的规定对所有管理要素和技术要素定期进行内部审核，以证实管理体系的运作持续符合要求。

7.12.2　应由安全负责人负责策划、组织并实施审核。

7.12.3　应明确内部审核程序并文件化，应包括审核范围、频次、方法及所需的文件。

如果发现不足或改进机会，应采取适当的措施，并在约定的时间内完成。

7.12.4　正常情况下，应按不大于12个月的周期对管理体系的每个要素进行内部审核。

7.12.5　员工不应审核自己的工作。

7.12.6　应将内部审核的结果提交实验室管理层评审。

7.13　管理评审

7.13.1　实验室管理层应对实验室安全管理体系及其全部活动进行评审，包括设施设备的状态、人员状态、实验室相关的活动、变更、事件、事故等。

7.13.2　需要时，管理评审应考虑以下内容（不限于）：

a）前次管理评审输出的落实情况；

b）所采取纠正措施的状态和所需的预防措施；

c）管理或监督人员的报告；

d）近期内部审核的结果；

e）安全检查报告；

f）适用时，外部机构的评价报告；

g）任何变化、变更情况的报告；

h）设施设备的状态报告；

i）管理职责的落实情况；

j）人员状态、培训、能力评估报告；

k）员工健康状况报告；

l）不符合项、事件、事故及其调查报告；

m）实验室工作报告；

n）风险评估报告；

o）持续改进情况报告；

p）对服务供应商的评价报告；

q）国际、国家和地方相关规定和技术标准的更新与维持情况；

r）安全管理方针及目标；

s）管理体系的更新与维持；

t）安全计划的落实情况、年度安全计划及所需资源。

7.13.3　只要可行，应以客观方式监测和评价安全管理体系的适用性和有效性。

7.13.4　应记录管理评审的发现及提出的措施，应将评审发现和作为评审输出的决定列入含目的、目标和措施的工作计划中，并告知实验室人员。实验室管理层应确保所提出的措施在规定的时间内完成。

7.13.5　正常情况下，应按不大于12个月的周期进行管理评审。

7.14　实验室人员管理

7.14.1　必要时，实验室负责人应指定若干适当的人员承担实验室安全相关的管理职责。实验室安全管理人员应：

a）具备专业教育背景；

b）熟悉国家相关政策、法规、标准；

c）熟悉所负责的工作，有相关的工作经历或专业培训；

d）熟悉实验室安全管理工作；

e）定期参加相关的培训或继续教育。

7.14.2　实验室或其所在机构应有明确的人事政策和安排，并可供所有员工查阅。

7.14.3　应对所有岗位提供职责说明，包括人员的责任和任务，教育、培训和专业资格要求，应提供给相应岗位的每位员工。

7.14.4　应有足够的人力资源承担实验室所提供服务范围内的工作以及承担管理体系涉及的工作。

7.14.5　如果实验室聘用临时工作人员，应确保其有能力胜任所承担的工作，了解并遵守实验室管理体系的要求。

7.14.6　员工的工作量和工作时间安排不应影响实验室活动的质量和员工的健康，符合国家法规要求。

7.14.7　在有规定的领域，实验室人员在从事相关的实验室活动时，应有相应的资格。

7.14.8　应培训员工独立工作的能力。

7.14.9　应定期评价员工可以胜任其工作任务的能力。

7.14.10　应按工作的复杂程度定期评价所有员工表现，至少每12个月评价一次。

7.14.11　人员培训计划应包括（不限于）：

a）上岗培训，包括对较长期离岗或下岗人员的再上岗培训；

b）实验室管理体系培训；

c）安全知识及技能培训；

d）实验室设施设备（包括个体防护装备）的安全使用；

e）应急措施与现场救治；

f）定期培训与继续教育；

g）人员能力的考核与评估。

7.14.12　实验室或其所在机构应维持每个员工的人事资料，可靠保存并保护隐私权。人事档案应包括（不限于）：

a）员工的岗位职责说明；

b）岗位风险说明及员工的知情同意证明；

c）教育背景和专业资格证明；

d）培训记录，应有员工与培训者的签字及日期；

e）员工的免疫、健康检查、职业禁忌证等资料；

f）内部和外部的继续教育记录及成绩；

g）与工作安全相关的意外事件、事故报告；

h）有关确认员工能力的证据，应有能力评价日期和承认该员工能力日期或期限；

i）员工表现评价。

7.15　实验室材料管理

7.15.1 实验室应有选择、购买、采集、接收、查验、使用、处置和存储实验室材料（包括外部服务）的政策和程序，以保证安全。

7.15.2 应确保所有与安全相关的实验室材料只有在经查检或证实其符合有关规定的要求之后投入使用，应保存相关活动的记录。

7.15.3 应评价重要消耗品、供应品和服务的供应商，保存评价记录和允许使用的供应商名单。

7.15.4 应对所有危险材料建立清单，包括来源、接收、使用、处置、存放、转移、使用权限、时间和数量等内容，相关记录安全保存，保存期限不少于20年。

7.15.5 应有可靠的物理措施和管理程序确保实验室危险材料的安全和安保。

7.15.6 应按国家相关规定的要求使用和管理实验室危险材料。

7.16 实验室活动管理

7.16.1 实验室应有计划、申请、批准、实施、监督和评估实验室活动的政策和程序。

7.16.2 实验室负责人应指定每项实验室活动的项目负责人，同时见7.1.3i)。

7.16.3 在开展活动前，应了解实验室活动涉及的任何危险，掌握良好工作行为（参见附录B）；为实验人员提供如何在风险最小情况下进行工作的详细指导，包括正确选择和使用个体防护装备。

7.16.4 涉及微生物的实验室活动操作规程应利用良好微生物标准操作要求和（或）特殊操作要求。

7.16.5 实验室应有针对未知风险材料操作的政策和程序。

7.17 实验室内务管理

7.17.1 实验室应有对内务管理的政策和程序，包括内务工作所用清洁剂和消毒灭菌剂的选择、配制、效期、使用方法、有效成分检测及消毒灭菌效果监测等政策和程序，应评估和避免消毒灭菌剂本身的风险。

7.17.2 不应在工作面放置过多的实验室耗材。

7.17.3 应时刻保持工作区整洁有序。

7.17.4 应指定专人使用经核准的方法和个体防护装备进行内务工作。

7.17.5 不应混用不同风险区的内务程序和装备。

7.17.6 应在安全处置后对被污染的区域和可能被污染的区域进行内务工作。

7.17.7 应制订日常清洁（包括消毒灭菌）计划和清场消毒灭菌计划，包括对实验室设备和工作表面的消毒灭菌和清洁。

7.17.8 应指定专人监督内务工作，应定期评价内务工作的质量。

7.17.9 实验室的内务规程和所用材料发生改变时应通知实验室负责人。

7.17.10 实验室规程、工作习惯或材料的改变可能对内务人员有潜在危险时，应通知实验室负责人并书面告知内务管理负责人。

7.17.11 发生危险材料溢洒时，应启用应急处理程序。

7.18 实验室设施设备管理

7.18.1 实验室应有对设施设备（包括个体防护装备）管理的政策和程序，包括设施设备的完好性监控指标、巡检计划、使用前核查、安全操作、使用限制、授权操作、消毒灭菌、禁止事项、定期校准或检定，定期维护、安全处置、运输、存放等。

7.18.2　应制订在发生事故或溢洒（包括生物、化学或放射性危险材料）时，对设施设备去污染、清洁和消毒灭菌的专用方案（参见附录B）。

7.18.3　设施设备维护、修理、报废或被移出实验室前应先去污染、清洁和消毒灭菌；但应意识到，可能仍然需要要求维护人员穿戴适当的个体防护装备。

7.18.4　应明确标示出设施设备中存在危险的部位。

7.18.5　在投入使用前应核查并确认设施设备的性能可满足实验室的安全要求和相关标准。

7.18.6　每次使用前或使用中应根据监控指标确认设施设备的性能处于正常工作状态，并记录。

7.18.7　如果使用个体呼吸保护装置，应做个体适配性测试，每次使用前核查并确认符合佩戴要求。

7.18.8　设施设备应由经过授权的人员操作和维护，现行有效的使用和维护说明书应便于有关人员使用。

7.18.9　应依据制造商的建议使用和维护实验室设施设备。

7.18.10　应在设施设备的显著部位标示出其唯一编号、校准或验证日期、下次校准或验证日期、准用或停用状态。

7.18.11　应停止使用并安全处置性能已显示出缺陷或超出规定限度的设施设备。

7.18.12　无论什么原因，如果设备脱离了实验室的直接控制，待该设备返回后，应在使用前对其性能进行确认并记录。

7.18.13　应维持设施设备的档案，适用时，内容应至少包括（不限于）：

a）制造商名称、型式标识、系列号或其他唯一性标识；

b）验收标准及验收记录；

c）接收日期和启用日期；

d）接收时的状态（新品、使用过、修复过）；

e）当前位置；

f）制造商的使用说明或其存放处；

g）维护记录和年度维护计划；

h）校准（验证）记录和校准（验证）计划；

i）任何损坏、故障、改装或修理记录；

j）服务合同；

k）预计更换日期或使用寿命；

l）安全检查记录。

7.19　废物处置

7.19.1　实验室危险废物处理和处置的管理应符合国家或地方法规和标准的要求，应征询相关主管部门的意见和建议。

7.19.2　应遵循以下原则处理和处置危险废物：

a）将操作、收集、运输、处理及处置废物的危险减至最小；

b）将其对环境的有害作用减至最小；

b）只可使用被承认的技术和方法处理和处置危险废物；

c）排放符合国家或地方规定和标准的要求。

7.19.3　应有措施和能力安全处理和处置实验室危险废物。

7.19.4　应有对危险废物处理和处置的政策和程序，包括对排放标准及监测规定。

7.19.5　应评估和避免危险废物处理和处置方法本身的风险。

7.19.6　应根据危险废物的性质和危险性按相关标准分类处理和处置废物。

7.19.7　危险废物应弃置于专门设计的、专用的和有标识的用于处置危险废物的容器内，装量不能超过建议的装载容量。

7.19.8　锐器（包括针头、小刀、金属和玻璃等）应直接弃置于耐扎的容器内。

7.19.9　应由经过培训的人员处理危险废物，并应穿戴适当的个体防护装备。

7.19.10　不应积存垃圾和实验室废物。在消毒灭菌或最终处置之前，应存放在指定的安全地方。

7.19.11　不应从实验室取走或排放不符合相关运输或排放要求的实验室废物。

7.19.12　应在实验室内消毒灭菌含活性高致病性生物因子的废物。

7.19.13　如果法规许可，只要包装和运输方式符合危险废物的运输要求，可以运送未处理的危险废物到指定机构处理。

7.20　危险材料运输

7.20.1　应制定对危险材料运输的政策和程序，包括危险材料在实验室内、实验室所在机构内及机构外部的运输，应符合国家和国际规定的要求。

7.20.2　应建立并维持危险材料接收和运出清单，至少包括危险材料的性质、数量、交接时包装的状态、交接人、收发时间和地点等，确保危险材料出入的可追溯性。

7.20.3　实验室负责人或其授权人员应负责向为实验室送交危险材料的所有部门提供适当的运输指南和说明。

7.20.4　应以防止污染人员或环境的方式运输危险材料，并有可靠的安保措施。

7.20.5　危险材料应置于被批准的本质安全的防漏容器中运输。

7.20.6　国际和国家关于道路、铁路、水路和航空运输危险材料的公约、法规和标准适用，应按国家或国际现行的规定和标准，包装、标示所运输的物品并提供文件资料。

7.21　应急措施

7.21.1　应制定应急措施的政策和程序，包括生物性、化学性、物理性、放射性等紧急情况和火灾、水灾、冰冻、地震、人为破坏等任何意外紧急情况，还应包括使留下的空建筑物处于尽可能安全状态的措施，应征询相关主管部门的意见和建议。

7.21.2　应急程序应至少包括负责人、组织、应急通讯、报告内容、个体防护和应对程序、应急设备、撤离计划和路线、污染源隔离和消毒灭菌、人员隔离和救治、现场隔离和控制、风险沟通等内容。

7.21.3　实验室应负责使所有人员（包括来访者）熟悉应急行动计划、撤离路线和紧急撤离的集合地点。

7.21.4　每年应至少组织所有实验室人员进行一次演习。

7.22　消防安全

7.22.1　应有消防相关的政策和程序，并使所有人员理解，以确保人员安全和防止实验室内的危险扩散。

7.22.2　应制订年度消防计划，内容至少包括（不限于）：

a）对实验室人员的消防指导和培训，内容至少包括火险的识别和判断、减少火险的良好操作规程、失火时应采取的全部行动；

b）实验室消防设施设备和报警系统状态的检查；

c）消防安全定期检查计划；

d）消防演习（每年至少一次）。

7.22.3　在实验室内应尽量减少可燃气体和液体的存放量。

7.22.4　应在适用的排风罩或排风柜中操作可燃气体或液体。

7.22.5　应将可燃气体或液体放置在远离热源或打火源之处，避免阳光直射。

7.22.6　输送可燃气体或液体的管道应安装紧急关闭阀。

7.22.7　应配备控制可燃物少量泄漏的工具包。如果发生明显泄漏，应立即寻求消防部门的援助。

7.22.8　可燃气体或液体应存放在经批准的贮藏柜或库中。贮存量应符合国家相关的规定和标准。

7.22.9　需要冷藏的可燃液体应存放在防爆（无火花）的冰箱中。

7.22.10　需要时，实验室应使用防爆电器。

7.22.11　应配备适当的设备，需要时用于扑灭可控制的火情及帮助人员从火场撤离。

7.22.12　应依据实验室可能失火的类型配置适当的灭火器材并定期维护，应符合消防主管部门的要求。

7.22.13　如果发生火警，应立即寻求消防部门的援助，并告知实验室内存在的危险。

7.23　事故报告

7.23.1　实验室应有报告实验室事件、伤害、事故、职业相关疾病以及潜在危险的政策和程序，符合国家和地方对事故报告的规定要求。

7.23.2　所有事故报告应形成书面文件并存档（包括所有相关活动的记录和证据等文件）。适用时，报告应包括事实的详细描述、原因分析、影响范围、后果评估、采取的措施、所采取措施有效性的追踪、预防类似事件发生的建议及改进措施等。

7.23.3　事故报告（包括采取的任何措施）应提交实验室管理层和安全委员会评审，适用时，还应提交更高管理层评审。

7.23.4　实验室任何人员不得隐瞒实验室活动相关的事件、伤害、事故、职业相关疾病以及潜在危险，应按国家规定上报。

附录 C-6

病原微生物实验室生物安全通用准则（WS 233—2017）

国家卫生和计划生育委员会

1 范围

本标准规定了病原微生物实验室生物安全防护的基本原则、分级和基本要求。本标准适用于开展微生物相关的研究、教学、检测、诊断等活动实验室。

2 术语与定义

下列术语和定义适用于本文件。

2.1 实验室生物安全（laboratory biosafety）：实验室的生物安全条件和状态不低于容许水平，可避免实验室人员、来访人员、社区及环境受到不可接受的损害，符合相关法规、标准等对实验室生物安全责任的要求。

2.2 风险（risk）：危险发生的概率及其后果严重性的综合。

2.3 风险评估（risk assessment）：评估风险大小以及确定是否可接受的全过程。

2.4 风险控制（risk control）：为降低风险而采取的综合措施。

2.5 个体防护装备（personal protective equipment，PPE）：防止人员个体受到生物性、化学性或物理性等危险因子伤害的器材和用品。

2.6 生物安全柜（biosafety cabinet，BSC）：具备气流控制及高效空气过滤装置的操作柜，可有效降低病原微生物或生物实验过程中产生的有害气溶胶对操作者和环境的危害。

2.7 气溶胶（aerosols）：悬浮于气体介质中的粒径一般为0.001 μm ~ 100 μm 的固态或液态微小粒子形成的相对稳定的分散体系。

2.8 生物安全实验室（biosafety laboratory）：通过防护屏障和管理措施，达到生物安全要求的病原微生物实验室。

2.9 实验室防护区（laboratory containment area）：实验室的物理分区，该区域内生物风险相对较大，需对实验室的平面设计、围护结构的密闭性、气流，以及人员进入、个体防护等进行控制的区域。

2.10 实验室辅助工作区（non-contamination zone）：是指生物风险相对较小的区域，也指生物安全实验室中防护区以外的区域。

2.11 核心工作间（core area）：是生物安全实验室中开展实验室活动的主要区域，通常是指生物安全柜或动物饲养和操作间所在的房间。

2.12 加强型生物安全二级实验室（enhanced biosafety level 2 laboratory）：在普通型生物安全二级实验室的基础上，通过机械通风系统等措施加强实验室生物安全防护要求的实验室。

2.13 事故（accident）：造成人员及动物感染、伤害、死亡，或设施设备损坏，以及其他损失的意外情况。

2.14 事件（incident）：导致或可能导致事故的情况。

2.15　高效空气过滤器（HEPA 过滤器）：常以 0.3 μm 微粒为测试物，在规定的条件下滤除效率高于 99.97% 的空气过滤器。

2.16　气锁 air lock：具备机械送排风系统、整体消毒灭菌条件、化学喷淋（适用时）和压力可监控的气密室，其门具有互锁功能，不能同时处于开启状态。

3　病原微生物危害程度分类

根据病原微生物的传染性、感染后对个体或者群体的危害程度，将病原微生物分为四类：

a）第一类病原微生物，是指能够引起人类或者动物非常严重疾病的微生物，以及我国尚未发现或者已经宣布消灭的微生物；

b）第二类病原微生物，是指能够引起人类或者动物严重疾病，比较容易直接或者间接在人与人、动物与人、动物与动物间传播的微生物；

c）第三类病原微生物，是指能够引起人类或者动物疾病，但一般情况下对人、动物或者环境不构成严重危害，传播风险有限，实验室感染后很少引起严重疾病，并且具备有效治疗和预防措施的微生物；

d）第四类病原微生物，是指在通常情况下不会引起人类或者动物疾病的微生物。

注 1：第一类、第二类病原微生物统称为高致病性病原微生物。

4　实验室生物安全防护水平分级与分类

4.1　分级

4.1.1　根据实验室对病原微生物的生物安全防护水平，并依照实验室生物安全国家标准的规定，将实验室分为一级（biosafety level 1，BSL-1）、二级（BSL-2）、三级（BSL-3）、四级（BSL-4）。

4.1.2　生物安全防护水平为一级的实验室适用于操作通常情况下不会引起人类或者动物疾病的微生物。

4.1.3　生物安全防护水平为二级的实验室适用于操作能够引起人类或者动物疾病，但一般情况下对人、动物或者环境不构成严重危害，传播风险有限，实验室感染后很少引起严重疾病，并且具备有效治疗和预防措施的微生物。按照实验室是否具备机械通风系统，将 BSL-2 实验室分为普通型 BSL-2 实验室、加强型 BSL-2 实验室。

4.1.4　生物安全防护水平为三级的实验室适用于操作能够引起人类或者动物严重疾病，比较容易直接或者间接在人与人、动物与人、动物与动物间传播的微生物。

4.1.5　生物安全防护水平为四级的实验室适用于操作能够引起人类或者动物非常严重疾病的微生物，我国尚未发现或者已经宣布消灭的微生物。

4.2　分类

4.2.1　以 BSL-1、BSL-2、BSL-3、BSL-4 表示仅从事体外操作的实验室的相应生物安全防护水平。

4.2.2　以 ABSL-1（animal biosafety level 1，ABSL-1）、ABSL-2、ABSL-3、ABSL-4 表示包括从事动物活体操作的实验室的相应生物安全防护水平。

4.2.3　动物生物安全实验室分为从事脊椎动物和无脊椎动物实验活动的实验室。

4.2.4　根据实验活动、采用的个体防护装备和基础隔离设施的不同，实验室分为：

a）操作通常认为非经空气传播致病性生物因子的实验室；

b）可有效利用安全隔离装置（如：Ⅱ级生物安全柜）操作常规量经空气传播致病性生物因子的实验室；

c）不能有效利用安全隔离装置操作常规量经空气传播致病性生物因子的实验室；

d）利用具有生命保障系统的正压服操作常规量经空气传播致病性生物因子的实验室；

e）利用具有Ⅲ级生物安全柜操作常规量经空气传播致病性生物因子的实验室。

5　风险评估与风险控制

5.1　总则

实验室应建立并维持风险评估和风险控制制度，应明确实验室持续进行风险识别、风险评估和风险控制的具体要求。

5.2　风险识别

当实验活动涉及致病性生物因子时，应识别但不限于5.2.a）至5.2.j）所述的风险因素：

a）实验活动涉及致病性生物因子的已知或未知的特性，如：

1）危害程度分类；

2）生物学特性；

3）传播途径和传播力；

4）感染性和致病性：易感性、宿主范围、致病所需的量、潜伏期、临床症状、病程、预后等；

5）与其他生物和环境的相互作用、相关实验数据、流行病学资料；

6）在环境中的稳定性；

7）预防、治疗和诊断措施，包括疫苗、治疗药物与感染检测用诊断试剂。

b）涉及致病性生物因子的实验活动，如：

1）菌（毒）种及感染性物质的领取、转运、保存、销毁等；

2）分离、培养、鉴定、制备等操作；

3）易产生气溶胶的操作，如离心、研磨、振荡、匀浆、超声、接种、冷冻干燥等；

4）锐器的使用，如注射针头、解剖器材、玻璃器皿等。

c）实验活动涉及遗传修饰生物体（GMOs）时，应考虑重组体引起的危害。

d）涉及致病性生物因子的动物饲养与实验活动：

1）抓伤、咬伤；

2）动物毛屑、呼吸产生的气溶胶；

3）解剖、采样、检测等；

4）排泄物、分泌物、组织/器官/尸体、垫料、废物处理等；

5）动物笼具、器械、控制系统等可能出现故障。

e）感染性废物处置过程中的风险：

1）废物容器、包装、标识；

2）收集、消毒、储存、运输等；

3）感染性废物的泄漏；

4）灭菌的可靠性；

5）设施外人群可能接触到感染性废物的风险。

f）实验活动安全管理的风险，包括但不限于：

1）消除、减少或控制风险的管理措施和技术措施，及采取措施后残余风险或带来的新风险；

2）运行经验和风险控制措施，包括与设施、设备有关管理程序、操作规程、维护保养规程等的潜在风险；

3）实施应急措施时可能引起的新的风险。

g）涉及致病性生物因子实验活动的相关人员：

1）专业及生物安全知识、操作技能；

2）对风险的认知；

3）心理素质；

4）专业及生物安全培训状况；

5）意外事件/事故的处置能力；

6）健康状况；

7）健康监测、医疗保障及医疗救治；

8）对外来实验人员安全管理及提供的保护措施。

h）实验室设施、设备：

1）生物安全柜、离心机、摇床、培养箱等；

2）废物、废水处理设施、设备；

3）个体防护装备；

适用时，包括：

1）防护区的密闭性、压力、温度与气流控制；

2）互锁、密闭门以及门禁系统；

3）与防护区相关联的通风空调系统及水、电、气系统等；

4）安全监控和报警系统；

5）动物饲养、操作的设施设备；

6）菌（毒）种及样本保藏的设施设备；

7）防辐射装置；

8）生命保障系统、正压防护服、化学淋浴装置等。

i）实验室生物安保制度和安保措施，重点识别所保藏的或使用的致病性生物因子被盗、滥用和恶意释放的风险。

j）已发生的实验室感染事件的原因分析。

5.3　风险评估

5.3.1　风险评估应以国家法律、法规、标准、规范，以及权威机构发布的指南、数据等为依据。对已识别的风险进行分析，形成风险评估报告。

5.3.2 风险评估应由具有经验的不同领域的专业人员（不限于本机构内部的人员）进行。

5.3.3 实验室应在5.2的基础上，并结合但不限于以下情况进行风险评估：

a）病原体生物学特性或防控策略发生变化时；

b）开展新的实验活动或变更实验活动（包括设施、设备、人员、活动范围、规程等）；

c）操作超常规量或从事特殊活动；

d）本实验室或同类实验室发生感染事件、感染事故；

e）相关政策、法规、标准等发生改变。

5.4 风险评估报告

5.4.1 风险评估报告的内容至少应包括：实验活动（项目计划）简介、评估目的、评估依据、评估方法/程序、评估内容、评估结论。

5.4.2 风险评估报告应注明评估时间及编审人员。

5.4.3 风险评估报告应经实验室设立单位批准。

5.5 风险控制

5.5.1 依据风险评估结论采取相应的风险控制措施。

5.5.2 采取风险控制措施时宜优先考虑控制风险源，再考虑采取其他措施降低风险。

6 实验室设施和设备要求

6.1 实验室设计原则和基本要求

6.1.1 实验室选址、设计和建造应符合国家和地方建设规划、生物安全、环境保护和建筑技术规范等规定和要求。

6.1.2 实验室的设计应保证对生物、化学、辐射和物理等危险源的防护水平控制在经过评估的可接受程度，防止危害环境。

6.1.3 实验室的建筑结构应符合国家有关建筑规定。

6.1.4 在充分考虑生物安全实验室地面、墙面、顶板、管道、橱柜等在消毒、清洁、防滑、防渗漏、防积尘等方面特殊要求的基础上，从节能、环保、安全和经济性等多方面综合考虑，选用适当的符合国家标准要求的建筑材料。

6.1.5 实验室的设计应充分考虑工作方便、流程合理、人员舒适等问题。

6.1.6 实验室内温度、湿度、照度、噪声和洁净度等室内环境参数应符合工作要求，以及人员舒适性、卫生学等要求。

6.1.7 实验室的设计、在满足工作要求、安全要求的同时，应充分考虑节能和冗余。

6.1.8 实验室的走廊和通道应不妨碍人员和物品通过。

6.1.9 应设计紧急撤离路线，紧急出口处应有明显的标识。

6.1.10 房间的门根据需要安装门锁，门锁应便于内部快速打开。

6.1.11 实验室应根据房间或实验间在用、停用、消毒、维护等不同状态时的需要，采取适当的警示和进入限制措施，如警示牌、警示灯、警示线、门禁等。

6.1.12 实验室的安全保卫应符合国家相关部门对该级别实验室的安全管理规定和

要求。

6.1.13　应根据生物材料、样本、药品、化学品和机密资料等被误用、被盗和被不正当使用的风险评估，采取相应的物理防范措施。

6.1.14　应有专门设计以确保存储、转运、收集、处理和处置危险物料的安全。

6.2　BSL-1 实验室

6.2.1　应为实验室仪器设备的安装、清洁和维护、安全运行提供足够的空间。

6.2.2　实验室应有足够的空间和台柜等摆放实验室设备和物品。

6.2.3　在实验室的工作区外应当有存放外衣和私人物品的设施，应将个人服装与实验室工作服分开放置。

6.2.4　进食、饮水和休息的场所应设在实验室的工作区外。

6.2.5　实验室墙壁、顶板和地板应当光滑、易清洁、防渗漏并耐化学品和消毒剂的腐蚀。地面应防滑，不得在实验室内铺设地毯。

6.2.6　实验室台（桌）柜和座椅等应稳固和坚固，边角应圆滑。实验台面应防水，并能耐受中等程度的热、有机溶剂、酸碱、消毒剂及其他化学剂。

6.2.7　应根据工作性质和流程合理摆放实验室设备、台（桌）柜、物品等，避免相互干扰、交叉污染，并应不妨碍逃生和急救。台（桌）柜和设备之间应有足够的间距，以便于清洁。

6.2.8　实验室应设洗手池，水龙头开关宜为非手动式，宜设置在靠近出口处。

6.2.9　实验室的门应有可视窗并可锁闭，并达到适当的防火等级，门锁及门的开启方向应不妨碍室内人员逃生。

6.2.10　实验室可以利用自然通风，开启窗户应安装防蚊虫的纱窗。如果采用机械通风，应避免气流流向导致的污染和避免污染气流在实验室之间或与其他区域之间串通而造成交叉污染。

6.2.11　应保证实验室内有足够的照明，避免不必要的反光和闪光。

6.2.12　实验室涉及刺激性或腐蚀性物质的操作，应在 30 m 内设洗眼装置，风险较大时应设紧急喷淋装置。

6.2.13　若涉及使用有毒、刺激性、挥发性物质，应配备适当的排风柜（罩）。

6.2.14　若涉及使用高毒性、放射性等物质，应配备相应的安全设施设备和个体防护装备，应符合国家、地方的相关规定和要求。

6.2.15　若使用高压气体和可燃气体，应有安全措施，应符合国家、地方的相关规定和要求。

6.2.16　应有可靠和足够的电力供应，确保用电安全。

6.2.17　应设应急照明装置，同时考虑合适的安装位置，以保证人员安全离开实验室。

6.2.18　应配备足够的固定电源插座，避免多台设备使用共同的电源插座。应有可靠的接地系统，应在关键节点安装漏电保护装置或监测报警装置。

6.2.19　应满足实验室所需用水。

6.2.20　给水管道应设置倒流防止器或其他有效地防止回流污染的装置；给排水系统应

不渗漏，下水应有防回流设计。

6.2.21　应配备适用的应急器材，如消防器材、意外事故处理器材、急救器材等。

6.2.22　应配备适用的通信设备。

6.2.23　必要时，可配备适当的消毒、灭菌设备。

6.3　BSL-2 实验室

6.3.1　普通型 BSL-2 实验室

6.3.1.1　适用时，应符合 6.2 的要求。

6.3.1.2　实验室主入口的门、放置生物安全柜实验间的门应可自动关闭；实验室主入口的门应有进入控制措施。

6.3.1.3　实验室工作区域外应有存放备用物品的条件。

6.3.1.4　应在实验室或其所在的建筑内配备压力蒸汽灭菌器或其他适当的消毒、灭菌设备，所配备的消毒、灭菌设备应以风险评估为依据。

6.3.1.5　应在实验室工作区配备洗眼装置，必要时，应在每个工作间配备洗眼装置。

6.3.1.6　应在操作病原微生物及样本的实验区内配备二级生物安全柜。

6.3.1.7　应按产品的设计、使用说明书的要求安装和使用生物安全柜。

6.3.1.8　如果使用管道排风的生物安全柜，应通过独立于建筑物其他公共通风系统的管道排出。

6.3.1.9　实验室入口应有生物危害标识，出口应有逃生发光指示标识。

6.3.2　加强型 BSL-2 实验室

6.3.2.1　适用时，应符合 6.3.1 的要求。

6.3.2.2　加强型 BSL-2 实验室应包含缓冲间和核心工作间。

6.3.2.3　缓冲间可兼作防护服更换间。必要时，可设置准备间和洗消间等。

6.3.2.4　缓冲间的门宜能互锁。如果使用互锁门，应在互锁门的附近设置紧急手动互锁解除开关。

6.3.2.5　实验室应设洗手池；水龙头开关应为非手动式，宜设置在靠近出口处。

6.3.2.6　采用机械通风系统，送风口和排风口应采取防雨、防风、防杂物、防昆虫及其他动物的措施，送风口应远离污染源和排风口。排风系统应使用高效空气过滤器。

6.3.2.7　核心工作间内送风口和排风口的布置应符合定向气流的原则，利于减少房间内的涡流和气流死角。

6.3.2.8　核心工作间气压相对于相邻区域应为负压，压差不宜低于 10 Pa。在核心工作间入口的显著位置，应安装显示房间负压状况的压力显示装置。

6.3.2.9　应通过自动控制措施保证实验室压力及压力梯度的稳定性，并可对异常情况报警。

6.3.2.10　实验室的排风应与送风连锁，排风先于送风开启，后于送风关闭。

6.3.2.11　实验室应有措施防止产生对人员有害的异常压力，围护结构应能承受送风机或排风机异常时导致的空气压力载荷。

6.3.2.12　核心工作间温度 18～26 ℃，噪声应低于 68 dB。

6.3.2.13　实验室内应配置压力蒸汽灭菌器，以及其他适用的消毒设备。

6.4　BSL-3 实验室

6.4.1　要求

适用时，应符合 6.3 的要求。

6.4.2　平面布局

6.4.2.1　实验室应在建筑物中自成隔离区或为独立建筑物，应有出入控制。

6.4.2.2　实验室应明确区分辅助工作区和防护区。防护区中直接从事高风险操作的工作间为核心工作间，人员应通过缓冲间进入核心工作间。

6.4.2.3　对于操作通常认为非经空气传播致病性生物因子的实验室，实验室辅助工作区应至少包括监控室和清洁衣物更换间；防护区应至少包括缓冲间及核心工作间。

6.4.2.4　对于可有效利用安全隔离装置（如：生物安全柜）操作常规量经空气传播致病性生物因子的实验室，实验室辅助工作区应至少包括监控室、清洁衣物更换间和淋浴间；防护区应至少包括防护服更换间、缓冲间及核心工作间。实验室核心工作间不宜直接与其他公共区域相邻。

6.4.2.5　可根据需要安装传递窗。如果安装传递窗，其结构承压力及密闭性应符合所在区域的要求，以保证围护结构的完整性，并应具备对传递窗内物品表面进行消毒的条件。

6.4.2.6　应充分考虑生物安全柜、双扉压力蒸汽灭菌器等大设备进出实验室的需要，实验室应设有尺寸足够的设备门。

6.4.3　围护结构

6.4.3.1　实验室宜按甲类建筑设防，耐火等级应符合相关标准要求。

6.4.3.2　实验室防护区内围护结构的内表面应光滑、耐腐蚀、不开裂、防水，所有缝隙和贯穿处的接缝都应可靠密封，应易清洁和消毒。

6.4.3.3　实验室防护区内的地面应防渗漏、完整、光洁、防滑、耐腐蚀、不起尘。

6.4.3.4　实验室内所有的门应可自动关闭，需要时，应设观察窗；门的开启方向不应妨碍逃生。

6.4.3.5　实验室内所有窗户应为密闭窗，玻璃应耐撞击、防破碎。

6.4.3.6　实验室及设备间的高度应满足设备的安装要求，应有维修和清洁空间。

6.4.3.7　实验室防护区的顶棚上不得设置检修口等。

6.4.3.8　在通风系统正常运行状态下，采用烟雾测试法检查实验室防护区内围护结构的严密性时，所有缝隙应无可见泄漏。

6.4.4　通风空调系统

6.4.4.1　应安装独立的实验室送排风系统，确保在实验室运行时气流由低风险区向高风险区流动，同时确保实验室空气通过 HEPA 过滤器过滤后排出室外。

6.4.4.2　实验室空调系统的设计应充分考虑生物安全柜、离心机、二氧化碳培养箱、冰箱、压力蒸汽灭菌器、紧急喷淋装置等设备的冷、热、湿负荷。

6.4.4.3　实验室防护区房间内送风口和排风口的布置应符合定向气流的原则，利于减少房间内的涡流和气流死角；送排风应不影响其他设备的正常功能，在生物安全柜操作面或其他有气溶胶发生地点的上方不得设送风口。

6.4.4.4 不得循环使用实验室防护区排出的空气，不得在实验室防护区内安装分体空调等在室内循环处理空气的设备。

6.4.4.5 应按产品的设计要求和使用说明安装生物安全柜和其排风管道系统。

6.4.4.6 实验室的送风应经过初效、中效过滤器和 HEPA 过滤器过滤。

6.4.4.7 实验室防护区室外排风口应设置在主导风的下风向，与新风口的直线距离应大于 12 m，并应高于所在建筑的屋面 2 m 以上，应有防风、防雨、防鼠、防虫设计，但不应影响气体向上空排放。

6.4.4.8 HEPA 过滤器的安装位置应尽可能靠近送风管道（在实验室内的送风口端）和排风管道（在实验室内的排风口端）。

6.4.4.9 应可以在原位对排风 HEPA 过滤器进行消毒和检漏。

6.4.4.10 如在实验室防护区外使用高效过滤器单元，其结构应牢固，应能承受 2500 Pa 的压力；高效过滤器单元的整体密封性应达到在关闭所有通路并维持腔室内的温度稳定的条件下，若使空气压力维持在 1000 Pa 时，腔室内每分钟泄漏的空气量应不超过腔室净容积的 0.1% 。

6.4.4.11 应在实验室防护区送风和排风管道的关键节点安装密闭阀，必要时，可完全关闭。

6.4.4.12 实验室的排风管道应采用耐腐蚀、耐老化、不吸水的材料制作，宜使用不锈钢管道。密闭阀与实验室防护区相通的送风管道和排风管道应牢固、气密、易消毒，管道的密封性应达到在关闭所有通路并维持管道内的温度稳定的条件下，若使空气压力维持在 500 Pa 时，管道内每分钟泄漏的空气量应不超过管道内净容积的 0.2% 。

6.4.4.13 排风机应一用一备。应尽可能减少排风机后排风管道正压段的长度，该段管道不应穿过其他房间。

6.4.5 供水与供气系统

6.4.5.1 应在实验室防护区靠近实验间出口处设置非手动洗手设施；如果实验室不具备供水条件，应设非手动手消毒装置。

6.4.5.2 应在实验室的给水与市政给水系统之间设防回流装置或其他有效地防止倒流污染的装置，且这些装置应设置在防护区外，宜设置在防护区围护结构的边界处。

6.4.5.3 进出实验室的液体和气体管道系统应牢固、不渗漏、防锈、耐压、耐温（冷或热）、耐腐蚀。应有足够空间清洁、维护和维修实验室内暴露的管道，应在关键节点安装截止阀、防回流装置或 HEPA 过滤器等。

6.4.5.4 如果有供气（液）罐等，应放在实验室防护区外易更换和维护的位置，安装牢固，不应将不相容的气体或液体放在一起。

6.4.5.5 如果有真空装置，应有防止真空装置的内部被污染的措施；不应将真空装置安装在实验场所之外。

6.4.6 污物处理及消毒系统

6.4.6.1 应在实验室防护区内设置符合生物安全要求的压力蒸汽灭菌器。宜安装生物安全型的双扉压力蒸汽灭菌器，其主体应安装在易维护的位置，与围护结构的连接之处应可靠密封。

6.4.6.2　对实验室防护区内不能使用压力蒸汽灭菌的物品应有其他消毒、灭菌措施。

6.4.6.3　压力蒸汽灭菌器的安装位置不应影响生物安全柜等安全隔离装置的气流。

6.4.6.4　可根据需要设置传递物品的渡槽。如果设置传递物品的渡槽，应使用强度符合要求的耐腐蚀性材料，并方便更换消毒液；渡槽与围护结构的连接之处应可靠密封。

6.4.6.5　地面液体收集系统应有防液体回流的装置。

6.4.6.6　进出实验室的液体和气体管道系统应牢固、不渗漏、防锈、耐压、耐温（冷或热）、耐腐蚀。排水管道宜明设，并应有足够的空间清洁、维护和维修实验室内暴露的管道。在发生意外的情况下，为减少污染范围，利于设备的检修和维护，应在关键节点安装截止阀。

6.4.6.7　实验室防护区内如果有下水系统，应与建筑物的下水系统完全隔离；下水应直接通向本实验室专用的污水处理系统。

6.4.6.8　所有下水管道应有足够的倾斜度和排量，确保管道内不存水；管道的关键节点应按需要安装防回流装置、存水弯（深度应适用于空气压差的变化）或密闭阀门等；下水系统应符合相应的耐压、耐热、耐化学腐蚀的要求，安装牢固，无泄漏，便于维护、清洁和检查。

6.4.6.9　实验室排水系统应单独设置通气口，通气口应设 HEPA 过滤器或其他可靠的消毒装置，同时应保证通气口处通风良好。如通气口设置 HEPA 过滤器，则应可以在原位对 HEPA 过滤器进行消毒和检漏。

6.4.6.10　实验室应以风险评估为依据，确定实验室防护区污水（包括污物）的消毒方法；应对消毒效果进行监测，确保每次消毒的效果。

6.4.6.11　实验室辅助区的污水应经处理达标后方可排放市政管网处。

6.4.6.12　应具备对实验室防护区、设施设备及与其直接相通的管道进行消毒的条件。

6.4.6.13　应在实验室防护区可能发生生物污染的区域（如生物安全柜、离心机附近等）配备便携的消毒装置，同时应备有足够的适用消毒剂。当发生意外时，及时进行消毒处理。

6.4.7　电力供应系统

6.4.7.1　电力供应应按一级负荷供电，满足实验室的用电要求，并应有冗余。

6.4.7.2　生物安全柜、送风机和排风机、照明、自控系统、监视和报警系统等应配备不间断备用电源，电力供应至少维持 30 min。

6.4.7.3　应在实验室辅助工作区安全的位置设置专用配电箱，其放置位置应考虑人员误操作的风险、恶意破坏的风险及受潮湿、水灾侵害等风险。

6.4.8　照明系统

6.4.8.1　实验室核心工作间的照度应不低于 350 lx，其他区域的照度应不低于 200 lx，宜采用吸顶式密闭防水洁净照明灯。

6.4.8.2　避免过强的光线和光反射。

6.4.8.3　应设应急照明系统以及紧急发光疏散指示标识。

6.4.9　自控、监视与报警系统

6.4.9.1　实验室自动化控制系统应由计算机中央控制系统、通讯控制器和现场执行控制器等组成。应具备自动控制和手动控制的功能，应急手动应有优先控制权，且应具备硬件联锁功能。

6.4.9.2　实验室自动化控制系统应保证实验室防护区内定向气流的正确及压力压差的稳定。

6.4.9.3　实验室通风系统联锁控制程序应先启动排风，后启动送风；关闭时，应先关闭送风及密闭阀，后关排风及密闭阀。

6.4.9.4　通风系统应与Ⅱ级B型生物安全柜、排风柜（罩）等局部排风设备连锁控制，确保实验室稳定运行，并在实验室通风系统开启和关闭过程中保持有序的压力梯度。

6.4.9.5　当排风系统出现故障时，应先将送风机关闭，待备用排风机启动后，再启动送风机，避免实验室出现正压。

6.4.9.6　当送风系统出现故障时，应有效控制实验室负压在可接受范围内，避免影响实验室人员安全、生物安全柜等安全隔离装置的正常运行和围护结构的安全。

6.4.9.7　应能够连续监测送排风系统 HEPA 过滤器的阻力。

6.4.9.8　应在有压力控制要求的房间入口的显著位置，安装显示房间压力的装置。

6.4.9.9　中央控制系统应可以实时监控、记录和存储实验室防护区内压力、压力梯度、温度、湿度等有控制要求的参数，以及排风机、送风机等关键设施设备的运行状态、电力供应的当前状态等。应设置历史记录档案系统，以便随时查看历史记录，历史记录数据宜以趋势曲线结合文本记录的方式表达。

6.4.9.10　中央控制系统的信号采集间隔时间应不超过 1 min，各参数应易于区分和识别。

6.4.9.11　实验室自控系统报警应分为一般报警和紧急报警。一般报警为过滤器阻力增大、温湿度偏离正常值等，暂时不影响安全，实验活动可持续进行的报警；紧急报警指实验室出现正压、压力梯度持续丧失、风机切换失败、停电、火灾等，对安全有影响，应终止实验活动的报警。一般报警应为显示报警，紧急报警应为声光报警和显示报警，可以向实验室内外人员同时显示紧急警报，应在核心工作间内设置紧急报警按钮。

6.4.9.12　核心工作间的缓冲间的入口处应有指示核心工作间工作状态的装置，必要时，设置限制进入核心工作间的连锁机制。

6.4.9.13　实验室应设电视监控，在关键部位设置摄像机，可实时监视并录制实验室活动情况和实验室周围情况。监视设备应有足够的分辨率和影像存储容量。

6.4.10　实验室通信系统

6.4.10.1　实验室防护区内应设置向外部传输资料和数据的传真机或其他电子设备。

6.4.10.2　监控室和实验室内应安装语音通信系统。如果安装对讲系统，宜采用向内通话受控、向外通话非受控的选择性通话方式。

6.4.11　实验室门禁管理系统

6.4.11.1　实验室应有门禁管理系统，应保证只有获得授权的人员才能进入实验室，并能够记录人员出入。

6.4.11.2　实验室应设门互锁系统，应在互锁门的附近设置紧急手动解除互锁开关，需要时，可立即解除门的互锁。

6.4.11.3　当出现紧急情况时，所有设置互锁功能的门应能处于可开启状态。

6.4.12　参数要求

6.4.12.1　实验室的围护结构应能承受送风机或排风机异常时导致的空气压力载荷。

6.4.12.2　适用于4.2.4 a）实验室，其核心工作间的气压（负压）与室外大气压的压差值应不小于30 Pa，与相邻区域的压差（负压）应不小于10 Pa；对于可有效利用安全隔离装置操作常规量经空气传播致病性生物因子的实验室，其核心工作间的气压（负压）与室外大气压的压差值应不小于40 Pa，与相邻区域的压差（负压）应不小于15 Pa。

6.4.12.3　实验室防护区各房间的最小换气次数应不小于12次/h。

6.4.12.4　实验室的温度宜控制在18～26 ℃范围内。

6.4.12.5　正常情况下，实验室的相对湿度宜控制在30%～70%范围内；消毒状态下，实验室的相对湿度应能满足消毒的技术要求。

6.4.12.6　在安全柜开启情况下，核心工作间的噪声应不大于68 dB。

6.4.12.7　实验室防护区的静态洁净度应不低于8级水平。

6.5　BSL-4实验室（省略）

6.6　动物实验室

6.6.1　ABSL-1实验室

6.6.1.1　实验室选址、设计和建造应符合国家和地方建设规划、生物安全、环境保护和建筑技术规范等规定和要求。

6.6.1.2　围护结构的空间配置、强度要求等应与所饲养的动物种类相适应。

6.6.1.3　动物饲养环境与设施条件应符合实验动物微生物等级要求。

6.6.1.4　实验室应分为动物饲养间和实验操作间等部分，必要时，应具备动物检疫室。

6.6.1.5　动物饲养间和实验操作间的室内气压相对外环境宜为负压，不得循环使用动物实验室排出的空气。

6.6.1.6　如果安装窗户，所有窗户应密闭；需要时，窗户外部应装防护网。

6.6.1.7　实验室应与建筑物内的其他域相对隔离或独立。

6.6.1.8　实验室的门应有可视窗，应安装为向里开启。

6.6.1.9　门应能够自动关闭，需要时，可以上锁。

6.6.1.10　实验室的工作表面应能良好防水和易于消毒。如果有地面液体收集系统，应设防液体回流装置，存水弯应有足够的深度。

6.6.1.11　应设置洗手池或手消毒装置，宜设置在出口处。

6.6.1.12　应设置适合、良好的实验动物饲养笼具或护栏，防止动物逃逸、损毁；应可以对动物笼具进行清洗和消毒。

6.6.1.13　饲养笼具除考虑安全要求外还应考虑对动物福利的要求。

6.6.1.14　动物尸体及相关废物的处置设施和设备应符合国家相关规定的要求。

6.6.1.15　动物尸体及组织应做无害化处理，废物应彻底灭菌后方可排出。

6.6.1.16　实验室应具备常用个人防护物品，如防动物面罩等；动物解剖等特殊防护用品，如防切割手套等。

6.6.2　ABSL-2 实验室

6.6.2.1　适用时，应符合 6.3 和 6.6.1 的要求。

6.6.2.2　动物饲养间和实验操作间应在出入口处设置缓冲间。

6.6.2.3　应设置非手动洗手装置或手消毒装置，宜设置在出口处。

6.6.2.4　应在实验室或其邻近区域配备压力蒸汽灭菌器。

6.6.2.5　送风应经 HEPA 过滤器过滤后进入实验室。

6.6.2.6　实验室功能上分为能有效利用安全隔离装置控制病原微生物的实验室和不能有效利用安全隔离装置控制病原微生物的实验室。

6.6.2.7　从事可能产生有害气溶胶的动物实验活动应在能有效利用安全隔离装置控制病原微生物的实验室内进行；排气应经 HEPA 过滤器过滤后排出。

6.6.2.8　动物饲养间和实验操作间的室内气压相对外环境应为负压，气体应直接排放到其所在的建筑物外。

6.6.2.9 适用时，如大量动物实验、病原微生物致病性较强、传播力较大、动物可能增强病原毒力或毒力回复时的活动，宜在能有效利用安全隔离装置控制病原微生物的实验室内进行；排气应经 HEPA 过滤器过滤后排出。

6.6.2.10　当不能满足 6.6.2.9 时或在不能有效利用安全隔离装置控制病原微生物的实验室进行一般感染性动物实验时，应使用 HEPA 过滤器过滤动物饲养间排出的气体。

6.6.2.11　实验室防护区室外排风口应设置在主导风的下风向，与新风口的直线距离应大于 12 m，并应高于所在建筑的屋面 2 m 以上，应有防风、防雨、防鼠、防虫设计，但不影响气体向上空排放。

6.6.2.12　污水、污物等应消毒处理，并应对消毒效果进行检测，以确保达到排放要求。

6.6.2.13　实验室应提供有效的、两种以上的消毒、灭菌方法。

6.6.3　ABSL-3 实验室（省略）

6.6.4　ABSL-4 实验室（省略）

6.6.5　无脊椎动物实验室

6.6.5.1　根据动物种类危害和病原危害，防护水平应根据国家相关主管部门的规定和风险评估的结果确定。

6.6.5.2　实验室的建造、功能区分应充分考虑动物特性和实验活动，能重点实现控制动物本身的危害或可能从事病原感染的双重危害。

6.6.5.3　实验室应具备有效控制动物逃逸、藏匿等的防护装置。

6.6.5.4　从事节肢动物（特别是可飞行、快爬或跳跃的昆虫）的实验活动，应采取以下适用的措施：

a）应通过缓冲间进入动物饲养间或操作间，缓冲间内应配备适用的捕虫器和灭虫剂；

b）应在所有关键的可开启的门窗、所有通风管道的关键节点安装防节肢动物逃逸的纱网；

c）应在不同区域饲养、操作未感染和已感染节肢动物；

d）应具备动物饲养间或操作间、缓冲间密闭和进行整体消毒的条件；应设喷雾式杀虫装置；

e）应设制冷温装置，需要时，可以通过减低温度及时降低动物的活动能力；

f）应有机制或装置确保水槽和存水弯管等设备内的液体或消毒液不干涸；

g）应配备消毒、灭菌设备和技术，能对所有实验后废弃动物、尸体、废物进行彻底消毒、灭菌处理

h）应有机制监测和记录会飞、爬、跳跃的节肢动物幼虫和成虫的数量；

i）应配备适用于放置装蜱螨容器的油碟；应具备操作已感染或潜在感染的节肢动物的低温盘；

j）应具备带双层网的笼具以饲养或观察已感染或潜在感染的逃逸能力强的节肢动物；

k）应具备适用的生物安全柜或相当的安全隔离装置以操作已感染或潜在感染的节肢动物；

l）应设置高清晰监视器和通信设备，动态监控动物的活动。

7 实验室生物安全管理要求

7.1 管理体系

7.1.1 实验室设立单位应有明确的法律地位，生物安全三级、四级实验室应具有从事相关活动的资格。

7.1.2 实验室的设立单位应成立生物安全委员会及实验动物使用管理委员会（适用时），负责组织专家对实验室的设立和运行进行监督、咨询、指导、评估（包括实验室运行的生物安全风险评估和实验室生物安全事故的处置）。

7.1.3 实验室设立单位的法定代表人负责本单位实验室的生物安全管理，建立生物安全管理体系，落实生物安全管理责任部门或责任人；定期召开生物安全管理会议，对实验室生物安全相关的重大事项做出决策；批准和发布实验室生物安全管理体系文件。

7.1.4 实验室生物安全管理责任部门负责组织制定和修订实验室生物安全管理体系文件；对实验项目进行审查和风险控制措施的评估；负责实验室工作人员的健康监测的管理；组织生物安全培训与考核，并评估培训效果；监督生物安全管理体系的运行落实。

7.1.5 实验室负责人为实验室生物安全第一责任人，全面负责实验室生物安全工作。负责实验项目计划、方案和操作规程的审查；决定并授权人员进入实验室；负责实验室活动的管理；纠正违规行为并有权做出停止实验的决定。指定生物安全负责人，赋予其监督所有活动的职责和权力，包括制订、维持、监督实验室安全计划的责任，阻止不安全行为或活动的权力。

7.1.6 与实验室生物安全管理有关的关键职位均应指定职务代理人。

7.2 人员管理

7.2.1 实验室应配备足够的人力资源以满足实验室生物安全管理体系的有效运行，并明确相关部门和人员的职责。

7.2.2 实验室管理人员和工作人员应熟悉生物安全相关政策、法律、法规和技术规范，有适合的教育背景、工作经历，经过专业培训，能胜任所承担的工作；实验室管理人员还应具有评价、纠正和处置违反安全规定行为的能力。

7.2.3 建立工作人员准入及上岗考核制度，所有与实验活动相关的人员均应经过培训，经考核合格后取得相应的上岗资质；动物实验人员应持有有效实验动物上岗证及所从事动物实验操作专业培训证明。

7.2.4 实验室或者实验室的设立单位应每年定期对工作人员培训（包括岗前培训和在岗培训），并对培训效果进行评估。

7.2.5 从事高致病性病原微生物实验活动的人员应每半年进行一次培训，并记录培训及考核情况。

7.2.6 实验室应保证工作人员充分认识和理解所从事实验活动的风险，必要时，应签署知情同意书。

7.2.7 实验室工作人员应在身体状况良好的情况下进入实验区工作。若出现疾病、疲劳或其他不宜进行实验活动的情况，不应进入实验区。

7.2.8 实验室设立单位应该与具备感染科的综合医院建立合作机制，定期组织在医院进行工作人员体检，并进行健康评估，必要时，应进行预防接种。

7.2.9 实验室工作人员出现与其实验活动相关的感染临床症状或者体征时，实验室负责人应及时向上级主管部门和负责人报告，立即启动实验室感染应急预案。由专车、专人陪同前往定点医疗机构就诊。并向就诊医院告知其所接触病原微生物的种类和危害程度。

7.2.10 应建立实验室人员（包括实验、管理和维保人员）的技术档案、健康档案和培训档案，定期评估实验室人员承担相应工作任务的能力；临时参与实验活动的外单位人员应有相应记录。

7.2.11 实验室人员的健康档案应包括但不限于：

a）岗位风险说明及知情同意书（必要时）；

b）本底血清样本或特定病原的免疫功能相关记录；

c）预防免疫记录（适用时）；

d）健康体检报告；

e）职业感染和职业禁忌证等资料；

f）与实验室安全相关的意外事件、事故报告等。

7.3 菌（毒）种及感染性样本的管理

7.3.1 实验室菌（毒）种及感染性样本保存、使用管理，应依据国家生物安全的有关法规，制定选择、购买、采集、包装、运输、转运、接收、查验、使用、处置和保藏的政策和程序。

7.3.2 实验室应有2名工作人员负责菌（毒）种及感染性样本的管理。

7.3.3 实验室应具备菌（毒）种及感染性样本适宜的保存区域和设备。

7.3.4　保存区域应有消防、防盗、监控、报警、通风和温湿度监测与控制等设施；保存设备应有防盗和温度监测与控制措施。高致病性病原微生物菌（毒）种及感染性样本的保存应实行双人双锁。

7.3.5　保存区域应有菌（毒）种及感染性样本检查、交接、包装的场所和生物安全柜等设备。

7.3.6　保存菌（毒）种及感染性样本容器的材质、质量应符合安全要求，不易破碎、爆裂、泄漏。

7.3.7　保存容器上应有牢固的标签或标识，标明菌（毒）种及感染性样本的编号、日期等信息。

7.3.8　菌（毒）种及感染性样本在使用过程中应有专人负责，入库、出库及销毁应记录并存档。

7.3.9　实验室应当将在研究、教学、检测、诊断、生产等实验活动中获得的有保存价值的各类菌（毒）种或感染性样本送交保藏机构进行鉴定和保藏。

7.3.10　高致病性病原微生物相关实验活动结束后，应当在 6 个月内将菌（毒）种或感染性样本就地销毁或者送交保藏机构保藏。

7.3.11　销毁高致病性病原微生物菌（毒）种或感染性样本时应采用安全可靠的方法，并应当对所用方法进行可靠性验证。销毁工作应当在与拟销毁菌（毒）种相适应的生物安全实验室内进行，由两人共同操作，并应当对销毁过程进行严格监督和记录。

7.3.12　病原微生物菌（毒）种或感染性样本的保存应符合国家有关保密要求。

7.4　设施设备运行维护管理

7.4.1　实验室应有对设施设备（包括个体防护装备）管理的政策和运行维护保养程序，包括设施设备性能指标的监控、日常巡检、安全检查、定期校准和检定、定期维护保养等（参见附录 C）。

7.4.2　实验室设施设备性能指标应达到国家相关标准的要求和实验室使用的要求。

7.4.3　设施设备应由经过授权的人员操作和维护。

7.4.4　设施设备维护、修理、报废等需移出实验室，移出前应先进行消毒去污染。

7.4.5　如果使用防护口罩、防护面罩等个体呼吸防护装备，应做个体适配性测试。

7.4.6　应依据制造商的建议和使用说明书使用和维护实验室设施设备，说明书应便于有关人员查阅。

7.4.7　应在设备显著部位标示其唯一编号、校准或验证日期、下次校准或验证日期、准用或停用状态。

7.4.8　应建立设施设备档案，内容应包括（但不限于）：

a）制造商名称、型式标识、系列号或其他唯一性标识；

b）验收标准及验收记录；

c）接收日期和启用日期；

d）接收时的状态（新品、使用过、修复过）；

e）当前位置；

f）制造商的使用说明或其存放处；

g）维护记录和年度维护计划；

h）校准（验证）记录和校准（验证）计划；

i）任何损坏、故障、改装或修理记录；

j）服务合同；

k）预计更换日期或使用寿命；

l）安全检查记录。

7.4.9　实验室所有设备、仪器，未经实验室负责人许可不得擅自移动。

7.4.10　实验室内的所有物品（包括仪器设备和实验室产品等），应经过消毒处理后方可移出该实验室。

7.4.1　实验室应在电力供应有保障、设施和设备运转正常情况下使用。

7.4.12　应实时监测实验室通风系统过滤器阻力，当影响到实验室正常运行时应及时更换。

7.4.13　生物安全柜、压力蒸汽灭菌器、动物隔离设备等应由具备相应资质的机构按照相应的检测规程进行检定。实验室应有专门的程序对服务机构及其服务进行评估并备案。

7.4.14　高效空气过滤器应由经过培训的专业人员进行更换，更换前应进行原位消毒，确认消毒合格后，按标准操作流程进行更换。新高效空气过滤器，应进行检漏，确认合格后方可使用。

7.4.15　应根据实验室使用情况对防护区进行消毒。

7.4.16　如安装紫外灯，应定期监测紫外灯的辐射强度。

7.4.17　应定期对压力蒸汽灭菌器等消毒、灭菌设备进行效果监测与验证（参见附录D）。

7.5　实验室活动的管理

7.5.1　实验活动应依法开展，并符合有关主管部门的相关规定。

7.5.2　实验室的设立单位及其主管部门负责实验室日常活动的管理，承担建立健全安全管理的制度，检查、维护实验设施、设备，控制实验室感染的职责。

7.5.3　实验室应有计划、申请、批准、实施、监督和评估实验活动的制度和程序。

7.5.4　实验活动应在与其防护级别相适应的生物安全实验室内开展。

7.5.5　一级和二级生物安全实验室应当向设区的市级人民政府卫生计生主管部门备案；三级和四级生物安全实验室应当通过实验室国家认可，并向所在地的县（区）级人民政府环境保护主管部门和公安部门备案。

7.5.6　三级和四级生物安全实验室从事高致病性病原微生物实验活动，应取得国家卫生和计生行政主管部门颁发的《高致病性病原微生物实验室资格证书》。

7.5.7　取得《高致病性病原微生物实验室资格证书》的三级和四级生物安全实验室需要从事某种高致病性病原微生物或者疑似高致病性病原微生物实验活动的，还应当报省级以上卫生和计生行政主管部门批准。

7.5.8　二级生物安全实验室从事高致病性病原微生物实验室活动除应满足《人间传染

的病原微生物名录》对实验室防护级别的要求外还应向省级卫生和计生行政主管部门申请。

7.5.9 实验室使用我国境内未曾发现的高致病性病原微生物菌（毒）种或样本和已经消灭的病原微生物菌（毒）种或样本、《人间传染的病原微生物名录》规定的第一类病原微生物菌（毒）种或样本，或国家卫生和计划生育委员会规定的其他菌（毒）种或样本，应当经国家卫生和计划生育委员会批准；使用其他高致病性菌（毒）种或样本，应当经省级人民政府卫生计生行政主管部门批准；使用第三、四类病原微生物菌（毒）种或样本，应当经实验室所在法人机构批准。

7.5.10 实验活动应当严格按照实验室技术规范、操作规程进行。实验室负责人应当指定专人监督检查实验活动。

7.5.11 从事高致病性病原微生物相关实验活动应当有2名以上的工作人员共同进行。从事高致病性病原微生物相关实验活动的实验室工作人员或者其他有关人员，应当经实验室负责人批准。

7.5.12 在同一个实验室的同一个独立安全区域内，只能同时从事一种高致病性病原微生物的相关实验活动。

7.5.13 实验室应当建立实验档案，记录实验室使用情况和安全监督情况。实验室从事高致病性病原微生物相关实验活动的实验档案保存期不得少于20年。

7.6 生物安全监督检查

7.6.1 实验室的设立单位及其主管部门应当加强对实验室日常活动的管理，定期对有关生物安全规定的落实情况进行检查。

7.6.2 实验室应建立日常监督、定期自查和管理评审制度，及时消除隐患，以保证实验室生物安全管理体系有效运行，每年应至少系统性地检查一次，对关键控制点可根据风险评估报告适当增加检查频率。

7.6.3 实验室应制订监督检查计划，应将高致病性病原微生物菌（毒）种和样本的操作、菌（毒）种及样本保管、实验室操作规范、实验室行为规范、废物处理等作为监督的重点，同时检查风险控制措施的有效性，包括对实验人员的操作、设备的使用、新方法的引入以及大量样本检测等内容。

7.6.4 对实验活动进行不定期监督检查，对影响安全的主要要素进行核查，以确保生物安全管理体系运行的有效性。

7.6.5 实验室监督检查的内容包括但不限于：

a）病原微生物菌（毒）种和样本操作的规范性；

b）菌（毒）种及样本保管的安全性；

c）设施设备的功能和状态；

d）报警系统的功能和状态；

e）应急装备的功能及状态；

f）消防装备的功能及状态；

g）危险物品的使用及存放安全；

h）废物处理及处置的安全；

i）人员能力及健康状态；

j）安全计划的实施；

k）实验室活动的运行状态；

l）不符合规定操作的及时纠正；

m）所需资源是否满足工作要求；

n）监督检查发现问题的整改情况。

7.6.6 为保证实验室生物安全监督检查工作的质量，应依据事先制定适用于不同工作领域的核查表实施。

7.6.7 当发现不符合规定的工作、发生事件或事故时，应立即查找原因并评估后果；必要时，停止工作。在监督检查过程中发现的问题要立即采取纠正措施，并监控所取得的效果，以确保所发现的问题得以有效解决。

7.7 消毒和灭菌

7.7.1 实验室应根据操作的病原微生物种类、污染的对象和污染程度等选择适宜的消毒和灭菌方法，以确保消毒效果。

7.7.2 实验室根据菌（毒）种、生物样本及其他感染性材料和污染物，可选用压力蒸汽灭菌方法或有效的化学消毒剂处理。实验室按规定要求做好消毒与灭菌效果监测。

7.7.3 实验使用过的防护服、一次性口罩、手套等应选用压力蒸汽灭菌方法处理。

7.7.4 医疗废物等应经压力蒸汽灭菌方法处理后再按相关实验室废物处置方法处理。

7.7.5 动物笼具可经化学消毒或压力蒸汽灭菌处理，局部可用消毒剂擦拭消毒处理。

7.7.6 实验仪器设备污染后可用消毒液擦拭消毒。必要时，可用环氧乙烷、甲醛熏蒸消毒。

7.7.7 生物安全柜、工作台面等在每次实验前后可用消毒液擦拭消毒。

7.7.8 污染地面可用消毒剂喷洒或擦拭消毒处理。

7.7.9 感染性物质等溢洒后，应立即使用有效消毒剂处理。

7.7.10 实验人员需要进行手消毒时，应使用消毒剂擦拭或浸泡消毒，再用肥皂洗手、流水冲洗。

7.7.11 选用的消毒剂、消毒器械应符合国家相关规定。

7.7.12 实验室应确保消毒液的有效使用，应监测其浓度，应标注配制日期、有效期及配制人等。

7.7.13 实施消毒的工作人员应佩戴个体防护装备。

7.8 实验废物处置

7.8.1 实验室废物处理和处置的管理应符合国家或地方法规和标准的要求。

7.8.2 实验室废物处置应由专人负责。

7.8.3 实验室废物的处置应符合《医疗废物管理条例》的规定。实验室废物的最终处置应交由经环保部门资质认定的医疗废物处理单位集中处置。

7.8.4 实验室废物的处置应有书面记录，并存档。

7.9 实验室感染性物质运输

7.9.1 实验室应制定感染性及潜在感染性物质运输的规定和程序，包括在实验室内传递、实验室所在机构内部转运及机构外部的运输，应符合国家和国际规定的要求。感染性物质的国际运输还应依据并遵守国家出入境的相关规定。

7.9.2 实验室应确保具有运输资质和能力的人员负责感染性及潜在感染性物质运输。

7.9.3 感染性及潜在感染性物质运输应以确保其属性、防止人员感染及环境污染的方式进行，并有可靠的安保措施。必要时，在运输过程中应备有个体防护装备及有效消毒剂。

7.9.4 感染性及潜在感染性物质应置于被证实和批准的具有防渗漏、防溢洒的容器中运输。

7.9.5 机构外部的运输，应按照国家、国际规定及标准使用具有防渗漏、防溢洒、防水、防破损、防外泄、耐高温、耐高压的三层包装系统，并应有规范的生物危险标签、标识、警告用语和提示用语等。

7.9.6 应建立并维持感染性及潜在感染性物质运输交接程序，交接文件至少包括其名称、性质、数量、

交接时包装的状态、交接人、收发交接时间和地点等，确保运输过程可追溯。

7.9.7 感染性及潜在感染性物质的包装以及开启，应当在符合生物安全规定的场所中进行。运输前后均应检查包装的完整性，并核对感染性及潜在感染性物质的数量。

7.9.8 高致病性病原微生物菌（毒）种或样本的运输，应当按照国家有关规定进行审批。地面运输应有专人护送，护送人员不得少于两人。

7.9.9 应建立感染性及潜在感染性物质运输应急预案。运输过程中被盗、被抢、丢失、泄漏的，承运单位、护送人应当立即采取必要的处理和控制措施，并按规定向有关部门报告。

7.10 应急预案和意外事故的处置

7.10.1 实验室应制定应急预案和意外事故的处置程序，包括生物性、化学性、物理性、放射性等意外事故，以及火灾、水灾、冰冻、地震或人为破坏等突发紧急情况等。

7.10.2 应急预案应至少包括组织机构、应急原则、人员职责、应急通讯、个体防护、应对程序、应急设备、撤离计划和路线、污染源隔离和消毒、人员隔离和救治、现场隔离和控制、风险沟通等内容。

7.10.3 在制定的应急预案中应包括消防人员和其他紧急救助人员。在发生自然灾害时，应向救助人员告知实验室建筑内和／或附近建筑物的潜在风险，只有在受过训练的实验室工作人员的陪同下，其他人员才能进入相关区域。

7.10.4 应急预案应得到实验室设立单位管理层批准。实验室负责人应定期组织对预案进行评审和更新。

7.10.5 从事高致病性病原微生物相关实验活动的实验室制定的实验室感染应急预案应向所在地的省、自治区、直辖市卫生主管部门备案。

7.10.6 实验室应对所有人员进行培训，确保人员熟悉应急预案。每年应至少组织所有实验室人员进行一次演练。

7.10.7 实验室应根据相关法规建立实验室事故报告制度。

7.10.8 实验室发生意外事故，工作人员应按照应急预案迅速采取控制措施，同时应按

制度及时报告，任何人员不得瞒报。

7.10.9　事故现场紧急处理后，应及时记录事故发生过程和现场处置情况。

7.10.10　实验室负责人应及时对事故做出危害评估并提出下一步对策。对事故经过和事故原因、责任进行调查分析，形成书面报告。报告应包括事故的详细描述、原因分析、影响范围、预防类似事件发生的建议及改进措施。所有事故报告应形成档案文件并存档。

7.10.11　事故报告应经所在机构管理层、生物安全委员会评估。

7.11　实验室生物安全保障

7.11.1　实验室设立单位应建立健全安全保卫制度，采取有效的安全措施，以防止病原微生物菌（毒）种及样本丢失、被窃、滥用、误用或有意释放。实验室发生高致病性病原微生物菌（毒）种或样本被盗、被抢、丢失、泄漏的，应当依照相关规定及时进行报告。

7.11.2　实验室设立单位根据实验室工作内容以及具体情况，进行风险评估，制定生物安全保障规划，进行安全保障培训；调查并纠正实验室生物安全保障工作中的违规情况。

7.11.3　从事高致病性病原微生物相关实验活动的实验室应向当地公安机关备案，接受公安机关对实验室安全保卫工作的监督指导。

7.11.4　应建立高致病性病原微生物实验活动的相关人员综合评估制度，考察上述人员在专业技能、身心健康状况等方面是否胜任相关工作。

7.11.5　建立严格的实验室人员出入管理制度。

7.11.6　适用时，应按照国家有关规定建立相应的保密制度。

附录 I （资料性附录）

表 I–1　病原微生物实验活动风险评估表

单位名称	
课题负责人	
课题名称	
实验活动简述	
实验室级别	BSL-1□；BSL-2（普通型□加强型□）；BSL-3□；BSL-4□ ABSL-1□；ABSL-2□；ABSL-3□；ABSL-4□
病原微生物特征	
病原微生物名称	
未知病原微生物	是□　否□
危害程度分类	一类□；二类□；三类□；　四类□
预防和治疗措施	治疗药物□　疫苗□　特异抗血清□
对人感染剂量	

续表

<table>
<tr><td>传播途径</td><td colspan="3">呼吸道□　消化道□　血液传播□　媒介□　接　触□　母婴传播□　性传播□</td></tr>
<tr><td>环境中的稳定性</td><td colspan="3">稳定□；较稳定□；不稳定□</td></tr>
<tr><td>消毒、灭菌方法</td><td colspan="3">化学法：有效消毒剂　1 ____________；2 ____________；
物理法：压力蒸汽灭菌器□；干热灭菌□；　紫外线□；
其他：</td></tr>
<tr><td>人畜共患病原体</td><td colspan="3">是□　否□</td></tr>
<tr><td>涉及遗传修饰
生物体（GMOs）</td><td colspan="3">是□　否□</td></tr>
<tr><td>实验室感染报道</td><td colspan="3">有□　无□</td></tr>
<tr><td colspan="4">病原微生物实验活动的评估</td></tr>
<tr><td>实验活动标准
操作程序</td><td>有□　无□</td><td>应急预案</td><td>有□　无□</td></tr>
<tr><td>样品类型</td><td colspan="3">纯培养物：□　环境样品：□　灭活材料：□
临床样品：　血液□；　体液□；　咽拭子□；组织标本□
其他：</td></tr>
<tr><td>感染因子的浓度</td><td colspan="3">高□；较高□；低□；</td></tr>
<tr><td>一次操作最大样品量</td><td colspan="3"><10 mL□；10 mL～5 L□；≥5 L□</td></tr>
<tr><td>感染性物质</td><td colspan="3">分离□；培养□；鉴定□；制备□；其他：</td></tr>
<tr><td>易产生气溶胶的操作</td><td colspan="3">离心□；研磨□；振荡□；匀浆□；超声□；接种□；冷冻干燥□；其他：</td></tr>
<tr><td>气溶胶防范措</td><td colspan="3">有□；无□</td></tr>
<tr><td>溢洒风险</td><td colspan="3">有□；无□</td></tr>
<tr><td>锐器使用</td><td colspan="3">是□；否□；如使用，锐器标准操作规程：有□；无□</td></tr>
<tr><td>动物感染实验</td><td colspan="3">涉及□　不涉及□　如涉及，实验动物名称：　　数量：
有无下列风险：
a. 抓伤、咬伤：有□；无□
b. 动物毛屑、呼吸产生的气溶胶：有□；无□
c. 解剖、采样、检测：有□；无□
d. 排泄物、分泌物、组织/器官/尸体、垫料处理：有□；无□
e. 动物笼具、器械、控制系统等可能出现故障或失效：有□；无□
f. 动物逃逸风险：有□；无□
g. 是否涉及无脊椎动物：有□；无□</td></tr>
<tr><td>废物处理程序</td><td colspan="3">有□；　无□</td></tr>
<tr><td>危险化学品</td><td colspan="3">有□；　无□</td></tr>
</table>

续表

<table>
<tr><td colspan="4">设施设备因素评估</td></tr>
<tr><td>实验室</td><td colspan="3">实验室符合标准要求：是□；　否□</td></tr>
<tr><td>生物安全柜</td><td colspan="3">年检□　年检周期：________　不确定□</td></tr>
<tr><td>压力蒸汽灭菌器</td><td colspan="3">年检□　年检周期：________　不确定□
灭菌效果验证：化学指示卡□；生物监测法□；热力灭菌验证□；</td></tr>
<tr><td>离心机</td><td colspan="3">普通离心机□；超速离心机□；生物安全型离心机□</td></tr>
<tr><td rowspan="9">个体防护装备</td><td>手防护装备</td><td colspan="2">乳胶手套□　特殊手套□</td></tr>
<tr><td>躯体防护装备</td><td colspan="2">医用白大衣□　手术服□　连体服□　隔离衣□</td></tr>
<tr><td rowspan="2">呼吸防护
（自吸过滤式）</td><td>装备类型</td><td>医用防护口罩□　半脸式面罩□　全脸式面罩□</td></tr>
<tr><td>适合性检验</td><td>合格□　不合格□</td></tr>
<tr><td>眼面部防护装备</td><td colspan="2">眼镜□　护目镜□　防护面罩□</td></tr>
<tr><td>足部防护装备</td><td colspan="2">防护鞋□　鞋套□</td></tr>
<tr><td rowspan="2">正压防护装备</td><td>外源送风式</td><td>全身□　头面部□</td></tr>
<tr><td>过滤送风式</td><td>全身□　头面部□</td></tr>
<tr style="display:none"></tr>
<tr><td>压缩气体</td><td colspan="3">有□　无□</td></tr>
<tr><td>液氮使用</td><td colspan="3">有□　无□</td></tr>
<tr><td>其他设施、设备</td><td colspan="3">a. 摇床、培养箱等：合格□；不合格□
b. 废物、废水处理设备：合格□；不合格□适用时，包括：
c. 防护区的密闭性，压力、温度与气流控制：合格□；不合格□
d. 互锁、密闭门以及门禁系统：合格□；不合格□
e. 与防护区相关联的通风空调系统及水、电、气系统等；合格□；不合格□
f. 安全监控和报警系统：合格□；不合格□
g. 动物饲养、操作设施、设备：合格□；不合格□
h. 菌（毒）种及样本保藏设施、设备：合格□；不合格□
i. 防辐射装置：合格□；不合格□
j. 生命保障系统、正压防护服、化学淋浴装置等：合格□；不合格□</td></tr>
<tr><td>生物安保措施</td><td colspan="3">合格□；不合格□；其他：</td></tr>
<tr><td colspan="4">人员评估</td></tr>
<tr><td>实验活动人员
及维保人员</td><td colspan="3">a. 专业及生物安全知识、操作技能：合格□；不合格□
b. 对风险的认知：合格□；不合格□
c. 心理素质：合格□；不合格□
d. 生物安全培训考核：合格□；不合格□
e. 意外事件/事故的处置能力：合格□；不合格□
f. 健康状况：合格□；不合格□
g. 对外来实验人员安全管理及提供的保护措施：有□；无□</td></tr>
</table>

续表

<table>
<tr><td>知情同意书</td><td>签订□；未签订□；</td></tr>
<tr><td colspan="2">评估结论</td></tr>
<tr><td>评估意见</td><td>风险在可控范围内□　风险在不可控范围内□</td></tr>
<tr><td>评估人（签字）</td><td>年　月　日</td></tr>
<tr><td>室主任意见</td><td>同意开展实验活动□
不同意开展实验活动□
（签字）：
年　月　日</td></tr>
<tr><td>生物安全委员会意见</td><td>同意开展实验活动□
不同意开展实验活动□
（签字）：
年　月　日</td></tr>
<tr><td>法人意见</td><td>同意开展实验活动□
不同意开展实验活动□
（签字）：
年　月　日</td></tr>
</table>

附录Ⅱ（资料性附录）　病原微生物实验活动审批表

表Ⅱ-1　病原微生物实验活动审批表

<table>
<tr><td>实验活动内容</td><td colspan="4"></td></tr>
<tr><td>生物安全等级</td><td colspan="4">BSL-1□　BSL-2（普通型□加强型□）　BSL-3□　BSL-4□
ABSL-1□　ABSL-2（普通型□加强型□）　ABSL-3□　ABSL-4□</td></tr>
<tr><td rowspan="2">涉及病原微生物</td><td>名称</td><td></td><td>危害程度分类</td><td>一类□　二类□
三类□　四类□</td></tr>
<tr><td>治疗药物</td><td>有□　无□</td><td>疫苗</td><td>有□　无□</td></tr>
<tr><td>传播途径及方式</td><td colspan="4">呼吸道□　消化道□　血液传播□　皮肤黏膜□　气溶胶□　其他□</td></tr>
<tr><td>动物实验</td><td colspan="4">涉及□　不涉及□</td></tr>
<tr><td>实验活动标准操作程序</td><td>有□　无□</td><td colspan="2">应急预案</td><td>有□　无□</td></tr>
<tr><td>使用锐器</td><td colspan="4">是□　否□</td></tr>
</table>

续表

<table>
<tr><td rowspan="5">关键设备及个人防护</td><td colspan="4">生物安全柜：年检□</td></tr>
<tr><td colspan="4">压力蒸汽灭菌器：年检□</td></tr>
<tr><td colspan="4">离心机：正常□　不正常□</td></tr>
<tr><td colspan="4">个人防护装备：合理□　不合理□</td></tr>
<tr><td colspan="4">其他：　　　　　适合□　不适合□</td></tr>
<tr><td rowspan="2">实验室设施</td><td>布局</td><td>合理□　不合理□</td><td>压力</td><td>正常□　不正常□</td></tr>
<tr><td>HEPA 过滤器（适用）</td><td colspan="3">检测正常□　检测不正常□</td></tr>
<tr><td>气溶胶防范措施</td><td colspan="4">有□　无□</td></tr>
<tr><td>组织管理</td><td colspan="4">合理□　不合理□</td></tr>
<tr><td>操作人员经过培训上岗</td><td colspan="4">是□　否□</td></tr>
<tr><td>评估意见</td><td colspan="4">风险在可控范围内□　风险在不可控范围内□</td></tr>
<tr><td>申请科室</td><td colspan="4">
年　月　日</td></tr>
<tr><td>评估人（签字）</td><td colspan="4">
年　月　日</td></tr>
<tr><td>实验室主任或
项目负责人</td><td colspan="4">同意开展实验活动□
不同意开展实验活动□
（签字）
年　月　日</td></tr>
</table>

附录Ⅲ（资料性附录）　生物安全隔离设备的现场检查

1. 需要现场进行安装调试的生物安全隔离设备包括生物安全柜、动物隔离设备、独立通风笼盒（individual ventilated cages，IVC）、负压解剖台等。有下列情况之一时，应对该设备进行现场检测并进行记录：

a）生物安全实验室竣工后，投入使用前，生物安全隔离设备等已安装完毕；

b）生物安全隔离设备等被移动位置后；

c）生物安全隔离设备等进行检修后；

d）生物安全隔离设备等更换高效过滤器后；

e）生物安全隔离设备等一年一度的常规检测。

2. 新安装的生物安全隔离设备等，应具有合格的出厂检测报告，并应现场检测合格并出具检测报告后才可使用。

3. 生物安全隔离设备等的现场检测项目应符合表Ⅲ-1 的要求，其中第 a ~ e 项中有一项不合格的不应使用。对现场具备检测条件的、从事高风险操作的生物安全隔离设备应进行高效过滤器的检漏，检漏方法应按生物安全实验室高效过滤器的检漏方法执行。

4. 垂直气流平均风速检测应符合下列规定

a）检测方法：对于Ⅱ级生物安全柜等具备单向流的设备，在送风高效过滤器以下 0.15 m 处的截面上，采用风速仪均匀布点测量截面风速。测点间距不大于 0.15 m，侧面距离侧壁不大于 0.1 m，每列至少测量 3 点，每行至少测量 5 点。

b）评价标准：平均风速不低于产品标准要求。

5. 工作窗口的气流流向检测应符合下列规定

a）检测方法：可采用发烟法或丝线法在工作窗口断面检测，检测位置包括工作窗口的四周边缘和中间区域；

b）评价标准：工作窗口断面所有位置的气流均明显向内，无外逸，且从工作窗口吸入的气流应直接吸入窗口外侧下部的导流格栅内，无气流穿越工作区。

6. 工作窗口的气流平均风速检测应符合下列规定

a）检测方法如下：

1）风量罩直接检测法：采用风量罩测出工作窗口风量，再计算出气流平均风速。

2）风速仪直接检测法：宜在工作窗口外接等尺寸辅助风管，用风速仪测量辅助风管断面风速，或采用风速仪直接测量工作窗口断面风速，采用风速仪直接测量时，每列至少测量 3 点，至少测量 5 列，每列间距不大于 0.15 m。

3）风速仪间接检测法：将工作窗口高度调整为 8 cm 高，在窗口中间高度均匀布点，每点间距不大于 0.15 m，计算工作窗口风量，计算出工作窗口正常高度（通常为 20 cm 或 25 cm）下的平均风速。

b）评价标准：工作窗口断面上的平均风速值不低于产品标准要求。

7. 工作区洁净度检测应符合下列规定

a）检测方法：采用粒子计数器在工作区检测。粒子计数器的采样口置于工作台面向上 0.2 m 高度位置对角线布置，至少测量 5 点；

b）评价标准：工作区洁净度应达到 5 级。

8. 高效过滤器的检漏应符合下列规定

a）检测方法：在高效过滤器上游引入大气尘或发人工尘，在过滤器下游采用光度计或粒子计数器进行检漏，具备扫描检漏条件的，应进行扫描检漏，无法扫描检漏的，应检测高效过滤器过滤效率；

b）评价标准：对于采用扫描检漏高效过滤器的评价标准同生物安全实验室高效过滤器的检漏；对于不能进行扫描检漏，而采用检测高效过滤器过滤效率的，其整体透过率不应超过 0.005%。

9. 噪声检测应符合下列规定

a）检测方法：对于生物安全柜、动物隔离设备等应在前面板中心向外 0.3 m，地面以上 1.1 m 处用声级计测量噪声。对于必须应和实验室通风系统同时开启的生物安全柜和动物隔离设备等，有条件的，应检测实验室通风系统的背景噪声，必要时进行检测值修正。

b）评价标准：噪声不应高于产品标准要求。

10. 照度检测应符合下列规定

a）检测方法：沿工作台面长度方向中心线每隔0.3 m设置一个测量点。与内壁表面距离 <0.15 m时，不再设置测点。

b）评价标准：平均照度不低于产品标准要求。

11. Ⅲ级生物安全柜和动物隔离设备等非单向流送风设备的送风量检测应符合下列规定

a）检测方法：在送风高效过滤器出风面10~15 cm处或在进风口处测风速，计算风量；

b）评价标准：不低于产品设计值。

12. Ⅲ级生物安全柜和动物隔离设备箱体静压差检测应符合下列规定

a）检测方法：测量正常运转状态下，箱体对所在实验室的相对负压。

b）评价标准：不低于产品设计值。

13. Ⅲ级生物安全柜和动物隔离设备严密性检测应符合下列规定

a）检测方法：采用压力衰减法，将箱体抽真空或打正压，观察一定时间内的压差衰减，记录温度和大气压变化，计算衰减率。

b）评价标准：严密性不低于产品设计值。

14. Ⅲ级生物安全柜、动物隔离设备、手套箱式解剖台的手套口风速检测应符合下列规定：

a）检测方法：人为摘除一只手套，在手套口中心检测风速。

b）评价标准：手套口中心风速不低于0.7 m/s。

15. 生物安全柜在有条件时，宜在现场进行箱体的漏泄检测，生物安全柜漏电检测，接地电阻检测。

表Ⅲ-1 生物安全隔离设备等的现场检测项目

<table>
<tr><th>项目</th><th>工况</th><th>执行条款</th><th>适用范围垂直气流平均速度</th></tr>
<tr><td>垂直气流平均速度</td><td rowspan="10">正常运转状态</td><td>4</td><td>Ⅱ级生物安全柜、单向流解剖台</td></tr>
<tr><td>工作窗口气流流向</td><td>5</td><td rowspan="2">Ⅰ、Ⅱ级生物安全柜、开敞式解剖台</td></tr>
<tr><td>工作窗口气流平均速度</td><td>6</td></tr>
<tr><td>工作区洁净度</td><td>7</td><td>Ⅱ级和Ⅲ级生物安全柜、动物隔离设备、解剖台</td></tr>
<tr><td>高效过滤器的检漏</td><td>8</td><td>各级生物安全柜、动物隔离设备等必检</td></tr>
<tr><td>噪声</td><td>9</td><td rowspan="2">各类生物安全柜、动物隔离设备等</td></tr>
<tr><td>照度</td><td>10</td></tr>
<tr><td>箱体送风量</td><td>11</td><td>Ⅲ级生物安全柜、动物隔离设备、IVC、手套箱式解剖台</td></tr>
<tr><td>箱体静压差</td><td>12</td><td>Ⅲ级生物安全柜和动物隔离设备</td></tr>
<tr><td>箱体严密性</td><td>13</td><td rowspan="2">Ⅲ级生物安全柜、动物隔离设备、手套箱式解剖台</td></tr>
<tr><td>手套口风速</td><td>人为摘除一只手套</td><td>14</td></tr>
</table>

附录Ⅳ（资料性附录） 压力蒸汽灭菌器效果监测

1. 化学监测法

1.1 化学指示管（卡）监测方法：将既能指示蒸汽温度，又能指示温度持续时间的化学指示管（卡）放入被灭菌物品的中央，经一个灭菌周期后，取出指示管（卡），根据其颜色及性状的改变判断是否达到灭菌条件。

1.2 化学指示胶带监测法：将化学指示胶带粘贴于每一待灭菌物品包外，经一个灭菌周期后，观察其颜色的改变，以指示是否经过灭菌处理。

1.3 对预真空和脉动真空压力蒸汽灭菌，定期进行 Bowie-Dick 测试（简称 B-D 试验）。

1.4 结果判定：检测时，所放置的指示管（卡）、胶带的性状或颜色均变至规定的条件，判为经过灭菌过程；若其中之一未达到规定的条件，则灭菌过程不合格。

1.5 监测所用化学指示物应经卫生和计划生育委员会批准，并在有效期内使用。

2. 生物监测法

2.1 指示物：指示物为嗜热脂肪芽孢杆菌（ATCC 7953 或 SSIK 31 株），菌片含菌量为 $5.0\times10^5\sim5.0\times10^6$ cfu/片。

2.2 培养基：试验用培养基为溴甲酚紫葡萄糖蛋白胨水培养基。

2.3 检测步骤如下：

a）将两个嗜热脂肪芽孢杆菌菌片分别装入灭菌小纸袋内，置于标准试验包中心部位。

b）将标准试验包放置压力蒸汽灭菌器内。

c）经一个灭菌周期后，在无菌条件下，取出标准试验包或通气贮物盒中的指示菌片，放入溴甲酚紫葡萄糖蛋白胨水培养基中，经 56 ℃ ±1 ℃培养 7d（自含式生物指示物按说明书执行），观察培养基颜色变化。检测时设阴性对照和阳性对照。

2.3.1 结果判定：每个指示菌片接种的溴甲酚紫蛋白胨水培养基不变色，判定为灭菌合格；指示菌片之一接种的溴甲酚紫蛋白胨水培养基，由紫色变为黄色时，则灭菌不合格。

2.3.2 监测所用指示物应符合国家相关标准和规定，并在有效期内使用。生物指示物监测应定期进行检测。

附录 C-7

湖南省病原微生物实验室备案管理办法（试行）

湖南省卫生计生委 2018 年

第一条 为加强与人体健康有关病原微生物实验室备案管理，保障人体健康和公共卫生安全，根据《传染病防治法》《病原微生物实验室生物安全管理条例》和《人间传染的高致病性病原微生物实验室和实验活动生物安全审批管理办法》等法律法规，制定本办法。

第二条 本办法所称病原微生物是指原卫生部颁发的《人间传染的病原微生物名录》（以下简称《名录》）中公布的病原微生物，以及其他未列入《名录》的能够使人或者动物致病的病原微生物。

本办法所称病原微生物实验室（以下简称实验室）是指依法从事与病原微生物菌（毒）种、含有或可能含有病原微生物的样本有关的科学研究、教学、检验检测、诊断、菌（毒）种保藏、生物制品生产等实验活动的实验室。

第三条 本办法适用于全省范围内开展可感染人类病原微生物实验活动的一级生物安全实验室、二级生物安全实验室（以下分别简称一级实验室、二级实验室）及其相关实验活动的备案管理与监督管理。

一级实验室、二级实验室是指符合国家有关规定，达到相关级别生物安全防护水平的实验室。

第四条 省卫生计生行政部门负责全省一级实验室、二级实验室备案工作的组织管理和全省实验室备案情况汇总。

市州卫生计生行政部门按照属地管理原则，负责辖区内一级实验室、二级实验室日常备案工作和相关实验活动审批，组织开展实验室生物安全监督管理。

县级卫生计生行政部门按照属地管理原则，组织开展实验室生物安全监督管理。

实验室设立单位及其主管部门负责组织做好生物安全实验室的备案申报和实验室日常活动的管理。

第五条 新建、改建、扩建一级实验室、二级实验室，应在实验室建成后30日内，由实验室设立单位向设区的市级人民政府卫生计生行政部门提出备案申请。

第六条 申请办理备案的实验室应具备以下条件：

（一）根据设立单位的职能，合法从事与人间传染的病原微生物菌（毒）种、样本有关的科学研究、教学、检验检测、诊断、菌（毒）种保藏、生物制品生产等实验活动，实验目的和实验活动符合国家卫生健康委有关规定；

（二）从事的实验活动应与《名录》中规定的实验室生物安全防护级别相适应；

（三）应当按照《实验室生物安全通用要求》（GB 19489—2008）、《病原微生物实验室生物安全通用准则》（WS 233—2017）等国家标准和规范的规定，具备与所从事实验活动相适应的人员、设施、设备及个体防护装置；

（四）实验室设立单位应当成立以单位法定代表人为主任的实验室生物安全管理委员会，设立实验室生物安全管理部门，配备专兼职管理人员，定期对实验室生物安全工作进行检查；实验室负责人为实验室生物安全第一责任人，实验室应配备1名有符合资质和经验的安全员，负责管理协调安全事宜。

（五）从事实验室活动的管理及从业人员应当接受培训，经考核合格取得省卫生计生行政部门制发的《病原微生物实验室生物安全培训合格证书》后方可上岗。对已经取得上岗资格的工作人员，至少每3年应接受法律法规、相关技术、规范标准为主要内容的实验室生物安全培训。

（六）实验室设立单位和实验室应当建立完善的生物安全管理体系，编制完整的实验室生物安全管理体系文件，制定切实可行的生物安全管理制度、安全保卫措施、意外事件应急处置预案、实验标准操作程序（SOP）；

（七）实验室应当建立与实验活动相关工作人员的健康档案，每年组织对工作人员进行职业健康检查，必要时进行预防接种，并配备必要的安全防护设施设备；

（八）实验室应当建立实验活动台账与档案，认真记录实验活动情况和生物安全检查情况。

第七条 申请办理实验室备案应当提交以下相关材料：

（一）实验室设立单位申请备案的报告及设立单位法人资格证明（复印件）；

（二）《湖南省病原微生物实验室备案登记表》及完善的相关表格资料（一式二份）；

（三）实验室布局平面图；

（四）实验室设立单位的生物安全管理委员会对实验室涉及重要病原微生物所做的风险评估报告；

（五）实验室生物安全组织管理框架图及实验室生物安全管理体系相关文件，包括实验室设立单位成立生物安全管理委员会文件，安全管理手册、程序文件、作业指导书（SOP）等；

（六）省级卫生计生行政部门要求提供的其他有关资料。

第八条 申请办理实验室备案程序：

（一）申请设立实验室单位应对照第七条规定的申报条件、依照第八条规定认真准备备案所需要的申报材料。

（二）申请设立实验室单位向所在地的市级卫生计生行政部门提交备案申请报告和备案材料。

（三）市级卫生计生行政部门按规定完成备案申报材料的形式审查和备案审核工作。对形式审查不符合规定的，退回申请并要求在15个工作日内补正。对形式审查合格的，在15个工作日内完成备案审核工作，必要时可到现场核实。

（四）市州卫生计生行政部门对审查合格的，办理备案手续，并向实验室申请设立单位发放《湖南省病原微生物实验室备案通知书》。

第九条 实验室备案有效期为5年。期满前3个月应重新申请备案。

第十条 在本办法实施前已经建成运行的实验室或备案期已满的实验室，应在本办法正式实施后30个工作日内申请办理备案手续。已备案实验室如实验室地址、实验活动范围等备案事项发生变更的，应于变更事项发生后30日内向备案部门申报。终止备案事项时，应向原备案部门办理注销手续。

第十一条 市州卫生计生行政部门应及时汇总年度辖区内实验室备案情况，于每年12月30日前将汇总表报省卫生计生行政部门，并抄送实验室所在地县级卫生计生行政部门。

第十二条 县级以上卫生计生行政部门及其综合监督机构在本行政区域内行使实验室生物安全监督管理职责：

（一）对实验室设立是否符合法律、法规、技术标准或规范、规定等条件进行监督检查；

（二）对实验室是否按照国家有关标准、技术规范、操作规程要求建立安全管理体系进行监督检查；

（三）对实验室从事病原微生物（毒）种、样本的检测、诊断、科研、教学、储存、运输和销毁等实验活动是否符合法律法规、技术标准或规范等要求进行监督检查；

（四）对从事病原微生物实验室活动的单位开展人员培训考核和健康检查情况进行监督检查。

（五）对未办理备案手续擅自开展可感染人类的病原微生物实验活动的实验室进行监督管理。

第十三条 县级以上卫生计生行政部门及其综合监督机构在履行监督职责时，有权进入被检查单位和事故发生的现场调查取证、采集样品。需要进入从事高致病性病原微生物相关实验室活动的实验室调查取证和采集样品的，应指定或委托专业机构实施。被检查单位应当予以配合，不得拒绝、阻挠。

第十四条 实验室相关责任人违反实验室生物安全管理相关法律、法规和规定的，县级以上卫生计生行政部门及其综合监督机构应根据《传染病防治法》和《病原微生物实验室生物安全管理条例》等法律法规的相关规定给予处分。构成犯罪的，依法追究刑事责任。

第十五条 本办法有效期限：自 2018 年 4 月 13 日起至 2020 年 4 月 12 日止。

附件 1

湖南省病原微生物实验室备案登记表

一、实验室设立单位及实验室基本信息

实验室名称					
实验室设立单位名称					
单位属性	□疾控机构 □医疗机构 □大中专院校 □研究机构 □出入境机构 □企业				
法定代表人		职务		手机号码	
单位地址 邮编					
主管生物安全 职能部门		负责人		手机号码	
实验室用途 （可多选）	□科学研究 □诊断 □教学 □疾病防控检测 □检验检疫检测 □生物制品生产 □其他（请注明）____________				
实验室生物安全级别	□一级实验室（BSL-1） □二级实验室（BSL-2）				

续表

实验室面积		实验室工作人员数量		持生物安全培训合格证人数	
实验室详细地址 始建年月					

二、实验室申请备案类型

□首次备案
□再次备案（原备案号：________________有效期：____________________________________）
□变更（原备案号：____________________变更内容：__________________________________）
□其他（请说明：____）

三、实验室负责人基本情况

姓名		年龄		职务	
职称		学历		专业	
手机号码		E-mail			

四、实验室人员基本情况

姓名	年龄	学历/职称	专业岗位	职务	培训合格证编号
				安全员	

五、实验室主要生物安全防护设备（生物安全柜、高压灭菌器等）

序号	名称	规格型号	生产厂家	购置日期	唯一性编号	检定/校准周期

六、实验室主要检测设备

序号	名称	规格型号	生产厂家	购置日期	唯一性编号	检定/校准周期

七、实验室主要实验活动

序号	实验室活动	涉及的病原微生物	危害程度分类	活动类别	工作性质	生物安全柜类型	实验室生物安全级别	备注

注：1. 危害程度分类按所涉及病原微生物在“人间传染的病原微生物名录”中分类填写。

2. 活动类别按“人间传染的病原微生物名录”中病毒5类、细菌等4类进行分类填写。

3. 工作性质按科研、教学、临床检验、疾控检测、检验检疫、制备生产等分类填写。

八、实验室生物安全管理体系文件

1. 生物安全管理手册　□有　□无　文件编号：____________

序号	文件名

2. 生物安全管理程序文件　□有　□无　文件总数：____________

序号	文件名

续表

3. 标准操作规程 □ 有 □ 无 文件总数：____________	
序号	文件名
4. 规章制度 □有 □无 文件总数：____________	
序号	文件名

九、实验室设立单位承诺

本单位对病原微生物实验室备案登记表填写内容和所提供材料的真实性、完整性和准确性负责。如有失实或隐瞒，本单位将承担相应的法律责任。本单位将认真履行法定职责，加强实验室规范建设与实验室生物安全的全程管理，确保实验室生物安全。 特此承诺！ 实验室设立单位（公章） 法定代表人（负责人）签字： 年 月 日

十、卫生计生行政部门备案审查意见

市州卫生计生行政部门备案意见	市州卫生计生行政部门（公章） 年 月 日
实验室备案编号	
备案有效期	自 年 月 日至 年 月 日

附件 2

湖南省病原微生物实验室备案信息汇总表

单位名称（公章）：

序号	实验室名称	实验室总人数	实验室负责人	联系电话	实验室投入使用时间	使用目的	涉及病原微生物及样本名称	实验活动概述	生物安全级别		备案编号时间
									BSL-1	BSL-2	

附件 3

湖南省病原微生物实验室备案通知书

市（州）卫实验室备案［　］　号

____________________：

你单位于____年____月____日提交的病原微生物实验室备案材料如下：

1. 《湖南省病原微生物实验室备案登记表》；
2. 实验室设立单位申请备案报告及法人资格证明（复印件）；
3. 实验室设立单位生物安全组织管理框架图及实验室生物安全管理体系文件；
4. 实验室布局平面图；
5. 实验室设立单位生物安全管理委员会对本实验室涉及重要病原微生物所做的风险评估报告；
6. 其他情况：

经审查，你单位申报材料齐全，符合《湖南省病原微生物实验室备案管理规定》要求，现对你单位设立的（实验室名称）实验室作为一级（二级）生物安全实验室予以备案，备案有效期为五年。

本次备案有效期：____年____月____日至____年____月____日。

市州卫生计生行政部门（公章）
年　　月　　日

备注：1. 请你单位备案后，严格按照《中华人民共和国传染病法》《病原微生物实验室生物安全管理条例》和《人间传染的高致病性病原微生物实验室和实验活动生物安全审批管理办法》等相关法律法规规定，依法从事相关实验活动，规范管理实验室，确保实验室生物安全。

2. 本通知书一式三份，市州、县级卫生计生行政部门和备案单位各一份。

附件 4

湖南省生物安全实验室备案变更说明

<table>
<tr><td>实验室设立单位名称</td><td colspan="4"></td></tr>
<tr><td>实验室名称（级别）</td><td colspan="2"></td><td>原备案登记号</td><td></td></tr>
<tr><td rowspan="2">变更项目</td><td colspan="2">内容</td><td colspan="2" rowspan="2">备注</td></tr>
<tr><td>变更前</td><td>变更后</td></tr>
<tr><td>□单位法人</td><td></td><td></td><td colspan="2">佐证材料：
联系电话：</td></tr>
<tr><td>□实验室负责人</td><td></td><td></td><td colspan="2">联系电话：</td></tr>
<tr><td>□实验室位置</td><td></td><td></td><td colspan="2">佐证材料：</td></tr>
<tr><td>□检测活动</td><td></td><td></td><td colspan="2"></td></tr>
<tr><td>□病原微生物</td><td></td><td></td><td colspan="2"></td></tr>
<tr><td>□生物安全级别</td><td></td><td></td><td colspan="2"></td></tr>
<tr><td>□其他：</td><td></td><td></td><td colspan="2"></td></tr>
<tr><td>实验室设立
单位意见</td><td colspan="4">（公章）　法定代表人签字：
年　　月　　日</td></tr>
</table>

注：检测活动：包括检测方法的变更、检测项目的增、减。

附录 D 《安全应急手册》编制示例

安全应急手册目录

1. 紧急电话、联系人

1）紧急电话：火警 119，盗警 110，急救 120。

2）实验室电话： 地址：

安全负责人：×××，办公电话： 手机：

实验室主任：×××，办公电话： 手机：

项目负责人：×××，办公电话： 手机：

3）急救机构：

地址：

负责人办公电话： 手机：

值班电话（24 小时）：

4）水、气和电的维修部门： 办公电话：

2. 实验室平面图、紧急出口、撤离路线、标识系统

1）实验室平面图、消防器材位置及逃生路线图。

附本实验室的平面图及逃生路线图

2）实验室标识系统（此处省略，详见第十三章，第二节常用标识符号及含义）。

3. 生物危险事件的处置

1）工作人员防护要求

（1）在实验室工作时，根据需要穿着连体衣、隔离服或工作服。

（2）在进行可能直接或接触到血液、体液以及其他具有感染性的材料或感染性动物的操作时，应戴上合适的手套。手套用完后，应先消毒再摘除，随后必须洗手。

（3）在处理完感染性实验材料和动物后，以及在离开实验室工作区域前，都必须洗手。

（4）为了防止眼睛或面部受到泼溅物、碰撞物或人工紫外线辐射的伤害，必须戴安全眼镜、面罩（面具）或其他防护设备。

（5）严禁穿着实验室防护服离开工作区域（如去餐厅）、办公室、图书馆、员工休息室和卫生间等公共场所。

（6）不得在实验室内穿露脚趾的鞋子。

（7）禁止在实验室工作区域进食、饮水、吸烟、化妆和处理隐形眼镜。

（8）禁止在实验室工作区域储存食品和饮料。

（9）在实验室内用过的防护服不得和日常服装放在同一柜子内。

2）感染性物质的破碎及溢出台面、地面的处理

拿取溢洒处理工具包或者应急小推车。

用纸巾覆盖并吸收溢出物。向纸巾上倾倒0.5%的次氯酸钠消毒剂，并立即覆盖周围区域。使用消毒剂时，从溢出区域的外围开始，向中心进行处理。

作用30 min后，将所处理物质清理掉。如果含有碎玻璃其他锐器，则要小心收集，并将它们置于可防刺透的容器中以待处理。

对溢出区域再次清洁并用0.5%的次氯酸钠消毒剂消毒。

在消毒后，通知主管部门目前溢出区域的消除污染上工作已经完成。

3）菌（毒）外溢在防护服上

①尽快脱掉最外层防护服，用1%的次氯酸喷雾器，消毒可能发生污染的第二层衣服，以防止感染性物质进一步扩散。

②脱掉防护手套，到污染区出口处洗手。

③更换防护服和手套。

④将已污染的防护服及手套放入垃圾袋内，进行高压灭菌处理。

⑤用1%的次氯酸喷雾器，消毒发生污染的地方及脱防护服的地方。

⑥如果内衣被污染，应立即抛弃已污染的衣物，进行高压灭菌处理。

⑦如果皮肤接触污染物，皮肤用肥皂水冲洗，并用70%酒精消毒。

4）菌（毒）种培养液外溢到皮肤、眼睛

①如感染性培养物外溢到皮肤，应立即停止工作，在同伴的配合下对被溢洒的皮肤，采用70%的酒精进行消毒处理，然后用水冲洗15～20 min。

②如果眼睛溅入感染性液体，要在同伴的配合下，到洗手池（配有洗眼器），或者是紧急喷淋器位置，用洗眼器进行冲洗5～15 min，然后用生理盐水连续冲洗（注意动作不要过猛，以免损伤眼睛）。

③处理后安全撤离，视情况隔离观察，期间根据条件进行适当的预防治疗。

④填写意外事故报告，并报相关负责人。

5）离心管发生破裂

（1）未装可封闭吊篮的离心机内盛有潜在危险性物质的离心管发生破裂。

如果机器正在运行时怀疑发生破裂，应关闭机器电源，让机器密闭静置30 min。如果机器停止后发现破裂，应立即将盖子盖上，让机器密闭30 min。发生这两种情况时都应当及时

通知安全负责人。清理玻璃碎片时应当用镊子直接夹取或用镊子夹着棉花进行清理。

所有破碎的离心管、玻璃片、吊篮、十字轴和转子都应放在75%酒精内浸泡24 h，然后高压灭菌。未破损的带盖离心管应放在另一75%酒精中，浸泡60 min后再取出。

离心机内腔应当用75%酒精擦拭，放置过后再擦拭一次，然后用水擦洗并干燥。清理时所使用的所有材料都应当按感染性废弃物处置。

（2）在可封闭的离心捅（安全杯）内离心管发生破裂。

所有密封离心桶都应在生物安全柜内装卸。如果怀疑在安全杯内发生破损，应该松开安全杯盖子并将离心桶高压灭菌。也可以采用化学方法消毒安全杯。

（3）在可封闭吊篮（安全杯）内离心管的破碎。

所有密封离心吊篮都应在生物安全柜内装卸。如果怀疑发生破损，应该打开盖子和松开固定部件，并高压灭菌吊篮。

6）试验表格或其他打印、手写材料被污染

应将这些信息拷贝（如拍照）到其他载体上，并将原件置于盛放污染性废物的容器内，然后高压消毒处理。

7）实验室发生感染或者病原毒种泄漏事故控制措施

（1）封闭被病原微生物污染的实验或者可能造成病原微生物的场所。

（2）开展流行病学调查。

（3）对病人进行隔离治疗，对相关人员进行医学检查。

（4）对密切接触者进行医学观察。

（5）进行现场消毒。

（6）对染疫或者疑似染疫的动物采取隔离、扑杀等措施。

（7）其他需要采取的预防、控制措施。

4. 化学品安全与意外事件的处置

1）化学品管理

（1）实验室中，大批量化学品统一存在放在试剂库中，实验区存放少量化学品。

（2）每个储存容上标明每个产品的危害性和风险性，还应在“使用中”材料的容器上清楚标明危害性和风险性。

（3）处理、使用及处置的规定和程序均应符合实验室行为标准。

（4）定期对这些措施进行监督以确保其有效可用。

2）化学品溢出

实验室化学品的大多数生产商都会发行描述化学品溢出处理的示意图，溢出处理的示意图和工具盒都能买到。应该将适当的示意图张贴在实验室中显著的位置，并应配备下列物品：

化学品溢出处理工具盒。

防护服，如耐用橡胶手套、套鞋或橡胶靴、防毒面具；铲子和簸箕；用于夹取碎玻璃的镊子；拖把、擦拭用的布和纸；桶；用于中和酸及腐蚀性化学品的苏打（碳酸钠，Na_2CO_3）或碳酸氢钠（$NaHCO_3$）；沙子（用于覆盖碱性溢出物）；不可燃的清洁剂。

发生大量化学品溢出时，应该采取下列措施：

（1）通知有关的安全人员。

（2）密切关注可能受到污染的人员。

（3）如果溢出物是易燃性的，则应熄灭所有明火，关闭该房间中以及相邻区域的煤气，打开窗户（可能时），并关闭那些可能产生电火花的电器。

（4）避免吸入溢出物所产生的燃气。

（5）如果安全允许，启动排风设备。

（6）提供清理溢出物的必要物品。

5. 辐射、高热

1）放射性事故的处理原则

（1）事故发生后，对受到或可能受到超剂量内、外照射的人员，应迅速进行初步的剂量估算、体内污染测定和医疗检查，并进行治疗。对接受大计量内、外照射人员应立即送医院救治。

（2）在初步查明人员受照情况的同时，迅速查清事故原因，采取有效措施，防止事故继续发展和避免有人再接受不应有的照射。

（3）排除事故，进一步查清人员受照程度和环境污染情况，加以处理。

（4）认真做好事故的善后工作，作好恰当的结论，总结经验教训，提出建议，采取切实措施，防止再发生类似事故。

2）烫伤

轻者皮肤表面发红、发热、疼痛、红肿。重者起水泡、疼痛厉害。一般用浸过麻油、茶油的消毒纱布包扎。或纱布上涂一层磺胺或青霉素油膏，然后包扎。伤势重、受伤面积大、严重组织坏死者立即送医院救治。

3）中暑

中暑分为轻症和重症两种。轻者应停止工作，到通风荫凉处稍事休息，即可恢复。重症者以降温为主，把患者浸入冷水内，按摩四肢，以防周围血管血流停滞。当体温降至38 ℃，停止冷却，因为体温还会下降。若体温复升，再给予冷水浴，或以冷毛巾盖于患者身体表面，并用扇子给患者扇风。若无严重脱水现象，一般不必静脉补液，可用人丹、十滴水；若患者出现衰竭，可刺人中、中冲、合谷等穴并送医院。

6. 电气安全

1）停电

应迅速启动双路电源、备用电源或自备发电机。电源转换期间应保护好呼吸道；如时间较短，应屏住呼吸，待正常或佩戴好面具后恢复正常呼唤；如时间较长，应该加强个人防护，如佩戴专用的头盔。

2）生物安全柜出现正压

若生物安全柜出现正压，应被视为房间有试验因子污染并对实验室人员危害较大，应立即关闭安全柜电源，停止工作，缓慢撤出双手，离开操作位置，避开从安全柜出来的气流。在保持房间负压和加强个人防护的条件下进行消毒处理，撤离实验室。

锁住或封住实验室进口，并明示实验室处于污染状态。

所有人员必须立即撤离相关区域，任何暴露人员都应当接受医学咨询与医学观察。应当立即通知实验室主任和生物负责人。

为了使气溶胶排出和使较大的粒子沉降，至少1 h内严禁人员入内。如果中央通风系统因故停止工作，应当推迟24小进后方可进入。在此期间应当张贴“严禁进入”的标志。

7. 消防

1）灭火器的使用

先将开启把上的保险栓拔下；握住喷射软管前端喷嘴部，另一只手用力压下压把，对准着火处进行灭火。

2）灭火的方法

（1）在扑救固体可燃物火灾时，应对准燃烧最猛烈处喷射，并上下、左右扫射。如条件许可，使用者可提着灭火器沿着燃烧物的四周边走边喷，使干粉灭火剂均匀地喷在燃烧物的表面，直至将火焰全部扑灭。

（2）扑救可燃、易燃液体火灾，应对准火焰根部扫射，如果被扑救的液体呈流淌燃烧时，应对准火焰根部由近而远，并左右扫射，直到火焰全部扑灭。

（3）扑灭容器内燃烧的可燃液体，使用者应对准火焰根部左右晃动扫射，使喷射出的干粉覆盖整个容器开口表面；当火焰被赶出容器时，使用者仍应继续喷射，直至将火焰全部扑灭。

（4）在扑救容器内可燃液体火灾时，应注意不能将喷嘴直接对准液体的自燃点，此时极易造成灭火后再复燃的现象。

3）火灾时遵循的原则

（1）当发生火灾时，实验人员应保持清醒的头脑，在判断火势不会蔓延时，尽可能地扑灭或控制火灾。

（2）如火势不能控制，应立即考虑人员的紧急撤离。

（3）如感染性材料发生火灾，工作人员应先用浸有消毒液的湿巾覆盖住失火点，再用灭火器进行灭火。

8. 危险废物的处置

1）实验室内的废弃物在经过有效消毒灭菌处理前严禁携带出实验室，对不同种类的废弃物，应采用不同的包装和消毒灭菌方法进行处置。

2）废弃物分类收集

（1）实验室的每个房间，均设有收集适用各类废弃物并带有专用标识的污染物存放桶（袋），并进行分类收集。

（2）实验人员用过的一次性用品，置于污物袋内，经高压灭菌，消毒，用专用污物袋包装后送指定临时存放点存放，再由专门人员进行处置。

（3）所有废弃的硬性材料（各种容器、加样头和注射器材）、尖锐物品应置于耐扎的专用锐器盒内。

3）废弃物物的处置方式

凡直接或间接接触样本或实验病原微生物的器材应视为有感染性，均应经 121 ℃，30 min 高压灭菌。

（1）金属器材、玻璃器皿可用压力蒸汽的方法，适用于耐高温、高湿地器械和物品的灭菌。

（2）使用过的玻璃吸管、试管、离心管、玻片、玻璃棒、三角瓶和平皿等玻璃器皿应立即浸入 0.5% 过氧乙酸或有效氯为 0.5% 的含氯消毒剂中，并经 121 ℃，30 min 高压灭菌处理。

（3）一次性帽子、口罩、手套、工作服、防护服等使用后应放入专用耐高压污物袋内经 121 ℃，30 min 高压灭菌后统一处置。

（4）塑料器材、橡胶手套、吸液球、血清反应板受污染后，处理同（2）用 0.5% 含氯消毒剂浸泡后，经 121 ℃，30 min 高压灭菌处理。

（5）接触过感染性物质的塑料和纸质废弃物，装入 0.5% 含氯消毒剂的废物收集盒中，经 121 ℃，30 min 高压处置。

（6）污染的锐性器械和器皿（如手术刀、针头、尖锐设备、加样器吸头、玻片和破碎玻璃等），放入锐器盒中，121 ℃，30 min 高压灭菌后统一处置。视做“锐性”固体废弃物。

（7）污染废弃的福尔马林倒入装有足量锯末（能吸收所要处理的福尔马林）的袋中，密封袋口。再套上另一个袋，封口。待统一处理。

4）废弃物的储存、交接

（1）高压灭菌后的废弃物应用专用废物袋包装后，按规定时间送废弃物临时存入点，并做好交接记录。

（2）单位收集的废弃物应交于具有处理资质的专业机构统一处理。

9. 实验室事故的报告程序和原则

发生上述突发事件或事故，实验人员在妥善处理的同时向实验室主任口头报告，并如实填写事故记录和事故处理记录。实验室主任立即向安全负责人报告，在必要时应进入现场进行处理；安全负责人应立即报告生物安全委员会主任。

（1）应急处理后，实验室主任应立即向生物安全委员会作详细汇报。由生物安全委员会牵头组织实验室人员，及时对事故做出危险程度评估。

（2）经评估后认为必要时，应在 2 h 内向上级行政主管部门进行汇报。

（3）对事故的经过以及事故的原则和责任进行实事求是的分析，对感染者的发病过程作详细记录和检验。

（4）事故有了结果以后，当事人、实验室负责人应深入仔细地找出事故的根源，总结教训写出书面总结。生物安全委员会要向上级卫生主管部门写出书面报告，报告事情的经过、后果、原因和影响。（见实验室事故报告流程模式图）

10. 各种伤害事故的应急处理

1）皮肤刺伤、切割伤或擦伤

（1）实验人员保持镇静，并立即停止工作，进行必要的消毒处理。

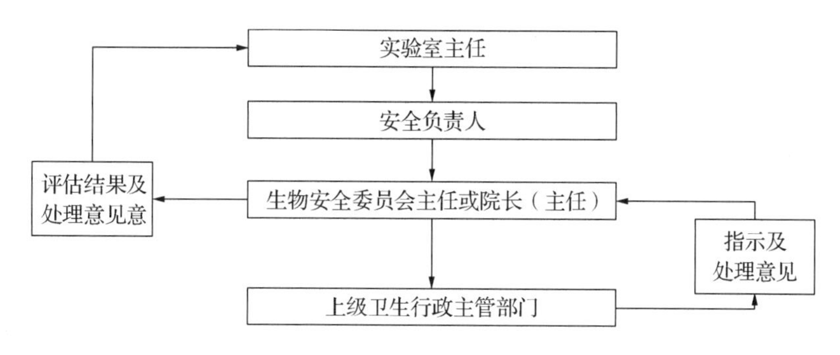

实验室事故报告流程模式图

（2）脱掉手套，在同伴的配合下用清水和肥皂水清洗受伤部位。

（3）尽量挤出操作部处的血液，取出急救箱，对污染的皮肤和伤口用碘酒或 75% 的酒精擦洗多次。

（4）伤口进行适当的包扎，在同伴的配合下，按照退出程序退出实验室。

（5）及时送定点医院救治，告知医生所受的原因及污染的微生物，在具有潜在感染性危险时，应进行医学处理。

（6）事后记录受伤原因、从事的病原微生物，并应保留完整适当的医疗记录。

（7）视情况隔离观察，其间根据条件进行适当的预防治疗。

2）严重出血者的应急处理

（1）止血带急救止血法

当四肢为大动脉出血时，最好用较粗的富有弹性的橡皮管进行止血，如无橡皮管止血带，可用宽布带或撕下一长条衣服以应急需。

缚止血带的方法：首先在伤口以上的部位用毛巾或绷带缠在皮肤上，然后将橡皮管在拉长拉紧的状态下，缚在缠有毛巾的肢体上，紧紧缚缠数圈，然后打结。止血带不应缠得太松或太紧，以血液不再流出为度。上肢受伤时止血带缠在上臂，下肢受伤时缠在大腿。缚带时间原则上不超过 1 h。若送医院路远，应每隔半小时松解止血带半分钟。松解时，应压住伤口，避免大量出血。

（2）指压止血法

在不能使用止血带的部位，或身旁没有止血带其他代用品的情况下，可用指压止血法。救助者可根据伤员的下列情况，采用指压止血法。

a. 头部和颈部出血。当头顶和颞部出血，可压耳朵前边的颞动脉。腮和颜面出血，可压下颌外动脉。必要时可用手指压在气管和胸锁乳肌之间的颈动脉。用力向后内压在颈椎横突上，但不要压迫气管，更不能同时压迫两侧的颈总动脉，这种方法要懂得一些医疗知识的人才能操作，以免发生意外。

b. 腋窝和上臂出血。在锁骨上将锁骨下动脉向后下方压于第一肋骨上。

c. 前臂和手部出血。将上臂内侧压迫肱动脉于肱骨上。

d. 下肢出血。于腹股沟中点将股动脉向下压于耻骨上。

（3）压迫伤口止血法

受伤情况危急，又没有消毒敷料，可用清洁手帕或布衣条直接用于伤口止血。

3）呼吸、心脏暂停者的应急处理

（1）人工呼吸法

①让患者躺下，取侧位仰卧姿势；②用手将患者颈部托起，用另一只手抓住头顶，使之后仰；③用托颈部的手将下额上推，不使舌头后坠，以免阻塞咽喉，另一只手捏住患者鼻孔，以免气体由鼻孔溢出；④将患者口腔张开，深吸一口气，将口对准患者的口腔，用力吹气，直到患者胞廓隆起；⑤将口移开，再深吸一口气，让患者呼气后再对准患者口腔，重复上述操作；⑥吹气时间宜短，但吹气量要大，每分钟为 12 ~ 15 次，直至出现自然呼吸。

若患者呼吸未恢复，人事不省，又摸不到脉搏，脸色灰白，心脏暂停跳动者，应立即进行胸外心脏按压。

（2）胸外心脏按压方法

①患者应躺在硬板床上或地上，术者立于患者一侧，面向患者站在凳上或床上，以一手的手掌根置于胸骨中下的 1/3 交界处（在剑突上方，不应该接触肋骨）；②用另一只手置于前手背上，将上身前倾，用冲击动作将胸骨垂直下压，让胸骨向脊柱方向下陷 4 ~ 5 cm，然后松开；③加压频率以每分钟 80 ~ 100 次为佳，太慢心脏输出量少，太快则心脏充盈不及。

（3）注意事项

①胸外心脏按压应及时，切勿延误。按压时着力点不应施于肋骨或剑突上，以免骨折或上腹部器官损伤；②按压有效的标志为黏膜、皮肤的颜色变红，瞳孔缩小，可扪及大动脉的搏动，并恢复自主呼吸；③通常每按压心脏 4 ~ 5 次，做人工呼吸 1 次。

4）触电者的应急处理

触电后人立即失去知觉，有时立即死亡。若未亡，应立即抢救。

（1）方法：①解脱电源，最方便的方法是立即关闭电开关，切断电流。或用不导电的木棒将患者身上的电流移开，但注意切勿使术者自己触电。②对症救治，若患者无知觉、无呼吸，但心脏尚在跳动，应将患者移至通风处，解衣，进行吹气人工呼吸。若心脏已停，除人工呼吸外，同时进行胸外心脏按压，③患者苏醒后，对其灼伤处应予清理，并用消毒纱布包扎。

（2）注意事项：①人工呼吸要坚持，切勿半途而废，在运送医院过程中，抢救也不应停止，直到医生宣布停止为止；②触电者的躯体常呈僵直，切勿误认为尸僵而放弃治疗；③抢救时不要轻易注射肾上腺素类强心针，只有当确定心脏已停止跳动时才能使用；④防止触电者苏醒后出现狂奔现象。

5）化学品灼伤者的急救方法

由强酸或强碱引起的灼伤，受伤部位灼痛厉害，轻者发红起水泡，重者皮肤变色、溃烂或形成焦痂。伤口溃疡面愈合很慢，严防感染和休克。

（1）一般化学品灼伤者

①立即用水冲洗。若为四肢灼伤，应将伤肢浸入冷水中；若沾污眼球，应用冷水冲洗 15 ~ 30 min。

②立即脱去受污衣服，边脱边洗伤处。

③洗净后擦干，再涂烫伤油膏或覆清洁布料。

④若患者神志清醒，应饮大量水。

⑤烧伤面积较大者，立即送医院抢救。

（2）强酸类化学品灼伤者

①用大量清水冲洗伤处。

②用5%的碳酸氢钠溶液涂洗伤处。若为硝酸烧伤，用硼酸或漂白粉溶液洗；若为苯酚烧伤，可用肥皂和水洗净；若为铬酸烧伤，可用5%的硫代硫酸钠溶液洗净。

（3）强酸类化学品灼伤者

①常为氢氧化钠（钾）引起的灼伤，立即用大量清水冲洗，再用2%~10%的柠檬酸溶液、2%~3%的醋酸溶液或5%的氧化铵溶液涂洗伤处。

②用大量清水冲洗后，再按一般烧伤处理。

6）中毒者的应急处理

（1）煤气中毒（即一氧化碳中毒）

症状：开始时感到不舒服、头晕、四肢无力、恶心、呕吐、耳鸣、面色红转苍白。中毒深者出现呼吸困难、抽搐、昏迷等症状。

治疗：①赶快打开门窗，将患者抬到空气流通处，解开衣扣，使呼吸不受阻碍。②若呼吸不好，立即进行人工呼吸。③中毒严重者应立即送具有高压氧舱设备的医院抢救。

（2）二氧化硫中毒

症状：慢性中毒出现食欲减退、鼻炎、喉炎、气管炎；轻度中毒出现眼及咽喉部的刺激；中度中毒出现声音嘶哑、胸部压迫感和痛感、吞咽困难等症状；严重者呼吸困难、知觉障碍、气管炎、肺气肿、甚至死亡。

治疗：①赶快打开门窗，将患者抬到空气流通处。②对呼吸困难者应予输氧，但切勿进行人工呼吸。③由于皮肤接触而受伤的患者应及时用2%~3%的碳酸氢钠溶液冲洗患处。④中度中毒者要送医院诊治。

（3）硫化氢中毒

症状：轻度中毒出现眼部灼痛、畏光流泪、咳嗽、恶心、呕吐、头痛等症状；严重者出现意识不清，呼吸迅速转向麻痹、发绀、心悸、抽搐、昏迷甚至死亡。

治疗：①赶快打开门窗，将患者抬到空气流通处，必要时进行人工呼吸。②对黏膜损伤者及时用生理盐水冲洗患处。③对呼吸困难者立即送医院抢救。

（4）砷化氢中毒

症状：砷化氢中毒与其他砷化物中毒的症状不同，她通常在中毒24 h内出现乏力、发冷、头痛、眩晕、恶心、呕吐、腹绞痛、结膜发红，并在呼气时有蒜味，后出现黄疸、血尿、呼吸困难、发绀、血压下降等。

治疗：①吸入中毒应使患者立即脱离污染区，并立即输氧。②皮肤受伤用肥皂水冲洗，或用1%的苏打水冲洗，擦干后用氧化锌或硼酸软膏涂敷。③严重者送医院诊治。

（5）腐蚀性强碱中毒

症状：若吸入氢氧化钠（钾）粉尘，使呼吸道受强烈刺激。误饮强碱溶液后，胃肠道黏膜坏死。患者自口至胃有剧烈灼痛，吞咽和说话困难，并呕出黑褐色物质，呈碱性反应。严重者出现虚脱。若皮肤接触，可引起红肿等症状。

治疗：①若皮肤灼伤，可用清水或稀醋酸，或 2% 的硼酸溶液冲洗患处。②若误入胃中，可口服稀醋酸、果汁或 0.5% 的盐酸 100 mL，以后给予柔软食品，如橄榄油、鸡蛋白、稀饭或牛奶（均应冷食）。③急救时严禁用洗胃法或催吐法，以免发生胃穿孔。

（6）腐蚀性强酸中毒

症状：若吸入氯化氢蒸气或硫酸在高温下产生的蒸气，会引起咽喉疼痛、咳嗽、胸部窒息感和水肿。当眼、呼吸道黏膜接触蒸气时，出现强烈的刺激感、炎症和溃疡。若误饮强酸后，产生的症状与强碱中毒者大致相同，但呕吐物呈酸性反应。

治疗：①盐酸或硫酸引起的外伤，用大量清水冲洗或用 2% 的碳酸氢钠溶液冲洗。②误食者可口服 75% 的氢氧化镁 60 mL，或 3.0%～4.2% 的氢氧化铝凝胶液 60 mL，或 0.17% 的氢氧化钙溶液 200 mL。③给予润滑剂和橄榄油、鸡蛋白、稀饭或牛奶（均需冷食）。④急救时严禁用洗胃法或催吐法，也不能用碳酸氢钠液洗胃，以免发生胃穿孔。

（7）铬酸钾或重铬酸钾中毒

症状：吸入高浓度的铬酸钾烟雾，引起咳嗽、吐出黄绿色的痰、呼吸困难及肺部瘀血。误食高浓度的溶液，则吐出黄绿色黏液，并伴有腹痛和腹泻。若皮肤灼伤或糜烂坏死，疼痛剧烈。急性中毒者则肝、肾损伤，发生血尿、少尿、尿毒症，甚至死亡。

治疗：①胃部中毒者立即用温水、1% 的亚硫酸钠或硫代钠溶液洗胃，并立即送医院急救。②皮肤受灼者及时用清水或肥皂水清洗伤处，若出现青紫，用亚甲蓝治疗，严重者送医院治疗。

7）低血糖急救

（1）判断

a. 自发性：多见于饥饿时，出现肌无力，定向力减退或消失，精神异常，抽搐，视力减退，昏迷。

b. 内分泌性：胰岛素分泌过多。

c. 肝源性：因肝病使肝糖原合成、血糖分解障碍。

d. 反应性：多在食后 2～5 h 发生。

（2）急救

a. 使病人卧床，安静休息。

b. 轻者口服糖水、甜果汁，或食用蛋糕食物。

c. 重者有条件静脉点滴 5%～10% 葡萄糖液。

d. 低血糖反复发作，平时应到医院查清原因并进行治疗。

8）氧气缺乏症的急救

缺氧一般表现为：头晕、头痛、耳鸣、眼花、四肢软弱无力。相继有恶心、呕吐、心慌、气短、呼吸急促浅快而弱，心跳快速无力。随着缺氧的加重，会出现意识模糊，全身皮肤、嘴唇、指甲青紫，血压下降，瞳孔散大，昏迷，最后因呼吸困难、心跳停止、缺氧窒息而死亡。

首先，迅速搀扶或背负中毒者脱离中毒现场，最好戴上防毒面罩。另外，救出中毒者后应立即将其移至通风良好、空气新鲜的地方，并松开其衣领、内衣和腰带。呼吸困难者应立即吸氧，对其做口对口人工呼吸；呼吸兴奋剂可酌情应用。心跳微弱或已停止者立即进行胸外心脏按压术复苏，可于静脉内应用肾上腺素、去甲肾上腺素、利多卡因等药物。眼睛受硫化氢气体刺激者，可用碱性液体，如2%小苏打水冲洗；眼睛疼痛者可滴入0.5%盐酸丁卡因。静脉注射50%的葡萄糖并加入维生素C 1~2 g。对症处理，施行针灸、针刺等。

9）心脏病突发的急救

如突发心绞痛，应立即舌下含服硝酸甘油片1片；

如心绞痛十分剧烈，且伴恐惧、紧张和烦躁，应使用亚硝酸异戊酯吸入（将盛药的玻璃管裹在手帕内拍破，药液外溢立即鼻闻吸入）和口服艾司唑仑1~2片；

如仅有胸闷、憋气或轻度心绞痛，可用速效救心丸10~15粒；

为预防心绞痛发生，可服戊四硝酯，每服1~3片，可维持4~6 h，可根据情况酌情服用。

注意事项：

（1）速效救心丸一定要含服。

（2）定期检查药品是否过期或短缺，如过期或短缺，应及时更换或补充。

（3）如有新的更好的能控制心绞痛发作的药物，可在医生指导下及时更换急救盒内的药物。

参考文献

[1] 全国人民代表大会常务委员会公报．中华人民共和国传染病防治法［S］. 北京，1989.

[2] 全国人民代表大会常务委员会公报．中华人民共和国固体废物污染环境防治法［S］. 北京，2013.

[3] 中华人民共和国国务院令第380号公布．医疗废物管理条例［S］. 北京，2003.

[4] 中华人民共和国国家卫生健康委员会和国家环保部．医疗废物分类目录［S］. 北京，2003.

[5] 中华人民共和国国家卫生健康委员会．医疗卫生机构医疗废物管理办法［S］. 北京，2003.

[6] 中华人民共和国国家环保部．医疗废物集中处置技术规范［S］. 北京，2003.

[7] 中华人民共和国国家环保部．医疗废物专用包装物、容器标准和警示标识规定医疗废物集中处置技术规范［S］. 北京，2003.

[8] 中华人民共和国国家卫生健康委员会．病原微生物实验室生物安全管理条例［S］. 北京，2018.

[9] 中华人民共和国国家卫生健康委员会．病原微生物实验室生物安全通用准则：WS 233—2017［S］. 北京：中国标准出版社，2017.

[10] 中华人民共和国国家卫生健康委员会．可感染人类的高致病性病原微生物菌（毒）种或样本运输管理规定［S］. 北京，2005.

[11] 中华人民共和国国家卫生健康委员会．人间传染的病原微生物名录［S］. 北京，2006.

[12] 中华人民共和国国家卫生健康委员会．中国医学微生物菌种保藏管理办法［S］. 北京，1985.

[13] 中华人民共和国国家卫生健康委员会．人间传染的病原微生物菌（毒）种保藏机构管理办法［S］. 北京，2009.

[14] 中国实验室国家认可委员会．实验室生物安全通用要求：GB 19489—2008［S］. 北京：中国标准出版社，2008.

[15] 中华人民共和国建设部．生物安全实验室建筑技术规范：GB 50346—2011［S］. 北京：中国建筑工业出版社，2004.

[16] 全国纺织品标准化技术委员会．日常防护型口罩技术规范：GB/T 32610—2016［S］. 2016.

[17] 中国国家标准管理委员会．医用一次性防护服技术要求：GB 19082—2009［S］. 北京：中国标准出版社，2009.

[18] 中国预防医学科学院流行病学微生物学研究所．消毒与灭菌效果的评价方法与标准：GB 15981—1995［S］. 北京：中国标准出版社，1995.

[19] 中华人民共和国国家卫生健康委员会．消毒技术规范［S］. 北京，2002.

[20] 中华人民共和国国家卫生健康委员会．医疗机构消毒技术规范：WS/T 367—2012［S］. 北京：中国标准出版社，2012.

[21] 全国安全生产标准化技术委员会．安全标志及其使用导则：GB 2894—2008［S］. 北京：中国标准出版社，2008.

[22] 中华人民共和国国家卫生健康委员会．病原微生物实验室生物安全标识：WS 589—2018［S］. 北京：中国标准出版社，2018.

［23］中华人民共和国国家卫生健康委员会．临床实验室设计总则：GB/T 20469—2006［S］．北京：中国标准出版社，2006.

［24］中华人民共和国国家卫生健康委员会．血站质量管理规范［S］．北京，2006.

［25］中华人民共和国国家卫生健康委员会．血站实验室质量管理规范［S］．北京，2006.

［26］中华人民共和国国家卫生健康委员会．血站技术操作规程［S］．北京，2019.

［27］中国医科院实验动物研究所．最新实验动物管理与使用技术操作规程及质量控制国家标准大全［M］北京：科学技术出版社，2010.

［28］世界卫生组织．实验室生物安全手册［M］．3 版．日内瓦，2004.

［29］祁国明．病原微生物实验室生物安全［M］．2 版．北京：人民卫生出版社，2006.

［30］李勇．实验室生物安全［M］．北京：军事医学科学出版社，2009.

［31］武桂珍．高致病性病原微生物危害评估指南［M］．北京：北京大学医学出版社，2008.

［32］中华人民共和国国家质量监督检验检疫总局，中国国家标准化管理委员会．实验室设计总则：GB/T 20469—2006［S］．北京：中国标准出版社，2006.

［33］国际民航组织第 211 届理事会．危险物品航空安全运输技术细则［S］．2017.

［34］全国认证认可标准化技术委员会．《实验室生物安全通用要求》理解与实施［S］．北京：中国标准出版社，2010

［35］刘燕，汉京超，金伟，等．关于危害性生物废弃物的相关概念探讨［J］．复旦学报：自然科学版，2010，49（1）：116－120.

［36］张燕婉，叶珏，时那，等．实验室常用生物安全设备的使用与维护［J］．中国医学装备 2010，7（1）：15－20.

［37］王君玮，王志亮，吕京．二级生物安全实验室建设与运行控制指南［M］．北京：中国农业出版社，2009.

［38］加拿大公共卫生署．加拿大生物安全标准与指南［M］．赵赤鸿，李晶，刘艳，译．北京：科学出版社，2017.